Motorräder

Alan Dowds

Motorräder

Atemberaubende Superbikes der Welt

EDITION XXL

Genehmigte Lizenzausgabe
EDITION XXL GmbH
Fränkisch-Crumbach 2005

www.edition-xxl.de

Übersetzung: Bettina Lemke
Andrea Panster
Bearbeitung: Rex Produktion, München

ISBN 3-89736-329-1

INHALTSVERZEICHNIS

YAMAHA

Einleitung

Es ist schwierig zu ermitteln, wann der Begriff „Superbike" im Zusammenhang mit einem Motorrad geprägt wurde. Er wurde jedenfalls Ende der 60er-Jahre von begeisterten Journalisten verwendet, als Hersteller wie Honda begannen, neue Hochleistungsmaschinen wie die CB750 herauszubringen, um langweiligere Gebrauchsmodelle zu ersetzen, die auf dem Markt waren. Und in den späten 70er-Jahren war der Begriff bereits weit verbreitet, als die legendäre AMA-Superbike-Meisterschaft sich zu einem der wichtigsten Motorradrennen entwickelt hatte, an dem berühmte Fahrer wie Eddy Lawson und Kenny Roberts teilnahmen.
Aber der Begriff war und ist auch heute noch stets für die besten Hochleistungsmaschinen reserviert: herausragende PS-starke Bikes mit einem dynamischen Handling und einer großartigen Chassis-Performance.
Die Wurzeln des Motorrads reichen dagegen viel weiter zurück. Das erste allgemein anerkannte motorisierte Zweirad wurde 1885 von Gottlieb Daimler hergestellt. Es hatte einen 1-Zylinder-4-Takt-Verbrennungsmotor. Diese Pioniermaschine erzeugte 1 PS bei 600/min. Es war wohl kaum ein Superbike, aber definitiv ein Anfang.
Mitte des 20. Jahrhunderts war der Motorradmarkt aufgrund des wirtschaftlichen Booms nach dem Krieg und der steigenden Nachfrage nach Transportmitteln riesig. Bevor billige massenproduzierte Autos von Herstellern wie dem amerikanischen Giganten Ford oder dem britischen Unternehmen Austin auf den Markt kamen, war das Motorrad (oft mit einem großen Beiwagen) die einzige private Transportmöglichkeit, die der Mehrzahl der arbeitenden Bevölkerung zur Verfügung stand. So dominierte beispielsweise in Großbritannien bis Ende der 60er-Jahre die britische Motorradindustrie den Markt. Sie produzierte eine riesige Anzahl von technisch relativ einfachen Motorrädern.
Doch Ende der 60er-Jahre begannen die vier heutigen großen japanischen Hersteller – Honda, Yamaha, Suzuki und Kawasaki – sich durch Verbesserungen ihrer Produkte zu etablieren.

Yamahas 600er-Sportmaschine wurde für das Modell des Jahres 2003 völlig überarbeitet. Sie bekam einen 123-PS-Motor mit Benzineinspritzung sowie einen neuen Rahmen und war mit 162 kg federleicht. Allerdings wurde sie von Hondas 2003er-Modell, der CBR600RR, sowie von Kawasakis ZX-636R übertroffen.

Japanische Innovation

Es begann 1969 mit der Honda CB750. Ihr luftgekühlter 736-ccm-SOHC-4-Zylindermotor produzierte für die damalige Zeit unglaubliche 66 PS, während das Chassis mit einer exotischen hydraulischen Scheibenbremse und einer sportlichen Aufhängung prahlte. Auch das Styling mit dem gewagten verchromten 4-4-Auspuffsystem und den verchromten Kotflügeln war beeindruckend. Die Performance der CB750 war für die anderen Maschinen der Zeit, vor allem für die bis dahin führenden Modelle von Triumph, Norton und Harley Davidson, niederschmetternd. In den 70er-Jahren folgten weitere Schläge dieser Art, denn nicht nur Honda zielte auf die lukrativen europäischen und amerikanischen Märkte, auch die anderen drei großen japanischen Hersteller produzierten große Stückzahlen verschiedenster Modelle mit unterschiedlicher Technik. So waren beispielsweise Kawasakis luftgekühlte 3-Zylinder-Maschinen mit einem Hubraum von 250 ccm bis 750 ccm erhältlich. Sie alle boten eine überwältigende Leistung, allerdings in Kombination mit einem schlechten Handling und unzuverlässigen Gesamtpaketen. Maschinen wie die 750-ccm-H2 waren typisch für diese Gattung und jagten einer Generation von Bikern mit ihrem eigenwilligen Chassis, ihrem extremen Treibstoff-Schluckvermögen und ihrer Unzuverlässigkeit Angst ein. Die Maschinen von Suzuki waren nicht nur auf Leistung aus, wenngleich Modelle wie die GT750 mit ihrem 2-Takt-Kraftwerk eine starke Performance boten.
Die japanischen Hersteller versuchten es zudem mit anderen Maschinen, wie dem Wankelmotor der Suzuki RE5, dem kein Glück beschieden war, oder Hondas CX650 Turbo, einem V-Twin mit Turbolader. Andere ungewöhnliche Typen waren jedoch erfolgreicher: Hondas CBX1000, ein Reihen-6-Zylinder, und Kawasakis Z1300 boten eine starke Leistung und verdienten es, als Superbikes bezeichnet zu werden. Aber gleichzeitig

Die Ducati 999 aus dem Jahr 2003 ist die Nachfolgerin der legendären 998. Sie kombiniert einen klassischen 90°-V-Twin und einen Stahlrohrrahmen mit fortschrittlicher Elektronik, einem radikalen Design und erstklassigen Chassiskomponenten.

gewann der Reihen-4-Zylinder-4-Takt-Motortyp, der mit der CB750 als Pionier auf den Markt gekommen war, zunehmend an Akzeptanz. Kawasakis 900-ccm-Z1 und Suzukis GS1000 entwickelten diese Spezies in den 70er-Jahren, und als die 80er-Jahre begannen, hatte dieser Motortyp die Welt der Hochleistungsmotorräder erobert.

Eine neue Generation

Im Jahr 1984 machten die Superbikes den nächsten großen Schritt. Kawasaki stellte mit seiner GPZ900R Ninja eine wahrhaft neue Motorradgeneration vor. Diese unglaublich fortschrittliche Maschine hatte einen Zylinderkopf mit 16 Ventilen, war flüssigkeitsgekühlt und bot darüber hinaus eine ausgereifte Chassistechnologie. Sie umfasste beispielsweise eine Hinterradaufhängung mit Monofederbein und Aluminiumschwinge sowie Anti-Dive-Bremsen und eine reine Plastikverkleidung. Die Performance der Ninja war der ihrer Gegner um Lichtjahre voraus, und beim „Isle-of-Man-TT-Rennen" des gleichen Jahres belegte diese Maschine die ersten drei Plätze. Ihr kompakter, effizienter Motor erreichte 100 PS und ermöglichte eine Höchstgeschwindigkeit von zirka 240 km/h.

Während der 80er-Jahre setzte sich die japanische Dominanz weiter fort. Kawasaki war mit seiner 1985er-GPZ600R maßgeblich an der Entwicklung der bedeutenden 600-ccm-Supersportler-Klasse beteiligt, bevor Yamahas FZR1000R sich 1988 die Krone holte. Aber gegen Ende des Jahrzehnts begannen europäische Hersteller an Bedeutung zu gewinnen.

Die deutsche Firma BMW hatte bereits vorher stets eine Nische besetzt und qualitativ gute, wenn auch ziemlich biedere Tourer produziert, die auf dem luftgekühlten 2-Zylinder-Boxermotor der „R-Reihe" basierten, der seine Wurzeln im Zweiten Weltkrieg hatte. 1983 brachte das bayerische Unternehmen dann sein erstes 4-Zylinder-Motorrad heraus, die K100 mit Benzineinspritzung und acht Ventilen. Die „K-Reihe" hat sich bis heute gehalten, so dass sich unter anderen der Luxustourer K1200LT entwickelt hat.

Europäische Herausforderer

Weiter südlich, in Italien, war die Motorradindustrie stets von Leidenschaft erfüllt, und der Hersteller Ducati aus Bologna war da keine Ausnahme. Allerdings musste das Unternehmen in den 80er-Jahren zahlreiche finanzielle Krisen überstehen. Doch der Same ihres Aufschwungs als ernst zu nehmender Superbike-Hersteller wurde 1986

Buells XB12R Firebolt/Lightning, die 2003 auf den Markt kam, ist ein radikales Modell – sie hat Benzin in Ihrem Aluminiumrahmen und wird von einem luftgekühlten 45°-V-Twin angetrieben. Diese langtaktige 1023-ccm-Version hat eine starke, drehzahlfeste Performance sowie ein exzellentes Handling.

gesät, als Massimo Bordi den wassergekühlten, desmodromisch gesteuerten V-Twin mit vier Ventilen baute, den er schon als Student entworfen hatte. Dieser 748-ccm-Motor trieb im gleichen Jahr eine Rennmaschine beim Bol-D'Or-Rennen an, die allerdings aufgrund eines Motorschadens nur auf dem siebten Platz landete. Aber das grundlegende Design war entwickelt. Bordis Motor dominierte mit verschieden großen Hubräumen die Superbike-Rennen in den 90er-Jahren und auch noch bis ins 21. Jahrhundert hinein. Unterdessen verbesserte eine kleine Firma namens Aprilia mit Sitz in Noale ihre Motorräder mit kleinerem Hubraum, um sich Mitte der 90er-Jahre ebenfalls auf dem Superbike-Sektor zu etablieren.
Auch in England erwachte ein schlafender Riese. Der Häusermagnat John Bloor hatte den Namen Triumph gekauft, als das Unternehmen 1983 schließen musste, und bereitete die restlichen 80er-Jahre den Neustart der einst berühmten Marke vor. Bloor baute eine Reihe von Motorrädern, die zum großen Teil auf den damals aktuellen japanischen Entwicklungen basierten. Als die erste neue Triumph-Reihe 1990 in Köln präsentiert wurde, wären ihre wassergekühlten DOHC-Motoren mit vier Ventilen pro Zylinder in einem japanischen Motorrad nicht weiter aufgefallen. Um möglichst schnell produzieren zu können, verwendete Triumph ein Baukastensystem und stellte auf diese Weise 3- und 4-Zylinder-Motoren mit einem Hubraum von 750 ccm bis 1200 ccm her, ohne viel in Forschung und Entwicklung investieren zu müssen.

Japanische Dominanz

Natürlich waren die japanischen Unternehmen nicht stehen geblieben, so dass 1992 eine neue Generation von Superbikes auftauchte, passenderweise von Honda. Die CBR900RR FireBlade war eine Supersportlerin wie keine andere. Sie war so klein wie eine 600er-Maschine, und ihr geringes Gewicht und das superdynamische Handling verbanden sich mit der gewaltigen Kraft ihres 893-ccm-16-Ventil-Motors. Ein Jahr zuvor hatte Honda bereits seine NR750 vorgestellt, mit der der Hersteller seine Ingenieurs-

Beim überarbeiteten Modell der Triumph Daytona 600 wurden einige Performanceprobleme der TT600 gelöst. Nun hat die Maschine eine verbesserte Benzineinspritzung und mehr Kraft. Nach wie vor hat sie das gute Handling der TT, das nun mit einem neuen, radikaleren Styling kombiniert ist.

kunst unter Beweis stellte. Sie hatte ovale Kolben sowie zahlreiche Carbonelemente und war mit erstklassiger Technik ausgestattet.
Die FireBlade beeindruckte die Konkurrenz, und die Tatsache, dass es fünf Jahre lang keinen ernsthaften Konkurrenten gab, deutet darauf hin, dass keiner damit gerechnet hatte.
Yamaha machte zwar 1996 einen Versuch, der FireBlade mit der Thunderace den Rang abzulaufen, aber erst 1997 wurde sie durch eine andere Yamaha vom Thron gestürzt.
Die YZF-R1 machte sich das Prinzip der FireBlade – eine kleine Größe mit einem geringen Gewicht und einem leistungsstarken Motor zu kombinieren – zunutze, führte es aber noch weiter. Neue Motor- und Chassistechniken reduzierten das Trockengewicht auf 177 kg, 3 kg weniger als das der Honda, während ihr Motor der nächsten Generation angehörte und den der Blade um

Der italienische Hersteller MV gibt eine beeindruckende Leistung für seine 1-Liter-Version der großartigen F4 1000 an. Der Reihen-4-Zylinder-Motor mit radialen Ventilen erzeugt fast 180 PS und ist in ein exotisches, italienisches Superbike-Chassis integriert.

20 PS schlug. Der 998-ccm-Reihen-4-Zylinder hatte 20 Ventile und brachte es auf 150 PS. Die R1 hatte zudem eine neu gestaltete Aufhängung: Die Vordergabel hatte einen langen Federweg und hielt das Vorderrad bei schnellerer Beschleunigung auf dem Boden, und eine extralange Schwinge verbesserte die Bodenhaftung des Hinterreifens.
Allerdings begannen Ende der 90er-Jahre andere Hersteller aufzuholen, sodass Yamaha sich nicht alleine an der Spitze behaupten konnte. So

brachte Suzuki im Jahr 2001 seine GSX-R1000 heraus und übernahm die Krone für die beste Leistung. Erheblich verbesserte Modelle von Honda und Kawasaki verschärften den Wettbewerb zusätzlich.
Seit dem Jahr 2003 haben alle japanischen Superbikes der 1-Liter-Klasse eine unglaublich gute Performance erzielt, und es wird immer schwerer, einen Gewinner zu bestimmen.
So produzierte Kawasakis ZX-10R aus dem Jahr 2004 Herstellerangaben zufolge 182 PS mit einem Chassis, das nur 170 kg wog, und die 2004er-R1 sowie die CBR1000RR FireBlade spielten in der gleichen Liga, sodass viele Beobachter

Links: Hondas CBR1000RR kam im Jahr 2003 auf den Markt. Die 172 PS starke und 179 kg schwere Maschine nutzt Gestaltungselemente des Honda-RC211V-MotoGP-Motorrads. Das Ergebnis ist ein potentes, aber trotzdem kontrollierbares Superbike mit gutem Handling.

Unten: Yamahas überarbeitetes 2003er-Modell, der FSZ600 Fazer, war ein technisch besseres Motorrad mit einem Aluminiumrahmen und Benzineinspritzung. Sein Motor basiert auf der YZF-R6 aus dem Jahr 2003.

sich zu fragen begannen, wie viel mehr Leistung mit einem Straßenmotorrad überhaupt noch erzielt werden kann. Doch auch die restliche Motorradwelt profitierte von den neuen Entwicklungen.
Die Klasse der 600er-Supersportler gewann im Laufe der 90er-Jahre zunehmend an Bedeutung. Hier wurden billigere, nicht so extrem performanceorientierte Lösungen angeboten, die den meisten Fahrern mehr entsprachen als die unbegrenzte Klasse. So boten Hondas CBR600, Kawasakis ZX-6R, Suzukis GSX-R600 und Yamahas R6 alle eine ausgezeichnete Performance, und ihre 100-PS-Motoren erzielten Höchstgeschwindigkeiten über 250 km/h.

Die Tourer

Auch in der Welt der Tourer blieb die Zeit nicht stehen, wenngleich hier alles etwas ruhiger vor sich ging als bei den Sportmodellen. Hondas Gold Wing begann Mitte der 70er-Jahre als Sportmodell ohne Verkleidung und ist mittlerweile ein Luxustourer ohnegleichen geworden. Sie ist mit einem Sound System, einer automatisch einstellbaren Aufhängung, einer riesigen Verkleidung sowie einem eleganten 1832-ccm-6-Zylinder-Triebwerk ausgestattet. Praktischere, etwas kleinere Tourer wie Yamahas FJR1300 und Hondas ST1100 Pan European boten fast ebenso viel Komfort.
Die Fans von Tourensportlern bekamen in den 90er-Jahren ebenfalls ein breites Angebot. Mit Hondas VFR800 wurde dieser Typ praktisch erfunden. BMW brachte mit seiner R1100S eine starke Konkurrentin auf den Markt ebenso wie Aprilia mit der Futura und Ducati mit ihrer ST4S.
Einige Superbikes wollen vor allem Eindruck machen. Bei Hondas F6C Valkyrie wurde beispielsweise ein GL1500er-Gold-Wing-Motor in ein üppig verchromtes Cruiser-Chassis gesetzt, so dass eine verwegene Maschine mit einer mörderischen Performance entstand. BMWs R1200C, die durch den James-Bond-Film „Der Morgen stirbt nie“ berühmt wurde, trieb die Grenzen des Cruiser-Designs noch weiter, während Harley Davidsons 2001er-V-Road das Regelwerk für amerikanische Custom-Maschinen mit ihrer ausgefallenen Gestaltung und der starken Motorleistung völlig neu schrieb.
In diesem Buch haben wir eine Auswahl der wichtigsten Superbikes der letzten Jahrzehnte zusammengestellt. Zudem haben wir die Technologien, die bei ihrer Gestaltung verwendet wurden, sowie ihre Performance untersucht. Aber am wichtigsten war es zu versuchen, den Lesern dieses Buches zu vermitteln, welche Fahrfreude und welche Emotionen diese überaus extremen Maschinen in uns hervorrufen können – sie gehören zu den erhebendsten Erfahrungen, die wir heutzutage mit Fahrzeugen machen können.

Die Aprilia RSV Nera ist eine Sonderedition der RSV Mille aus dem Jahr 2003. Sie ist mit einer Carbonverkleidung und einer Reihe von Rennelementen ausgestattet. Ihr kräftiger 60°-V-Twin, die radial montierten Bremszangen und die Öhlins-Aufhängung machen sie zu einer der besten Rennmaschinen auf der ganzen Welt.

aprilia RS125

Die schwimmend gelagerte 320-mm-Bremsscheibe und die 4-Kolben-Bremszange bieten eine beeindruckende Bremswirkung. Die Bremse lässt sich gut dosieren und reagiert wunderbar.

Vordergabel
Die 40-mm-Upside-Down-Gabel bietet ein feines Handling, vor allem auf der Rennstrecke.

RS125

Die RS125 erreicht zirka 160 km/h, lässt sich wunderbar fahren, ist sehr verlässlich und zieht unglaublich viele Blicke auf sich. Klein, aber perfekt geformt, ist die RS125 von Aprilia die Miniaturausgabe eines Superbikes, mit allen Styling- und Leistungsmerkmalen seiner größeren Brüder und einem großartigen Handling.

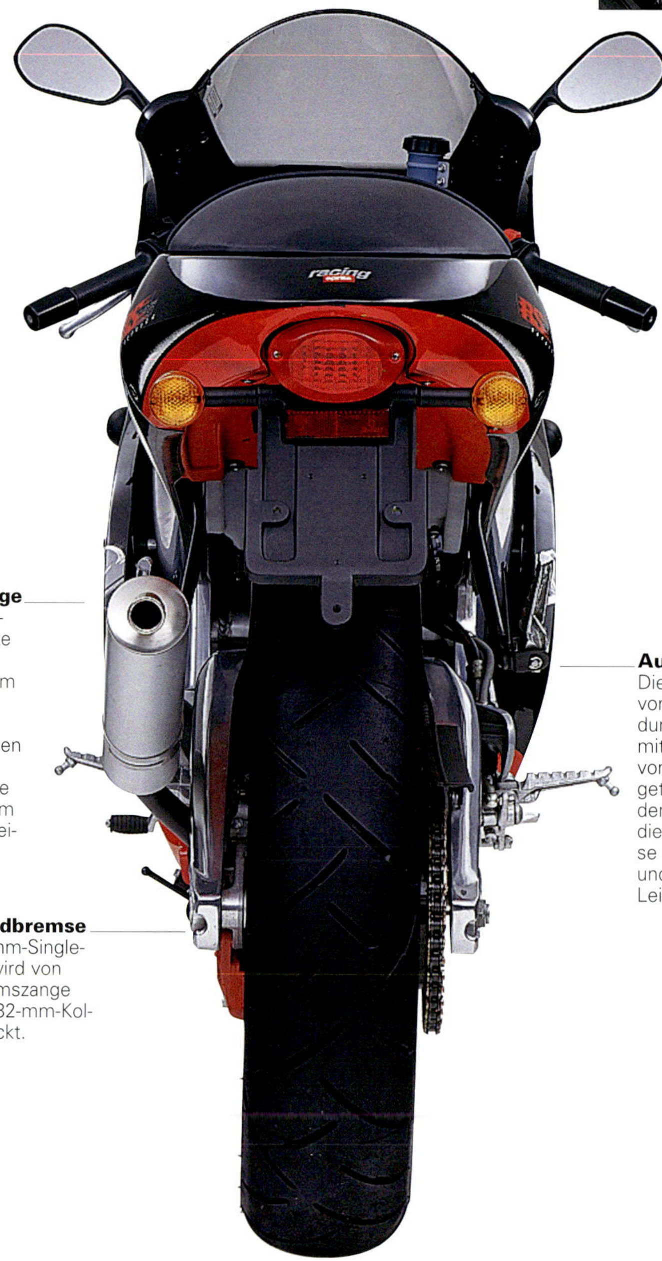

Aluminiumschwinge
Passend zum Aluminiumrahmen entwickelte Aprilia eine exotische Aluschwinge mit einem geschwungenen Arm auf der rechten und einem bananenförmigen Arm auf der linken Seite. Auf diese Weise ist der Auspuff nicht im Weg und die Bodenfreiheit erhöht sich.

Hinterradbremse
Die 220-mm-Singlescheibe wird von einer Bremszange mit zwei 32-mm-Kolben gepackt.

Auspuff
Die RS125 profitiert von einem großen, gut durchdachten Auspuff mit einer Kammer, die vom Schalldämpfer getrennt ist. Die Form der Kammer reflektiert die Druckwellenimpulse der Abgasströmung und erhöht somit die Leistung.

Der Rahmen sieht so aus, als gehörte er zu einer größeren Maschine. Er ist aus Aluminium gefertigt und hat dünne Wände mit zusätzlichen Verstrebungen, damit er leicht und besonders stabil ist.

Tank
Er hat ein Fassungsvermögen von 14 l, inklusive einer nützlichen Reserve von 3,5 l.

Kupplung
Typische Mehrscheibenkupplung im Ölbad, die einer rauen Fahrweise erstaunlich gut standhält. Bei zu starker Inanspruchnahme können die Scheiben rutschen, aber wenn man den Motor abkühlen lässt, stellt sich die volle Kraft in der Regel wieder ein.

Schalldämpfer
Er sieht ganz und gar nach einem Grand-Prix-Design aus, und der röhrende Klang entspricht ganz dem Biss dieser Maschine. An einem kalten Wintertag ist sie kilometerweit zu hören, aber sie ist trotzdem für den Straßenverkehr zugelassen.

Motor
Der 1-Zylinder-2-Takt-Motor ist flüssigkeitsgekühlt, Bohrung und Hub sind mit 54 x 54,5 mm quadratisch, der Hubraum beträgt 124,8 ccm und das Verdichtungsverhältnis liegt bei 12,5 : 1. Die Zylinderlaufbahn ist gilnisilbeschichtet, um die Lebensdauer des Zylinders zu verlängern.

aprilia RS250

Das Instrumentendisplay im Cockpit erledigt alles, bis auf das Geschirrspülen. Es erinnert den Fahrer daran, wenn eine Wartung fällig ist, und kann so eingestellt werden, dass eine Warnlampe bei Überschreitung der Drehzahlgrenze aufleuchtet. Es gibt eine Digitaluhr, eine Kühltemperaturanzeige sowie Instrumente zur Ermittlung der Höchst- und Durchschnittsgeschwindigkeit, der Drehzahl oder der gefahrenen Runden auf einer Rennbahn.

Scheinwerfer
Die neue Verkleidung bedeckt die Scheinwerfer, die eine gute Leuchtkraft haben. Das Abblendlicht ist polyellipsoid geformt, während das Fernlicht traditionell gestaltet wurde.

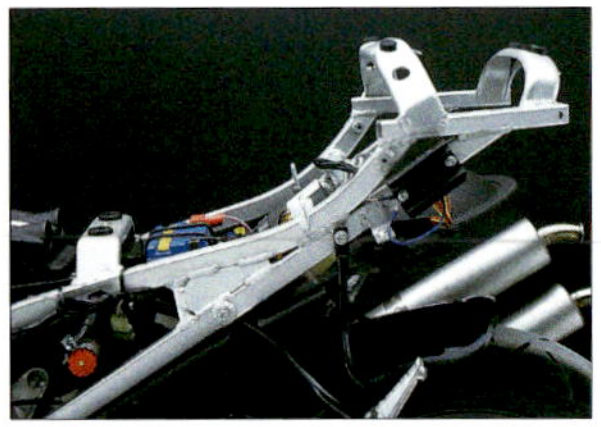

Der Batteriezugang ist unproblematisch – sie befindet sich unter der Sitzbank. Unter der Verkleidung sind die Einzelelemente sauber angeordnet.

Vorderradaufhängung
Bei der 41-mm-USD-Telegabel lassen sich Federvorspannung, Druck- und Zugstufendämpfung einstellen.

RS250

Die RS250 von Aprilia wurde 1998 intensiv überarbeitet und hat nun eine Karosserie, die direkt von den Grand-Prix-Maschinen von Etsuya Harada und Loris Capirossi kopiert wurde. Und auch aufgrund ihrer Gesamtgestaltung ist diese straßentaugliche Maschine den Grand-Prix-Bikes so weit wie nur irgendmöglich nachempfunden. Sie ist wendig, leicht, für kurze Strecken, aber auch für Touren geeignet und trotzdem noch ein kleiner Teufel.

Öltank
Beim 1998er-Modell wird aus einem Behälter hinter der Verkleidung auf der linken Seite eine Zwei-Takt-Schmierung zugeführt. Bei früheren Modellen musste man zum Nachfüllen den Sitz entfernen.

Fußrasten
Abgesehen von der Ducati 916 und der britischen ASP hat keine Rennreplika auf der ganzen Welt so viel Bodenfreiheit.

Vorderbremse
Die beiden 4-Kolben-Bremszangen packen die 298-mm-Scheiben und machen extreme Bremsmanöver zum reinsten Vergnügen.

Aerodynamik
Die Karosserie wurde in einem Windkanal entwickelt, um eine optimale Aerodynamik zu erzielen. Die Prüfer stellten sogar fest, dass ein kleiner Rand an der Schnittstelle von Scheinwerfer und Verkleidung die Höchstgeschwindigkeit um 3 km/h erhöht.

Auspuffsystem
Überarbeitete Schalldämpfer optimieren beim 1998er-Modell die Leistung und vermindern die Lautstärke.

Das neue Heck unterstützt die Aerodynamik zusätzlich und bietet viel Platz unter dem Sitz. Dort kann der Fahrer den Soziussattel aufbewahren, wenn er das Motorrad auf der Rennstrecke fahren oder es als Solobike nutzen möchte.

Aprilia hat bei der RS250 häufig eine Kombination aus Aluminium und Magnesium verwendet – und bei der Schwinge funktioniert sie gut.

Der Schwerpunkt wurde beim 1998er-Modell weiter nach unten und nach vorne verlagert, um das Handling zu verbessern. Das Chassis besteht natürlich aus einer Aluminium-Magnesium-Legierung.

Integriert
Spiegel und Handschutz sind zusammengefasst, was Turbulenzen vermindert.

Tank
Ein Fassungsvermögen von 19,5 l ist essenziell für eine Maschine, die kräftig Benzin schluckt.

Vorderreifen
Die Felgenbreite wurde von 76 mm auf 88 mm und der Reifen von 110/70 auf 120/60 vergrößert. Der schlauchlose Radialreifen ist eine gute Wahl für eine gute Bodenhaftung und Leistung.

Manischer Motor
Der 6-Gang-V2-Zylinder-Motor erbringt eine Höchstgeschwindigkeit von 209 km/h bei nur 249 ccm Hubraum.

Hinterradaufhängung
Beim Boge-Monofederbein lassen sich Federvorspannung, Sitzhöhe sowie Druck- und Zugstufendämpfung einstellen.

aprilia RS250

Technische Daten

Die Aprilia RS250 ist in der Welt des Rennsports als eine der erfolgreichsten 250-ccm-Maschinen bekannt. Und die 1998er-Straßenversion mit ihrer neuen Karosserie bleibt dieser Renntradition treu. Der Motor ist ein wassergekühlter 90°-V2-Zylinder, das Chassis ist aus einer Aluminium-Magnesium-Legierung geformt, und die digitalen Instrumente haben alles unter Kontrolle. Aprilias Stolz auf die RS250 scheint überaus gerechtfertigt zu sein.

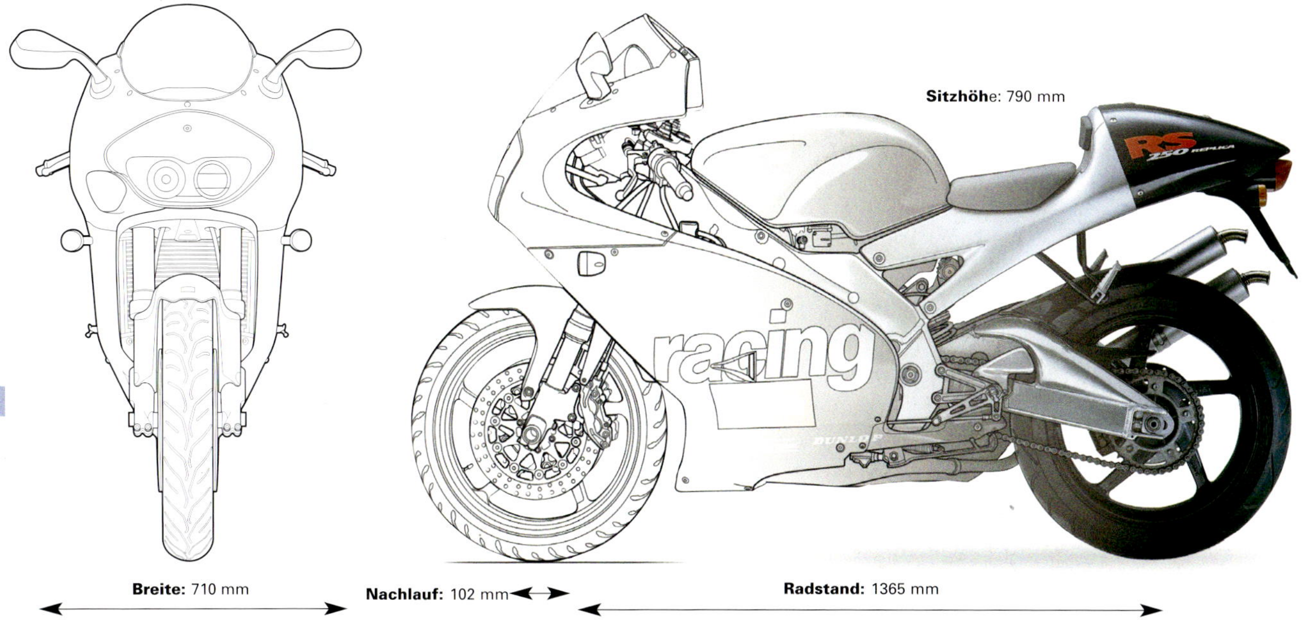

MOTOR

Typ	2-Takt-Motor
Bauart	90°-2-Zylinder-V-Motor
Hubraum	249 ccm
Bohrung	56 mm
Hub	50,6 mm
Verdichtungsverhältnis	13,2 : 1
Kraftstoffaufbereitung	2 x 34-mm-Mikuni-TM-SS-Flachschiebervergaser
Zündung	digital-elektronisch
Kühlung	flüssigkeitsgekühlt
Nennleistung	40 kW (54,9 PS) bei 9612/min
Maximales Drehmoment	40,2 Nm bei 9612/min

MOTORLEISTUNG

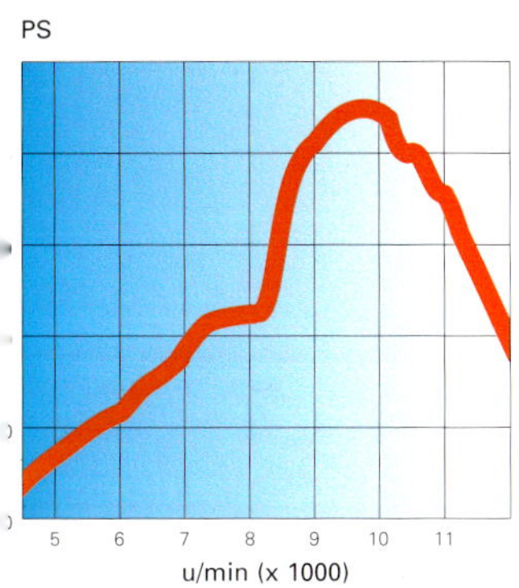

Unabhängige Testmessungen (s. o.) weichen von den Angaben des Herstellers ab.

KRAFTÜBERTRAGUNG

Primärantrieb	gerade verzahnte Getrieberäder
Kupplung	Mehrscheiben-Nasskupplung
Getriebe	6 Gänge
Sekundärantrieb	O-Dichtring-Kette

GEWICHTE UND ABMESSUNGEN

Tankvolumen	19,5 l
Trockengewicht	140 kg
Gewichtsverteilung	
- vorne	keine Angabe des Herstellers
- hinten	keine Angabe des Herstellers
Radstand	1365 mm
Gesamtlänge	1980 mm
Gesamtbreite	710 mm
Gesamthöhe	1090 mm
Sitzhöhe	790 mm

FAHRWERK

Rahmen	Brückenrahmen aus einer Aluminium-Magnesium-Legierung
Lenkkopfwinkel/Nachlauf	25°/102 mm
Vorderradaufhängung	41-mm-Showa-Upside-Down-Teleskopgabel
Federweg	120 mm
Einstellbarkeit	Federvorspannung, Druck- und Zugstufendämpfung
Hinterradaufhängung	Sachs-Boge-Monofederbein
Federweg	130 mm
Einstellbarkeit	Federvorspannung, Sitzhöhe, Druck- und Zugstufendämpfung
Reifen	
- Marke	Dunlop
- vorne	120/60 x ZR17
- hinten	150/60 x ZR17
Bremsen	
- Marke	Brembo
- vorne	2 halb schwimmend gelagerte 298-mm-Stahlbremsscheiben, Bremszangen mit 4 gegenüberliegenden Kolben
- hinten	220-mm-Stahlbremsscheibe, Bremszange mit 2 gegenüberliegenden Kolben

aprilia PEGASO 650

Der Tank hat ein Fassungsvermögen von 22 l, inklusive 5 l Reserve.

Kupplung
Die Aprilia Pegaso 650 ist mit einer Mehrscheiben-Nasskupplung ausgerüstet. Der Kupplungshebel am Lenker ist leicht zu bedienen.

Auspuffanlage
Die beiden unter dem Sitz angeordneten Schalldämpfer sorgen für eine schlanke Optik des Hecks.

Getriebe
Über eine Kette treibt ein 5-Gang-Getriebe das 130er-Hinterrad an.

PEGASO 650

Die Pegaso ist Aprilias erster Auftritt im Bereich der beliebten Kategorie der mittelschweren Enduros. Die Leistung der Pegaso im Offroad-Bereich ist zwar begrenzt, aber diese Maschine ist ein großartiger Allrounder und eignet sich auch aufgrund ihres Stylings für Fahrten auf der Straße und auf Feldwegen. Es macht Spaß, sie zu fahren, außerdem ist sie günstig und fahrerfreundlich.

Vorderbremse
Sie besteht aus einem Doppel-Kolben-Schwimmsattel und einer 300-mm-Bremsscheibe. Die Kolben haben unterschiedliche Durchmesser (30 und 32 mm).

Hinterradaufhängung
Monofederbein mit 135 mm Federweg.

Gepäcksysteme, die als Zubehör erhältlich sind, machen die Pegaso zu einem ordentlichen Mittelstrecken-Tourer.

Die Pegaso hat einen Aluminium-Brückenrahmen mit einem stahlverstärkten Vorderteil zur Ölaufbewahrung.

Vorderradaufhängung
Die Pegaso hat eine 40-mm-Upside-Down-Teleskopgabel mit 180 mm Federweg.

Motor
Der 651,8-ccm-1-Zylinder-Motor hat eine Ausgleichswelle, eine Wasserkühlung, 2 oben liegende Nockenwellen, 3 Einlassventile, 2 Auslassventile und einen legierten Zylinder mit einer widerstandsfähigen, gilnisilbeschichteten Zylinderlaufbahn. Das Verdichtungsverhältnis liegt bei 9,1 : 1, Bohrung und Hub betragen 100 x 83 mm.

aprilia RSV Mille

Aprilia hat sich für eine Trockensumpf- statt für eine Nasssumpfschmierung entschieden, um eine rigidere, kompaktere Maschine herstellen zu können.

Die 320-mm-Doppelscheibe wird von Bremsbelägen gepackt, die durch Brembo-Bremszangen mit 4 gegenüberliegenden Kolben gesteuert werden. Obwohl sie anfänglich wenig Biss haben, verfügen die Bremszangen, die mit 30- und 34-mm-Kolben arbeiten, über eine enorme Bremskraft. Das ergaben unsere telemetrischen Messwerte beim Leistungstest.

Zündung
Sie erfolgt digital-elektronisch. Die elektrische Ladung wird über zwei Zündkerzen pro Zylinder zu jeder Verbrennungskammer geleitet, so dass die Verbrennung fast vollständig sauber abläuft.

Kupplung
Die extremen Motorbremskräfte, die bei der Geschwindigkeitsreduzierung und beim Herunterschalten in einem leistungsstarken Doppelzylinder auftreten, führen dazu, dass das Hinterrad blockiert. Daher entwickelte Aprilia eine Servokupplung, die „rutscht“, wenn große Kräfte auftreten, so dass das potenzielle Problem vermieden wird. Dies funktioniert mithilfe einer Kammer, in die Luft durch Luftführungen neben der Kupplungsanlage geleitet wird. Wenn die Geschwindigkeit reduziert wird, sinkt der Luftdruck in der Kammer ab und vermindert somit die Last auf der Kupplungsfeder, so dass die Scheiben „rutschen“ können.

Kraftstoffaufbereitung
An der elektronischen Benzineinspritzung mit 51-mm-Drosselklappen wurde bei der Herstellung in letzter Minute noch besonders gefeilt, da man sicherstellen wollte, dass die Kraftentfaltung nahtlos, aber nicht zu plötzlich abläuft. Das Ergebnis ist sehr ausgeglichen und ähnelt einem Motorrad mit einem guten Vergasersystem.

Gabel
Bei der 43-mm-Showa-USD-Gabel lassen sich Federvorspannung sowie Druck- und Zugstufendämpfung einstellen. Der Federweg beträgt 120 mm.

Hinterradbremse
Eine 220-mm-Scheibe wird von Bremsbelägen gepackt, die durch eine Brembo-2-Kolben-Bremszange mit gegenüberliegenden 30-mm-Kolben gesteuert werden.

RSV MILLE

Aprilias RSV Mille wurde eine beträchtliche Zeit sehnsüchtig erwartet. Aber der italienische Hersteller hatte die richtige Idee. Bevor er das erste Superbike auf den Markt brachte, sollte die Macchina perfekt sein. Und sie hat die Erwartungen überaus erfüllt. Eine Höchstgeschwindigkeit von 268 km/h, kraftvolle Bremsen und ein Chassis, das gleichzeitig stabil, aber auch beweglich im Gelände und auf der Straße ist, zeigen, dass man dieses Motorrad nicht unterschätzen sollte.

Reifen
Der vordere hat ein Standardmaß von 120/70 x ZR17, der hintere ist mit 190/50 x ZR17 größer.

Hinterradaufhängung
Beim hinteren Monofederbein kann m
Federvorspannung, die Sitzhöhe sowi
Druck- und Zugstufendämpfung einst
Es hat eine maximale Bohrung von 5(
und lässt zusammen mit der Schwing
einer Aluminiumlegierung einen Fede
von 135 mm zu.

Aprilia wollte das Gewicht leicht halten und entwickelte daher ein 2-1-System, das kleiner und weniger schwer ist als die üblichen 2-2-Systeme. Die Leistung wird dadurch allerdings nicht geschmälert; der Auspuff hat immer noch ein Volumen von über 9 l. Er besteht aus langlebigem Edelstahl.

Das Aluminium-Brückenrahmen-Chassis war das erste Element, das Aprilia entwickelte. Hier brachte das Unternehmen seine Grand-Prix-Erfahrung deutlich ein. Es weigerte sich hartnäckig, Kompromisse beim Design zu machen, und zwang seine Ingenieure, den Motor sowie alle anderen Teile um das Chassis herumzubauen, und nicht umgekehrt.

Tank
Er hat ein nützliches Fassungsvermögen von 20 l, wirkt aber nicht aufdringlich.

Scheinwerfer
Das Design aus drei Scheinwerfern macht die Aprilia von vorne sofort eindeutig erkennbar. Die Form ist zum Teil das Ergebnis intensiver Tests zur Aerodynamik im Windkanal.

Stauraum
Unter dem Sitz ist gerade genügend Platz für ein Bügelschloss.

Motor
Er stellt sich mit seiner 60°-Anordnung dem Trend der 90°-V2-Zylinder entgegen. Da Aprilias Ingenieure Chassis, Geometrie und Handling perfektionieren wollten und hier keine Kompromisse machten, stellten sie fest, dass ein Motor mit dem üblichen Design einfach nicht genug Platz hatte, und entwickelten daher konsequent ihr eigenes Design.

Räder
Die Brembo-Aluminium-Felgen sind vorne 89 mm und hinten 152 mm breit. Sie sind mit fünf Streben versehen.

aprilia RSV Mille

Technische Daten

Es ist kaum zu glauben, dass die Mille Aprilias erster leistungsstarker Supersportler für die Straße ist. Sie ist von Grund auf so gut durchdacht, dass sogar große Zyniker erstaunt waren. Das Geheimnis des großartigen Handlings besteht darin, dass das Chassis zuerst entwickelt wurde – und erst danach mit allen weiteren Elementen ergänzt wurde. Aprilia sah keinen Sinn darin, eine überaus leistungsstarke Maschine zu entwickeln, wenn diese nicht bestmöglich reagiert. Das Resultat beweist, dass sie Recht hatten.

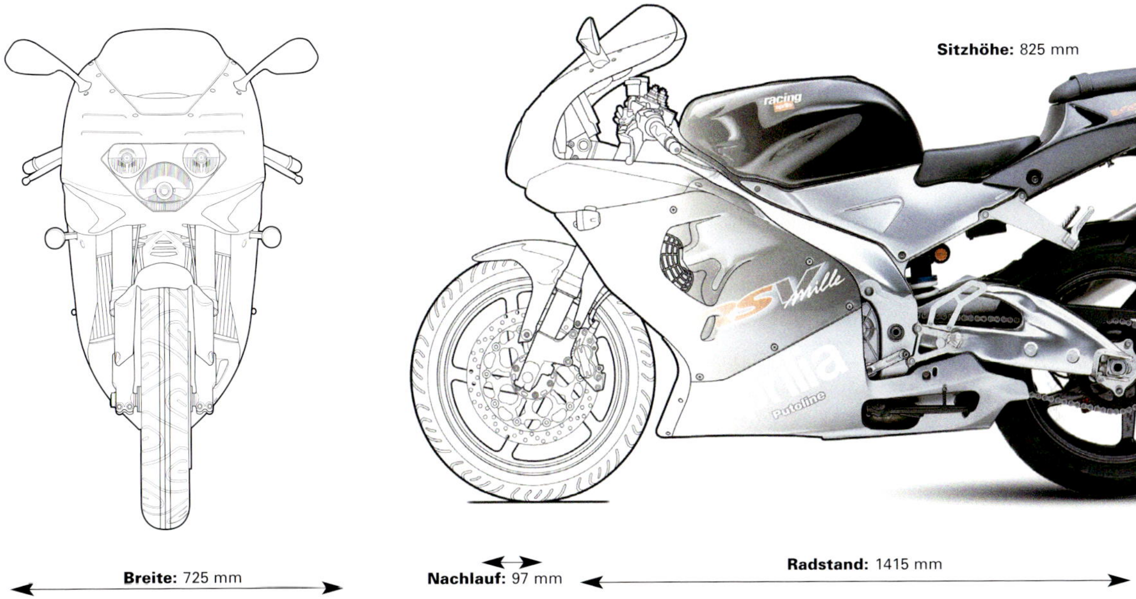

MOTOR

Typ	4-Takt-Motor
Bauart	DOHC 60°-2-Zylinder-V-Motor
Hubraum	997,62 ccm
Bohrung	97 mm
Hub	67,5 mm
Verdichtungsverhältnis	11,4 : 1
Ventile	4 pro Zylinder
Kraftstoffaufbereitung	Benzineinspritzung, 51-mm-Drosselklappe
Zündung	digital-elektronisch
Kühlung	flüssigkeitsgekühlt; Doppelkühler
Nennleistung	83,5 kW (112 PS) bei 9250/min
Maximales Drehmoment	97,1 Nm bei 7250/min

MOTORLEISTUNG

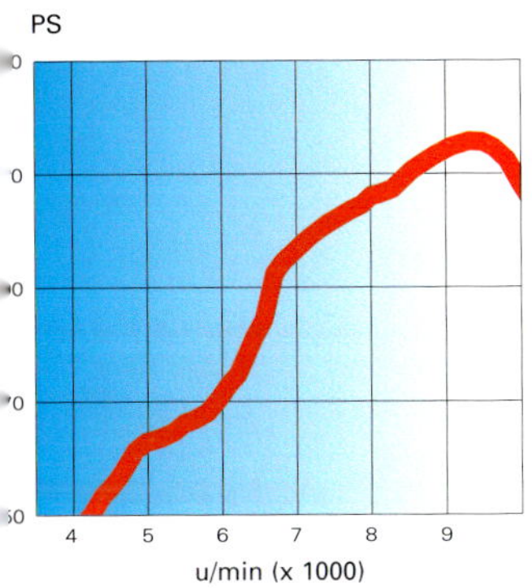

Unabhängige Testmessungen (s. o.) weichen von den Angaben des Herstellers ab.

KRAFTÜBERTRAGUNG

Primärantrieb	Getrieberäder
Kupplung	Mehrscheiben-Nasskupplung mit Schiebelastautomatik
Getriebe	6 Gänge
Sekundärantrieb	Kette

GEWICHTE UND ABMESSUNGEN

Tankvolumen	20 l
Trockengewicht	189 kg
Gewichtsverteilung	
- vorne	49,2 %
- hinten	50,8 %
Radstand	1415 mm
Gesamtlänge	2070 mm
Gesamtbreite	725 mm
Gesamthöhe	1180 mm
Sitzhöhe	825 mm

FAHRWERK

Rahmen	Aluminium-Brückenrahmen
Lenkkopfwinkel/Nachlauf	24,5°/97 mm
Vorderradaufhängung	43-mm-Showa-Upside-Down-Telegabel
Federweg	120 mm
Einstellbarkeit	Federvorspannung sowie Druck- und Zugstufendämpfung
Hinterradaufhängung	Monofederbein mit 50 mm Durchmesser
Federweg	135 mm
Einstellbarkeit	Sitzhöhe, Federvorspannung sowie Druck- und Zugstufendämpfung
Reifen	
- Marke	Michelin Hi-Sports
- vorne	120/70 x ZR17
- hinten	190/50 x ZR17
Bremsen	
- Marke	Brembo
- vorne	schwimmend gelagerte 320-mm-Doppelscheibe, 4-Kolben-Bremszange mit gegenüberliegenden 34- und 30-mm-Kolben
- hinten	220-mm-Stahlscheibe, 2-Kolben-Bremszange

aprilia SL1000 FALCO

Beifahrersitz
Der Soziussitz sieht etwas gewagt aus, wenn man die Abdeckung entfernt und die Position der Fußrasten sowie das dünne Sitzpolster sieht.

Hinterradaufhängung
Beim Sachs-Federbein sind Federvorspannung und Zugstufendämpfung hydraulisch einstellbar. Es ist mit einem APS-Umlenksystem verbunden und bietet am Ende der Schwinge einen Federweg von 130 mm.

SL1000 FALCO

Die Aprilia Falco kam 1999 als gemäßigteres Motorrad auf den Markt – für alle diejenigen, die keine reine Rennmaschine fahren wollten. Die Halbverkleidung zeigt deutlich, dass diese Maschine zwei Welten angehört: der Welt der Rennmaschinen und der Welt der Wochenendtourer. Und überraschenderweise scheint sie im Gegensatz zu anderen hochgezüchteten Bikes, die kläglich gescheitert sind, erfolgreich zu sein. Lediglich die Honda VFR ist eine weitere Ausnahme.

Vorderradaufhängung
Die 43-mm-Showa-USD-Gabel ist voll einstellbar. Sie hat einen Federweg von 120 mm. Sogar bei großen Unebenheiten hat sie ein ausgezeichnetes Ansprechverhalten und dämpft gemeine Löcher in der Straße bestens ab.

Sitz
Wenn Sie einen breiten und komfortablen Wochenendtourer haben möchten, werden Sie enttäuscht sein. Man sitzt zwar nicht wie auf einer Rasierklinge, aber eine Tour von 480 km ist das Maximum.

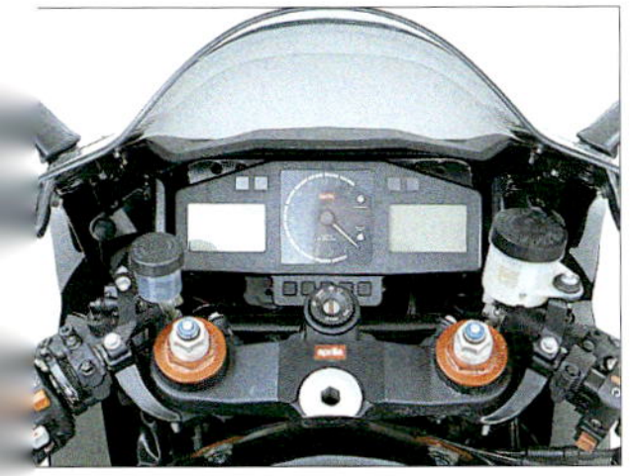

Die Instrumente sind schön angeordnet und gut lesbar. Sie sind zwar ebenso wenig wie die Schalthebel von einem italienischen Design-Flair geprägt, aber sie funktionieren sehr gut.

Motor
Ein 60°-V2-Motor, der vom größeren Bruder RSV Mille übernommen wurde, treibt die SL1000 Falco an. Allerdings wurde er gründlich überarbeitet, um weniger Kraft und ein höheres Drehmoment zu erzielen. Aber täuschen Sie sich nicht: Dieser Motor ist ganz anders als bei der RSV Mille und wurde sehr sorgsam entwickelt.

Farben
Das Motorrad ist in einem eigenartigen Orangeton sowie in Grau erhältlich – das ist nicht sehr inspirierend. Aber es sollte eine repektablere Version der RSV Mille sein, daher benötigt es die rotschwarze Rennfarbe seiner Vorfahren nicht.

Schwinge
Sie ist am hinteren Ende rennstilähnlich ausgerüstet, damit die Maschine leichter angehoben und der Reifen unproblematisch gewechselt werden kann. Die Schwinge ist eine nette Erinnerung an die Herkunft dieses Motorrads.

Bremsen
Die Vorderbremse ist ausgezeichnet und benötigt nur die leiseste Berührung, um die Falco wieder herunterzuholen. Die goldfarbenen Brembo-Bremszangen haben ein radikales Design. Sie sind mit Kolben unterschiedlicher Größe ausgestattet, um den Druck der Bremsbeläge optimal zu platzieren.

Verkleidung
Die Maschine hat eine Dreiviertel-Verkleidung, so dass ein großer Teil des Rahmens sichtbar bleibt. Von vorne signalisieren das Ram-Air-System und der elegante Dreifachscheinwerfer „Aus der Bahn!"; von hinten signalisiert die Maschine „Vor dem Überholen bitte blinken!".

aprilia SL1000 FALCO

Technische Daten

Aprilias multi-talentierte Falco wird von manchen als schwächerer Cousin der hochklassigen Mille gesehen. Aber die SL1000 hat ihren eigenen Charakter, und wie die Übersicht zeigt, sind bei ihre keine Sparmaßnahmen zu erkennen. Man bekommt hier ein Motorrad mit einem Motor, der ein direkter Abkömmling der Maschine der Mille ist, sowie einem wunderbaren Styling – sehen Sie sich nur einmal den exponierten Leichtmetall-Brückenrahmen mit den Doppelstreben an und testen Sie das ausgezeichnete Handling. Es ist eine reine Freude!

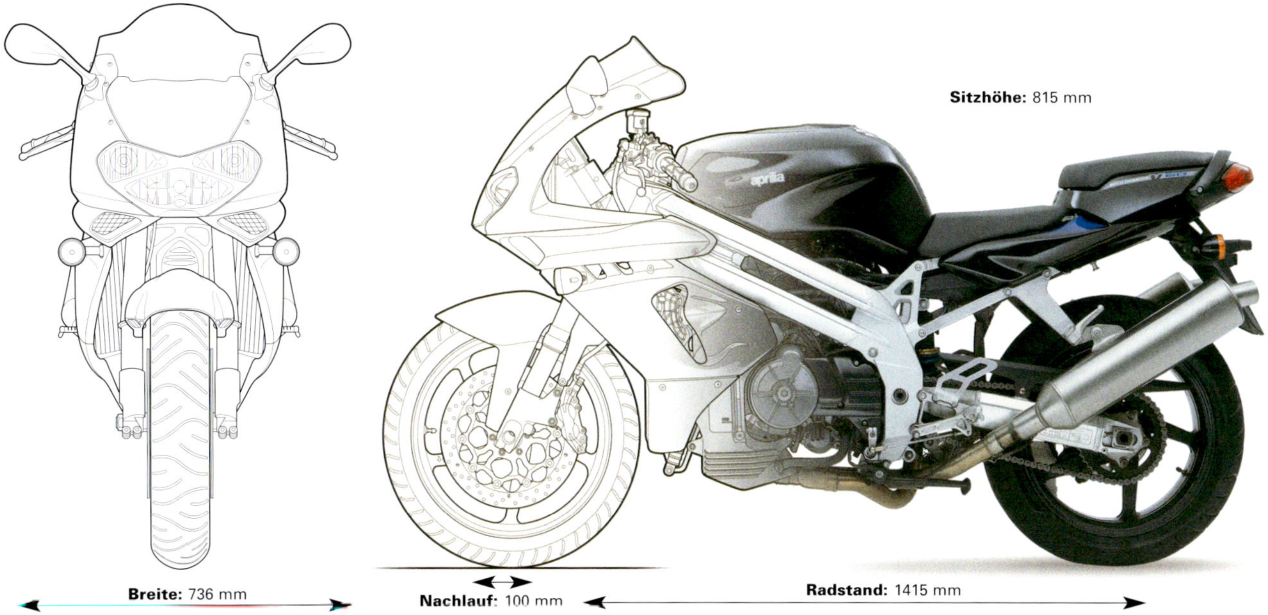

MOTOR

Typ	4-Takt-Motor
Bauart	60°-2-Zylinder-V-Motor
Hubraum	997 ccm
Bohrung	97 mm
Hub	67,5 mm
Verdichtungsverhältnis	10,8 : 1
Ventile	4 pro Zylinder
Kraftstoffaufbereitung	indirekte Mehrpunkteinspritzung
Zündung	digital
Kühlung	flüssigkeitsgekühlt
Nennleistung	79 kW (105,7 PS) bei 9100/min
Maximales Drehmoment	90,3 Nm bei 7000/min

KRAFTÜBERTRAGUNG

Primärantrieb	Getrieberäder
Kupplung	Mehrscheiben-Nasskupplung
Getriebe	6 Gänge
Sekundärantrieb	Kette

GEWICHTE UND ABMESSUNGEN

Tankvolumen	21 l
Trockengewicht	190 kg
Gewichtsverteilung	
- vorne	49 %
- hinten	51 %
Radstand	1415 mm
Gesamtlänge	2050 mm
Gesamtbreite	736 mm
Gesamthöhe	1210 mm
Sitzhöhe	815 mm

FAHRWERK

Rahmen	Brückenrahmen mit Doppelstreben aus einer Aluminium-Magnesium-Legierung
Lenkkopfwinkel/Nachlauf	24,5°/100 mm
Vorderradaufhängung	43-mm-Showa-Upside-Down-Gabel
Federweg	120 mm
Einstellbarkeit	Federvorspannung sowie Druck- und Zugstufendämpfung
Hinterradaufhängung	hydraulischer Sachs-Stoßdämpfer
Federweg	130 mm
Einstellbarkeit	Federvorspannung sowie Zugstufendämpfung
Reifen	
- Marke	keine Angabe des Herstellers
- vorne	120/70 ZR17
- hinten	180/55 ZR17
Bremsen	
- Marke	keine Angabe des Herstellers
- vorne	schwimmend gelagerte 320-mm-Doppelscheibe, 4-Kolben-Bremszange
- hinten	220-mm-Einscheibenbremse, 2-Kolben-Bremszange

bimota SB7

Das Getriebe hat sechs Gänge. Der Endantrieb erfolgt über eine Kette und ein Kettenblatt.

Verkleidung
Die Verkleidung der Bimota besteht aus mit Fiberglas verstärktem Carbon. Dies trägt zur Gewichtsreduzierung der Maschine bei.

Vordergabel
Die Kombination der traditionellen 46-mm-Gabel mit einer separaten hydraulischen Cartridge führt zu überdurchschnittlich guten Dämpfungseigenschaften.

Vorderbremse
Die schwimmend gelagerte 320-mm-Doppelbremsscheibe aus Gusseisen statt aus dem üblicheren Edelstahl und die 4-Kolben-Bremszangen der „goldenen Serie" von Brembo sorgen für die Bremskraft der SB7.

Hinterradaufhängung
Beim Öhlins-Federbein lassen sich Druck- und Zugstufe einstellen. Auch die Federvorspannung ist verstellbar, um – je nach Wunsch des Fahrers – mehr Stabilität oder ein besseres Feedback zu erhalten.

Hinterradbremse
Die Brembo-Einscheibenbremse ist nur 210 mm groß, da eine größere Scheibe nach Meinung des Herstellers dazu führen könnte, dass das Hinterrad blockiert.

Auspuffsystem
Das 4-1-2-Edelstahl-Auspuffsystem hat zwei Schalldämpfer aus einer Aluminiumlegierung. Optional kann es mit einem Katalysator ausgestattet werden.

SB7

Die SB7 ist eine der selteneren Bimotas. Sie wird von einem Suzuki-GSXR750-RSP-Motor angetrieben. In Kombination mit dem leichten Chassis entstand so eine großartige Maschine. Aufgrund der eng beieinander liegenden Gänge bietet sie sich zwar nicht gerade für Stadtfahrten an, aber mit ihr auf der Autobahn entlangzuschießen, macht das mehr als wett. Schade, dass es so wenige davon auf der Straße gibt.

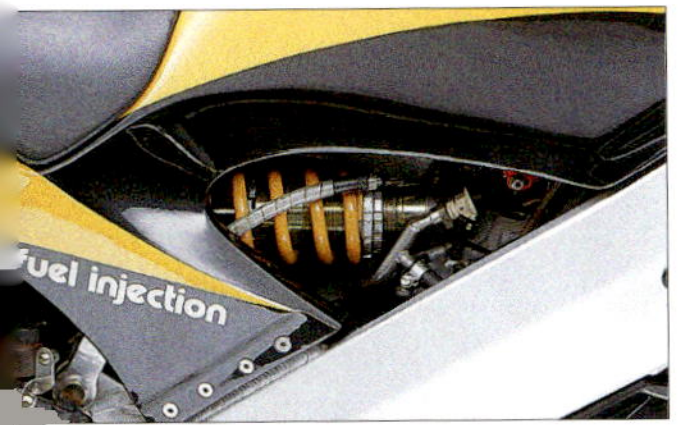

Zündung und Benzineinspritzung werden über ein gemeinsames elektronisches System gesteuert, da man mit möglichst wenig Platz auskommen und ein minimales Gewicht erzielen wollte. Gleichzeitig sollte eine perfekte Leistung bei sehr hohen Drehzahlen erreicht werden.

Die runden Doppelscheinwerfer waren ein Markenzeichen der SB7 und wurden auch bei ihren Verwandten, der SB6 und der SB6R, verwendet.

Der Aluminium-Brückenrahmen ist bei vielen Bimotas zu finden und erfüllt seine Aufgaben gut – durch die Kombination des leichten Chassis mit dem Suzuki-Motor wird eine enorme Leistung erzielt.

Tank
Der schön geformte, geräumige Tank bildet eine Einheit mit dem Fahrersitz. Ein weiteres Element, das möglichst gewichtssparend entwickelt wurde.

Heck-Hilfsrahmen
Ursprünglich wurde ein Hilfsrahmen verwendet, um das Gewicht des Fahrers und der Heckverkleidung zu tragen, aber bei der SB7 hat man ihn vollständig entfernt – was durch die Verwendung der Carbonverkleidung möglich wurde, die sich selbst trägt.

Motor
Das Herz dieses Monstrums ist japanischen Ursprungs. Der Motor wurde ursprünglich bei der GSX-R750 RSP von Suzuki verwendet. Es handelt sich um einen wassergekühlten Reihen-4-Zylinder-4-Takt-Motor mit vier Ventilen pro Zylinder.

Räder
Als Standardreifen werden 3-Speichen-Gussräder verwendet. Vorne ist ein Michelin-High-Sport-Reifen mit einer Größe von 120/60 ZR17 aufgezogen, hinten ist es ein 180/55 ZR17 der gleichen Marke.

bimota SB7

Technische Daten

Die SB7 war ein Motorrad, mit dem Bimota sich wieder einen Spitzenplatz sichern wollte. Dazu gehörte eine besondere Rennversion des hochgelobten GSX-R750-4-Zylinder-Motors von Suzuki, der von Suzukis eigener Homologationsmaschine, der GSX-R750SP, stammte. Er wurde in Bimotas eigenen speziellen Aluminium-Brückenrahmen eingesetzt, der eine neue gerade Linienführung hatte, bei der die Streben direkt nach unten zur Schwinge führten. Aufgrund der Verwendung einer exotischen leichten Carbonsitzeinheit konnte man beim Heck auf einen Hilfsrahmen verzichten. Zudem ist die Batterie weit vorne untergebracht, so dass die Gewichtsverteilung vorne 55 % beträgt, was selbst für Rennmaschinen ungewöhnlich ist.

MOTOR

Typ	4-Takt-Motor
Bauart	Reihen-4-Zylinder
Hubraum	749 ccm
Bohrung	70 mm
Hub	48,7 mm
Verdichtungsverhältnis	12 : 1
Ventile	4 pro Zylinder
Kraftstoffaufbereitung	Weber-Marelli-Benzineinspritzung
Zündung	computergesteuertes Motormanagement
Kühlung	flüssigkeitsgekühlt
Nennleistung	73,2 kW (99,5 PS) bei 11800/min
Maximales Drehmoment	64,8 Nm bei 7800/min

MOTORLEISTUNG

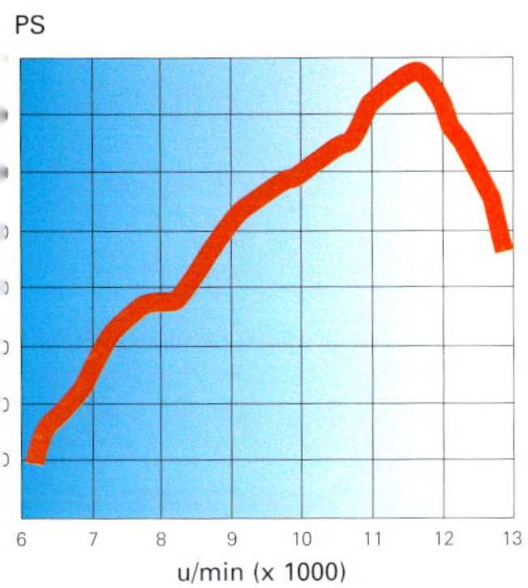

Unabhängige Testmessungen (s. o.) weichen von den Angaben des Herstellers ab.

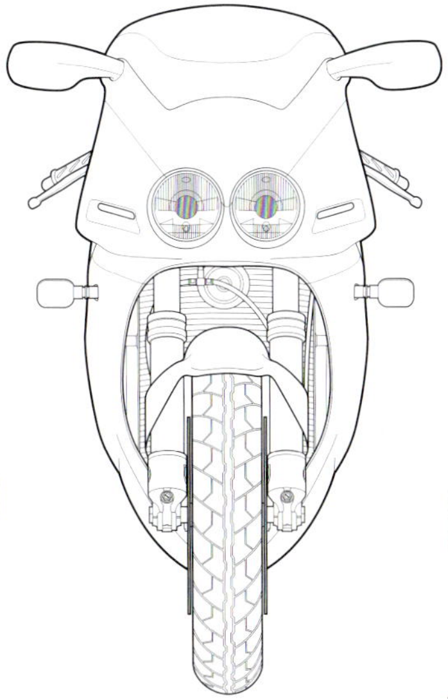

Breite: 730 mm

Radstand: 1390 mm

KRAFTÜBERTRAGUNG

Primärantrieb	Getrieberäder
Kupplung	Mehrscheiben-Nasskupplung
Getriebe	6 Gänge
Sekundärantrieb	O-Ring-Kette

GEWICHTE UND ABMESSUNGEN

Tankvolumen	16 l
Trockengewicht	170 kg
Gewichtsverteilung	
- vorne	55 %
- hinten	45 %
Radstand	1390 mm
Gesamtlänge	1990 mm
Gesamtbreite	730 mm
Gesamthöhe	1060 mm
Sitzhöhe	790 mm

FAHRWERK

Rahmen	Aluminium-Brückenrahmen
Lenkkopfwinkel/Nachlauf	beide variabel
Vorderradaufhängung	46–mm-Teleskopgabel
Federweg	270 mm
Einstellbarkeit	Federvorspannung sowie Druck- und Zugstufendämpfung
Hinterradaufhängung	progressiv wirkendes Monofederbein
Federweg	300 mm
Einstellbarkeit	Fahrhöhe, Federvorspannung sowie Druck- und Zugstufendämpfung
Reifen	
- Marke	Michelin/Bridgestone
- vorne	120/60 x 17
- hinten	180/55 x 17
Bremsen	
- Marke	Brembo
- vorne	320-mm-Doppelscheibe, 4-Kolben-Bremszangen
- hinten	230-mm-Stahlscheibe, 2-Kolben-Bremszange

bimota YB8

Der Sitz ist breit und flach und somit für die meisten bequem genug. Auch Menschen kleinerer Größe kommen gut zurecht.

Cockpit
Es mag ja alles vorhanden sein, was man braucht, aber die Instrumente sind schlecht lesbar, und manche finden sie, wie die Maschine insgesamt, geschmacklos.

Scheinwerfer
Die beiden Scheinwerfer sitzen hübsch in der geformten Verkleidung und verleihen der Frontseite ein sehr nobles Aussehen (obwohl einige sagen, es sei veraltet).

Verkleidung
Sie ist sogar heute noch schön anzuschauen. Die Vollverkleidung geht nahtlos in den Tank über.

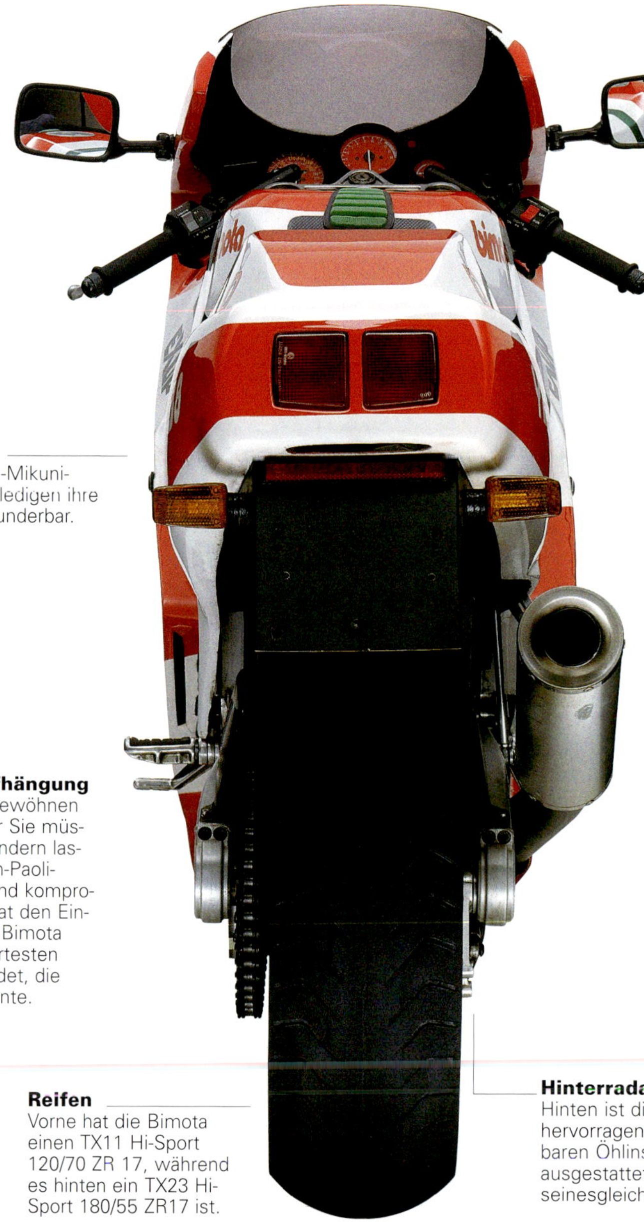

Vergaser
Vier 38-mm-Mikuni-Vergaser erledigen ihre Aufgabe wunderbar.

Vorderradaufhängung
Entweder Sie gewöhnen sich daran, oder Sie müssen etwas verändern lassen. Die 46-mm-Paoli-Gabel ist hart und kompromisslos. Man hat den Eindruck, als habe Bimota bewusst die härtesten Federn verwendet, die man finden konnte.

YB8

Weltweit gibt es nicht einmal tausend von diesen Maschinen, aber das hat Bimota sich selbst zuzuschreiben. Bei der Markteinführung 1991 war der Preis einfach jenseits von Gut und Böse, selbst für eine handgefertigte Bimota. Nichtsdestotrotz gilt, dass man hier eine ganz besondere Maschine bekommt, die sogar heute noch viele andere Motorräder in den Schatten stellt. Es ist eine unglaublich beeindruckende und leistungsstarke Maschine. Eine YB8 zu fahren wäre daher nicht das Schlechteste.

Reifen
Vorne hat die Bimota einen TX11 Hi-Sport 120/70 ZR 17, während es hinten ein TX23 Hi-Sport 180/55 ZR17 ist.

Hinterradaufhängung
Hinten ist die YB8 mit einem hervorragenden voll einstellbaren Öhlins-Monofederbein ausgestattet, das vorne leider seinesgleichen sucht.

Die Instrumente haben eine weiße Schrift auf rotem Hintergrund. Das ist sicherlich anders als bei den meisten Supersportlern, egal ob alt oder neu.

Der kurze hintere Hilfsrahmen sieht ungewöhlich aus und trägt zur Gewichtsreduzierung bei. Zusammen mit den leichten Hauptstreben beschert dies der YB8 ein ausgezeichnetes Kraft-Gewichtsverhältnis.

Der rechteckige Alu-Brückenrahmen stammt natürlich von Bimota selbst und verdient Bewunderung, vor allem, weil er so leicht ist, dass die Maschine bei einem Radstand von 1420 mm ein Trockengewicht von nur 185 kg erzielt. Die Kombination des leichten Chassis und des EXUP-Motors verleiht dieser Maschine ihre beeindruckende Kraft.

Tank
14 l passen hier hinein, und obwohl der Tank gut aussieht, hat er einen Verschluss, der sich so schwer aufdrehen lässt, dass man sich leicht dabei verletzen kann.

Sitz
Der Einzelsitz hat eine Höhe von 790 mm, so dass jeder es mal mit dieser Maschine versuchen könnte.

Bremsen
Die 230-mm-Einscheibenbremse mit der 2-Kolben-Brembo-Bremszange am Hinterrad bietet eine ausgezeichnete Bremskraft, wenn sie zusammen mit der vorderen Doppelscheibenbremse betätigt wird.

Motor
Die Bimota hat den bewährten Yamaha-EXUP-Motor. Der Reihen-4-Zylinder-DOHC-Motor hat 1002 ccm, ist wassergekühlt und hat eine Bohrung von 75,5 mm und einen Hub von 56 mm.

Getriebe
Das 5-Gang-Getriebe arbeitet gut, ohne unangenehme Schaltschläge. Das Verdichtungsverhältnis beträgt 12,1 : 1.

bimota YB8

Technische Daten

Die YB8 ist ein Beispiel dafür, was Bimota am besten kann – einen japanischen Top-Motor zu verwenden und ihn in ein handgefertigtes, leichtes und kompromissloses Chassis zu setzen, das nur einen Sitz hat und das einzig und allein dafür entwickelt wurde, sehr schnell zu fahren. Die Motorkraft der Furano ist dem herausragenden FZR1000-EXUP-Motor von Yamaha zu verdanken, der statt mit dem ursprünglichen Vergaser mit einer Weber-Marelli-Einspritzanlage ausgestattet ist, um Bimotas speziellen Bedürfnissen zu entsprechen. Optimistisch gibt Bimota eine Leistung von 122 kW (164 PS) an, aber wir haben einen Wert von immer noch respektablen 104 kW ermittelt, die unter der Verkleidung lauern. Immer noch mehr als genug ...

MOTOR

Typ	4-Takt-Motor
Bauart	DOHC-Reihen-4-Zylinder
Hubraum	1002 ccm
Bohrung	75,5 mm
Hub	56 mm
Verdichtungsverhältnis	12 : 1
Ventile	5 pro Zylinder
Kraftstoffaufbereitung	Weber-Marelli-Einspritzanlage
Zündung	digitale Weber-Marelli-Zündung
Kühlung	flüssigkeitsgekühlt
Nennleistung	104 kW (139 PS) bei 10350/min
Maximales Drehmoment	97,6 Nm bei 9300/min

KRAFTÜBERTRAGUNG

Primärantrieb	Getrieberäder
Kupplung	Mehrscheiben-Nasskupplung
Getriebe	5 Gänge
Sekundärantrieb	O-Ring-Kette

GEWICHTE UND ABMESSUNGEN

Tankvolumen	17 l
Trockengewicht	180 kg
Gewichtsverteilung	
- vorne	keine Angabe des Herstellers
- hinten	keine Angabe des Herstellers
Radstand	1420 mm
Gesamtlänge	2095 mm
Gesamtbreite	710 mm
Gesamthöhe	960 mm
Sitzhöhe	790 mm

FAHRWERK

Rahmen	Aluminium-Brückenrahmen
Lenkkopfwinkel/Nachlauf	24,5°/95 mm
Vorderradaufhängung	43-mm-Upside-Down-Teleskopgabel
Federweg	112 mm
Einstellbarkeit	Federvorspannung sowie Druck- und Zugstufendämpfung
Hinterradaufhängung	progressiv wirkendes Monofederbein
Federweg	110 mm
Einstellbarkeit	Federvorspannung sowie Druck- und Zugstufendämpfung
Reifen	
- vorne	120/70 x 17
- hinten	180/55 x 17
Bremsen	
- vorne	320-mm-Doppelscheibe, 4-Kolben-Bremszangen
- hinten	230-mm-Einscheibenbremse, 2-Kolben-Bremszange

bimota SB6R

Ihr Motor mag ja von Suzuki stammen, aber der Rahmen ist natürlich von Bimota selbst hergestellt. Mit seinen beiden Aluminiumstreben, die sich eng an die Seiten der Maschine schmiegen, ist er offensichtlich anders als alle Rahmen, die man sonst zu sehen bekommt. Italienische Exotik? Mit Sicherheit! Aber gehört die Maschine zu Bimotas gelungensten Exemplaren? Das müssen Sie für sich selbst entscheiden. Die Frage ist, was Sie von einem Motorrad erwarten.

SB6R

Lenker
Auf der rechten Seite befinden sich der Motorstoppschalter, der elektronische Startknopf, der Lichtschalter für die Positionen An/Aus/Standlicht sowie der 4-fach verstellbare Bremshebel, den der Fahrer der Größe seiner Handspanne anpassen kann.

Verkleidung
Hier ist die gestreckt wirkende Form des traditionellen Bimotastils erkennbar. Die Verkleidung liegt eng am Rahmen an, so dass der breite Brückenrahmen aus Aluminium auf effektvolle Weise ganz sichtbar bleibt.

Reifen
Der Standardreifen ist der Michelin Hi-Sport; vorne ist es ein 120/70 x ZR17, hinten ein 190/50 x ZR17.

Cockpit
Es enthält einen 298-km/h-Tacho, einen Drehzahlmesser mit 13000/min – die rote Markierung befindet sich bei 11500/min –, Kontrollleuchten für Benzin, Leerlauf, Öldruck, Blinker und Fernlicht sowie eine per Knopfdruck umschaltbare digitale Wassertemperatur-/Tages- und Gesamtkilometeranzeige. Die Drehzahlgrenze liegt bei 12000/min. Ist sie erreicht, schaltet sich ein Drehzahlbegrenzer ein.

Spiegel
Sie sind zu eng und zu klein, um wirklich nützlich zu sein.

Scheinwerfer
Der Doppelscheinwerfer liegt unter einer Abdeckung und bietet genug Licht für Nachtfahrten. Nur ein Scheinwerfer lässt sich als Abblendlicht verwenden.

Kettenschutz
Er ist sehr weit ausgeschnitten, so dass die Ferse des Fahrers die Kette berühren kann.

Die Vorderbremse besteht aus einer 320-mm-Stahl-Doppelscheibe, die von Brembo-Bremszangen mit vier gegenüberliegenden Kolben gepackt werden.

Lenker
An der linken Lenkerseite befinden sich unter anderem die Schalter für Abblend- und Fernlicht, Blinker und Hupe, der Choke sowie der 4-fach einstellbare hydraulische Kupplungshebel.

Carbon
Dieses Material wurde für den Hinterrad-Spritz- und Kettenschutz, den vorderen Spritzschutz sowie für Teile der Heckverkleidung verwendet.

Das 4-2-1-2-System wurde entwickelt, um eine große Leistung bei hohen Drehzahlen zu erreichen. Es hat kürzere abwärts verlaufende Rohre als der Vorgänger, die SB6. Pluspunkte beim Styling erzielen die beiden unter der Sitzbank verlegten Schalldämpfer, wenn ihre Form auch nicht jedermanns Geschmack ist.

Beim Hinterrad packt eine 2-Kolben-Brembo-Bremszange eine 230-mm-Singlescheibe.

Der massive Brückenrahmen aus Aluminiumplatten ist ultrastabil und verwindungssteif. Ungewöhnlich ist allerdings, dass dieser Einsitzer keinen Hilfsrahmen hat. Die sich verjüngende Schwinge (10 mm länger als bei der Vorgängerin, der SB6) ist ein optisches Kunstwerk.

Motor
Er wurde von der letzten Inkarnation des Suzuki-GSX-R1100 übernommen und hat 1074 ccm, eine Bohrung von 75,5 mm, einen Hub von 60 mm, ein Verdichtungsverhältnis von 11,2 : 1 sowie vier Ventile pro Zylinder. Der DOHC-Reihen-4-Zylinder erbringt eine etwas andere Leistung als der alte GSX-R, da er eine von Bimota gefertigte riesige Airbox und ein anderes Auspuffsystem hat.

Tank
Der riesige 22-l-Tank besteht aus gehärtetem Plastik, um das Gewicht zu reduzieren.

Sitz
Er ist für einen Fahrer gestaltet und dafür überraschend geräumig und bequem, aber es ist unmöglich, einen Sozius mitzunehmen.

Vorderradaufhängung
Bei der in Italien hergestellten 46-mm-Paioli-Gabel lassen sich Federvorspannung sowie Zug- und Druckstufendämpfung einstellen. Der Federweg beträgt 120 mm.

Räder
Die Antera-Felgen sind vorne 89 mm und hinten 140 mm breit.

Radstand
Mit 1400 mm ist er nur 5 mm länger als der Radstand der Yamaha YZF-R1.

Hinterradaufhängung
Beim horizontal verlaufenden Öhlins-Monofederbein mit externem Ausgleichsbehälter lassen sich Federvorspannung, Fahrhöhe sowie Zug- und Druckstufendämpfung einstellen. Es hat einen Federweg von 120 mm.

bimota TESI

Die Radnabenlenkung ist weicher als konventionelle Gabeln, so dass der Fahrer ein stabileres Gefühl hat.

Armaturenbrett
Das umfassende elektronische Armaturenbrett enthält eine Reihe von LCD- und Digitalanzeigen anstelle der traditionellen analogen Instrumente.

Beeindruckend, aber ...
Sie sieht fast so aus wie eine Maschine aus der Zukunft, aber leider verhält sie sich nicht so. Sie hat einen knappen Lenkeinschlag, einen schlecht positionierten Seitenständer und nutzlose Spiegel ...

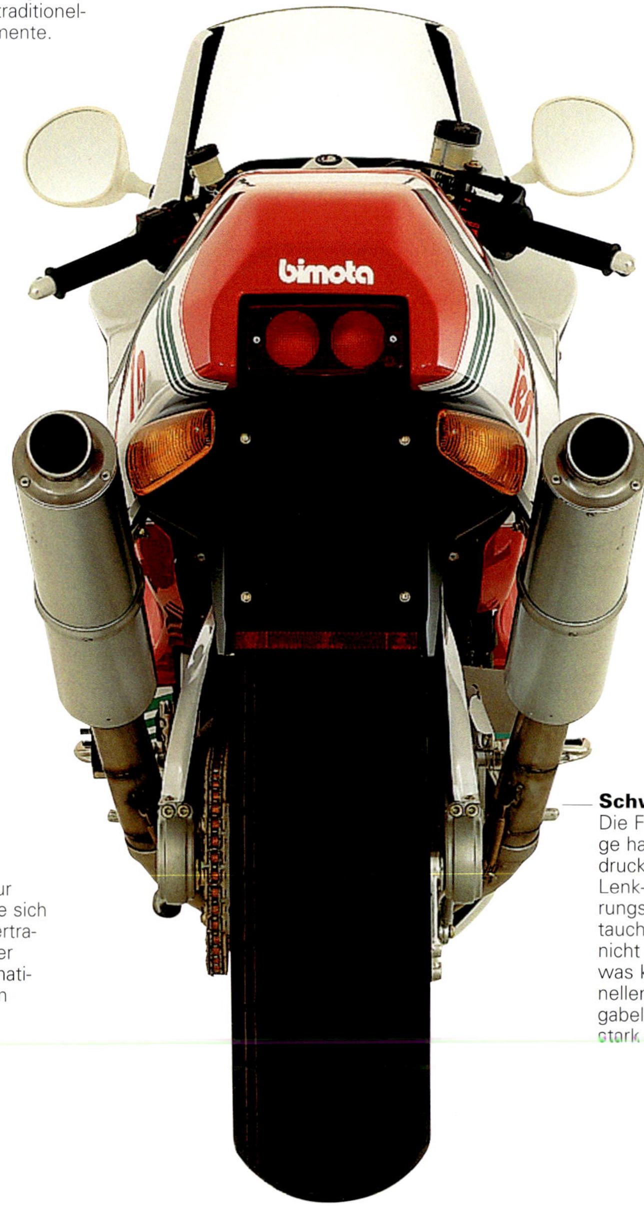

TESI

Die Bimota Tesi versprach, ein revolutionäres Motorrad zu sein, und das war sie auch, aber leider reichte es nicht aus, um sie erfolgreich zu machen. Viele Designer haben im Laufe der Jahre immer wieder versucht, die Teleskopgabeln an der Front der Motorräder zu verbessern. Vielleicht war das exotischste Design dabei das der Tesi von Bimota.

Bremsen
Das Radnabendesign hat zur Folge, dass die Bremskräfte sich kaum auf die Federung übertragen. Man kann daher stärker bremsen (mit weniger dramatischen Folgen) als auf einem konventionellen Motorrad.

Schwinge
Die Frontschwinge hat ein beeindruckendes Lenk- und Federungssystem. So taucht die Front nicht mehr ab, was konventionellen Teleskopgabeln stets stark zugetzt.

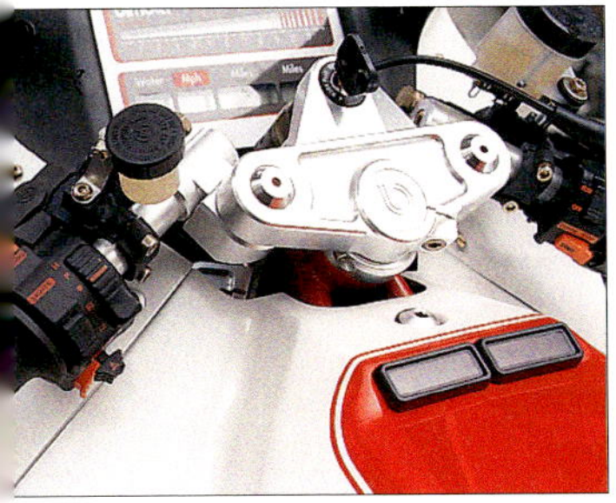

Die optisch beeindruckende LCD-Konsole ist unzuverlässig und schlecht lesbar.

Auf beiden Seiten des Ducatimotors befindet sich je eine ausgefräste Aluminiumplatte, an der die Front- und Heckschwingen befestigt sind. Stahlrohr-Hilfsrahmen tragen Sitz, Verkleidung und Lenkkopf.

Verkleidung
Selbst die Verkleidung ist nicht schön gestaltet. Was für ein Jammer, denn dies hätte ein großartiges Motorrad werden können.

Motor
Ein 851er-Ducatimotor mit besonderem Tuning und einem Hubraum von 904 ccm verleiht der beeindruckenden Tesi ihre Kraft.

BMW F650 FUNDURO

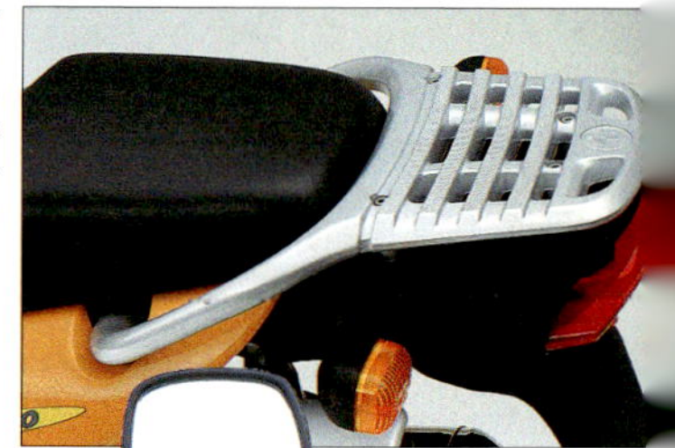

BMW hat die Maschine statt mit der sonst üblichen Haltestange mit zwei seitlichen Haltegriffen ausgestattet. Dieses Design geht in der Verlängerung auf natürliche Weise in einen Gepäckträger über, der sich auf einer Höhe mit dem hochgestuften Soziussitz befindet.

Spiegel
Sie sind quadratisch und an spindeldürren Spiegelarmen befestigt, aber unempfindlich gegenüber Windstößen und Vibrationen.

Scheinwerfer
Das quadratische Design und die Leuchtkraft sind tadellos.

Schutz vor Steinschlag
So wie ihre größeren Gefährtinnen, die R1100GS und die R1150GS, hat auch die Baby-Enduro einen Schutz, um Steine abzufangen, die vom Hinterrad in Richtung des nachfolgenden Fahrzeugs geschleudert werden. Er ist nützlich auf Straßen mit losem Belag. Befestigt ist der Schutz am hinteren Ende der sich verjüngenden Schwinge.

F650 FUNDURO

Die BMW F650 ist ein gelungener Versuch des deutschen Herstellers, in den Enduro-Markt einzusteigen. Die Kombination ihres subtilen eleganten Stylings mit dem auf einem Aprilia-Motor basierenden Triebwerk sowie den traditionellen Stärken wie Zuverlässigkeit und gute Qualität macht sie zu einer wertvollen Ergänzung der BMW-Palette. Vielleicht schlägt Ihr Herz nicht sofort höher, aber diese Maschine gehört zu den Motorrädern, die man mit der Zeit immer mehr ins Herz schließt. Bedauerlich ist allerdings ihr hoher Preis.

Vorderradaufhängung
Die 41-mm-Teleskopgabel ist weich gefedert und hat einen riesigen Federweg, aber sie reagiert gut auf normale Anforderungen auf der Straße. Mit Bodenwellen, Spurrillen und Unebenheiten wird sie mühelos fertig und lässt sich somit bei kniffligen Straßenbedingungen äußerst komfortabel handhaben. Offroad bewältigt sie zwar noch einen Wiesenuntergrund, aber nichts, was darüber hinausgeht.

Fußrasten
Die mit Gummi überzogenen Fußrasten isolieren sowohl die Füße des Fahrers als auch des Beifahrers gegen ohnehin kaum wahrnehmbare Vibrationen.

Der an der linken Seite weit oben angebrachte Schalldämpfer ist mit Hitzeschildern ausgestattet, um das Bein des Beifahrers zu schützen. Trotzdem wäre es keine gute Idee, Satteltaschen zu verwenden.

Dies ist ein insgesamt recht gutes Chassis mit einem guten Handling und einer guten Aufhängung, die fast alles absorbiert. Die Lenkung bietet ein gutes Einlenkverhalten und man kann an ihr eigentlich nichts bemängeln. Das Hauptproblem ist die geringe Bodenfreiheit; sie sollte wirklich größer sein.

Die Halbverkleidung ist im Falle eines Unfalls robust und sie ist groß genug, um einem Fahrer normaler Größe einen guten Wetterschutz zu bieten. Formschön geht sie in den Tank über, was der Maschine weitere Pluspunkte beim Styling einbringt.

Räder
Sowohl das 483-mm-Vorderrad als auch das 432-mm-Hinterrad lassen sich reparieren, da es sich um Drahtspeichenräder handelt. Wichtiger ist allerdings, dass ihre Größe eine tolle Auswahl an Enduro-Reifen ermöglicht.

Motor
Der 653-ccm-Motor ähnelt dem Modell der Pegaso von Aprilia, allerdings hat er einen Zylinderkopf mit vier Ventilen. Dies sowie Unterschiede beim Gewicht und der Aerodynamik haben eine um 8,5 Prozent verminderte Höchstgeschwindigkeit und eine langsamere Beschleunigung zur Folge. Laut BMW hat der Einzylinder mit einer Bohrung von 100 mm, einem Hub von 83 mm und einem 5-Gang-Getriebe aber nur 0,75 kW (1 PS) weniger als die Aprilia mit ihren 49 PS.

BMW F650 FUNDURO

Technische Daten

Obwohl sie nun im Schatten der GS aus dem Jahr 2000 steht, sollte man die F650 von 1993–99 nicht missachten. Sie ist immer noch ein großartiges Motorrad. Die Tatsache, dass sie sieben Jahre lang verkauft wurde, zeigt, was für eine beeindruckende Maschine sie am Anfang war. Der 653-ccm-Einzylinder hat einen Zylinderkopf mit vier Ventilen und ist mit einem 5-Gang-Getriebe gepaart. Das Chassis ist stabil und verwindungssteif, und obwohl die Aufhängung recht weich gefedert ist, geht dies nicht auf Kosten eines guten Handlings auf der Straße. Zudem eignet sich die Maschine für Offroad-Strecken und bietet am Hinterrad einen ordentlichen Schutz vor Steinschlag. Darüber hinaus hat sie sogar reparierbare Räder!

MOTOR

Typ	4-Takt-Motor
Bauart	DOHC-1-Zylinder-Motor
Hubraum	653 ccm
Bohrung	100 mm
Hub	83 mm
Verdichtungsverhältnis	9,7 : 1
Ventile	4
Kraftstoffaufbereitung	2 x 33-mm-Mikuni-Vergaser
Zündung	CDI
Kühlung	flüssigkeitsgekühlt
Nennleistung	35,6 kW (47,7 PS) bei 6442/min
Maximales Drehmoment	56,9 Nm bei 5199/min

MOTORLEISTUNG

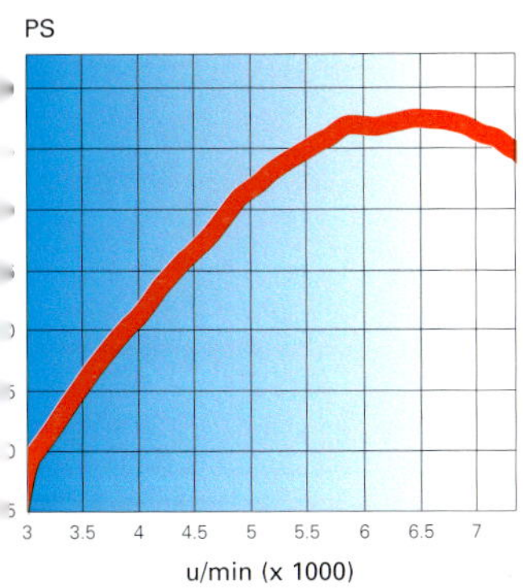

Unabhängige Testmessungen (s. o.) weichen von den Angaben des Herstellers ab.

KRAFTÜBERTRAGUNG

Primärantrieb	Getrieberäder
Kupplung	Mehrscheiben-Nasskupplung
Getriebe	5 Gänge
Sekundärantrieb	Kette

GEWICHTE UND ABMESSUNGEN

Tankvolumen	17,5 l
Trockengewicht	170 kg
Gewichtsverteilung	
- vorne	keine Angabe des Herstellers
- hinten	keine Angabe des Herstellers
Radstand	1480 mm
Gesamtlänge	2180 mm
Gesamtbreite	880 mm
Gesamthöhe	1180 mm
Sitzhöhe	810 mm

FAHRWERK

Rahmen	Einschleifenrahmen aus Stahlrohren
Lenkkopfwinkel/Nachlauf	24,5°/110 mm
Vorderradaufhängung	41-mm-Teleskopgabel
Federweg	170 mm
Einstellbarkeit	keine Einstellung möglich
Hinterradaufhängung	progressiv wirkendes Zentralfederbein
Einstellbarkeit	Federvorspannung, Zugstufendämpfung
Reifen	
- Marke	verschiedene
- vorne	100/90 x 19
- hinten	130/80 x 17
Bremsen	
- Marke	Brembo
- vorne	300-mm-Einscheibenbremse, 2-Kolben-Bremszange
- hinten	240-mm-Einscheibenbremse, 1-Kolben-Schwimmzange

BMW R1100S

Wie bei der größeren Vierzylinder, der K1200RS, wird die Kraft des Motors durch eine hydraulisch betätigte Einscheiben-Trockenkupplung und ein 6-Gang-Getriebe übertragen. Der Sekundärantrieb erfolgt über eine Kardanwelle, um maximale Zuverlässigkeit und einen minimalen Wartungsaufwand zu gewährleisten.

Front
Die elegante und kompakte Front wird zusätzlich durch die Sportscheibe sowie die schwarzen Blinkerelemente und Handprotektoren betont.

1998 brachte BMW die R1100S auf den Markt und knüpfte damit an den Erfolg seiner anderen Boxer-Twins an. Was die Zuverlässigkeit betrifft, erfüllt sie die Erwartungen, die man an eine BMW hat, und auch ihre Optik entspricht den Erwartungen. Sie wird als ausgesprochen hässlich bezeichnet. Aber macht es etwas, dass man sie nicht als schön beschreiben kann, wenn das Finish sonst so vollkommen ist und sie ihre Kraft so geschmeidig entfaltet?

Auspuffsystem
Es wurde mit zusätzlichem Volumen gestaltet, um den Gegendruck zu reduzieren sowie Kraft und Leistung zu erhöhen, ohne den typischen Boxersound dabei zu opfern. Neu bei BMW ist, dass die beiden Schalldämpfer sich direkt unter dem Heck befinden.

Vorderradaufhängung
Die Geometrie der Aufhängung soll mit einem Radstand von 1478 mm und dem BMW-Telelever-System beim Vorderrad die sportlichen Fähigkeiten des Motorrads widerspiegeln.

Räder
Die R1100S hat sportlich aussehende 5-Doppelspeichen-Räder, zu denen vorne 120/70-ZR17-Reifen und hinten 170/60-ZR17-Reifen gehören.

Bremsen
Die R1100S verfügt als Sonderausstattung über ABS-Bremsen. Diese fortschrittliche Bremstechnologie wurde von BMW erstmals 1988 auf dem Motorradmarkt eingeführt. Seither hat das Unternehmen über 200 000 Motorräder mit ABS gebaut.

Der typische Doppelnieren-Kühlergrill, der bei allen Autos von BMW zu sehen ist, schmückt auch die R1100S.

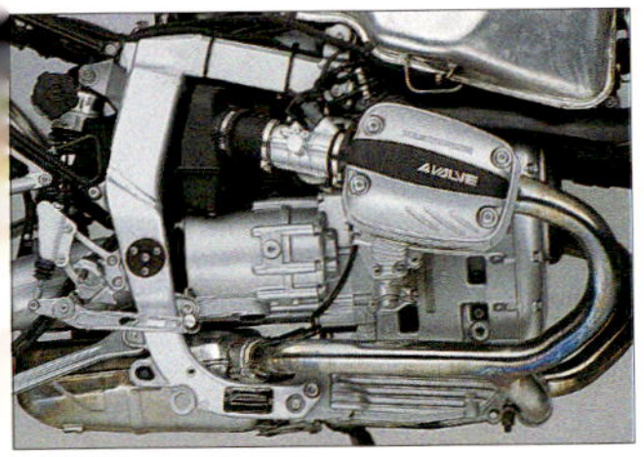

Das ist neu bei BMW: Die R1100S wurde weltweit serienmäßig mit einem 3-Wege-Katalysator ausgerüstet.

Der vierteilige Rahmen wurde bei der Einführung der 1998er-R1100S zum ersten Mal verwendet. Er besteht aus einer Aluminiumguss-Front, einem verschweißten Aluminiumhauptrahmen und einem Stahlrohrheck.

Lenker
Der serienmäßige Lenker ist ziemlich kompakt, aber BMW bietet als Sonderausstattung einen komfortableren höheren Lenker zusammen mit einer höheren Scheibe an.

Sitz
Die Sitzhöhe beträgt 800 mm, und die lang gestreckte Abdeckung des Beifahrersitzes sorgt für eine optische Dehnung der Dimensionen dieser BMW.

Motor
Der 1085-ccm-Motor mit zwei horizontal gegenüberliegenden Zylindern ist luft-/ölgekühlt, hat ein Verdichtungsverhältnis von 11,3 : 4 und – Herstellerangaben zufolge – eine Nennleistung von 72,3 kW (97 PS) am Hinterrad. Hat sich der Fahrer daran gewöhnt, kann dies auf der Straße wunderbar zur Geltung kommen. Die Drehmomentkurve ist flach, so dass die Maschine eine gleichmäßige Kraftentfaltung hat.

Seitenständer
Eigentlich sollte man annehmen, dass BMW diese Maschine mit einem angemessenen Hauptständer anbietet – aber das ist nicht der Fall. Für die R1100S ist lediglich ein Seitenständer erhältlich.

BMW R1100S

Technische Daten

Bei ihrer Einführung im Jahr 1999 kündigte BMW die R1100S als die leistungsstärkste, leichteste und agilste Maschine aus der 2-Zylinder-Familie an ... als dynamischsten Boxer, den BMW je gebaut hatte. Wie bei allen BMWs waren die Ankündigungen bezüglich der Leistung erstaunlich genau. In diesem Fall beträgt sie 73 kW (98 PS). Die Maschine baut auf der vorigen R1100S auf, wobei die Leistung gesteigert ist, da statt zwei nun vier Ventile pro Zylinder verwendet werden. Darüber hinaus wurden das Verdichtungsverhältnis erhöht und die Einspritzung verbessert. Ein neues Auspuffsystem reduziert zudem den Gegendruck, wobei der kehlige Klang des Twins erhalten bleibt.

MOTOR

Typ	4-Takt-Motor
Bauart	2-Zylinder-Motor mit horizontal gegenüberliegenden Zylindern
Hubraum	1085 ccm
Bohrung	99 mm
Hub	70,5 mm
Verdichtungsverhältnis	11,3 : 1
Ventile	4 pro Zylinder
Kraftstoffaufbereitung	Bosch-Motronic-Benzineinspritzung
Zündung	digital
Kühlung	luft-/ölgekühlt
Nennleistung	73 kW bei 7500/min
Maximales Drehmoment	97,1 Nm bei 5750/min

KRAFTÜBERTRAGUNG

Primärantrieb	Getrieberäder
Kupplung	Einscheiben-Trockenkupplung
Getriebe	6 Gänge
Sekundärantrieb	Kardan

GEWICHTE UND ABMESSUNGEN

Tankvolumen	18 l
Trockengewicht	215 kg
Gewichtsverteilung	
- vorne	keine Angabe des Herstellers
- hinten	keine Angabe des Herstellers
Radstand	1478 mm
Gesamtlänge	2180 mm
Gesamtbreite	880 mm
Gesamthöhe	keine Angabe des Herstellers
Sitzhöhe	800 mm

FAHRWERK

Rahmen	Aluminiumguss- und Stahlrohrrahmen
Lenkkopfwinkel/Nachlauf	25°/100 mm
Vorderradaufhängung	BMW-Telelever
Federweg	110 mm
Einstellbarkeit	Zugstufendämpfung
Hinterradaufhängung	BMW-Paralever
Federweg	130 mm
Einstellbarkeit	Federvorspannung, Zugstufendämpfung
Reifen	
- vorne	120/70-ZR17
- hinten	170/60-ZR17
Bremsen	
- vorne	305-mm-Doppelscheibe, 4-Kolben-Schwimmzangen
- hinten	1 x 276-mm-Scheibe, 2-Kolben-Schwimmzange

BMW R1100GS

Blinker
Die beiden schrecklichen Blinkerschalter können bei der Fahrt schwer auffindbar sein. Zum Deaktivieren des Blinkers müssen sie gedrückt werden.

Die Lenkungsdämpfer, die dem Schlagen und Flattern des Lenkers entgegenwirken, sind ein Bonus bei langen Distanzen oder Offroad.

Leergewicht
Unbeladen, aber vollgetankt und som fahrbereit wiegt die R1100GS BMW 24

Vorderradaufhängung
Einige BMWs haben vielleicht den Ruf, Maschinen von Langweilern zu sein, aber der Hersteller ist in Wirklichkeit ziemlich abenteuerlustig. Die ungewöhnliche Telelever-Gabel verbindet die Front mit dem Motorblock und dem Rahmen. Letzterer wird durch ein externes gewichtsabsorbierendes Monofederbein mit der Front verbunden. Durch diese Gestaltung soll eine größere Stabilität beim Bremsen erzielt werden. Und es funktioniert. Unebenheiten auf der Straße und Offroad werden gut durch die fünffach einstellbare Federvorspannung und den Federweg von 190 mm abgefedert.

R1100GS

Wie die R850GS ist auch die 1100er eine Allrounderin. Für alle, die lange Distanzen lieben oder gerne durch unwegsames Gelände fahren, diese BMW meistert all das mühelos. Letztlich geht es um die grundsätzliche Frage, ob Sie BMWs mögen, aber wenn Sie noch nie eine ausprobiert haben, sollten Sie umgehend zu Ihrem Händler gehen und eine Probefahrt mit der 1100 oder der neuen 1150GS vereinbaren.

Vorderradbremse
Die Bremse aus einer 305-mm-Doppelscheibe und den Brembo-Bremszangen mit vier gegenüberliegenden Kolben bietet ein für Motorräder ungewöhnliches, abschaltbares ABS-System, das bei den meisten Menschen, die es ausprobiert haben, sehr beliebt ist. Es ist manuell abschaltbar, beispielsweise auf unbefestigten Straßen. (So verhindert man, dass die Sensoren ständig „denken", die Reifen würden gleich blockieren. Das hätte zur Folge, dass ein Anhalten verhindert würde.)

Reifen
Sie sind besser für die Straße als für Feldbesuche geeignet, wenngleich man auch auf grünen Wiesen noch damit zurechtkommt. Sie haben eine Größe von 110/80 x 19 vorne und 150/70 x 17 hinten.

Das Motorrad ist serienmäßig mit einem Gepäckträger unterhalb des abnehmbaren Soziussitzes ausgestattet. Es kann eine Nutzlast bis zu 200 kg tragen.

Wenn Sie vorhaben, das Motorrad etwas „härter" ranzunehmen, kein Problem! Der serienmäßige Zylinderschutz und der Bugspoiler können einiges vertragen.

Diese Version des langlebigen BMW-Boxers wurde speziell für den mittleren Drehzahlbereich getuned. Der Flat-Twin hat einen Hubraum von 1085 ccm, vier Ventile pro Zylinder, Bohrung und Hub betragen 99 x 70,5 mm. Zudem ist die Maschine mit einem 5-Gang-Getriebe sowie einem 3-Wege-Katalysator ausgestattet. In einigen Ländern ist zusätzlich ein 848-ccm-R850-Modell erhältlich.

Tank
Er hat ein Fassungsvermögen von 24 l. Davon sind 4 l Reserve.

Sitz
Höhenverstellbar auf entweder 800 mm oder 840 mm Höhe, so dass er der Größe des Fahrers angepasst werden kann. Erstklassiger Komfort.

Spritzschutz
Er sieht gut aus und verhindert wirksam, dass Dreck vom Hinterrad weggeschleudert wird und nachfolgende Fahrer trifft.

Hinterradaufhängung
Es ist nicht leicht zu erkennen, wie sie genau funktioniert, aber sie tut es. Das Paralever-System der R1100 enthält einen Kardanantrieb, erfüllt die Funktion einer Schwinge und kann zudem die „Drehmomentreaktion" steuern. Insgesamt sieht der Paralever sehr eigenartig aus.

BMW R1100GS

Technische Daten

Bei ihrer Markteinführung 1994 wurde die BMW R1100GS fast über Nacht zum Bestseller, bis die Produktion Ende 1999 eingestellt wurde. In dieser Zeit blieb die Maschine so gut wie unverändert. Der Hersteller wusste offensichtlich, dass er einen Treffer gelandet hatte. Der Reiz dieser Maschine liegt darin, dass sie ebenso komfortabel auf der Straße wie im Gelände genutzt werden kann. Sie ist nicht nur die größte Enduro, sondern hat im Gelände in Bezug auf das Drehmoment auch die meiste Kraft. BMW hat hier wirklich Nägel mit Köpfen gemacht und die Maschine mit verstellbarem Windschutz und Sitz ausgerüstet, so dass sie an die Größe des Fahrers angepasst werden können.

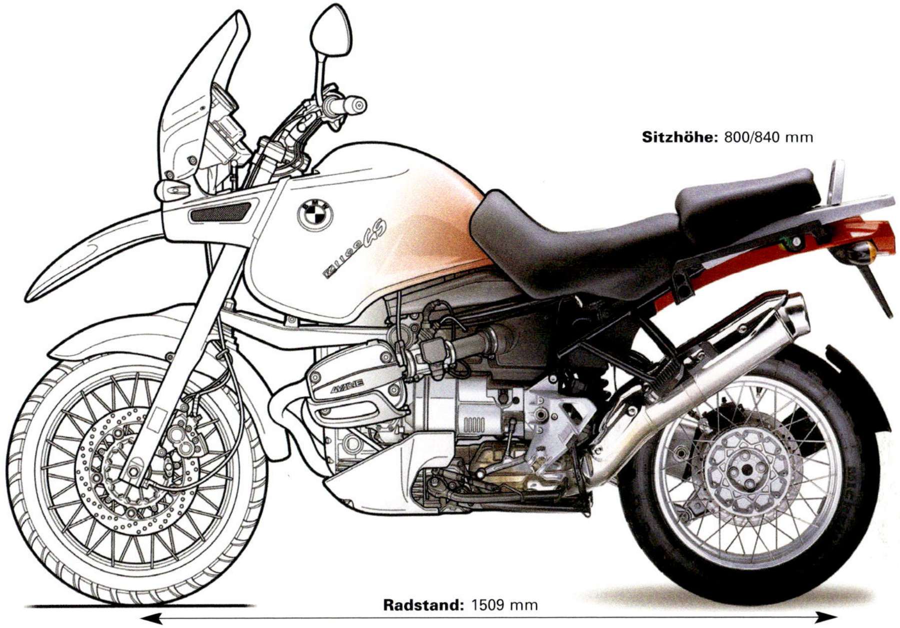

MOTOR

Typ	4-Takt-Motor
Bauart	Boxer-2-Zylinder-Motor
Hubraum	1085 ccm
Bohrung	99 mm
Hub	70,5 mm
Verdichtungsverhältnis	10,3 : 1
Ventile	4 pro Zylinder
Kraftstoffaufbereitung	Motronic-Benzineinspritzung
Zündung	elektronisch
Kühlung	luftgekühlt
Nennleistung	59,6 kW bei 6600/min
Maximales Drehmoment	95,2 Nm bei 5650/min

MOTORLEISTUNG

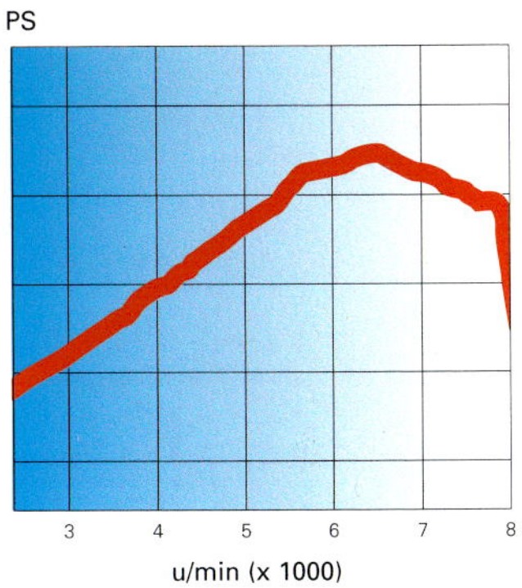

Unabhängige Testmessungen (s. o.) weichen von den Angaben des Herstellers ab.

KRAFTÜBERTRAGUNG

Primärantrieb	Getrieberäder
Kupplung	Einscheiben-Trockenkupplung
Getriebe	5 Gänge
Sekundärantrieb	Kardan

GEWICHTE UND ABMESSUNGEN

Tankvolumen	25 l
Trockengewicht	243 kg
Gewichtsverteilung	
- vorne	keine Angabe des Herstellers
- hinten	keine Angabe des Herstellers
Radstand	1509 mm
Gesamtlänge	2196 mm
Gesamtbreite	920 mm
Gesamthöhe	keine Angabe erhältlich
Sitzhöhe	800/840 mm

FAHRWERK

Rahmen	Rohrrahmen
Lenkkopfwinkel/Nachlauf	keine Angabe des Herstellers
Vorderradaufhängung	Telelever
Federweg	190 mm
Einstellbarkeit	Federvorspannung 5fach mechanisch einstellbar
Hinterradaufhängung	Paralever
Federweg	200 mm
Einstellbarkeit	Federvorspannung hydraulisch stufenlos einstellbar
Reifen	
- Marke	keine Angabe des Herstellers
- vorne	110/80 x 19
- hinten	150/70 x 17
Bremsen	
- vorne	305-mm-Doppelscheibenbremse
- hinten	276-mm-Einscheibenbremse

BMW R1150GS

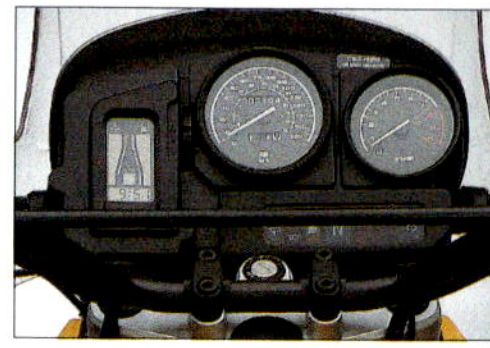

Die Lenkerbreite beträgt 903 mm, daher sollten Sie sichergehen, dass die Wege zum Haus breit genug sind, wenn Sie in einer Reihenhaussiedlung wohnen.

Schalter
Für das Jahr '99 wurden sie zwar neu entworfen, aber die BMW-Blinkerschalter sind immer noch ziemlich kompliziert. Das Einschalten ist recht einfach, aber das Ausschalten (mittels eines anderen Schalters, der sich seitlich unterhalb des Gasgriffs befindet) kann schwierig sein, wenn man kurze Finger hat.

Windschild
Er lässt sich in drei Positionen verstellen, je nachdem, wie stark Sie durchgeschüttelt werden wollen. Sie können ihn auch ganz entfernen, wenn Sie gerne Fliegen verschlucken.

Scheinwerfer
Von dem alten rechteckigen Design hat man sich verabschiedet und dafür asymmetrische Doppelscheinwerfer verwendet. Sie sehen toll aus und erfüllen nachts ihren Zweck.

Getriebe
Das 6-Gang-Getriebe wurde ursprünglich bei der R1100S eingeführt. Nun hat man es ausgewählt, um das alte 5-Gang-Getriebe der R1100GS zu ersetzen. Die ersten fünf Gänge liegen dicht beieinander, der höchste ist ein lang ausgelegter Overdrive (und verbessert infolgedessen den Benzinverbrauch).

Bremsen
Ob ABS oder nicht, Sie haben die Wahl. Wenn Sie sich dafür entscheiden, müssen Sie einige hundert Euro mehr bezahlen. Die neuen gesinterten Bremsbeläge funktionieren sehr gut.

Auspuff
BMW zufolge steuert das veränderte verchromte Auspuffsystem mit Krümmern, die einen Durchmesser von 45 mm statt der 38 mm des vorigen Modells haben, die Hälfte der zusätzlichen 5 PS bei, die die R1150GS gegenüber der R1100GS aufweist.

R1150GS

Nur der seitlich herausragende Motor verrät, dass dies eine BMW ist. Sonst würde man es Ihnen verzeihen, wenn Sie dächten, es handele sich aufgrund des „Ins-neue-Millenium-Stylings" um eine japanische Marke. Diese Maschine wird ihren Bestrebungen gerecht, dem Fahrer zu ermöglichen, ins Offroad-Fahren hineinzuschnuppern, und gleichzeitig ein gutes Straßenverhalten zu zeigen. Sie beträgt sich stets gut und bietet ein großes Offroad-Vergnügen. Hier lohnt sich ein zweiter Blick durchaus.

Räder
Es handelt sich um Kreuzspeichenräder, daher sind sie reparierbar. Das Felgenmaß beträgt vorne 2,5 x 19 und hinten 4,0 x 17 Zoll. Die Bereifung hat vorne eine Größe von 110/80 und hinten von 150/70.

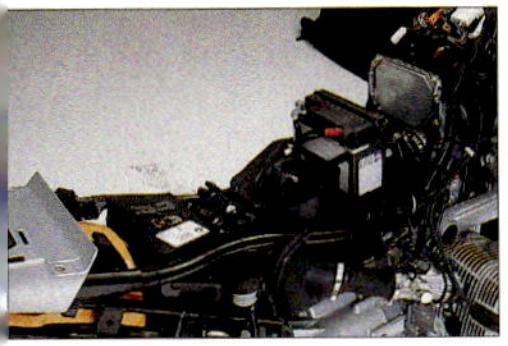

Der Motor verfügt gegenüber seinem Vorgänger bei der R1100GS über zusätzliche 45 ccm, aber nicht nur seine Leistung hat sich verändert. Die Zylinderköpfe und die Kurbelwelle wurden von der R1100S übernommen, die Zylinderkopfabdeckungen bestehen aus Magnesium (so wie bei allen künftigen Boxermotoren), ein größerer Ölkühler, der zum ersten Mal bei der R1100RT verwendet wurde, taucht hier wieder auf, zudem gibt es neue Nockenwellen und Kolben. Die Leistungsfähigkeit hat aufgrund der Zylinder zugenommen, die auf dem Zylindermodell der R1200C basieren, bei denen die Bohrung aber von 99 mm auf 101 mm vergrößert wurde.

Die Paralever-Einarmschwinge hat, verglichen mit der R1100GS, ein größeres Gehäuse, um das 6-Gang-Getriebe zu beherbergen, und statt 520 mm eine Länge von 506 mm. Allerdings sorgen andere geometrische Veränderungen dafür, dass der bewährte Radstand von 1509 mm bestehen bleibt.

Das Trockengewicht der R1150GS beträgt 219 kg. Mit Öl und Benzin befüllt, wiegt sie 249 kg. Das zulässige Gesamtgewicht ist 450 kg.

Farben
Die gelbe BMW ist möglicherweise die Beste, wenngleich der Hersteller selbst offenbar die „Nachtschwarze" favorisiert. Wenn Sie futuristisch veranlagt sind, könnten Sie es auch mit der „Titan Silber" probieren, der ersten Metallic-Variante einer BMW.

Tank
Er hat ein Fassungsvermögen von 22,1 l. Der Tank ist mit einem „Überrollschutz" ausgestattet, damit bei einem Unfall kein Benzin entweicht. Wir haben das Offroad getestet, und es funktioniert!

Vorderradaufhängung
Hier wurde eine „Lightversion" der berühmten BMW-Telelever-Front eingeführt, die das Handling verbessert. Die Federvorspannung lässt sich am Zentralfederbein fünffach mechanisch einstellen. Der Standardfederweg beträgt 190 mm.

Motorsteuerung
Hier kommt das gleiche digitale Motronic-MA-2.4-Motormanagement zum Einsatz wie bei der R1100S und der R1200C. Es arbeitet mit einem 3-Wege-Katalysator, um minimale Emissionen, aber eine starke Leistung zu erzeugen.

BMW R1150GS

Technische Daten

Die R1150GS ist eher eine Weiterentwicklung als ein neues Motorrad, aber sie wurde in einigen Punkten mit sehr nützlichen Verbesserungen ausgestattet. Daher ist sie sicherlich besser als die R1100, wenngleich man noch ein paar zusätzliche Veränderungen hätte vornehmen können. Aber sie ist trotzdem eine typisch zuverlässige BMW – und gut gelungen, und diejenigen, die immer noch glauben, eine BMW sei „langweilig", liegen falsch damit. BMW gehört zu den innovativsten Herstellern überhaupt – was die Technik angeht und vielleicht sogar in puncto Styling. Schreiben Sie die R1150 also nicht ab, sondern sehen Sie sich die Maschine an.

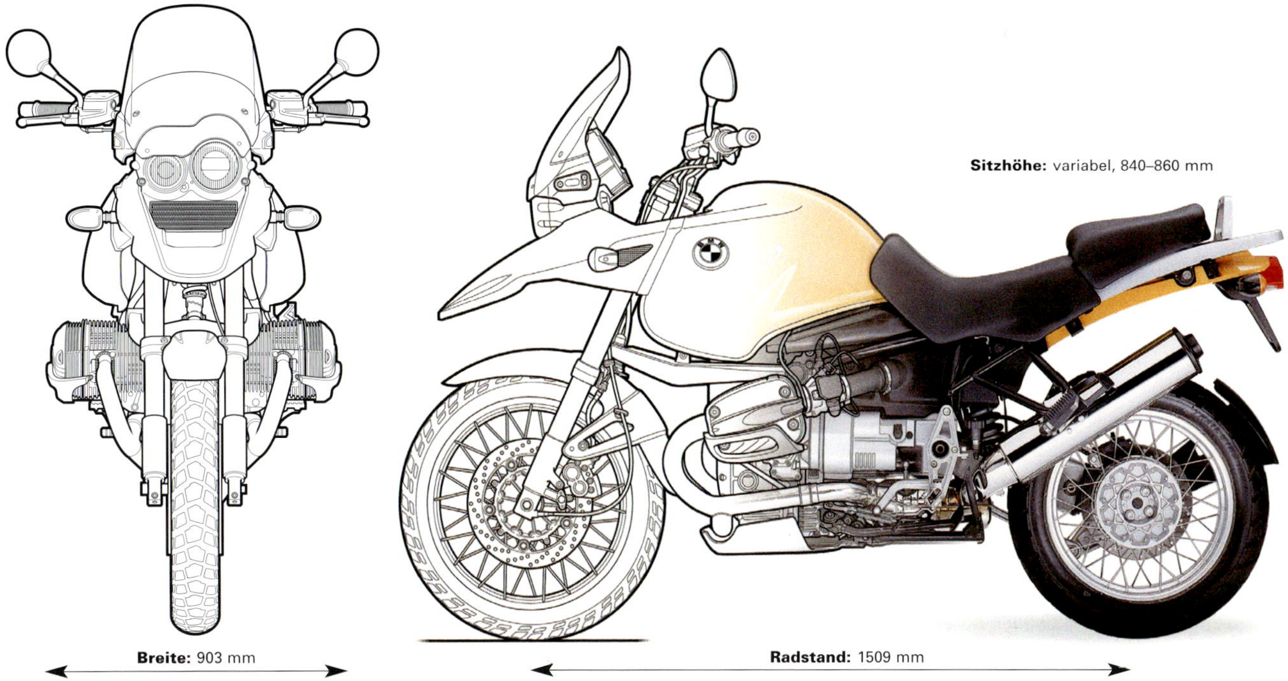

MOTOR

Typ	4-Takt-Motor
Bauart	2-Zylinder-Motor mit horizontal angeordneten Zylindern
Hubraum	1130 ccm
Bohrung	101 mm
Hub	73 mm
Verdichtungsverhältnis	10,3 : 1
Ventile	4 pro Zylinder
Kraftstoffaufbereitung	Motronic MA 2.4
Zündung	digital
Kühlung	luft-/ölgekühlt; in den Rahmen integrierte Ölkühler
Nennleistung	56,6 kW bei 6750/min
Maximales Drehmoment	95,2 Nm bei 5900/min

MOTORLEISTUNG

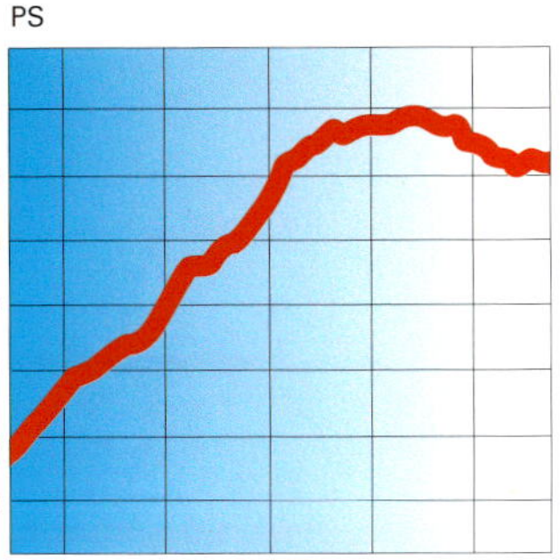

Unabhängige Testmessungen (s. o.) weichen von den Angaben des Herstellers ab.

KRAFTÜBERTRAGUNG

Primärantrieb	Getrieberäder
Kupplung	Einscheiben-Trockenkupplung
Getriebe	6 Gänge
Sekundärantrieb	Kardan

GEWICHTE UND ABMESSUNGEN

Tankvolumen	22,1 l
Trockengewicht	219 kg
Gewichtsverteilung	
- vorne	keine Angabe des Herstellers
- hinten	keine Angabe des Herstellers
Radstand	1509 mm
Gesamtlänge	2340 mm
Gesamtbreite	903 mm
Gesamthöhe	1366 mm
Sitzhöhe	variabel, 840–860 mm

FAHRWERK

Rahmen	Motorblockverbund mit Hilfsrahmen vorne und hinten
Lenkkopfwinkel/Nachlauf	keine Angabe des Herstellers
Vorderradaufhängung	Telelever mit Zentralfederbein
Federweg	190 mm
Einstellbarkeit	Federvorspannung 5fach einstellbar
Hinterradaufhängung	Paralever
Federweg	200 mm
Einstellbarkeit	Federvorspannung sowie Zugstufendämpfung
Reifen	
- Marke	Bridgestone Trail Wing
- vorne	110/80 x 19
- hinten	150/70 x 17
Bremsen	
- Marke	Brembo
- vorne	305-mm-Doppelscheibe, 4-Kolben-Festzange
- hinten	285-mm-Bremsscheibe, 2-Kolben-Schwimmzange

BMW K1200LT

Der Tank hat ein Fassungsvermögen von 23,4 l, aber da der übliche Platz mit anderem Zubehör besetzt ist, wird das Benzin auf der rechten Seite eingefüllt. Wenn man den Tank bis zum Rand auffüllen will, ist daher Geduld erforderlich.

Rückfahrhilfe
Die elektronische Rückfahrhilfe wird durch den Elektrostarter aktiviert und hat einen Gang, der den Starter mit der Antriebswelle verbindet. Die Rückfahrhilfe kann nur aktiviert werden, wenn der Motor läuft und kein Gang eingelegt ist.

Kühler
Die K1200LT hat zwei Kühler, die laut BMW so angebracht sind, dass ein optimaler Luftstrom entsteht. Wenn nötig, werden automatisch zwei Ventilatoren eingeschaltet.

Rammschoner
Die Rammschoner, mit der die K1200 ausgestattet ist, verhindern, dass sie bis zu den Spiegeln umfällt. Vorne ragen sie seitlich aus der Verkleidung heraus.

Windschild
Der elektrisch einstellbare Windschild ist zweifellos ein Bonus und sieht darüber hinaus gut aus. In seiner niedrigen Position verleiht er der LT von vorne ein sportliches Aussehen. Er lässt sich in zwei verschiedene Höhen einstellen, wobei er hochgefahren um 180 mm höher ist.

Kupplung
Die LT hat eine hydraulische Kupplung. Der Kupplungshebel lässt sich in vier verschiedene Positionen einstellen.

Scheinwerfer
Die Rückscheinwerfergruppe ist bündig in die Verkleidung eingefügt und bildet eine Einheit mit den Blinkern.

Getriebe
Das 5-Gang-Getriebe ist bei diesem Modell neu. Der fünfte Gang dient als Overdrive.

K1200LT

Die K1200LT kam 1999 auf den Markt. Sie wurde als schwergewichtiger Tourer vorgestellt, was sie zweifellos ist – und ein guter noch dazu. Die Maschine hat alles, was man sich zum Touren wünschen könnte, und ist prädestiniert dafür, Hondas etablierter Gold Wing Konkurrenz zu machen. Da beide gute Leistungen erbringen und ähnlich viel kosten, werden Motorradfahrer letztlich je nach persönlicher Vorliebe entscheiden.

Bremsen
Es überrascht nicht, dass die 1200 mit einem vollintegralen ABS-Bremssystem ausgestattet ist. Vorne hat sie eine 305-mm-Doppelscheibe und 4-Kolben-Bremszangen, hinten befinden sich eine 285-mm-Singlescheibe sowie eine 4-Kolben-Bremszange.

Räder
Die 1200 hat extra-leichte 43,1 cm 5-Speichen-Aluminiumgussräder. Das Vorderrad wurde verstärkt, um das zusätzliche Gewicht und die Zuladung tragen zu können.

Im Topcase finden zwei Motorradhelme Platz, während die Seitenkoffer ein Standardvolumen von je 35 l haben. Das Koffersystem lässt sich nicht entfernen.

Im Zentrum der K1200LT befindet sich ein 1171-ccm-4-Zylinder-Reihenmotor mit horizontaler Zylinderanordnung und 16 Ventilen. Bohrung und Hub betragen 70 x 75 mm.

Dies ist das gleiche Rahmenkonzept wie bei der RS. Der Motor ist kein tragendes Element und liegt daher in einem ultra-stabilen Aluminiumgussrahmen, damit unnötige Vibrationen vermieden werden. Allerdings sind Verkleidung, Tank, Sitze, Koffer und Auspuffsystem vollständig in die Karosserie integriert.

Cockpit
Es ist gut strukturiert, mit Tacho, Drehzahlmesser, Tank-, Wassertemperatur- und Ganganzeige sowie Digitaluhr und Kartenleselampe.

Sitze
Der Fahrersitz kann mithilfe eines ausziehbaren Knopfes, der sich unter der linken Kofferabdeckung befindet, auf eine Höhe von entweder 770 mm oder 800 mm eingestellt werden. Die Sitze sind breit, wobei der Soziussitz höher liegt und eine zusätzliche Rückenlehne hat, die sich ebenfalls um 25 mm verstellen lässt.

Front
Einer großen Maschine wie dieser kommt das Telelever-System von BMW zugute, das die meisten Straßenunebenheiten abfedert und ein unnötiges Eintauchen verhindert, wenn die Bremsen betätigt werden.

Hinterradbremse
Die neue Hinterradbremse hat eine 4-Kolben-Zange und eine schwimmend gelagerte 285-mm-Bremsscheibe.

BMW K1200LT

Technische Daten

Als die K1200LT 1999 auf den Markt kam, schraubte BMW die Erwartungen mit seiner Presseinformation sehr hoch – und die Maschine enttäuschte in den meisten Punkten nicht. Bei diesem Motorrad werden einige Menschen lediglich aufgrund des Stylings zweimal nachdenken. Wenn sie nur auf die Gesamtperformance achteten – das Handling, die Bremsen und den Komfort – würden sie den stattlichen Preis sofort nach der Testfahrt bezahlen. Allerdings muss man hier wirklich einen großen Tourer wollen, um die beachtliche Summe auf den Tisch zu legen, aber offensichtlich ist das bei vielen Menschen der Fall, da sich die K1200 BMW zufolge außerordentlich gut verkauft.

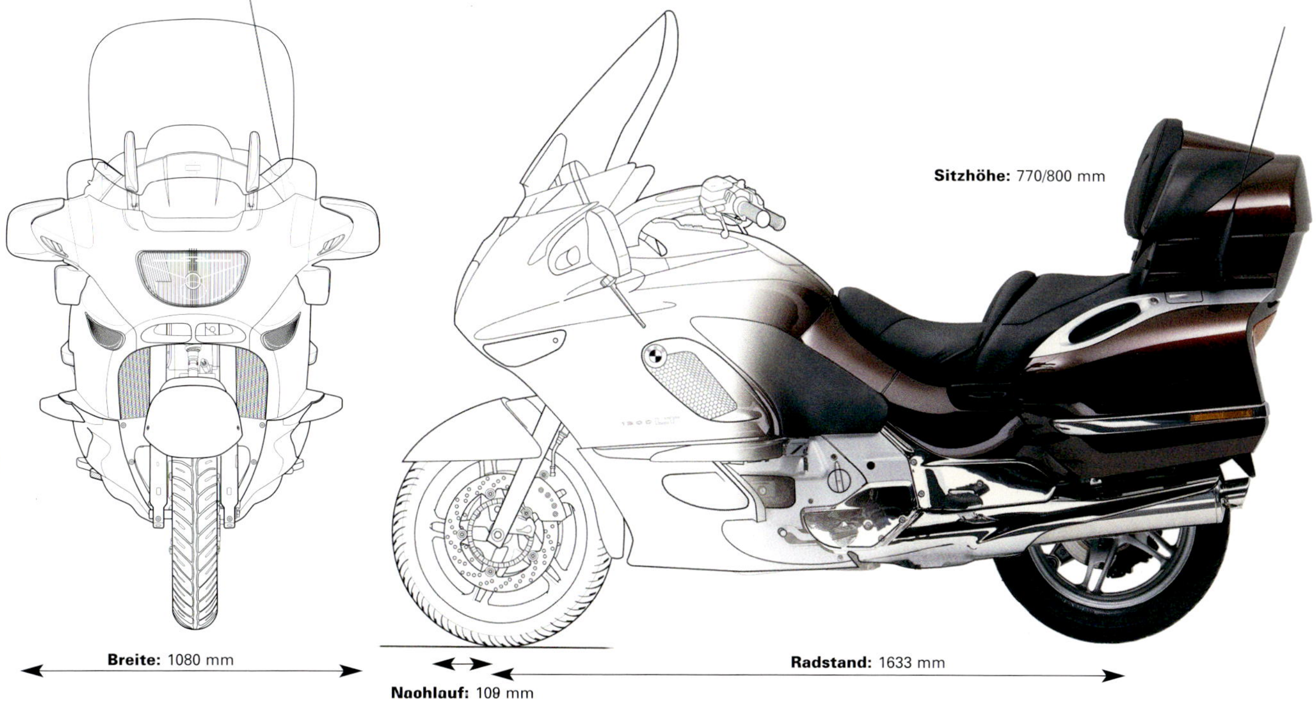

MOTOR

Typ	4-Takt-Motor
Bauart	Reihen-2-Zylinder
Hubraum	1171 ccm
Bohrung	70,5 mm
Hub	75 mm
Verdichtungsverhältnis	10 : 8
Ventile	4 pro Zylinder
Kraftstoffaufbereitung	Motronic MA 2.4
Zündung	elektronisch
Kühlung	flüssigkeitsgekühlt
Nennleistung	85 kW (116 PS) bei 8000/min
Maximales Drehmoment	120 Nm bei 5250/min

MOTORLEISTUNG

PS

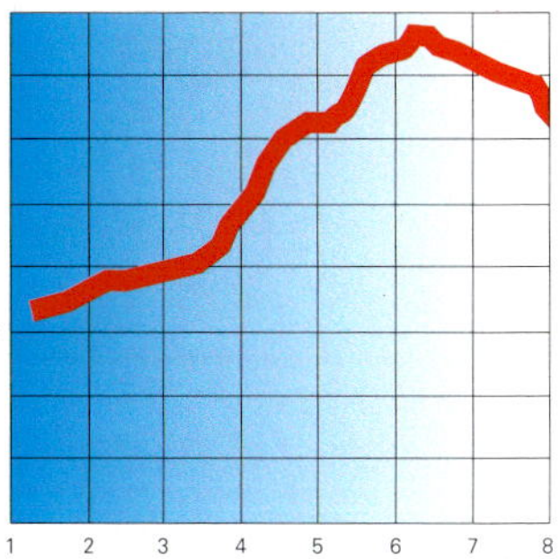

u/min (x 1000)

Unabhängige Testmessungen (s. o.) weichen von den Angaben des Herstellers ab.

KRAFTÜBERTRAGUNG

Primärantrieb	Getrieberäder
Kupplung	Einscheiben-Trockenkupplung
Getriebe	5 Gänge
Sekundärantrieb	Kardan

GEWICHTE UND ABMESSUNGEN

Tankvolumen	23,4 l
Leergewicht, vollgetankt	378 kg
Gewichtsverteilung	
- vorne	keine Angabe des Herstellers
- hinten	keine Angabe des Herstellers
Radstand	1633 mm
Gesamtlänge	2508 mm
Gesamtbreite	1080 mm
Gesamthöhe	keine Angabe des Herstellers
Sitzhöhe	770/800 mm

FAHRWERK

Rahmen	Aluminiumgussrahmen
Lenkkopfwinkel/Nachlauf	26°/109 mm
Vorderradaufhängung	35-mm-Telelever
Federweg	102 mm
Einstellbarkeit	keine Einstellung möglich
Hinterradaufhängung	Paralever
Federweg	130 mm
Einstellbarkeit	Federvorspannung
Reifen	
- Marke	keine Angabe des Herstellers
- vorne	120/70 x 17
- hinten	160/70 x 17
Bremsen	
- Marke	BMW ABS
- vorne	305-mm-Doppelscheibe, 4-Kolben-Bremszangen
- hinten	schwimmend gelagerte 285-mm-Bremsscheibe, 4-Kolben-Zange

BMW K1200RS

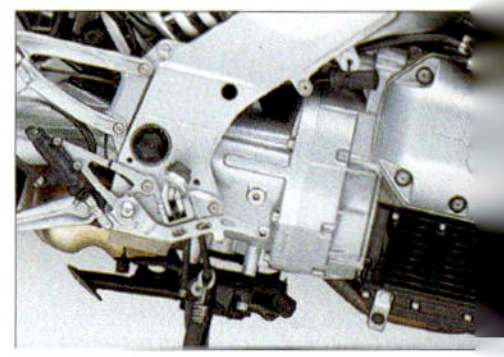

BMWs erstes 6-Gang-Getriebe hat beim höchsten Gang eine größere Übersetzung als je zuvor und lässt sich erheblich glatter schalten als viele der früheren 5-Gang-Getriebe.

Scheibe
Sie ist verstellbar, aber die meisten Fahrer lassen sie in der niedrigsten Position, da der Windschutz der Maschine sehr effektiv ist.

Lenkungsdämpfer
Die K1200RS ist serienmäßig mit einem zweistufigen Lenkungsdämpfer ausgestattet, um maximale Stabilität zu gewährleisten. Bei weiten Kurven und schnellen Wendungen spürt man die Dämpfung nicht, sondern nur bei engen Kurven und langsamer Geschwindigkeit.

Einstellmöglichkeiten
Bei der K1200RS sind Lenkerstummel, Gangschaltungspedal und Fußrasten verstellbar, damit sie ergonomisch an die Größe der meisten Fahrer angepasst werden können.

Mit all den Attributen, die man von einer BMW erwarten würde, nämlich Qualität, Zuverlässigkeit und ausgezeichneter Technik, sowie weiterer, die man vielleicht nicht erwartet hätte – wie zum Beispiel einem wassergekühlten Reihenmotor, eleganter Optik sowie verstellbarer Hebel und Fußrasten – soll die K1200RS eine möglichst breite Käuferschicht ansprechen. Wir haben den Eindruck, dass BMW dieses Ziel erreicht hat.

Bremsen
Die erprobte Kombination aus 4-Kolben-Brembo-Bremszangen, schwimmend gelagerten Bremsscheiben und der zweiten Generation des BMW-ABS-Systems ist vertrauensfördernd und funktioniert bei Nässe ausgezeichnet.

Gewicht
Die K1200RS bringt 286,4 kg auf die Waage – das ist kein schlechtes Ergebnis für eine Maschine, die so viel an Bord hat.

Rahmen
Wie zu erwarten war, kommen beim Heck die weltberühmte BMW-Paralever-Schwinge sowie ein Kardanantrieb zum Einsatz.

Offset
Der Hinterreifen wurde um 5 mm versetzt, um das leichte, aber vom Fahrer nicht wahrnehmbare Übergewicht der Maschine auf der rechten Seite auszugleichen.

Die Vollverkleidung wurde hunderte von Stunden im Windkanal getestet, da BMW die Maschinen der K-Reihe von ihrem Ruf befreien wollte, sie seien „fliegende Ziegelsteine".

Der massive Tank hat ein Fassungsvermögen von ganzen 22 l. Die Reichweite eignet sich perfekt für Touren – sie beträgt 312 km.

Das Chassis ist mit einem Aluminiumkasten gestaltet, der die vorderen und hinteren Aufhängungselemente miteinander verbindet. Motorvibrationen waren ein wesentlicher Grund dafür, weiterhin einen separaten Rahmen zu verwenden.

Vibrationen
BMW hat das unangenehme Summen und Kribbeln, das bei früheren Maschinen der K-Reihe auftreten konnte, mithilfe von Gummiisolierungen an Motor und Getriebe ausgeschaltet.

Sitzbank
Sie ist von 769 mm auf 793 mm verstellbar, um mehr Komfort für eine größere Anzahl von Fahrern zu bieten.

Motor
Der wassergekühlte 4-Zylinder-Reihenmotor hat eine Bohrung von 70,5 mm, einen Hub von 75 mm und einen Hubraum von 1171 ccm sowie eine Bosch-Motronic-Einspritzanlage. Er ist für sein unglaubliches Drehmoment im mittleren Drehzahlbereich bekannt.

Radstand
Der lange Radstand von 1549 mm sorgt für eine enorme Stabilität der K1200RS. Allerdings ist sie dafür nicht so wendig in engen Kurven. Genau so wollte BMW es bei diesem Tourensportler-Modell.

BMW K1200RS

Technische Daten

Das Motorrad, das die K-Reihe endlich von ihrem Ruf der „fliegenden Ziegelsteine" befreite, ist ein erstaunlich schneller Tourensportler und eine gelungene Alternative zu italienischen und japanischen Maschinen. Im Gegensatz zu den meisten anderen BMWs hat es einen 4-Zylinder-Reihenmotor, wobei dieser wesentlich zum Gewicht der Maschine beiträgt, die voll getankt mit 285 kg kein Leichtgewicht ist. Dies und die Fahreigenschaften mag manche Menschen abschrecken, aber abgesehen von diesen Faktoren ist die K1200RS ein überaus ausgeklügelter Tourer mit einer herausragenden Ergonomie und einer eleganten Optik, die nicht nur traditionelle BMW-Fans ansprechen dürfte.

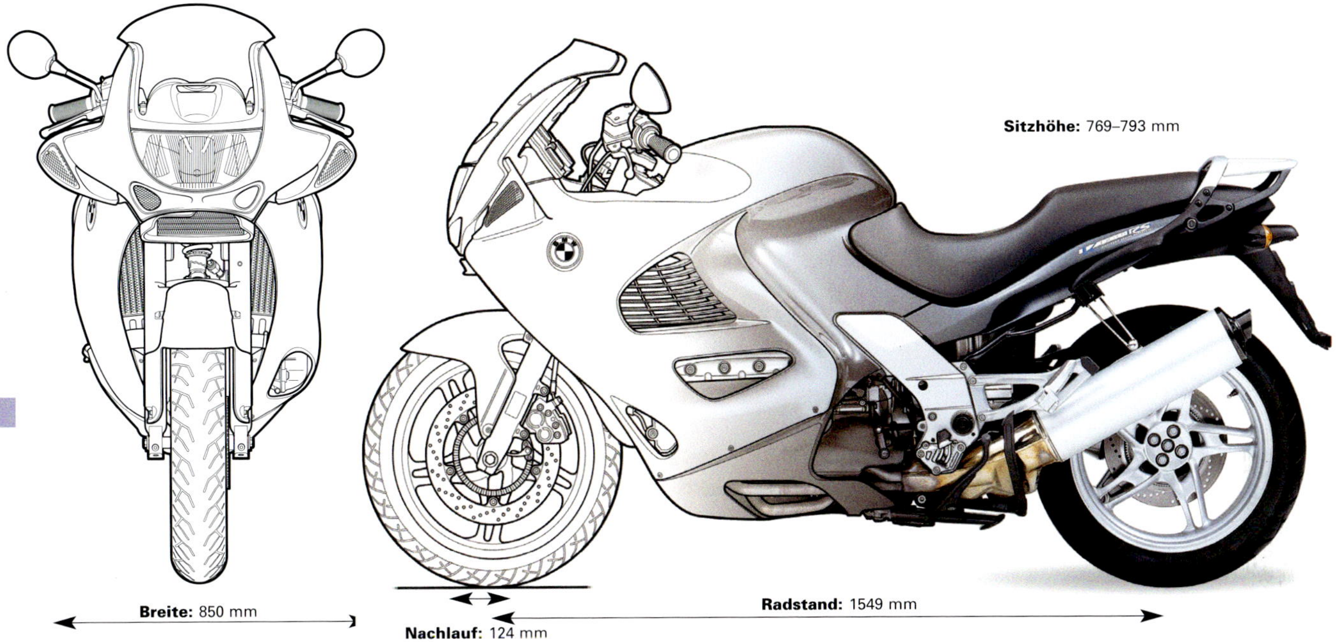

MOTOR

Typ	4-Takt-Motor
Bauart	4-Zylinder-Reihenmotor
Hubraum	1171 ccm
Bohrung	70,5 mm
Hub	75 mm
Verdichtungsverhältnis	keine Angabe des Herstellers
Ventile	4 pro Zylinder
Kraftstoffaufbereitung	Bosch Motronic MA 2.4 mit Schubabschaltung
Zündung	digital elektronisch
Kühlung	flüssigkeitsgekühlt
Nennleistung	84,5 kW (113,3 PS) bei 8100/min
Maximales Drehmoment	108,9 Nm bei 6900/min

MOTORLEISTUNG

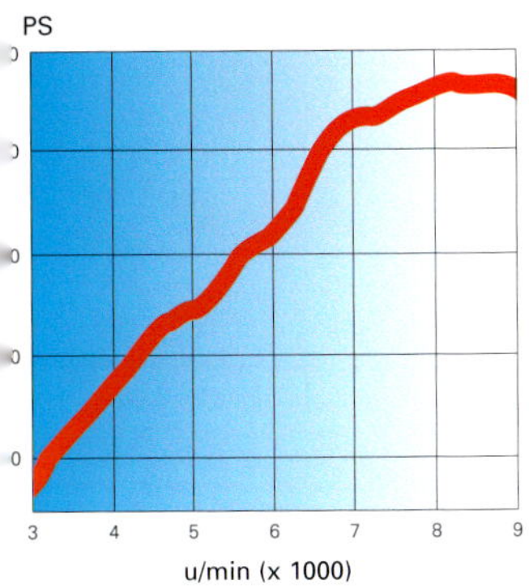

Unabhängige Testmessungen (s. o.) weichen von den Angaben des Herstellers ab.

KRAFTÜBERTRAGUNG

Primärantrieb	Getrieberäder
Kupplung	Mehrscheiben-Nasskupplung
Getriebe	6 Gänge
Sekundärantrieb	Kardan

GEWICHTE UND ABMESSUNGEN

Tankvolumen	22 l
Leergewicht, voll getankt	285 kg
Gewichtsverteilung	
- vorne	keine Angabe des Herstellers
- hinten	keine Angabe des Herstellers
Radstand	1549 mm
Gesamtlänge	2250 mm
Gesamtbreite	850 mm
Gesamthöhe	keine Angabe des Herstellers
Sitzhöhe	769–793 mm

FAHRWERK

Rahmen	Aluminiumgussrahmen, schwingungsentkoppelte Lagerung des Motors
Lenkkopfwinkel/Nachlauf	37,25°/124 mm
Vorderradaufhängung	Telelever
Federweg	115 mm
Einstellbarkeit	keine Angabe des Herstellers
Hinterradaufhängung	Paralever
Federweg	150 mm
Einstellbarkeit	keine Angabe des Herstellers
Reifen	
- Marke	verschiedene
- vorne	120/70 x 17
- hinten	170/60 x 17
Bremsen	
- Marke	BMW
- vorne	schwimmend gelagerte 305-mm-Doppelscheibe, 4-Kolben-Schwimmzange, ABS
- hinten	285-mm-Bremsscheibe, 2-Kolben-Festzange, ABS

BMW R1200C

BMW ist verständlicherweise stolz auf die Qualität der Lackierung. Die Firma verwendet eine spezielle Auftragstechnik und trägt mindestens zwei Lackschichten auf. Zudem werden strenge Qualitätskontrollen bei der Fertigung durchgeführt.

Tank
Er hat ein Fassungsvermögen von 17 l.

Motor
Er hat ein klassisches Boxerdesign, wurde aber extrem weiterentwickelt. Bohrung und Hub wurden von den sonst bei BMW üblichen 99 x 70,5 mm auf 101 x 73 mm erweitert. Einlass- und Auslassventile wurden von 36 auf 34 mm beziehungsweise von 31 auf 29 mm verkleinert. Die Kurbelwelle wurde neu gestaltet, so dass sie schneller arbeiten kann. Darüber hinaus wurde das elektronische Motormanagement-System überarbeitet. Das maximale Drehmoment tritt bei nur 3000/min auf.

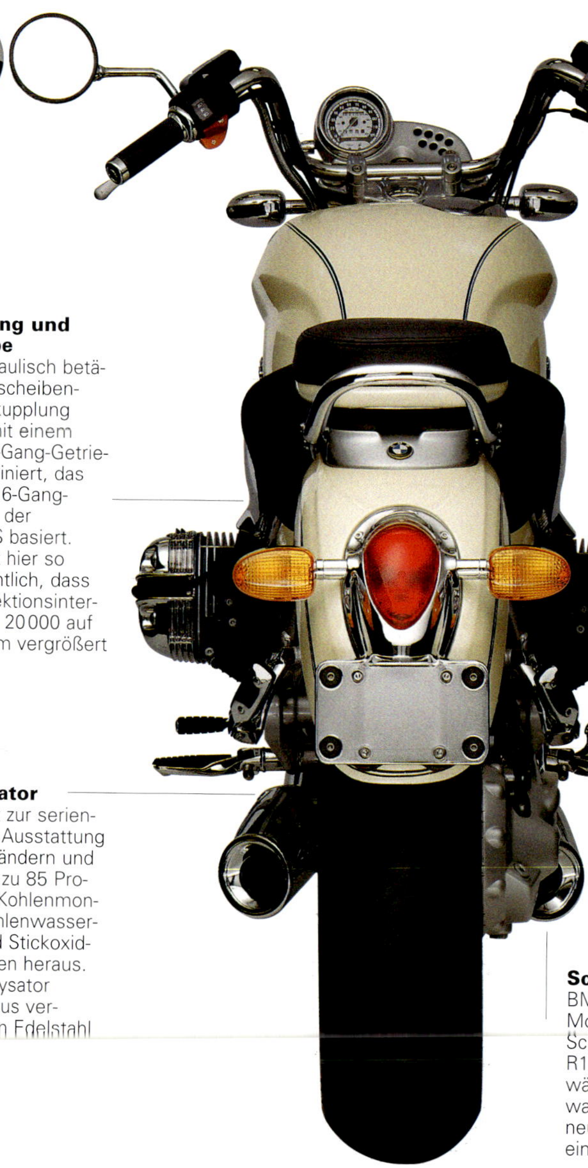

Kupplung und Getriebe
Die hydraulisch betätigte Einscheiben-Trockenkupplung wurde mit einem neuen 5-Gang-Getriebe kombiniert, das auf dem 6-Gang-Getriebe der K1200RS basiert. BMW ist hier so zuversichtlich, dass die Inspektionsintervalle von 20000 auf 40000 km vergrößert wurden.

Katalysator
Er gehört zur serienmäßigen Ausstattung in allen Ländern und filtert bis zu 85 Prozent der Kohlenmonoxid-, Kohlenwasserstoff- und Stickoxidemissionen heraus. Der Katalysator besteht aus verchromtem Edelstahl.

Schalldämpfer
BMW zufolge macht die Verwendung eines Monolevers am Heck es möglich, genau die Schalldämpfer einzusetzen, die man bei der R1200C haben wollte. Mit einem Paralever wäre es nicht möglich gewesen. Die R1200 war innerhalb eines Jahrzehnts das erste neue BMW-Motorrad, das auf beiden Seiten einen Schalldämpfer hatte.

R1200C

BMW ist zu Recht stolz auf seine R1200C, die mittlerweile das bestverkaufte Motorrad dieses Herstellers ist. Sie hat ein sehr individuelles Design und spricht somit eingefleischte BMW-Fans sowie alle möglichen Cruiser-Fans an. Der klassische Boxermotor wurde weiterentwickelt, und die Fahrposition auf dieser Maschine ist nun aufgrund des langen Radstands komfortabler als bei den meisten anderen.

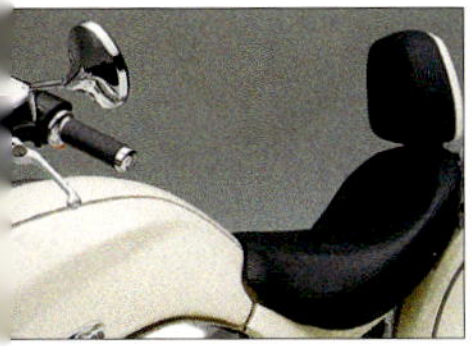

Kein Sozius dabei? Dann klappen Sie den Sitz einfach als Rückenstütze nach oben. Diese ist in drei verschiedene Winkel verstellbar. Ist sie vertikal nach oben geklappt, kann man den verchromten Aluminiumgepäckträger nutzen. Ausgezeichnet!

So wie der Rest des Motorrads ist auch das „Armaturenbrett" sehr individuell. Seine minimalistische Gestaltung wird viele überraschen.

Der vordere Teil des Rahmens besteht aus „dynamisch geformten" Aluminiumgusselementen, während der hintere Teil aus einfachen Stahlrohren gefertigt ist. Der Motor wird als tragendes Element verwendet, und das Frontelement des Rahmens dient gleichzeitig als Befestigung für die Elemente der Telelever-Aufhängung.

Fahrposition
Durch die Verwendung eines langen Radstandes (1650 mm) erhält der Fahrer mehr Platz – daher ist es gut, dass BMW sich dies zunutze macht und den Fahrersitz weiter als sonst nach hinten verlagert. Gleichzeitig sind die Fußrasten weiter vorne angebracht. Das Ergebnis bietet fast jedem entspannten Komfort.

Bremsen
Wie bei der R1100GS werden vorne Edelstahlscheiben mit einem Durchmesser von 305 mm in Verbindung mit 4-Kolben-Brembo-Festzangen verwendet. Die hintere Bremse hat ebenfalls wie die R1100GS eine 285-mm-Scheibe und eine 2-Kolben-Schwimmzange. ABS ist als Sonderausstattung erhältlich.

Monolever-Hinterradaufhängung
Die Schwinge wurde um 90 mm verlängert, um den Radstand zu vergrößern, so dass die BMW-Designer und -Ingenieure wieder zur alten Monolever- anstelle der Paralever-Gestaltung zurückkehren konnten. Dahinter steht die Überlegung, dass ein langer Monolever die Reaktionen des Kardanantriebs ebenso gut ausgleichen kann wie ein kürzerer und komplexerer Paralever.

BMW R1200C

Technische Daten

Es ist etwas mysteriös, warum dies BMWs bestverkauftes Motorrad ist, vor allem weil der deutsche Hersteller mittlerweile so viele gute Maschinen anbietet. Obwohl sich die Entwickler bei der R1200C angeblich sehr viel Mühe gegeben haben, fragen sich viele Menschen wahrscheinlich, woran sie genau gearbeitet haben. Als Cruiser ist diese Maschine nicht schlecht, aber sie ist auch in keinster Weise übermäßig gut: Die Aufhängung ist hart, die Lenkung reagiert langsam, durchschnittlich große Menschen finden das Motorrad unbequem, zudem vibriert es fürchterlich, sobald man sich höheren Geschwindigkeiten auch nur annähert. Dafür funktionieren die Bremsen recht gut, und die Lackierung hat eine gute Qualität. Nur für BMW-Fans.

MOTOR

Typ	4-Takt-Motor
Bauart	2-Zylinder-Boxermotor
Hubraum	1170 ccm
Bohrung	101 mm
Hub	73 mm
Verdichtungsverhältnis	10,0 : 1
Ventile	4 pro Zylinder
Kraftstoffaufbereitung	Motronic
Zündung	elektronisch
Kühlung	luft-/ölgekühlt
Nennleistung	43 kW (57,8 PS) bei 4700/min
Maximales Drehmoment	119,7 Nm bei 4500/min

MOTORLEISTUNG

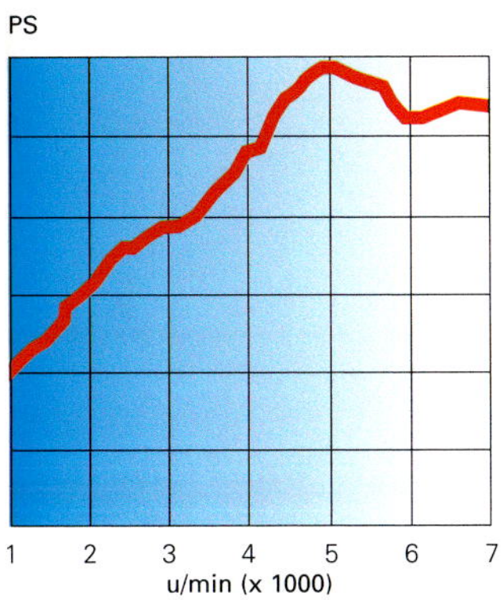

Unabhängige Testmessungen (s. o.) weichen von den Angaben des Herstellers ab.

KRAFTÜBERTRAGUNG

Primärantrieb	Getrieberäder
Kupplung	Einscheiben-Trockenkupplung
Getriebe	5 Gänge
Sekundärantrieb	Kardan

GEWICHTE UND ABMESSUNGEN

Tankvolumen	17,5 l
Trockengewicht	256 kg
Gewichtsverteilung	
- vorne	keine Angabe des Herstellers
- hinten	keine Angabe des Herstellers
Radstand	1650 mm
Gesamtlänge	2340 mm
Gesamtbreite	1050 mm
Gesamthöhe	keine Angabe des Herstellers
Sitzhöhe	740 mm

FAHRWERK

Rahmen	Aluminiumguss- und Stahlrohrrahmen
Lenkkopfwinkel/Nachlauf	keine Angabe des Herstellers
Vorderradaufhängung	Telelever
Federweg	144 mm
Einstellbarkeit	Federvorspannung
Hinterradaufhängung	Monolever
Federweg	100 mm
Einstellbarkeit	Federvorspannung – per Handrad einstellbar
Reifen	
- Marke	keine Angabe des Herstellers
- vorne	100/90 x 18
- hinten	170/80 x 15
Bremsen	
- Marke	keine Angabe des Herstellers
- vorne	305-mm-Doppelscheibenbremse
- hinten	285-mm-Einscheibenbremse

Buell X1 LIGHTNING

Die tief hängende Showa-Monofederbein-Gestaltung sieht seltsam aus, ist aber sinnvoll, da sie einen kürzeren Radstand ermöglicht und gleichzeitig dafür sorgt, dass es nur wenige wartungsintensive Verbindungen gibt.

Mit ihrem verstärkten Kevlar-Zahnriemen umgeht die X1 den konventionelleren Ketten- oder Kardanantrieb beim Hinterrad. Buell zufolge hält jeder der zirka zwölf Abschnitte dem Gewicht eines kleinen Familienautos stand.

Scheinwerfer
Der Scheinwerfer liegt tiefer als bei früheren Buells, und das verleiht der X1 zusammen mit dem größeren Windschild ein aggressiveres Aussehen.

Airbox
Buell ist für seine riesigen und hässlichen Airboxen bekannt, die nicht mit einem ästhetischen Anspruch entwickelt wurden, sondern um eine gute Leistung zu erbringen. Bei der X1 ist die Airbox im Vergleich zu früheren Modellen allerdings erheblich schlanker geworden und sieht schon fast so aus, als gehöre sie zur Maschine.

Bremsen
Vorne kann die Bremse plötzlich versagen, wenn man häufig hintereinander aus hoher Geschwindigkeit stark herunterbremst (das ist bei einer normalen Fahrweise sehr unwahrscheinlich). Hält man an und lässt die riesige 340-mm-Scheibe, die 6-Kolben-Bremszange und die Bremsflüssigkeit abkühlen, greift die Bremse wieder. Dies scheint ein Bremsflüssigkeitsproblem zu sein.

Benzineinspritzung
1999 hat eine dynamische digitale Benzineinspritzung den Vergaser ersetzt. Die Einspritzanlage wird von einem Subunternehmer in Milwaukee hergestellt, wo auch Buell beheima. Bevor die X1 in Serie produziert wurde, funktionierte die Einspritzung schlecht. Erst ab 3500/min wird das Benzin effektiv eingespritzt.

Vorderradaufhängung
Die X1 hat eine Showa-USD-Gabel anstatt der White-Power-Gabel der White Lightning. Allerdings kann man bei der Upside-Down-Gabel nur die Druck- und Zugstufendämpfung einstellen, und es gibt keine Federvorspannung. Trotzdem funktioniert das System großartig.

Gewichtsverteilung
Laut Buell liegen 52 Prozent auf dem hinteren Teil der Maschine, trotzdem fühlt sich die X1 in Kurven vorne manchmal etwas schwerlastig an.

Trockengewicht
Mit ihren 200 kg ist die X1 keine Ballerina. Sie wiegt ganze 6,8 kg mehr als die White Lightning.

X1 LIGHTNING

Wenn Sie Streit suchen, brauchen Sie nach nichts anderem Ausschau zu halten als nach dem neuen Monstrum von Buell. Aus jedem Blickwinkel sieht sie so aus, als warte sie nur darauf, sich auf das nächste ahnungslose Motorrad zu stürzen, das ihres Weges kommt. Ja, sie sieht anders aus, na und? Ihre Leistung ist großartig – sie übertrifft sicherlich Ihre Erwartungen.

Das Auspuffrohr hat eine neue Form erhalten und liegt jetzt enger am Motor an (dies ist aufgrund der veränderten Rahmenform möglich). So wird der rechte Unterschenkel des Fahrers nicht mehr „gebraten“.

Chrom-Molybdän-Rohre, die auf früheren Buells basieren, nun aber erweitert (und entscheidend verlängert) wurden – wo es darauf ankommt –, umfassen den Motor. Auf diese Weise konnten die Auspuffrohre neu angeordnet werden.

Sitzbank
Beim 99er-Modell ist sie teilweise dank des neu gestalteten Rahmens breiter geworden. Die Sitzhöhe beträgt nur 749 mm und bringt den Fahrer in eine bequeme Position zu den Handgriffen und den leicht nach hinten verlagerten Fußrasten. Unter dem Sitz ist noch etwas Stauraum versteckt.

Bodenhaftung
Trotz eines Lenkkopfwinkels von nur 23°, einem Nachlauf von nur 88,9 mm und eines kurzen Radstands von 1397 mm zeigt die X1 eine erstaunliche Stabilität auf fast allen Straßenbelägen und vor allem in Kurven.

Motor
Er wird entsprechend den Bedürfnissen Buells von der Muttergesellschaft Harley-Davidson hergestellt. Der luftgekühlte „Thunderstorm-V2-Motor“ hat 1203 ccm Hubraum und erzielt dem Hersteller zufolge 70 kW (95 PS) bei 6200/min sowie ein Drehmoment von 11,8 kg bei 5600/min.

Schwinge
Die gegossene Schwinge sieht nicht nur besser aus als ihre dünn wirkenden Vorgänger, sie ist angeblich auch stärker und härter.

Buell X1 LIGHTNING

Technische Daten

Das Styling aller Buells ist sehr markant, nicht zuletzt wegen der Gestaltung der Edelstahl-Auspuffrohre. Vom Aussehen her ist die X1 der letzte Streetfighter, und auch ihre Leistung sollte nicht verkannt werden. Für das Jahr 2000 wurden kaum Veränderungen vorgenommen, aber die wenigen, die stattfanden, waren bedeutend. Viele Buellbesitzer wird es freuen, dass man mithilfe eines neuen rekalibrierten Motorsteuerungsmoduls die Anfangsschwierigkeiten der Benzineinspritzung überwunden hat. Und Buell bietet allen Besitzern von 1999er-Buellmaschinen mit Benzineinspritzung eine kostenlose Nachrüstung ihres Systems an. Die Kraftübertragung und das Bremssystem wurden ebenfalls verbessert, und der Motor wurde mit einem stärkeren, geraden Kurbelwellenzapfen sowie Ventilhebern ausgestattet, um die Trägheit zu reduzieren.

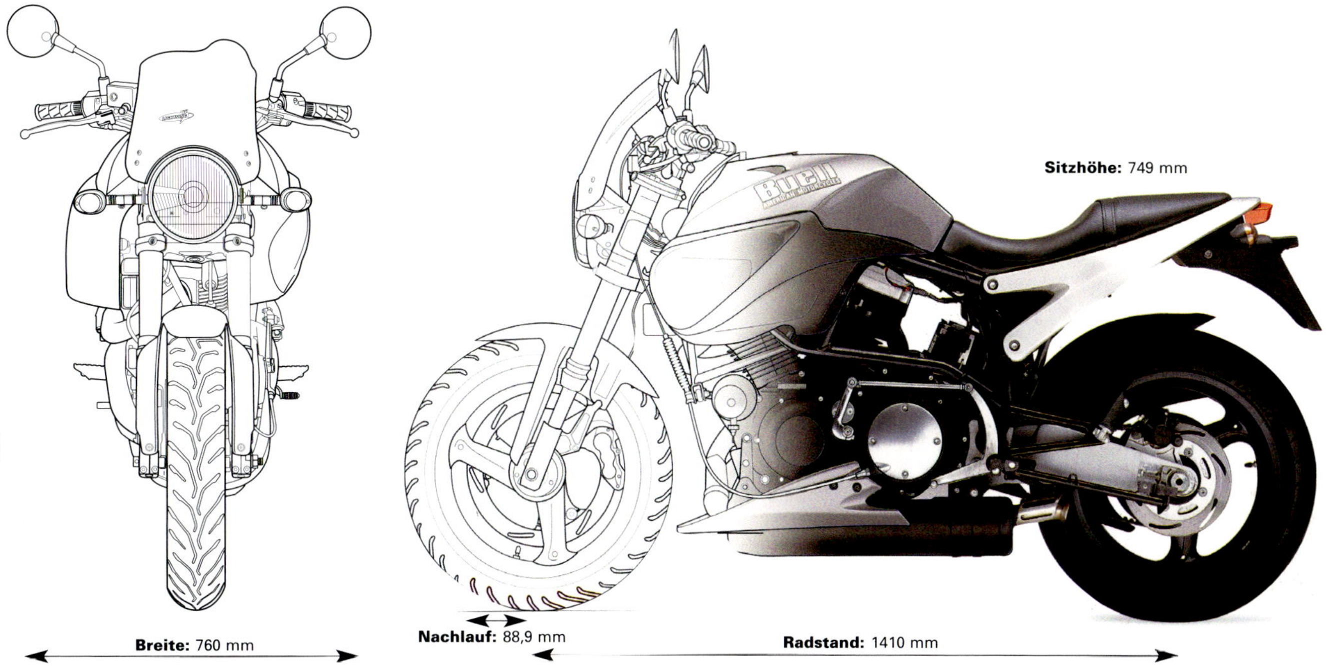

MOTOR

Typ	4-Takt-Motor
Bauart	54°-V-2-Zylinder
Hubraum	1203 ccm
Bohrung	88,8 mm
Hub	96,8 mm
Verdichtungsverhältnis	10 : 1
Ventile	2 pro Zylinder
Kraftstoffaufbereitung	digitale Benzineinspritzung
Zündung	elektronisch
Kühlung	luftgekühlt
Nennleistung	55 kW (73,77 PS) bei 5600/min
Maximales Drehmoment	95,7 Nm bei 5300/min

MOTORLEISTUNG

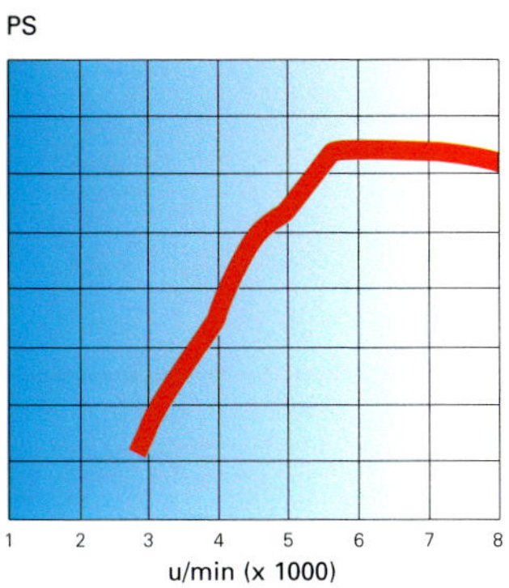

Unabhängige Testmessungen (s. o.) weichen von den Angaben des Herstellers ab.

KRAFTÜBERTRAGUNG

Primärantrieb	Kette
Kupplung	Mehrscheiben-Nasskupplung
Getriebe	5 Gänge mit ständig ineinander greifenden Zahnrädern
Sekundärantrieb	Kevlar-Zahnriemen

GEWICHTE UND ABMESSUNGEN

Tankvolumen	16,33 l
Trockengewicht	200 kg
Gewichtsverteilung	
- vorne	keine Angabe des Herstellers
- hinten	keine Angabe des Herstellers
Radstand	1410 mm
Gesamtlänge	2070 mm
Gesamtbreite	760 mm
Gesamthöhe	1170 mm
Sitzhöhe	749 mm

FAHRWERK

Rahmen	Chrom-Molybdän-Rohr-Perimeterrahmen mit Vibrationsisolierung
Lenkkopfwinkel/Nachlauf	23°/88,9 mm
Vorderradaufhängung	Showa-USD-Gabel
Federweg	119 mm
Einstellbarkeit	Druck- und Zugstufendämpfung
Hinterradaufhängung	Showa-Monofederbein mit Ausgleichsbehälter
Federweg	11,7 cm
Einstellbarkeit	Federvorspannung, Druck- und Zugstufendämpfung
Reifen	
- Marke	Dunlop
- vorne	120/70 x 17
- hinten	170/60 x 17
Bremsen	
- Marke	keine Angabe des Herstellers
- vorne	schwimmend gelagerte 340-mm-Scheibe, 6-Kolben-Bremszange
- hinten	230-mm-Scheibe, 1-Kolben-Bremszange

CAGIVA GRAN CANYON 900

Das Scheinwerferdesign ist ebenso wie die Verkleidung minimalistisch gestaltet. Nur ein Scheinwerfer hat ein Abblendlicht; das Fernlicht ist in Ordnung, aber nicht großartig und schränkt schnelle Nachtfahrten ein.

Die Doppeltankdeckel sind eine neue Idee und können so aufgeklappt werden, dass das Innere des Kunststofftanks sichtbar wird.

Windschild
Bei der Frontverkleidung hat man versucht, sich dem restlichen Styling der Maschine anzupassen. Für kleine Fahrer bietet sie ausreichenden Windschutz. Größere Menschen sind bei hohen Geschwindigkeiten allerdings einem unangenehmen Winddruck ausgesetzt.

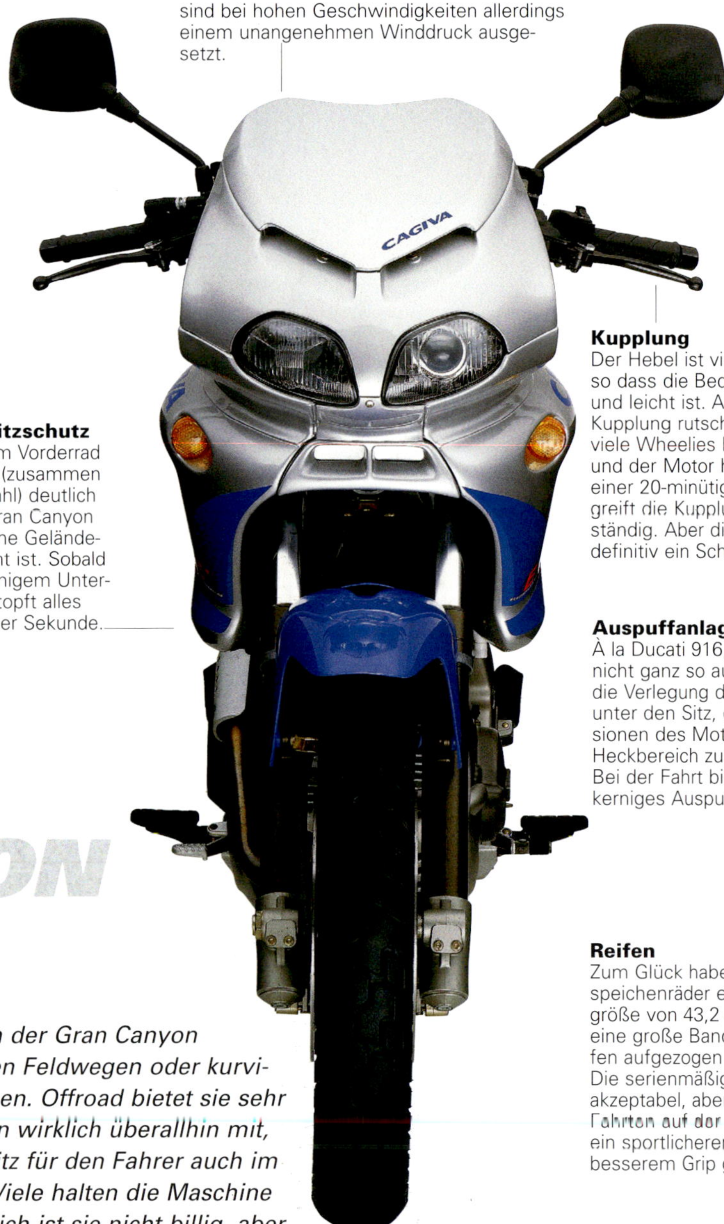

Vorderrad-Spritzschutz
Er ist sehr eng am Vorderrad angebracht, was (zusammen mit der Reifenwahl) deutlich zeigt, dass die Gran Canyon nicht als klassische Geländemaschine gedacht ist. Sobald man auf schlammigem Untergrund fährt, verstopft alles innerhalb von einer Sekunde.

Kupplung
Der Hebel ist vierfach einstellbar, so dass die Bedienung angenehm und leicht ist. Allerdings kann die Kupplung rutschen, wenn man viele Wheelies hintereinander fährt und der Motor heiß läuft. Nach einer 20-minütigen Wartezeit greift die Kupplung wieder vollständig. Aber dieses Problem ist definitiv ein Schwachpunkt.

Auspuffanlage
À la Ducati 916, allerdings nicht ganz so ausgefeilt, hilft die Verlegung des Auspuffs unter den Sitz, die Dimensionen des Motorrads im Heckbereich zu minimieren. Bei der Fahrt bietet er ein kerniges Auspuffgeräusch.

Reifen
Zum Glück haben die Drahtspeichenräder eine Standardgröße von 43,2 cm, so dass eine große Bandbreite von Reifen aufgezogen werden kann. Die serienmäßigen Pirellis sind akzeptabel, aber für knackige Fahrten auf der Straße wäre ein sportlicherer Gummi mit besserem Grip geeigneter.

Lenkeinschlag
Er ist sehr knapp, was bedeuten kann, dass man mitten auf der Straße in drei Zügen wenden muss.

Halteplatte
Sie kann als Träger für ein kleines Top Case verwendet werden. Sie sieht eigenartig aus, leistet Beifahrern aber gute Dienste.

GRAN CANYON 900

Der wahre Herzenswunsch der Gran Canyon besteht darin, auf holprigen Feldwegen oder kurvigen Straßen entlangzudüsen. Offroad bietet sie sehr viel Spaß und nimmt einen wirklich überallhin mit, gleichzeitig ist der hohe Sitz für den Fahrer auch im Stadtverkehr von Vorteil. Viele halten die Maschine für überteuert, und sicherlich ist sie nicht billig, aber als Zweitmotorrad eignet sie sich großartig.

Der Tacho ist in 20-km-Schritte eingeteilt und zeigt maximal 220 km/h an. Der Drehzahlmesser zeigt maximal 11000/min an, wobei der Bereich ab 9000/min rot markiert ist. Die Drehzahlgrenze liegt bei 9750 u/min. Ist sie erreicht, schaltet sich ein Drehzahlbegrenzer ein.

Der 904-ccm-90°-V2 ist nichts anderes als eine benzineingespritzte Version des Motors der Supersportlerin Ducati 900SS. Er ist luftgekühlt und hat eine Bohrung und einen Hub von 92 x 68 mm.

Sitzbank
Breit und gut gepolstert ist sie überaus bequem für den Fahrer und akzeptabel für den Sozius.

Aufhängung
Die 45 mm-Gabel vorne und das Boge-Monofederbein hinten bieten ordentliche Einstellmöglichkeiten und sind so ausgelegt, dass sie erstaunlich gut mit holprigen Straßen fertig werden. Die Qualität der Einzelkomponenten ist vorne wie hinten hoch.

Bugspoiler
Der Motorschutz sieht perfekt aus, ist aber nicht nötig, es sei denn, Sie lieben es, schnell über Bordsteine zu fahren.

Radstand
Mit 1530 mm ist der Radstand der anvisierten Liga dieser Maschine angemessen und bietet eine gute Stabilität. Aufgrund des tief liegenden Schwerpunkts und der Tatsache, dass der größere Teil des Gewichts auf dem Heck liegt, büßt das Motorrad allerdings Punkte bei der Fähigkeit ein, Enduro-typische Stoppies zu machen.

CAGIVA GRAN CANYON 900

Technische Daten

Von vielen wird sie als eine neue Enduro gesehen, aber die Gran Canyon lässt sich nicht leicht kategorisieren. Und das ist kein Nachteil; im Gegenteil, denn es bedeutet, dass diese 900er fast alles kann. Sie ist gut für den Stadtverkehr geeignet, bewegt sich mit Leichtigkeit auf Autobahnen und ist auf engen, kurvigen Nebenstraßen in ihrem Element. Sie hat ein tolles Styling, das Handling ist ebenfalls gut, und was am besten ist, es macht überaus Spaß, mit ihr zu fahren. Lesen Sie weiter und lassen Sie sich die Augen von den Zahlen und Fakten öffnen, die diese überzeugende Maschine ausmachen.

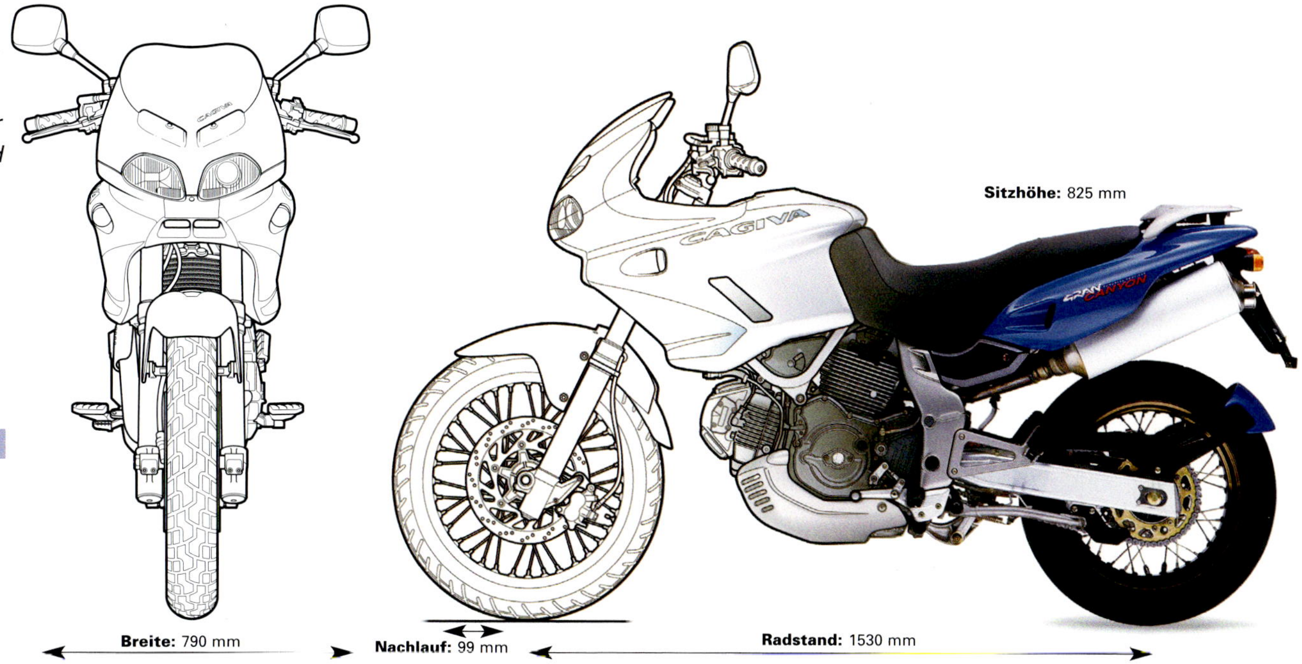

MOTOR

Typ	4-Takt-Motor
Bauart	90°-V-2-Zylinder
Hubraum	904 ccm
Bohrung	92 mm
Hub	68 mm
Verdichtungsverhältnis	9,2 : 1
Ventile	2 pro Zylinder
Kraftstoffaufbereitung	Weber-Benzineinspritzung, mit einer Einspritzdüse pro Zylinder
Zündung	elektronisch
Kühlung	luft-/ölgekühlt
Nennleistung	48 kW (64,4 PS) bei 7400/min
Maximales Drehmoment	71,6 Nm bei 5200/min

MOTORLEISTUNG

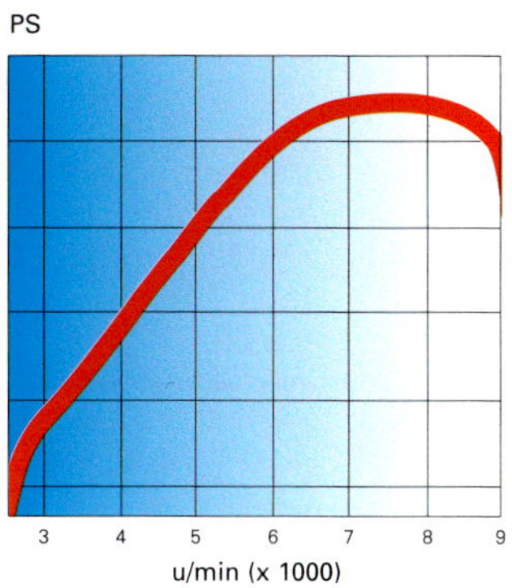

Unabhängige Testmessungen (s.o.) weichen von den Angaben des Herstellers ab.

KRAFTÜBERTRAGUNG

Primärantrieb	Getrieberäder
Kupplung	Mehrscheiben-Trockenkupplung
Getriebe	6 Gänge
Sekundärantrieb	Kette

GEWICHTE UND ABMESSUNGEN

Tankvolumen	20 l
Trockengewicht	218 kg
Gewichtsverteilung	
- vorne	keine Angabe des Herstellers
- hinten	keine Angabe des Herstellers
Radstand	1530 mm
Gesamtlänge	2200 mm
Gesamtbreite	790 mm
Gesamthöhe	keine Angabe des Herstellers
Sitzhöhe	825 mm

FAHRWERK

Rahmen	Einschleifenrahmen
Nachlauf	99 mm
Vorderradaufhängung	45-mm-Marzocchi-Teleskopgabel
Federweg	170 mm
Hinterradaufhängung	Boge-Monofederbein
Federweg	170 mm
Einstellbarkeit	Federvorspannung, Zugstufendämpfung
Reifen	
- Marke	Dunlop D604/Pirelli MT80/Metzeler Enduro/Michelin T66/Bridgestone Trail Wing
- vorne	110/80 x 19 (Dunlop, Pirelli, Metzeler), 110/90 x 19 (Michelin, Bridgestone)
- hinten	150/70 x 17
Bremsen	
- Marke	Nissin
- vorne	296-mm-Doppelscheibe, 2-Kolben-Bremszangen
- hinten	240-mm-Einscheibenbremse mit 2-Kolben-Bremszange

CAGIVA RAPTOR

Vorderradbremse
Bei der Brembo-Vorderradbremse sind zwei 4-Kolben-Bremszangen im Einsatz. Stahlflexummantelte Leitungen sorgen für eine gute Dosierbarkeit der Bremse am Handhebel sowie eine starke Bremskraft..

Lenker
Der breite Lenker und die aufrechte Sitzposition verleihen dem Fahrer eine gute Kontrolle. Cagiva hat auch eine V-Raptor mit einer kleinen Frontverkleidung und einem niedrigeren Lenker hergestellt.

Hinterradaufhängung
Die Zweiarmschwinge am Hinterrad ist aus extrudiertem Aluminium gefertigt und hat ein einstellbares Zentralfederbein.

Auspuff
Das Edelstahlsystem besteht aus einer 2-2-Anordnung und zwei großvolumigen Schalldämpfern. Die ovalen Auspuffrohre bieten mehr Schräglagenfreiheit bei schnellem Kurvenfahren.

RAPTOR

Die Cagiva Raptor ist eine Maschine, die das Beste aus zwei Welten kombiniert: italienisches Flair mit klassischem Design und Styling sowie die japanische Effizienz eines zuverlässigen leistungsstarken Motors. Die Cagiva Raptor wurde vom gleichen Designer entwickelt, der auch Ducatis Monster entworfen hat, und ist, dank des Suzuki-TL1000S-Motors, ein Stadt-Roadster der Hochleistungsklasse.

Reifen
Breite Radial-Sportreifen mit gutem Grip sind auf leichte Gussräder aus einer Aluminiumlegierung aufgezogen.

Ohne Verkleidung ist der minimalistische Stahl-Gitterrohrrahmen der Raptor erkennbar. Er ist viel stabiler, als er aussieht. Auch das Chassis enthält radikale Design-Elemente, wie zum Beispiel Fußrastenhalter, eine kantige Verkleidung und bei der V-Raptor-Variante eine aggressiv aussehende Frontverkleidung.

Motor
Der wassergekühlte 8-Zylinder-90°-V2-Motor mit 996 ccm ist ein umbenannter TL1000S mit Cagivas eigenem Einspritzungs- und Auspuffsystem.

Lenkkopf
Die Raptor hat einen steilen Lenkwinkel, der schnelle Wendungen ermöglicht. Allerdings kann dies auf holprigem Untergrund auf Kosten der Stabilität gehen, weshalb viele Fahrer einen Lenkungsdämpfer montieren.

Sitzbank
Die Raptor hat eine einteilige Doppelsitzbank für Fahrer und Sozius. Für Solofahrten wird sie mit einer Plastikabdeckung für den Soziussitz geliefert.

CCM 604E

Bei der Sitzbank gehen die Meinungen auseinander. Die meisten empfinden sie als sehr hart, aber für manche ist sie bequem. Die Verkleidung beschränkt sich ebenfalls auf das Nötigste, und einige finden, dass sie einfacher ist, als sie sein müsste.

Gasgriff
Die CCM spricht erstaunlich schnell auf das Gas an – und das meinen wir wirklich so. Jede kleine falsche Bewegung des Gasgriffs kann Sie nach vorne katapultieren. Passen Sie daher gut auf!

Scheinwerfer
Der kleine Scheinwerfer dient lediglich dazu, eine Straßenzulassung für die Maschine zu erhalten. Man sollte nachts nicht mit ihr fahren.

Aufhängung
Zusätzlich zur sehr guten Gabel an der Front ist die CCM hinten mit einem ausgezeichneten White-Power-Federbein ausgestattet. Zusammen sorgen sie für eine weiche Fahrt – meistens.

604E

Die CCM 604E ist zwar für Straßen zugelassen, man sollte deshalb aber nicht davon ausgehen, dass sie für die Straße geeignet ist, denn das ist sie definitiv nicht, wenngleich sie sich auch auf Asphalt ordentlich beträgt. Aber es handelt sich hierbei nun mal um eine ausgesprochene Gelände-Maschine, und sie ist dafür gedacht, hart rangenommen zu werden, aber Offroad, und nicht auf der Straße!

Bremsen
Vorne und hinten hat die CCM je eine Einscheibenbremse. Die Bremsen haben einen ziemlichen Biss und werden Sie nicht im Stich lassen.

Reifen
So wie die restliche Ausstattung des Motorrads haben auch die Reifen eine gute Qualität. Es handelt sich um Pirelli-Dragons mit Corsa-Mischung, die sich im Schlamm großartig verhalten.

Radstand
Mit einem Radstand von 1530 mm und einem Trockengewicht von 130 kg lassen sich mit diesem Motorrad problemlos extreme Manöver durchführen, und so sollte es auch sein. Und wenn es einmal umfällt, ist es keine schweißtreibende Angelegenheit, es wieder aufzustellen.

Mehr ist bei der CCM nicht drin. Man sieht hier nicht die Myriaden von Instrumenten, die man bei den anderen Motorrädern gewohnt ist. Alles, was nicht absolut nötig ist, hat die CCM auch nicht – was bei einer solchen Maschine auch o.k. ist.

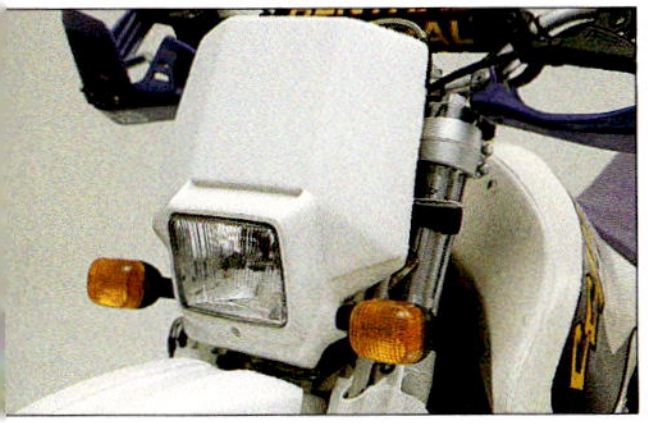

Scheinwerfer und Rücklicht sind so gut wie nutzlos. Versuchen Sie nicht, dieses Motorrad in der Nacht zu fahren – die Leuchten sind nur vorhanden, um den Zulassungsvorschriften zu entsprechen.

Der Motor der CCM ist weitaus leistungsstärker, als viele vielleicht vermuten würden. Zudem reagiert er extrem sensibel. Die leichtgewichtige Kurbelwelle und der Antriebsstrang übertragen die Kraft unmittelbar auf das Hinterrad.

Sitzbank
Erwarten Sie sich hier nichts. Die Sitzbank ist da, weil ein Motorrad nun mal einen Sitz haben muss. Aber Offroad werden Sie ja ohnehin häufiger auf den Fußrasten stehen, als auf diesem harten blauen Etwas zu sitzen.

Räder
Die Drahtspeichenräder haben einen Durchmesser von 53,3 cm vorne und 48,2 cm hinten. Die Speichen passen zwar zum Aussehen der Maschine, aber nach einem harten Tag im Schlamm ist es mühsam, sie zu reinigen.

Vorderradaufhängung
Die 46-mm-Paioli-Gabel trägt zu dem guten Gefühl bei, das die Aufhängung dem Fahrer vermittelt, vor allem auf der Straße.

Kühlung
Die CCM ist luftgekühlt. Zusätzlich wirkt der mit Öl befüllte Rahmen wie ein riesiger Kühler.

Motor
Der luftgekühlte 597-ccm-1-Zylinder-4-Takt-Motor ist stark und läuft viel runder, als man es vielleicht von ihm erwarten würde. Manchmal ruckelt er etwas, aber das sollten Sie genießen.

CCM 604E

Technische Daten

Wenn Sie auf verrückte, wilde Weise Spaß haben möchten, sollten Sie sich dieses Gerät einmal ansehen! Es ist ein Motorrad, das Sie dazu ermuntern wird, an die Grenze zu gehen – aber nur Offroad! Auch auf der Straße können Sie natürlich verrücktspielen, aber das ist nicht ratsam, trotz der Tatsache, dass die Maschine ein gutes Handling hat und sich gut bremsen lässt.
Die CCM ist insgesamt etwas ruppig, und der Lärm, den sie macht, kann auf der Straße ungewollt Aufmerksamkeit erregen. Aber für die Straße ist sie ja auch nicht gebaut worden. Dies ist ein Wettkampf-Motorrad, das gerade noch so die Straßenzulassung erhalten hat. Sie sollten es nur auf asphaltierten Straßen fahren, wenn Sie unterwegs sind, um es Offroad richtig ranzunehmen.

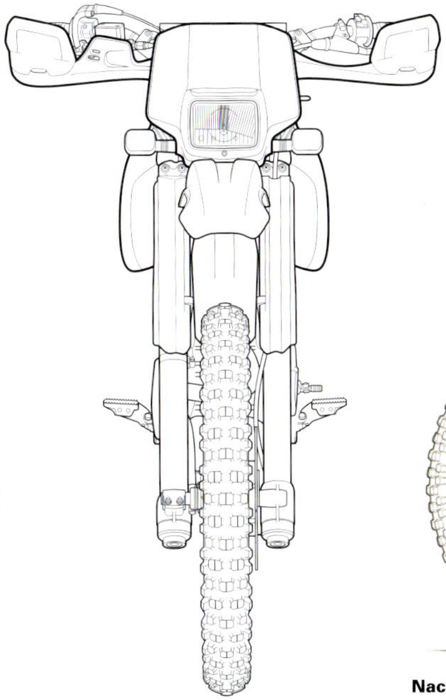

MOTOR

Typ	4-Takt-Motor
Bauart	Einzylinder
Hubraum	597 ccm
Bohrung	97 mm
Hub	81 mm
Verdichtungsverhältnis	10 : 1
Ventile	4 pro Zylinder
Kraftstoffaufbereitung	Dellorto-VHSB-39-Flachschiebervergaser
Zündung	elektronische, CDI
Kühlung	luftgekühlt
Nennleistung	26,5 kW (35,5 PS) bei 7400/min
Maximales Drehmoment	35,3 Nm bei 6700/min

MOTORLEISTUNG

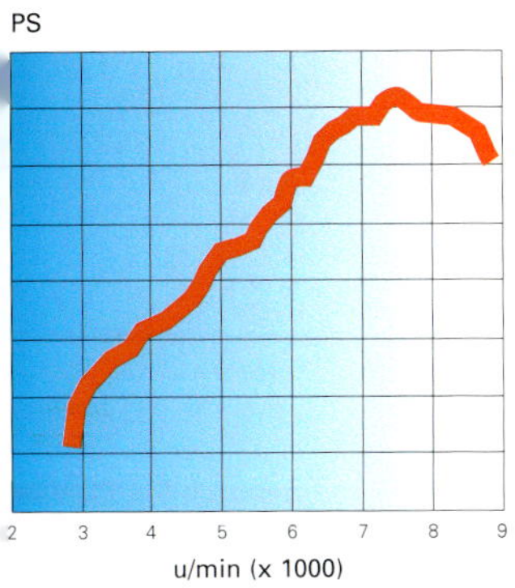

Unabhängige Testmessungen (s. o.) weichen von den Angaben des Herstellers ab.

KRAFTÜBERTRAGUNG

Primärantrieb	keine Angabe des Herstellers
Kupplung	Mehrscheiben-Nasskupplung
Getriebe	5 Gänge
Sekundärantrieb	Kette

GEWICHTE UND ABMESSUNGEN

Tankvolumen	13,6 l
Trockengewicht	130 kg
Gewichtsverteilung	
- vorne	keine Angabe des Herstellers
- hinten	keine Angabe des Herstellers
Radstand	1530 mm
Gesamtlänge	keine Angabe des Herstellers
Gesamtbreite	keine Angabe des Herstellers
Gesamthöhe	keine Angabe des Herstellers
Sitzhöhe	925 mm

FAHRWERK

Rahmen	Doppelschleifenrahmen
Lenkkopfwinkel/Nachlauf	27,5°/114,3 mm
Vorderradaufhängung	konventionelle 46-mm-Gabel
Federweg	keine Angabe des Herstellers
Einstellbarkeit	Druck- und Zugstufendämpfung
Hinterradaufhängung	White-Power-Monofederbein mit Ausgleichsbehälter
Federweg	keine Angabe des Herstellers
Einstellbarkeit	Federvorspannung, Druck- und Zugstufendämpfung
Reifen	
- Marke	Pirelli Dragon
- vorne	120/70 x 17
- hinten	150/60 x 17
Bremsen	
- vorne	320-mm-Singlescheibe mit 2-Kolben-Bremszange
- hinten	220-mm-Singlescheibe mit 2-Kolben-Bremszange

DUCATI M600 DARK

Vorne wird mit einer 320-mm-Singlescheibe gebremst, die an der linken Radseite angebracht ist und eine 2-Kolben-Bremszange hat. Die Bremsleistung ist in Ordnung, aber auch nicht mehr.

Spiegel
Sie sind genau dort angebracht, wo sie sein müssen, um eine gute Rücksicht zu gewährleisten. Bei starken Vibrationen verschwimmt das Bild etwas, aber nicht zu stark.

Scheinwerfer
Erzeugt einen ausreichenden Lichtkegel, der dank des Potenzials der M600, auf dem Hinterrad zu fahren, die Hälfte der Zeit in die Luft gerichtet sein kann. Gelegentlich lockert er sich nach einer schlechten Landung, lässt sich aber mit zwei Umdrehungen eines Inbusschlüssels wieder festziehen.

Hupe
Sie ist über dem Vorderzylinder versteckt und verläuft horizontal zum Rahmen. Die Hupe unseres Modells klang wie eine gestresste krächzende Ente.

Armaturenbrett
Hier ist eine ganze Reihe von Kontrollleuchten versammelt, aber bei hellem Sonnenlicht sind sie schwer erkennbar, da die Birnen nicht stark genug sind.

Hinterradabdeckung
Vielen fällt sie gar nicht auf, da sie schwarz ist und sich eng an den Reifen schmiegt, was bei nasser Witterung von Vorteil ist.

M600 DARK

Mit ihrem sichtbaren Gitterrohrrahmen und dem dunklen Farbton sieht die Monster Dark sehr finster aus. Sie hat ihren eigenen Stil und beginnt zusammen mit ihren größeren Brüdern einen Kultstatus zu erreichen. Aber sie sieht nicht nur mächtig aus, sie zieht auch entsprechend ab, vor allem bei freier Bahn. Mit dem 583-ccm-V-Zwillingsmotor, der 38 kW (51 PS) hat, werden Sie kein Problem haben, locker über 177 km/h zu kommen.

Reifen
Die Reifen haben eine Größe von 120/60 x 17 vorne und 160/60 x 17 hinten. Dunlop-Reifen sind bei normalen Leistungen des Motorrads gut geeignet, aber wenn man Reifen mit einem besseren Grip verwendet, kann man aggressiver in die Kurven gehen.

Auspuffanlage
Edel wie immer, aber das Problem der Bodenfreiheit besteht wie bei den größeren 750-ccm- und 900-ccm-Kumpanen nach wie vor. Die abgefasten Schalldämpfer sprechen für sich.

Der Sitz ist nur 770 mm hoch und macht die Monster Dark somit attraktiv für kleinere Fahrer und Frauen. Er ist bequem, wobei es aufgrund des Naked-Designs anstrengend sein kann, sich bei hoher Geschwindigkeit festzuhalten.

Ist es etwa Hexerei? Die 40-mm-Upside-down-Telegabel sieht ordentlich aus, bietet eine akzeptable Dämpfung und einen ziemlich normalen Federweg von 120 mm. Leider ist sie nicht einstellbar.

Ebenfalls typisch für die Ducati ist der sofort erkennbare Stahl-Gitterrohrrahmen. Er unterstreicht die geheimnisvolle Note dieses Motorrads und verleiht dem Namen „Dark" (= dunkel, finster) eine realistische Bedeutung.

Tank
Er hat ein Fassungsvermögen von 16,5 l.

Sitzkomfort
Es gibt keinen. Ein Sozius mit längeren Beinen wird die zu hoch montierten Fußrasten bemängeln.

Motor
Wie man das bei Ducati erwartet, handelt es sich um einen luftgekühlten 90°-V-Zwillingsmotor mit einem 38-mm-Vergaser. Er bringt es auf 51 PS an der Kurbelwelle und hat 583 ccm. Die zwei Ventile pro Zylinder werden desmodromisch gesteuert, Bohrung und Hub betragen 80 x 58 mm, das Verdichtungsverhältnis beträgt 10,7 : 1. Zudem hat die M600 Dark ein 5-Gang-Getriebe.

Hinterradaufhängung
Beim progressiven Zentralfederbein sind sowohl Federvorspannung als auch Zugstufendämpfung einstellbar. Es hat einen ziemlich langen Federweg von 144 mm.

DUCATI M600 DARK

Technische Daten

Das Baby-Monster sieht vielleicht genauso aus wie seine größeren Brüder, aber wie die technischen Daten zeigen, gibt es messbare Unterschiede. Wie man es bei Ducati erwartet, ist der Motor ein luftgekühlter 90°-V-Zwillingsmotor mit zwei desmodromisch gesteuerten Ventilen pro Zylinder. Der Rahmen besteht aus Ducatis sofort erkennbaren Stahl-Gitterrohren mit einer 40-mm-USD-Gabel, die das Motorrad erdet. Wie bereits erwähnt, ist die Maschine in erster Linie aufgrund ihres Aussehens zu einer Art Kultbike geworden.

MOTOR

Typ	4-Takter
Bauart	90°-V-Zwillingsmotor
Hubraum	583 ccm
Bohrung	80 mm
Hub	58 mm
Verdichtungsverhältnis	10,7 : 1
Ventile	2 pro Zylinder
Kraftstoffaufbereitung	2 x 38-mm-Vergaser
Zündung	digital-elektronisch
Kühlung	luftgekühlt
Nennleistung	35,6 kW (47,8 PS) bei 7800/min
Maximales Drehmoment	46,1 Nm bei 5900/min

MOTORLEISTUNG

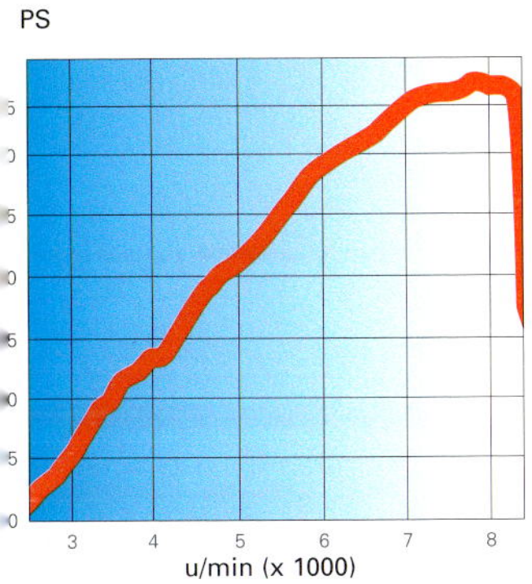

Unabhängige Testmessungen (s. o.) weichen von den Angaben des Herstellers ab.

KRAFTÜBERTRAGUNG

Primärantrieb	Getriebe
Kupplung	Mehrscheiben-Trockenkupplung
Getriebe	5 Gänge
Sekundärantrieb	Kette

GEWICHTE UND ABMESSUNGEN

Tankvolumen	16,5 l
Trockengewicht	174 kg
Gewichtsverteilung	
- vorne	keine Angabe des Herstellers
- hinten	keine Angabe des Herstellers
Radstand	1430 mm
Gesamtlänge	2070 mm
Gesamtbreite	800 mm
Gesamthöhe	1030 mm
Sitzhöhe	770 mm

FAHRWERK

Rahmen	Stahl-Gitterrohrrahmen
Lenkkopfwinkel/Nachlauf	keine Angabe des Herstellers
Vorderradaufhängung	40-mm-Upside-Down-Gabel
Federweg	120 mm
Einstellbarkeit	keine Einstellung möglich
Hinterradaufhängung	progressiv wirkendes Zentralfederbein
Federweg	144 mm
Einstellbarkeit	Federvorspannung und Zugstufendämpfung
Reifen	
- Marke	Dunlop und andere
- vorne	120/60 x 17
- hinten	160/60 x 17
Bremsen	
- Marke	Brembo
- vorne	320-mm-Einscheibenbremse mit einer Bremszange
- hinten	245-mm-Scheibe mit einer Bremszange

DUCATI 748 BIPOSTO

Aufgrund der mangelnden grafischen Gestaltung ist der Tank ziemlich einzigartig. Er hat ein Fassungsvermögen von 17 l. Vorsicht: Verstopfte Lüftungsrohre können zu einem Vakuum führen, so dass der Tank sich nach innen wölbt.

Benzineinspritzung
Die elektronische Einspritzanlage funktioniert in aller Regel reibungslos und hat sich als überaus verlässlich erwiesen. Obwohl sie sehr gut reagiert, bricht sie glücklicherweise nicht auf eine Art los, die Probleme mit der Reifentraktion hervorrufen würde.

Spiegel
Kleinere Fahrer finden sie möglicherweise akzeptabel; größere Besitzer klagen häufig über sichtbare Karosserieteile, welche die Rücksicht behindern. Die Spiegel brechen als Erstes ab, wenn das Motorrad einmal umkippt, und es ist teuer, sie zu ersetzen.

Gabel
Die 43-mm-Upside-Down-Gabel sieht gut aus und bietet ein erstklassiges Handling. Viele Fahrer sind beeindruckt vom hohen mechanischen Grip und dem guten Ansprechverhalten der 748er-Front. Sie zeigt ein ausgezeichnetes lineares Einlenkverhalten und gibt dem Fahrer jedes Mal eine umfassende Rückmeldung.

Verkleidung
Wie bei der 916 macht auch hier die wunderschön geformte Verkleidung das Motorrad zu einer wahren Stilikone. Entweder man liebt die minimalistische grafische Gestaltung oder man kann sie nicht ausstehen. Aufgrund von Preisreduzierungen bei den Ersatzteilen ist es nicht mehr so kostenintensiv, wenn man Karosserieteile im Fall eines Sturzes erneuern muss.

Als die 748 1995 auf den Markt kam, schien sie nichts Besonderes zu sein – lediglich eine Kopie der 916, aber mit weniger Kraft. Allerdings ist sie trotzdem recht erfolgreich, nicht zuletzt aufgrund des individuellen Charakters des Motors und ihres ausgezeichneten Chassis. Auch wenn ihr die unbändige Kraft einer 4-zylindrigen 600er fehlt, ist sie nicht viel langsamer auf der Straße. Für alle, denen ein italienisches Styling gefällt, lohnt es sich, dieser Maschine Beachtung zu schenken.

Reifen
Die breiten 120/60-Vorder- und 180/55-Hinterreifen sind für Geschwindigkeiten über 240 km/h geeignet. Viele Besitzer entscheiden sich für Reifen mit der größten Haftung – die sich allerdings auch am schnellsten abnutzen –, da sie ihr Motorrad möglichst sicher bis an die Grenze ausfahren wollen. Aufgrund der gängigen Reifengrößen hat man eine große Auswahl.

Hinterradaufhängung
Die voll einstellbare Showa-Federung kann etwas gewöhnungsbedürftig sein. Aber nach einer Weile wird man feststellen, dass sie so gut ist wie die großartige Frontgabel. Dem ist nichts hinzuzufügen.

Der Lenkungsdämpfer ist quer vor dem Tank angebracht, anstatt, wie es üblicher ist, auf einer Seite des Rahmens. Daher kann er den Lack beschädigen, wenn er nicht korrekt ausgerichtet ist.

Statt an den Seiten des Motorrads verlaufen die Schalldämpfer unter dem Sitz und tragen somit zur minimalistischen Liniengestaltung bei. Viele Besitzer halten sie für die schönsten Komponenten an diesem Bike. Häufig werden sie auch durch Kohlefaserdämpfer ersetzt, die offensichtlich beliebt sind.

Grundsätzlich ist der 90°-V-Zwilling eine kleinere Version des Ducati-916er-Motors. Er macht im unteren Tourenbereich ein wunderschönes kerniges Geräusch und ist mit einem Getriebe gesegnet, das auf der Straße ausgezeichnete Drehzahlen liefert. Ducati zufolge erreicht die 748 72 kW (97 PS) bei 11000/min im Vergleich zu 84 kW (112 PS) bei 8500/min bei der 916er.

Sitz
Viele Fahrer beklagen sich anfangs über den harten Sitz und die extreme Fahrposition, aber sie gewöhnen sich häufig so sehr daran, dass es seltsam für sie ist, andere Sportbikes zu fahren. Trotz der starken Rennorientierung ist es möglich, lange Distanzen mit dieser Maschine zu fahren.

Vorderbremse
Die Kombination von Brembo-Doppelbremszange und 320-mm-Scheiben führt zu einem anderen Bremsverhalten, als es bei vielen japanischen Sportmaschinen der Fall ist. Während asiatische Maschinen häufig einen ungeheuer großen Anfangsbiss haben, der weniger erfahrene Piloten im Notfall überraschen kann, fasst die Bremse bei der 748 anfangs sanft zu, hat aber trotzdem noch viel Kraft.

Seitenständer
Er klappt von selbst nach oben, sobald das Gewicht der Maschine nicht mehr auf ihm lastet. Viele Besitzer verändern ihn, um das zu verhindern.

Schwinge
Die Ein-Arm-Schwinge ermöglicht einen schnellen Reifenwechsel, sieht toll aus und verwirrt Nicht-Motorradfahrer, die das Gefährt von der rechten Seite betrachten. Allerdings wiegt die Schwinge viel.

DUCATI 748 BIPOSTO

Technische Daten

Die Ducati 748 sieht so ähnlich aus wie ihr angesehener größerer Bruder, die 996, und verwendet die gleiche edle Kombination aus Chassis und Motortechnik. So finden wir bei ihr den exquisiten 8-Ventil-V-Zwillings-Desmomotor, wobei die Maschine kleinere Abmessungen hat; zudem ist ihr Hubraum reduziert, sie hat leichtere Schwungräder sowie ein höheres Verdichtungsverhältnis, was diesem italienischen Supersportler eine Maximalleistung bei 11000/min beschert. Die 748 überrascht häufig diejenigen, die ihr aufgrund ihrer geringeren PS-Zahl keine Beachtung schenken. Aber man sollte die 748 nicht unterschätzen.

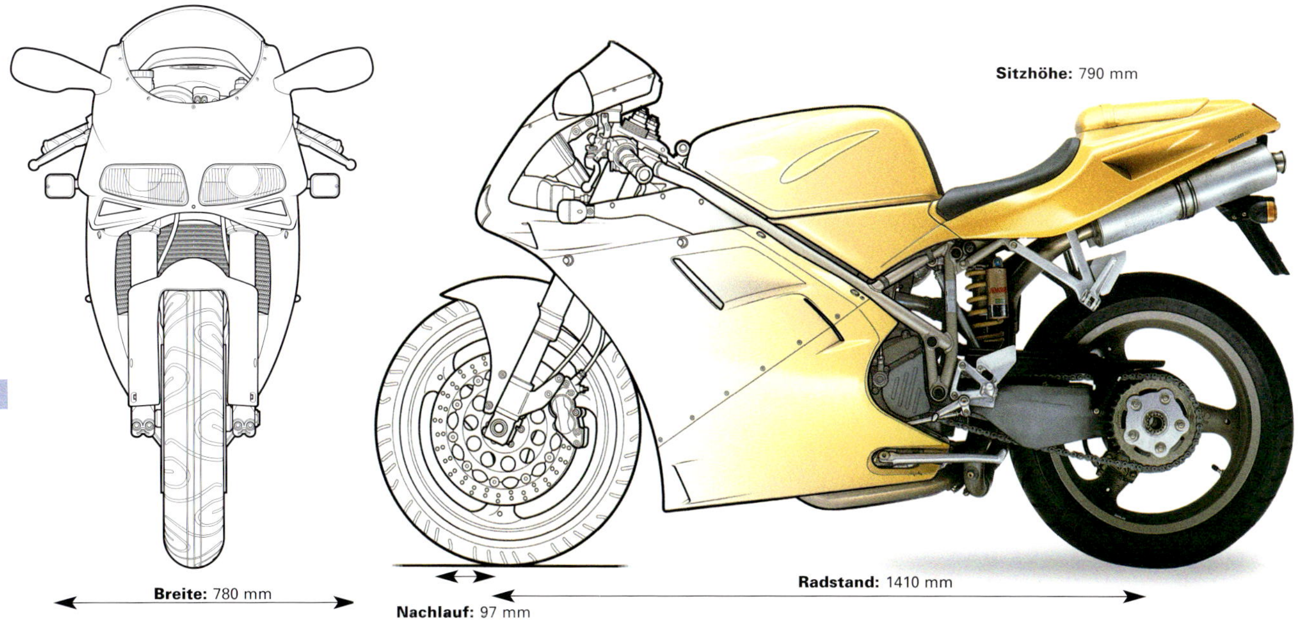

MOTOR

Typ	4-Takter
Bauart	90°-V-Zwillingsmotor
Hubraum	748 ccm
Bohrung	88 mm
Hub	61,5 mm
Verdichtungsverhältnis	keine Angabe des Herstellers
Ventile	4 pro Zylinder
Kraftstoffaufbereitung	elektronische Benzineinspritzung
Zündung	digital-elektronisch
Kühlung	flüssigkeitsgekühlt
Nennleistung	70 kW (94,1 PS) bei 10838/min
Maximales Drehmoment	72,6 Nm bei 8600/min

MOTORLEISTUNG

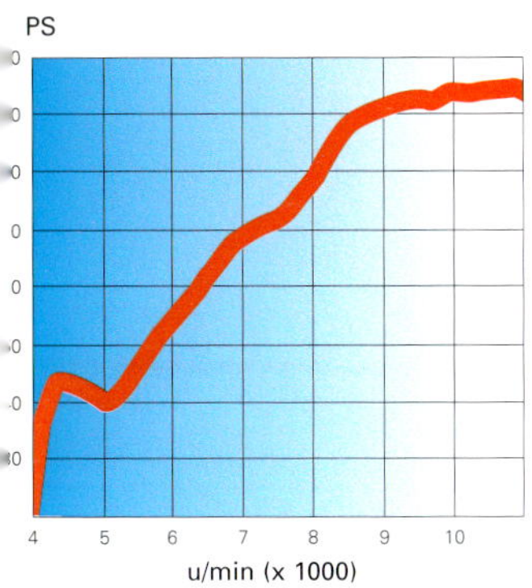

Unabhängige Testmessungen (s. o.) weichen von den Angaben des Herstellers ab.

KRAFTÜBERTRAGUNG

Primärantrieb	Getriebe
Kupplung	Mehrscheiben-Trockenkupplung
Getriebe	6 Gänge
Sekundärantrieb	Kette

GEWICHTE UND ABMESSUNGEN

Tankvolumen	17 l
Trockengewicht	196 kg
Gewichtsverteilung	
- vorne	keine Angabe des Herstellers
- hinten	keine Angabe des Herstellers
Radstand	1410 mm
Gesamtlänge	2030 mm
Gesamtbreite	780 mm
Gesamthöhe	1080 mm
Sitzhöhe	790 mm

FAHRWERK

Rahmen	Stahl-Gitterrohrrahmen
Lenkkopfwinkel/Nachlauf	24°/97 mm
Vorderradaufhängung	43-mm-Upside-Down-Gabel
Federweg	127 mm
Einstellbarkeit	Federvorspannung sowie Druck- und Zugstufendämpfung
Hinterradaufhängung	progressiv wirkendes Zentralfederbein
Federweg	130 mm
Einstellbarkeit	Federvorspannung sowie Druck- und Zugstufendämpfung
Reifen	
- Marke	verschiedene
- vorne	120/60 x 17
- hinten	180/55 x 17
Bremsen	
- Marke	Brembo
- vorne	320-mm-Doppelscheiben, 2-Kolben-Bremszange mit gegenübergestellten Kolben
- hinten	220-mm-Scheibe, Singlebremszange

DUCATI 748R

Die goldfarbene TiN-Beschichtung an der Showa-Gabel reduziert die statische Reibung. Auf diese Weise wird das Ansprechverhalten der voll einstellbaren Federungselemente verbessert.

Ergonomie
Ein grandioses Verkleidungsdesign und ein böse wirkendes Doppelscheinwerfer-Arrangement, das auf die gleiche Weise gestaltet ist wie beim größeren Bruder, der 996, verleihen der Ducati eine Ausstrahlung von Entschlossenheit und subtiler Aggression. Das Cockpit ist übersichtlich und gut durchdacht – alles ist dort, wo man es erwartet.

Benzineinspritzung
Die Zylinder arbeiten mithilfe einer elektronischen Zündung, die mit einer Marelli-Benzineinspritzanlage kombiniert ist. Die Anlage hat Drosselklappen mit 50 mm Durchmesser, jeder Zylinder hat eine eigene Düse und benötigt für eine gute Verbrennung einen Kraftstoff mit einer Mindestoktanzahl von 92.

Diese Ducati ist ein seltsamer Ableger der 916er. Eigentlich sollte eine siebenfünfziger bei einem Namen wie Ducati ziemlich beeindruckend sein, aber in diesem Fall trifft das nicht zu. Diejenigen, die schon einmal eine 916er gefahren sind, werden bei der ersten Fahrt mit der 748er sehr enttäuscht sein. Obwohl sie äußerlich toll aussieht, lässt sie bezüglich der Leistung einiges zu wünschen übrig.

Bremsen
Die 748R hat hydraulische halb schwimmend gelagerte 320-mm-Doppelscheibenbremsen mit 4-Kolben-Bremszangen vorne und eine 220-mm-Singlescheibe mit 2-Kolben-Bremszange hinten. Die Bremsscheiben sind an 3- oder 5-Speichen-Leichtmetallfelgen montiert, die die wunderschöne Ein-Arm-Schwinge zusätzlich betonen.

Fahrposition
Durch den kleinen schlanken Tank, den hohen straffen Sitz und den Lenker wird das Gewicht automatisch nach vorne auf die Handgelenke verlagert. Man weiß sofort, dass man eine besondere Maschine fährt, die einzig und allein dafür entwickelt wurde, schnell zu fahren.

Ein einzelner Sitz und fehlende Sozius-Fußrasten bestätigen, dass die 748R nur für Solo-Fahrfreuden gedacht ist.

Der typische Ducati-Gitterrohrrahmen besteht aus Stahlrohren mit einer ALS-450-Chrom-Molybdän-Legierung. Er ist stabil und hat sich bei der 996er sehr bewährt; dies ist italienische Technik, die selbst Ferrari bewundern sollte.

Motor
Um eine größere Leistung zu erzielen, bekam die 748R größere Ventile als ihre Vorgängerin. Zudem wurde sie mit neuen CNC-gefrästen Zylinderköpfen ausgestattet, die denen der 996er ähneln. Außerdem erhielt sie 54-mm-Drosselklappen mit neuen Einspritzdüsen.

Leistung
Die Kraft wird bei 7500/min deutlich spürbar, aber nicht auf die plötzlich losbrechende Weise wie bei den Supersportlern mit einem Vierer-Reihenmotor und ähnlicher Höchstleistung. Dieser Zwillingsmotor dreht langsamer als der durchschnittliche Reihenmotor, allerdings nicht so langsam wie Ducatis 750er Supersportler.

Stil
Das klassische Rennmaschinen-Styling der Rohre verleiht dem Aussehen der 748R, entsprechend ihrer Bestimmung, den letzten Schliff. Allerdings ist der Sitz unbequem und die Position der Fußrasten könnte besser sein.

DUCATI 748R

Technische Daten

Die technischen Daten der 748R zeigen, was dieses Motorrad zu bieten hat – es ist ein Sportbike, das gebaut wurde, um Rennen zu gewinnen, vor allem die Superbike-WM. Die Verbesserungen bei der 2001er Version verdeutlichen, dass Ducati auf dem richtigen Weg ist. Die Maschine hat nun ein leichteres Schwungrad sowie eine leichtere Kurbelwelle, und auch der Kolben hat weniger Gewicht, um schneller beschleunigen zu können und damit höhere Geschwindigkeiten zu erreichen. Das Getriebe hat beim neuen Modell eine desmodromisch gesteuerte Präzisionsguss-Gangwahltrommel für eine zusätzliche Gewichtsreduktion und größere Genauigkeit. Die Motorleistung ist gleich geblieben.

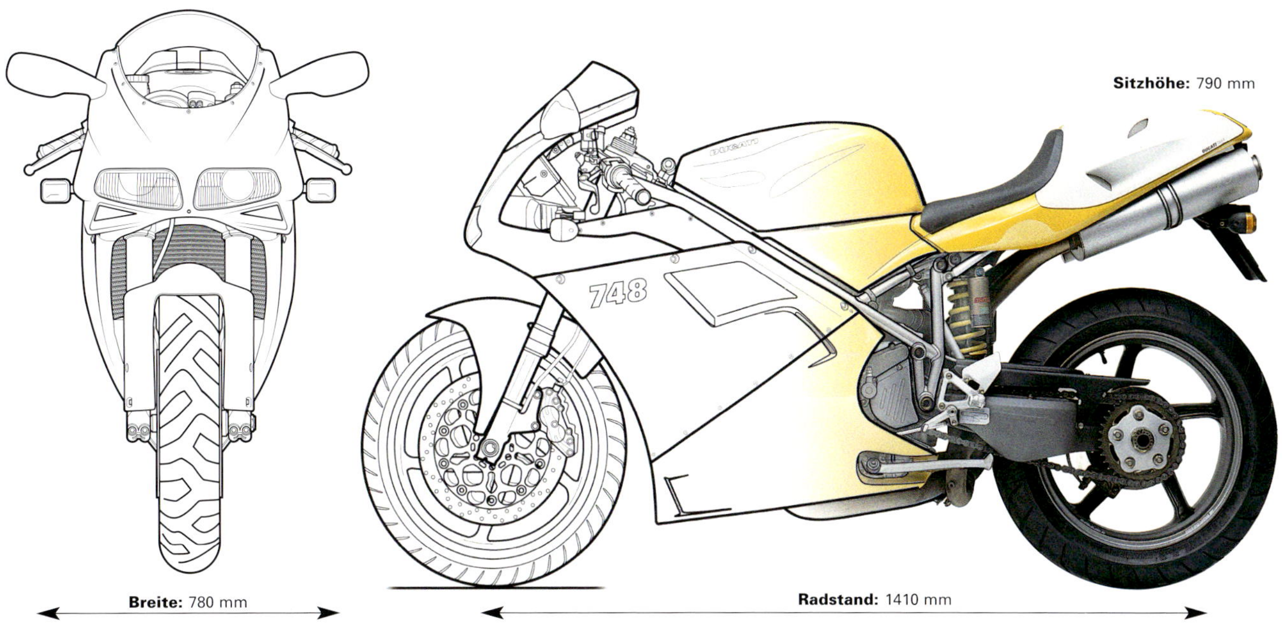

MOTOR

Typ	4-Takter
Bauart	Desmodromischer V-Zwillingsmotor
Hubraum	748 ccm
Bohrung	88 mm
Hub	61,5 mm
Verdichtungsverhältnis	11,3 : 1
Ventile	2 pro Zylinder
Kraftstoffaufbereitung	elektronische Benzineinspritzung
Zündung	elektronisch
Kühlung	flüssigkeitsgekühlt
Nennleistung	75 kW (100,2 PS) bei 9100/min
Maximales Drehmoment	71,6 Nm bei 11200/min

MOTORLEISTUNG

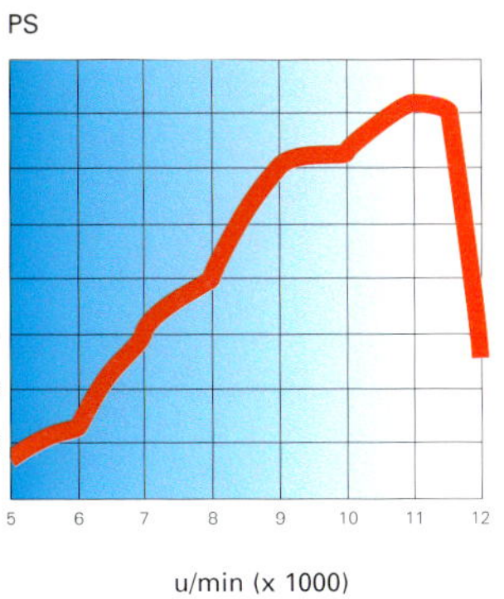

Unabhängige Testmessungen (s. o.) weichen von den Angaben des Herstellers ab.

KRAFTÜBERTRAGUNG

Primärantrieb	Getriebe mit gerade verzahnten Getrieberädern
Kupplung	Mehrscheiben-Trockenkupplung
Getriebe	6 Gänge
Sekundärantrieb	Kette

GEWICHTE UND ABMESSUNGEN

Tankvolumen	17 l
Trockengewicht	192 kg
Gewichtsverteilung	
- vorne	keine Angabe des Herstellers
- hinten	keine Angabe des Herstellers
Radstand	1410 mm
Gesamtlänge	2030 mm
Gesamtbreite	780 mm
Gesamthöhe	1080 mm
Sitzhöhe	790 mm

FAHRWERK

Rahmen	Stahl-Gitterrohrrahmen
Lenkkopfwinkel	23,5°–24,5°
Vorderradaufhängung	Upside-Down-Gabel
Federweg	120 mm
Einstellbarkeit	voll einstellbar
Hinterradaufhängung	progressiv wirkender Cantilever, Zentralfederbein
Federweg	130 mm
Einstellbarkeit	voll einstellbar
Reifen	
- Marke	keine Angabe des Herstellers
- vorne	120/60 x 17
- hinten	180/55 x 17
Bremsen	
- Marke	Brembo
- vorne	halb schwimmend gelagerte 320-mm-Doppelscheibe, 4-Kolben-Bremszange
- hinten	220-mm-Scheibe, 2-Kolben-Bremszange

DUCATI 851

Karosserie
Die ersten 851er-Strada-Modelle, die Ende 1987 sowie im Jahr 1988 hergestellt wurden, litten unter einem schlechten Handling, aber spätere Modelle wurden verbessert, indem sie mit 43-cm-Rädern und einer noch besseren Aufhängung ausgestattet wurden. 1992 wechselte Ducati zur japanischen Showa-Federung, die bei der 851 serienmäßig eingebaut wurde. Die ziemlich eckige Karosserie mit dem quadratischen Scheinwerfer war schnell aus der Mode, aber in den späten 80er-Jahren war dieses Design auf der Höhe der Zeit.

Benzineinspritzung
Die 851 hat eine Weber-Marelli-Einspritzanlage. Sie basiert auf dem System, das bei den Sportautos Ferrari F40 sowie Ford Sierra RS Cosworth und weiteren Sportautos verwendet wird.

Vorderrad-aufhängung
Die Gabel sind Showa-Teile. Früher wurden Marzocchi-Gabeln eingebaut.

Ventilsystem
Beim desmodromischen Ventilsystem wird eine Nockenwelle eingesetzt, um die Ein- und Auslassventile des Motors aktiv zu öffnen und zu schließen. Dieses Verschlusssystem ermöglicht im Gegensatz zur Verwendung von Ventilfedern radikalere Ventilbewegungen sowie eine perfekte Ventilkontrolle bei hohen Motorgeschwindigkeiten.

Als Vorgänger der enorm erfolgreichen 916er-Baureihe brachte Ducatis 851er-Superbike einen wassergekühlten Desmoquattro-Motor auf die Rennstrecke, und zwar in einer klassischen, gewinnenden Verpackung. Die Wurzeln des unglaublichen Erfolgs von Ducati während der letzten Dekade des 20. Jahrhunderts sind bei der 851 zu finden. Der Ducati-Ingenieur Massimo Bordi entwickelte die Maschine Mitte der 80er-Jahre und reagierte damit auf die allmähliche Überalterung der luftgekühlten 2-Ventil-Motoren, die damals bei Ducati verwendet wurden.

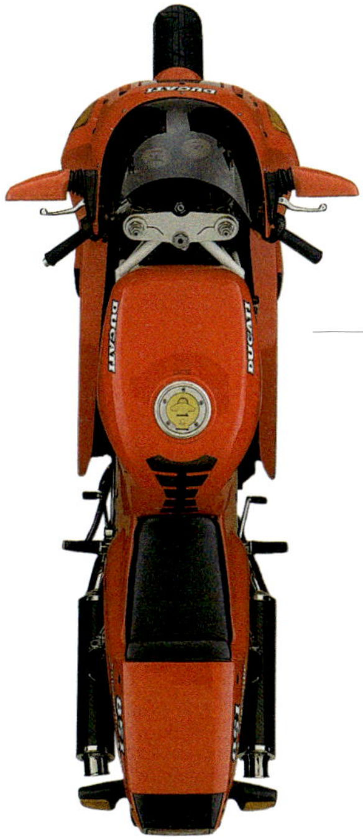

Motor
Der Motor der 851er war eine Weiterentwicklung des 748-ccm-Designs des Ducati-Ingenieurs Massimo Bordi. Bordi hatte die Idee des desmodromisch gesteuerten 4-Ventil-Zylinderkopfs bereits während seiner Universitätszeit. Darüber hinaus hatte die Maschine von einer Steuerkette angetriebene oben liegende Nockenwellen sowie eine Benzineinspritzanlage und eine Wasserkühlung.

Ohne Verkleidung sind die Luftschläuche zu beiden Seiten des Scheinwerfers sichtbar. Diese leiten kalte Luft zum Bereich des Zylinderkopfs und helfen somit, Leistung zu erzeugen. Außerdem sind der Trellis-Rahmen und die große Batterie erkennbar.

Tank
Der Aluminiumtank hat ein Fassungsvermögen von 20 l. Spätere Modelle haben einen Stahltank.

Hinterradaufhängung
Die Aluminium-Schwinge hängt am hinteren Ende der Kurbelwellengehäuse des Motors.

DUCATI MONSTER 900

Ein einfacher Tacho mit Hodometer ist in ein Plastikgehäuse eingepasst, das oberhalb des Scheinwerfers montiert ist. Die quadratische Warnleuchtenanzeige umfasst unter anderem Leerlauf, Blinker, Tank, Abblend- und Fernlicht. Bei Sonneneinstrahlung sind die Anzeigen schwer erkennbar.

Die Hinterradbremse besteht aus einer Brembo-Bremszange und einer 245-mm-Scheibe. Diese Kombination funktioniert durchschnittlich gut, lässt sich aber nur mäßig dosieren.

Vorderbremse
Die zwei 4-Kolben-Brembo-Bremszangen mit ihrer goldfarbenen Legierung und die 320-mm-Doppelscheibe bieten eine gute Bremskraft und lassen sich ordentlich dosieren. Anfangs ist die Bremse weniger bissig als bei vielen japanischen Maschinen, aber dafür bietet sie eine progressivere Bremswirkung. Der Bremshandhebel ist vierstufig verstellbar.

Monster 900

Bereits 1992 überraschten Ducatis Designer alle mit der Markteinführung der Monster 900. Ihr ungewöhnliches Aussehen zog sofort Käufer an, die sie zu Tausenden kauften. Viele rüsteten ihre Maschine zusätzlich nach, um ihr eine noch individuellere Optik zu verleihen. Auch heute gehört sie immer noch zu den originellsten Maschinen.

Schalldämpfer
Ducati weiß offensichtlich etwas, das andere Hersteller nicht wissen, da der inspirierte Klang der Schalldämpfer tief und bollernd ist und trotzdem strenge Lärmschutzbestimmungen erfüllt. Auf der Unterseite sind sie abgefast, um eine größere Bodenfreiheit zu erreichen, wobei eine beherzte Fahrweise nach wie vor zum Bodenkontakt führen wird.

Federung hinten
Beim progressiven Boge-Monofederbein lassen sich Federvorspannung sowie Zugstufendämpfung einstellen. Es hat einen Federweg von 144 mm.

Reifen
Zum Handling und den Leistungscharakteristika der Monster passen Dunlop-D204-Reifen. Sie werden von sportlich fahrenden Besitzern allerdings häufig durch einen noch stärker haftenden Gummi ersetzt.

Vorderradabdeckung
Sie ist eines von den nur drei lackierten Elementen bei der Monster und liegt eng am Rad an. Sie ist auf konventionelle Weise mit vier Schrauben befestigt. Die M900S wurde in limitierter Stückzahl hergestellt und mit einer Vorderradabdeckung aus Kohlefaser ausgestattet.

Obwohl sie den Schalldämpfern der 916 Biposto ähnlich sind, wurden die Töpfe bei der 996 abgeschrägt, um die zusätzliche Kraft, die der um 80 ccm größere Motor liefert, optimal auszunutzen.

Der Tank hat ein Fassungsvermögen von 16,5 l und ist so geformt, dass der Sitz sich eng daran anschmiegen kann. Die Abdeckung lässt sich rasch entfernen, wenn man nur einen Hebel löst.

Das Stahlrohr-Trellis-Rahmen-Design ist mittlerweile synonym mit Ducatis Supersportlern und Naked Bikes. Dieser Rahmen ist nicht nur stabil und sieht für sich genommen gut aus, er macht auch den Motor sowie die klaren, unkomplizierten Linien maximal sichtbar.

Scheinwerfer
Ausreichend – aber auch nicht mehr. Er lässt sich je nach individuellem Geschmack leicht verstellen. Die M900S ist mit einem Fliegenschutz ausgestattet, der auch den Scheinwerfer umfasst und einen begrenzten Windschutz bietet. Die Standardausführung der Monster hat ihn nicht.

Gabel
Die 41-mm-Upside-Down-Showa-Gabel sieht an der kleinen Monster besonders massig aus. Sie funktioniert gut und hat einen Federweg von 120 mm. Druck- und Zugstufendämpfung sind einstellbar.

Sitz
Mit einer Höhe von 770 mm ist er für fast alle Fahrer niedrig genug. Das ist einer der Gründe, warum die Monster bei Frauen so beliebt ist. Der Sitz ist bequem, aber nicht besonders gut gepolstert.

Beifahrer-Komfort
Der kleine Sitz, der sich unter der Abdeckung verbirgt, sowie die hoch angebrachten Fußrasten ermuntern Beifahrer nicht dazu, sehr lange Strecken auf dem Rücken einer Monster mitzufahren. Das Handling ist mit Sozius nicht schlecht, wobei die geringe Bodenfreiheit zu einem noch größeren Problem wird.

Hinterradabdeckung
Sie schmiegt sich eng an den Reifen an und verhindert somit, dass Dreck, Salz und Schlamm auf Stoßdämpfer, Zylinder und Auspuffrohr geschleudert werden. Beim Sondermodell M900, das in limitierter Stückzahl produziert wurde, sieht der Schutz hübscher aus.

Motor
Der luft-/ölgekühlte 90°-Motor hat 2 Ventile pro Zylinder, Bohrung und Hub betragen 92 x 68 mm, das Verdichtungsverhältnis liegt bei 9,2 : 1. Der Motor wird von 2 38-mm-Vergasern versorgt. Das Getriebe umfasst 6 Gänge. Die maximale Leistung an der Kurbelwelle beträgt 53 kW (71 PS) bei 7000/min (das Sondermodell M900S kommt bei der gleichen Umdrehungszahl auf 55 kW (74 PS).

DUCATI MONSTER 900

Technische Daten

Viele Fahrer haben sich in das nackte, aggressive Aussehen der Monster verliebt, das sich vom Retro-Look bei Motorrädern vieler anderer Hersteller unterscheidet. Die Maschine sieht gut aus und ist ungewöhnlich genug, um die Aufmerksamkeit von Menschen auf sich zu ziehen, während Sie vorbeifahren oder das Bike am Bürgersteig geparkt steht. Es ist nicht für lange Distanzen geeignet (obwohl viele Besitzer trotzdem lange Strecken damit fahren), aber es hat ein sehr gutes Handling auf glatten Straßen. Ducati hat mal wieder einen Treffer gelandet!

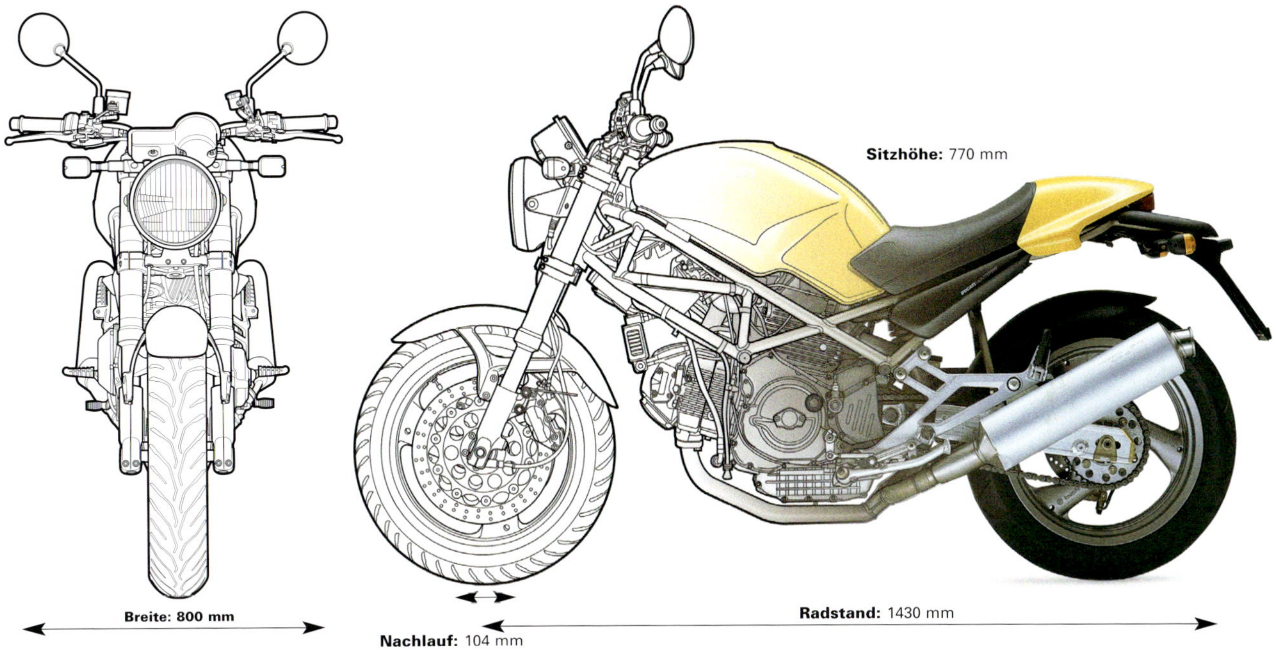

MOTOR

Typ	4-Takt-Motor
Bauart	90°-V-Zwillingsmotor
Hubraum	904 ccm
Bohrung	92 mm
Hub	68 mm
Verdichtungsverhältnis	9,2 : 1
Ventile	2 pro Zylinder
Kraftstoffaufbereitung	2 38-mm-Vergaser
Zündung	CDI
Kühlung	luft-/ölgekühlt
Nennleistung	58 kW (78 PS) bei 7025/min
Maximales Drehmoment	81,4 Nm bei 5370/min

MOTORLEISTUNG

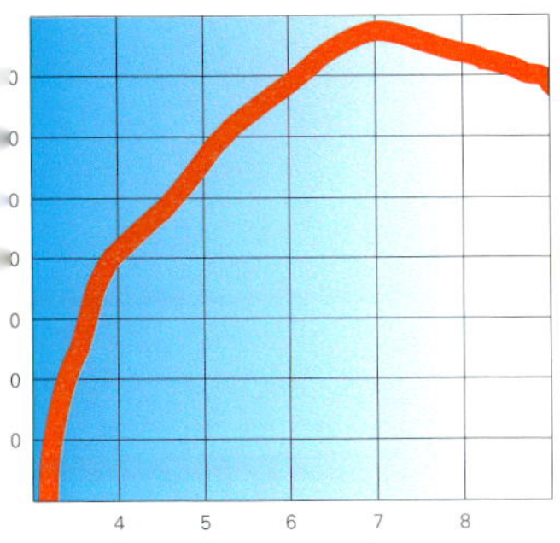

Unabhängige Testmessungen (s. o.) weichen von den Angaben des Herstellers ab.

KRAFTÜBERTRAGUNG

Primärantrieb	Getriebe
Kupplung	Mehrscheiben-Trocken-kupplung
Getriebe	6 Gänge
Sekundärantrieb	Kette

GEWICHTE UND ABMESSUNGEN

Tankvolumen	16,5 l
Trockengewicht	185 kg
Gewichtsverteilung	
- vorne	keine Angabe des Herstellers
- hinten	keine Angabe des Herstellers
Radstand	1430 mm
Gesamtlänge	2080 mm
Gesamtbreite	800 mm
Gesamthöhe	1030 mm
Sitzhöhe	770 mm

FAHRWERK

Rahmen	Stahl-Gitterrohrrahmen
Lenkkopfwinkel/Nachlauf	23°/104 mm
Vorderradaufhängung	41-mm-Showa-Upside-Down-Gabel
Federweg	120 mm
Einstellbarkeit	Federvorspannung sowie Zug- und Druckstufendämpfung
Hinterradaufhängung	Boge-Monofederbein
Federweg	144 mm
Einstellbarkeit	Federvorspannung sowie Zugstufendämpfung
Reifen	
- Marke	Dunlop D204
- vorne	120/70 x 17
- hinten	170/60 x 17
Bremsen	
- Marke	Brembo
- vorne	320-mm-Doppelscheibe, Bremszangen mit 4 gegen-überliegenden Kolben
- hinten	245-mm-Scheibe, Singlebremszange

DUCATI 900SS

Obwohl die gleichen Bremszangen verwendet wurden wie bei der 916 und der ST2, ist der Zylinder bei der 900SS ganz neu, so dass die Bremse viel besser anspricht.

Neues Gewand
Ducatis Chefdesigner Pierre Terblanche hat bei der Karosserie ein wahres Wunder vollbracht. Die Scheibe und der Tank waren bei der alten 900SS langweilig, sie wurden nun durch aggressive auffällige Elemente ersetzt, die kleine Kunstwerke sind. Selbst Nicht-Motorradfahrer bleiben fasziniert stehen und sehen dem Motorrad hinterher.

Lenker
Im Vergleich zur vorigen Version ist der Lenker ergonomisch nützlicher gebogen.

Kühler
Seitliche Luftführungen helfen, die Temperatur des hinteren Zylinders niedrig zu halten und den Motor somit effektiver zu machen. Auch die Ölkühlung des Motorrads wurde überarbeitet.

Ein Erbe kann eine große Bedeutung haben, und genau das ist bei der 900SS der Fall. Ihr Name ruft wunderbare Erinnerungen an die Supersportler aus den späten 70er-Jahren hervor. Die aktuelle Maschine, die diesen heiligen Namen trägt, ist nicht ganz so roh und ungezähmt wie die Vorgängerinnen vor über zwei Jahrzehnten, aber sie ist nach wie vor eine bereitwillige Performerin und mit ihrem neuen Styling einfach atemberaubend schön.

Vorderbremse
Die neuen Brembo-4-Kolben-Zangen sind überwältigend.

Radstand
Der 1395-mm-Radstand (statt 1410 mm beim alten Modell) trägt dazu bei, dass das Bike bei sehr unebenem Untergrund zu eiern beginnt. Der Lenkkopfwinkel von 24° (vorher 25°) und der Nachlauf von 100 mm (vorher 103 mm) tun ihr Übriges. Allerdings gerät die Maschine dabei nicht im Geringsten außer Kontrolle.

Räder
Die Maschine hat zwar insgesamt 2 Kilo zugenommen und wiegt nun 188 kg, aber die 3-Speichen-Leichtmetallfelgen wurden einer strengen Diät unterzogen. Zusammen sind sie nun 1,3 kg leichter als die alten Räder. So wird das ungefederte Gewicht reduziert und der Fahrer kann schneller lenken, vor allem bei hoher Geschwindigkeit.

An zentraler Stelle ist der 11000/min-Drehzahlmesser im Cockpit positioniert. Neben Tacho und Temperaturmesser finden sich hier außerdem Anzeigen für Leerlauf, Scheinwerfer, Blinker und Tank.

Das neue Auspuffsystem ist etwas leiser und trägt dazu bei, die Leistung gegenüber der alten 900SS zu steigern.

Der Stahl-Gitterrohrrahmen gehört ebenso zu einer Ducati wie der V-Twin-Motor. Er sieht vielleicht etwas windig aus, aber die Dreieckskonstruktion verleiht ihm eine große Stabilität. Und bei einer Produktion mit niedrigen Stückzahlen macht ein solcher Rahmen wirtschaftlich gesehen mehr Sinn als ein Brückenrahmen.

Lenkung
Das neue Modell lässt sich viel schneller lenken.

Hinterradaufhängung
Bei der 900SS verwendet Ducati kein technisch ausgefeilteres progressiv wirkendes Federbein, sondern eine Cantilever-Federung.

Gabel
Die 43-mm-Gabel ist dieselbe wie bei der 916. Bisher wurde bei der 900SS eine 41-mm-Gabel verwendet.

Motor
Eine Überarbeitung des Innenlebens des Motors sowie ein neues elektronisches Benzineinspritzsystem schenken der neuesten Inkarnation der 900SS 5 kW (7 PS) mehr, als ihre Vorgängerinnen aufweisen konnten. Die alte 900SS hatte 54 kW (73 PS), die neue bringt es am Hinterrad auf 59 kW (80 PS). Der 904-ccm-4-Takt-V2-Motor hat eine Bohrung von 92 mm, einen Hub von 68 mm, 2 Ventile pro Zylinder und ein Verdichtungsverhältnis von 9,2 : 1. Das Getriebe hat 6 Gänge.

DUCATI 900SS

Technische Daten

Der Motor, der die 900SS antreibt, ist ein direkter Abkömmling der Maschine, die bei der Ducati Pantah sowie bei vielen anderen Ducatis verwendet wurde, einschließlich der 750F1 Mitte der 80er-Jahre und Cagivas Elefant. Es ist mit anderen Worten ein viel bewährter und verlässlicher Motor, den wir bei Ducati ohnehin erwarten. Seit 1998 hat er eine Benzineinspritzung, die von Marelli stammt, sowie eine elektronisch gesteuerte Zündung, die volle Kontrolle bietet. Weitere Veränderungen haben das Motorrad sicher ins 21. Jahrhundert gebracht, während der Charme seiner Vorgänger aus den 70er-Jahren erhalten geblieben ist.

MOTOR

Typ	4-Takt-Motor
Bauart	Desmo-V-Zwillingsmotor
Hubraum	904 ccm
Bohrung	92 mm
Hub	68 mm
Verdichtungsverhältnis	9,2 : 1
Ventile	2 pro Zylinder
Kraftstoffaufbereitung	elektronische Benzineinspritzung
Zündung	elektronisch
Kühlung	luftgekühlt
Nennleistung	58,2 kW (78,1 PS) bei 8100/min
Maximales Drehmoment	75,5 Nm bei 6050/min

MOTORLEISTUNG

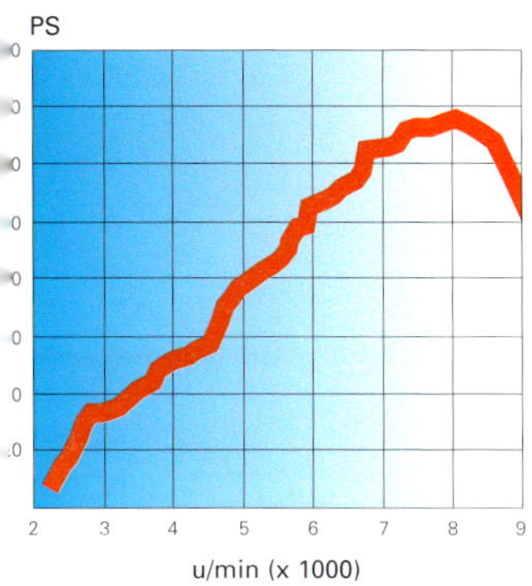

Unabhängige Testmessungen (s. o.) weichen von den Angaben des Herstellers ab.

KRAFTÜBERTRAGUNG

Primärantrieb	Getriebe
Kupplung	Mehrscheiben-Trockenkupplung
Getriebe	6 Gänge
Sekundärantrieb	Kette

GEWICHTE UND ABMESSUNGEN

Tankvolumen	16 l
Trockengewicht	188 kg
Gewichtsverteilung	
- vorne	keine Angabe des Herstellers
- hinten	keine Angabe des Herstellers
Radstand	1395 mm
Gesamtlänge	keine Angabe des Herstellers
Gesamtbreite	keine Angabe des Herstellers
Gesamthöhe	keine Angabe des Herstellers
Sitzhöhe	815 mm

FAHRWERK

Rahmen	Stahl-Gitterrohrrahmen
Lenkkopfwinkel	24°
Vorderradaufhängung	43-mm-Showa-Upside-Down-Gabel
Federweg	120 mm
Einstellbarkeit	voll einstellbar
Hinterradaufhängung	Sachs-Cantilever-Federung
Federweg	136 mm
Einstellbarkeit	voll einstellbar
Reifen	
- Marke	keine Angabe des Herstellers
- vorne	120/70 x 17
- hinten	170/60 x 17
Bremsen	
- Marke	keine Angabe des Herstellers
- vorne	halb schwimmend gelagerte 320-mm-Doppelscheibe, 4-Kolben-Bremszange
- hinten	245-mm-Scheibe, 2-Kolben-Zange

DUCATI 916SPS

Eine weitere Veränderung im Jahr 1997 war eine verbesserte Batterie dank eines neuen Reglers.

Rennposition
Dieses Motorrad stammt von einer Rennmaschine ab, aber die nach vorne verlegten Griffe sowie die gesalzene 790-mm-Sitzhöhe bedeuten, dass die 916 SPS kein Gefährt für kleine Menschen ist und eine nach vorn gebeugte Haltung ständig vonnöten ist. Daher sind Stadtfahrten häufig eine qualvolle Erfahrung.

Vorderradaufhängung
Die 43-mm-Showa-Gabel ist auf die Bedürfnisse von Ducati ausgerichtet. So lassen sich Federvorspannung sowie Druck- und Zugstufendämpfung einstellen. Die Lenkung ist sehr handlich, was zusätzlich durch einen Öhlins-Lenkungsdämpfer unterstützt wird, der seit Ende 1997 serienmäßig dabei ist.

Auspuffsystem
Die SPS wurde serienmäßig mit zwei Termignoni-Kohlefaser-Endschalldämpfern ausgestattet. Sie waren ursprünglich bei der Senna-Reihe verwendet worden, die in limitierter Stückzahl produziert wurde.

Getriebe
Das Getriebe hat 6 Gänge, gerade verzahnte Getrieberäder und – gemäß der Ducati-Tradition – eine Mehrscheiben-Trockenkupplung.

916SPS

Auf den ersten Blick scheint sie sich kaum von einer 916 Biposto zu unterscheiden, aber bei näherem Hinsehen entdeckt man eine andere Heckgestaltung, die keinen Platz für einen Sozius bietet. Bei genaueren Nachforschungen stellt man fest, dass der Motor keinen Hubraum von 916 ccm hat, sondern auf 996 ccm ausgebohrt wurde. Verwirrt Sie das? Die SPS ist im Prinzip ein WSB-Homologationsmodell und prahlt mit einer größeren, leistungsstärkeren Maschine und einem weiterentwickelten Getriebe.

Die Instrumente sind identisch mit denen der 916. Der sichtbare Öhlins-Lenkungsdämpfer verrät, dass es sich hier um eine späte Version handelt.

Die 320-mm-Brembo-Doppelscheibe wird von Schwimmzangen mit vier gegenüberliegenden Kolben gepackt. Ende 1997 erhielt die SPS weiterentwickelte Elemente.

Der elegante, zeitlose Stahl-Gitterrohrrahmen sieht nach wie vor umwerfend aus, und seine Dreieckskonstruktion sowie die Verbindung mit dem Motor als tragendem Element macht ihn sehr stabil und verwindungssteif.

Tank
Der wunderschön geformte Tank hat ein Fassungsvermögen von 17 l und bietet somit nur eine Reichweite von knapp 270 km zwischen den Tankstationen.

Sitz
Er ist kurz und eng und somit weder für sehr große Fahrer noch für sehr kleine Menschen geeignet.

Räder
Die 3-Speichen-Felgen sind identisch mit denen der Standardausführung der 916. Diese Gestaltung wurde in erster Linie wegen der Optik ausgewählt. Die späteren Carl-Fogarty-Replika und die 996SPS haben leichtere 5-Speichen-Räder.

Motor
Der flüssigkeitsgekühlte 90°-V-Zwillingsmotor wird zwar als 916er bezeichnet, tatsächlich hat er einen Hubraum von 996 ccm mit einer größeren Bohrung von 98 mm gegenüber 96 mm bei der ursprünglichen 916. Der Hub ist unverändert. Die Leistung ist von 81 kW (109 PS) auf 92 kW (123 PS) gestiegen, dank der größeren Zylinder und der rekalibrierten Benzineinspritzung mit je zwei Einspritzdüsen.

Hinterradaufhängung
Beim Showa-Zentralfederbein lassen sich Federvorspannung sowie Druck- und Zugstufendämpfung einstellen.

DUCATI 916SPS

Technische Daten

Die 916SPS ist in der Tat mit einem 996-ccm-Motor ausgerüstet, und zur Zeit der Markteinführung im Jahr 1996 empfanden viele es als seltsam, dass sie den Namen 916 bekam. Das änderte sich allerdings, als Ducati den Bau des 916er-Modells nicht weiter fortsetzte und die 996SPS auf den Markt brachte, die nichts anderes als eine neuere Version der 916 ist. Durch die weißen Verkleidungselemente am Heck von anderen Modellen der 916/996er-Baureihe unterscheidbar, sichert die SPS sich ihren exklusiven Status durch einen stattlichen Preis. Es ist überraschend, wie viele man dennoch auf der Straße sieht.

MOTOR

Typ	4-Takt-Motor
Bauart	90°-V-Zwillingsmotor
Hubraum	996 ccm
Bohrung	98 mm
Hub	66 mm
Verdichtungsverhältnis	11,5 : 1
Ventile	4 pro Zylinder
Kraftstoffaufbereitung	elektronische Benzineinspritzung
Zündung	elektronisch
Kühlung	flüssigkeitsgekühlt
Nennleistung	87,7 kW (117,6 PS) bei 9750/min
Maximales Drehmoment	93,2 Nm bei 7750/min

KRAFTÜBERTRAGUNG

Primärantrieb	Getriebe
Kupplung	Mehrscheiben-Trockenkupplung
Getriebe	6 Gänge
Sekundärantrieb	Kette

GEWICHTE UND ABMESSUNGEN

Tankvolumen	17 l
Trockengewicht	190 kg
Gewichtsverteilung	
- vorne	keine Angabe des Herstellers
- hinten	keine Angabe des Herstellers
Radstand	1410 mm
Gesamtlänge	2030 mm
Gesamtbreite	780 mm
Gesamthöhe	1080 mm
Sitzhöhe	790 mm

FAHRWERK

Rahmen	Stahl-Gitterrohrrahmen
Lenkkopfwinkel/Nachlauf	keine Angabe des Herstellers
Vorderradaufhängung	43-mm-Upside-Down-Gabel
Federweg	127 mm
Einstellbarkeit	Federvorspannung sowie Zug- und Druckstufendämpfung
Hinterradaufhängung	progressiv wirkendes Zentralfederbein
Federweg	130 mm
Einstellbarkeit	Federvorspannung sowie Zug- und Zugstufendämpfung
Reifen	
- Marke	keine Angabe des Herstellers
- vorne	120/70 x 17
- hinten	190/50 x 17
Bremsen	
- Marke	keine Angabe des Herstellers
- vorne	schwimmend gelagerte 320-mm-Doppelscheibe
- hinten	220-mm-Einscheibenbremse

DUCATI ST4

Der 257-km/h-Tacho zeigt die Geschwindigkeit mithilfe einer weißen Skala auf schwarzem Hintergrund an. Ungewöhnlich ist, dass er bei annähernder Höchstleistung eine Geschwindigkeit von nur 225 km/h anzeigt, während sie tatsächlich 238 km/h beträgt.

Der Seitenständer wurde überarbeitet, nachdem Besitzer anderer Ducati-Modelle diesbezüglich Kritik geäußert hatten. Trotzdem klappt er immer noch weg, wenn das Bike angehoben wird, aber er hat nun einen sichereren Stand.

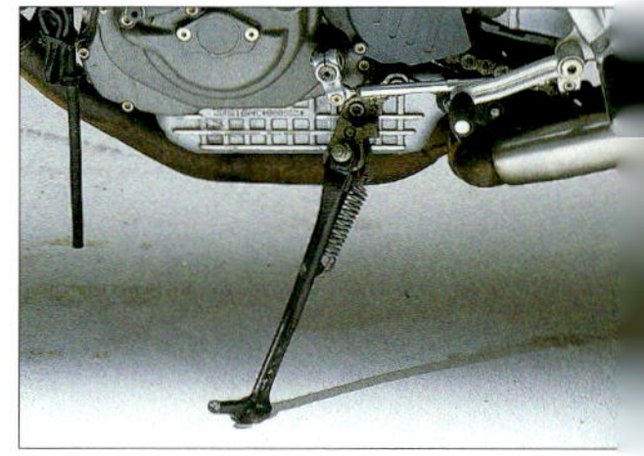

Spiegel
Die an Federn montierten Spiegel lassen sich kurz einklappen, falls man beispielsweise in eine enge Garage muss. Sie klappen wieder nach außen, sobald man sie loslässt.

Rechte Lenkerseite
Hier sind der elektrische Startknopf, der Motorstoppschalter sowie ein nicht einstellbarer Brembo-Bremshebel angebracht (manche Besitzer bemängeln die fehlende Einstellbarkeit des Hebels).

Linke Lenkerseite
Hier befinden sich die Schalter für Licht, Blinker, Hupe sowie der Choke. Der Brembo-Kupplungshebel lässt sich nicht auf die Handspannengröße einstellen.

Kupplung
Das charakteristische Rasseln und Klappern der Ducati-Trockenkupplung ist auch bei der ST4 erhalten geblieben, so dass einige Besitzer befürchten, dass sie bald versagen wird, aber das passiert wahrscheinlich nie.

Fußrasten
Sowohl Fahrer- als auch Beifahrer-Fußrasten haben eine Gummiauflage, um die Füße gegen Vibrationen abzuschirmen.

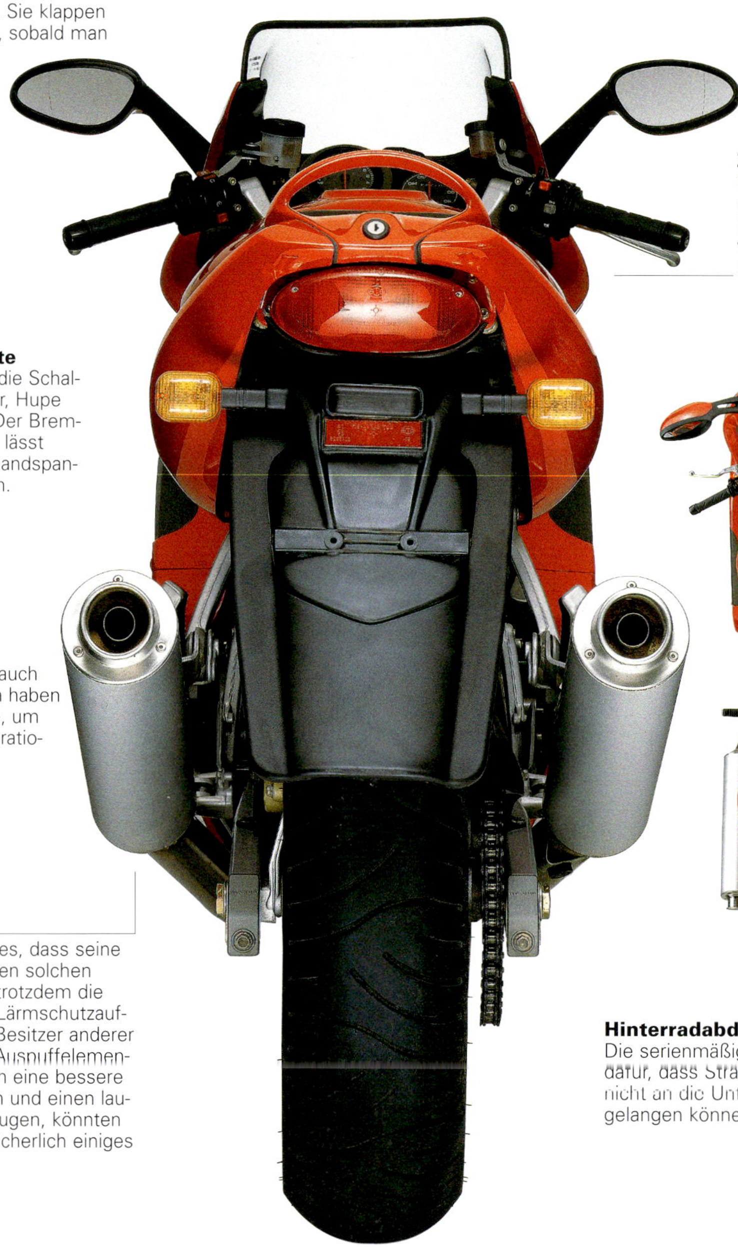

Zündschalter
Der Zündschalter ist ungewöhnlich in einer Plastikverkleidung vorne auf dem Tank untergebracht.

ST4

Die ST4 kam im Oktober 1998 auf den Markt und war im Prinzip eine weiterentwickelte Version der ST2, allerdings mit einem 916er-Motor. Diese Maschine ist bei Motorradfans ziemlich beliebt, da ihre Kraft und ihr Aussehen vielen gefällt. Darüber hinaus hat sie den eindeutigen Ducati-Sound, der aus dem Auspuff dröhnt. Ducati-Liebhaber werden nicht enttäuscht sein.

Auspuffrohre
Wie schafft Ducati es, dass seine Auspuffanlagen einen solchen Lärm machen und trotzdem die weltweit strengen Lärmschutzauflagen erfüllen? Da Besitzer anderer Motorräder häufig Auspuffelemente auswechseln, um eine bessere Leistung zu erzielen und einen lauteren Klang zu erzeugen, könnten andere Hersteller sicherlich einiges von Ducati lernen.

Hinterradabdeckung
Die serienmäßige Abdeckung sorgt dafür, dass Straßenverunreinigungen nicht an die Unterseite des Motorrads gelangen können.

Essenziell bei allen Tourensportlern ist die Haltestange, die bei der ST4 nicht enttäuscht.

Das Trockengewicht hat im Vergleich zur ST2 um 8 kg zugenommen und beträgt nun insgesamt 215 kg. Das liegt in erster Linie am 916er-Motor, der schwerer ist als die Maschinen der Artgenossen.

Tank
Er hat ein Fassungsvermögen von 21 l, davon sind 6 l Reserve.

Sitzhöhe
Mit 820 mm ist der Sitz genauso hoch wie bei der ST2.

Motor
Während die ST2 einen 944-ccm-Motor mit 2 Ventilen pro Zylinder hat, entschied man sich bei Ducati dafür, die ST4 mit weniger Hubraum auszurüsten. Aber da es sich um eine weiterentwickelte Variante des legendären 916er-Motors mit 4 Ventilen pro Zylinder handelt, hat er mehr Kraft und erzielt 78 kW (105 PS) im Vergleich zu den 62 kW (83 PS) der ST2.

Hauptständer
Ein unterschätztes Zubehörteil, das wie bei der ST2 leicht zu bedienen ist. Der Hauptständer ist eine große Hilfe, wenn man die Kette ölen oder Einstellungen vornehmen will.

DUCATI ST4

Technische Daten

Bei der ST4 wurde das Chassis der ST2 mit dem 916er-Motor kombiniert, daher weiß man von Anfang an, dass man nichts verkehrt machen kann. Beim Motor wurde gegenüber dem etablierten und renommierten 916er nicht viel verändert – es fanden lediglich kleinere Verbesserungen statt. Die Höchstgeschwindigkeit von 238 km/h sowie die Beschleunigung von 0 auf 100 in 3,5 s können sich durchaus sehen lassen. Es ist ein Vergnügen, mit dieser Maschine zu touren, kürzere Strecken mit ihr zurückzulegen oder sie einfach zu genießen. Es ist nur schade, dass zuerst die ST2 auf den Markt gebracht wurde – die hätte Ducati ruhig vergessen und gleich die ST4 bringen sollen.

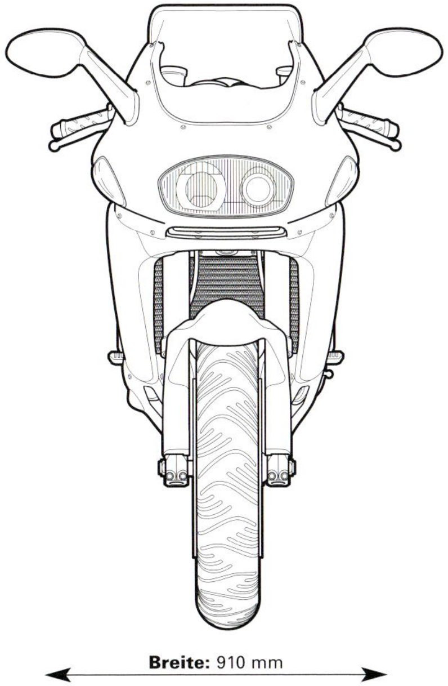

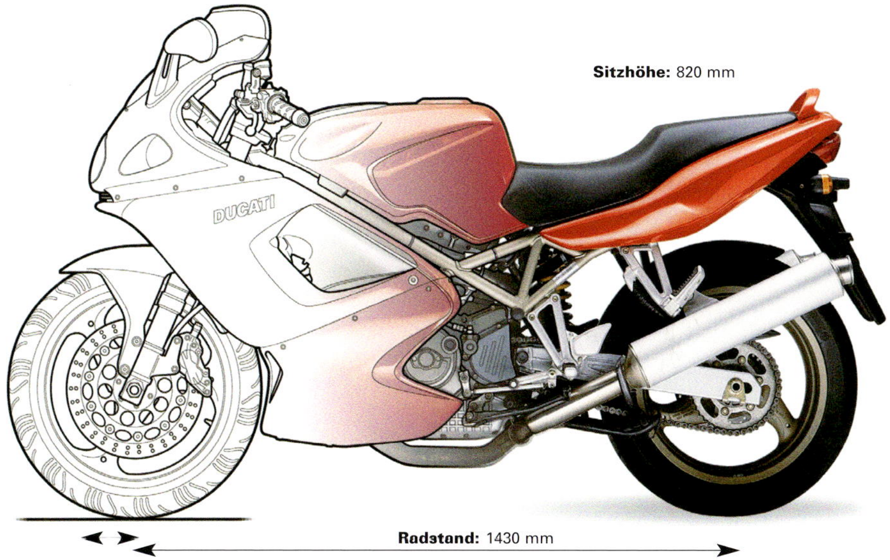

MOTOR

Typ	4-Takt-Motor
Bauart	90°-DOHC-V-Zwillingsmotor
Hubraum	916 ccm
Bohrung	94 mm
Hub	68 mm
Verdichtungsverhältnis	11,1 : 1
Ventile	4 pro Zylinder
Kraftstoffaufbereitung	elektronische Benzineinspritzung
Zündung	CDI
Kühlung	flüssigkeitsgekühlt
Nennleistung	77 kW (103,5 PS) bei 9000/min
Maximales Drehmoment	85,4 Nm bei 7000/min

MOTORLEISTUNG

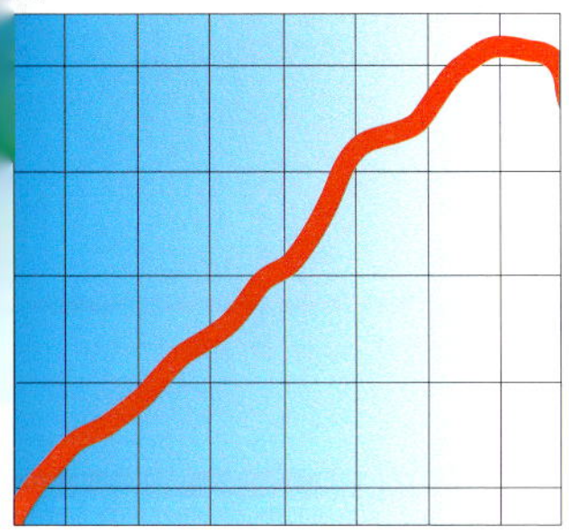

Unabhängige Testmessungen (s. o.) weichen von den Angaben des Herstellers ab.

KRAFTÜBERTRAGUNG

Primärantrieb	Getriebe
Kupplung	Mehrscheiben-Trockenkupplung
Getriebe	6 Gänge
Sekundärantrieb	Kette

GEWICHTE UND ABMESSUNGEN

Tankvolumen	21 l
Trockengewicht	215 kg
Gewichtsverteilung	
- vorne	keine Angabe des Herstellers
- hinten	keine Angabe des Herstellers
Radstand	1430 mm
Gesamtlänge	2070 mm
Gesamtbreite	910 mm
Gesamthöhe	1180 mm
Sitzhöhe	820 mm

FAHRWERK

Rahmen	Stahl-Gitterrohrrahmen
Lenkkopfwinkel/Nachlauf	24°/102 mm
Vorderradaufhängung	43-mm-Teleskopgabel
Federweg	130 mm
Einstellbarkeit	Federvorspannung sowie Druck- und Zugstufendämpfung
Hinterradaufhängung	Zentralfederbein
Federweg	148 mm
Einstellbarkeit	Federvorspannung sowie Druck- und Zugstufendämpfung
Reifen	
- Marke	
- vorne	120/70 x ZR17
- hinten	170/60 x ZR17
Bremsen	
- Marke	Brembo
- vorne	320-mm-Doppelscheibe
- hinten	245-mm-Einscheibenbremse

DUCATI ST2

Ausgezeichnete Brembo-Bremsen! Die beiden 320-mm-Scheiben vorne und die 245-mm-Singlescheibe hinten sorgen für kurze Bremswege, die man von der ST2 erwartet.

Schutz
Der ausgeprägte Rand der Verkleidungsscheibe schützt den Fahrer vor Wind und Regen. Windstöße können über 200 km/h lästig werden, es sei denn, Sie halten sich tief geduckt.

Blinker
Vorne sind die Blinker in die Karosserie integriert und sehen großartig aus.

Ständer
Die ST2 ist serienmäßig mit einem stabilen Hauptständer ausgestattet, was sehr gut ist, da der Seitenständer wie bei anderen Ducatis schrecklich ist. Er hält das Motorrad zwar, ist aber aufgrund seiner Lage und dem zurückschnalzenden Mechanismus kaum bedienbar, solange man auf dem Motorrad sitzt. Man benötigt Geduld und Praxis.

ST2

Der Name ist Programm: Die Buchstaben ST stehen für „Sports Tourer“. Und tatsächlich ist dies eine der wenigen Maschinen aus der Gattung der Toursportler, auf der man bequem touren kann, ohne auf einen Cruiser umschwenken zu müssen. Gleichzeitig bewahrt sie sich ihr sportliches Aussehen und Feeling, so dass sie auch noch als Sportbike durchgeht. Ducati zufolge wurde die ST2 in der Tradition der europäischen „Grand-Turismo-Autos“ entwickelt, die Leistung und praktischen Nutzen miteinander kombinieren.

Scheinwerfer
Der sehr starke Scheinwerfer leuchtet die Straße gut aus, kann entgegenkommende Fahrer aber selbst bei Abblendlicht blenden.

Seitenständer
Wenn Sie die Maschine hart in eine Linkskurve drücken, kann der Seitenständer auf der Straße entlangkratzen. Allerdings muss man dafür schon heftig rangehen.

Vorderreifen
Der Metzeler MEZ4 Sport/Touringreifen ist der erste Radialreifen, der für die vordere Felge hergestellt wurde. Er ist äußerst stabil, langlebig und gut kontrollierbar. Die ST2 reagiert ziemlich sensibel auf die Reifen.

Spiegel
Die Spiegel stehen seitlich wie außerirdische Antennen ab, aber aufgrund der leicht verlängerten Spiegelarme hat man eine bessere Rücksicht – man sieht die Straße und nicht den eigenen Ellbogen.

Die elektronische Benzineinspritzanlage von Marelli sorgt bei allen Bedingungen für ein präzises Gemisch und verbessert somit die Leistung sowie den Benzinverbrauch.

Neue Idee
Mithilfe schwenkbarer Halterungen der Auspuffrohre kann man die Schalldämpfer für extreme Kurvenfahrten nach oben verlagern, damit sie nicht im Weg sind. Oder man drückt sie nach unten, wenn man spezielle Ducati-Seitentaschen am Heck befestigen will.

Mit ihrem klassischen Ducati-Desmo-V-Zwillingsmotor mit elektronischer Benzineinspritzung und dem Stahl-Gitterrohrrahmen verhält sich die ST2 genau so, wie sie es soll – wie ein Supersportler italienischer Prägung.

Die ST2 nutzt eine Version des viel bewährten Ducati-Stahl-Gitterrohrrahmens. Diese Variante hat ihren Ursprung bei der alten 851er.

Instrumente
Das Armaturenbrett ist von der 916 inspiriert und sehr funktional gestaltet. Tacho und Drehzahlmesser sind weit vorne untergebracht. Kraftstoffstand-, Wassertemperatur-Anzeige und Uhr sind alle in einem gut sichtbaren Display integriert.

Tank
Schön geformt und stylisch, mit einem nützlichen Fassungsvermögen von 21 l.

Front
Die riesige 43-mm-Upside-Down-Gabel bietet eine hervorragende Dämpfung bei jeder Geschwindigkeit. Sie ist einer der Gründe, warum die ST2 als Supersportler sowie als Tourer durchgehen kann. Diese Maschine hat sogar ein besseres Handling als einige frühe Renn-Replika der 90er-Jahre.

Bequem
Anders als Ducatis Renn-Replika lässt sich die ST2 dank ihrer guten Heckdämpfung sehr weich fahren.

Sozius
Der Beifahrersitz ist bequem. Außerdem gibt es Bestnoten für das Verhältnis von Fußrasten und Haltestange. So lassen sich hunderte von Kilometern überaus bequem an einem Tag zurücklegen.

Motor
Der 944-ccm-Motor stammt von Ducatis altem 907iE-Pasomotor ab. Es ist ein 4-Takt-90°-V-Zwillingsmotor mit 2 Ventilen pro Zylinder, einer desmodromischen Ventilsteuerung sowie einer Marelli-Benzineinspritzung. Der Motor ist flüssigkeitsgekühlt und das Verdichtungsverhältnis beträgt 10,2 : 1. Die Leistung im mittleren Drehzahlbereich ist beeindruckend.

Fußrasten
Bei extremer Kurvenlage in Rechtskurven kann sich die rechte Fußraste abwetzen. Bei der linken hat eher der Seitenständer Kontakt mit dem Boden. Die niedrigen Fußrasten bieten in Verbindung mit dem hohen Lenker allerdings einen guten Komfort.

DUCATI ST2

Technische Daten

Ducati hat in den letzten Jahren solche Fortschritte beim Design und der Qualität gemacht, dass man sich in Bezug auf die Zuverlässigkeit und die Qualität keine größeren Sorgen machen muss als bei japanischen Motorrädern. Die ST2 ist ein gelungener Tourensportler mit sehr gutem Handling. Sie ist überaus bequem, so dass man die Kilometer mühelos bewältigt. Vielleicht sieht sie nicht so großartig aus wie die 996, aber das liegt daran, dass ein Tourensportler höher sein muss, um den Fahrer besser zu schützen. Daher büßt die Maschine etwas von der Schlankheit reiner Supersportler ein. Aber trotzdem kann die ST2 sich in ihrer eigenen Klasse behaupten.

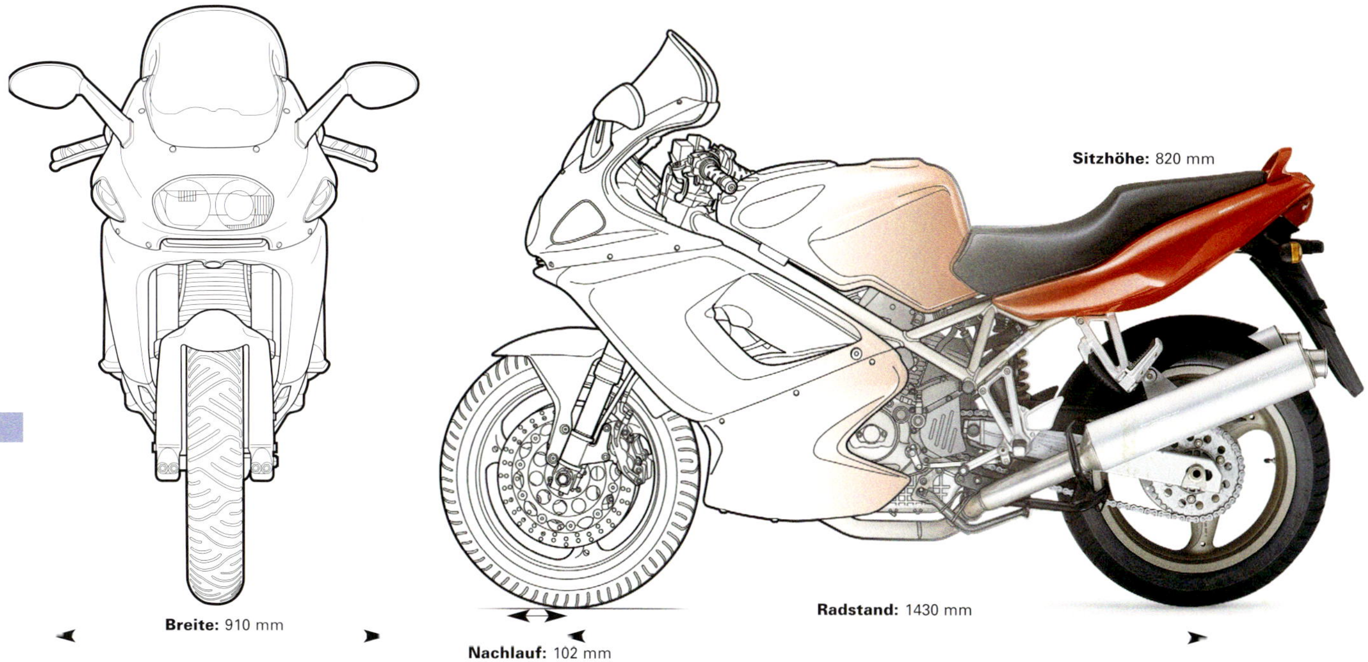

MOTOR

Typ	4-Takt-Motor
Bauart	90°-DOHC-V-Zwillingsmotor
Hubraum	944 ccm
Bohrung	94 mm
Hub	68 mm
Verdichtungsverhältnis	10,2 : 1
Ventile	2 pro Zylinder
Kraftstoffaufbereitung	elektronische Benzineinspritzung
Zündung	CDI
Kühlung	flüssigkeitsgekühlt
Nennleistung	61 kW (82 PS) bei 8560/min
Maximales Drehmoment	84,4 Nm bei 6500/min

MOTORLEISTUNG

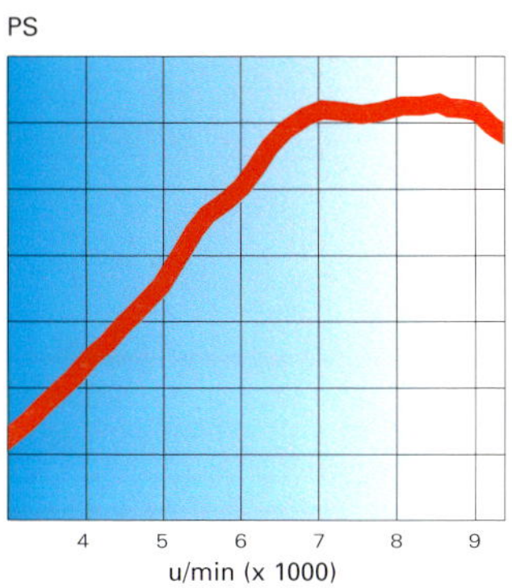

Unabhängige Testmessungen (s. o.) weichen von den Angaben des Herstellers ab.

KRAFTÜBERTRAGUNG

Primärantrieb	Getriebe
Kupplung	Mehrscheiben-Trockenkupplung
Getriebe	6 Gänge
Sekundärantrieb	Kette

GEWICHTE UND ABMESSUNGEN

Tankvolumen	21 l
Trockengewicht	209 kg
Gewichtsverteilung	
- vorne	keine Angabe des Herstellers
- hinten	keine Angabe des Herstellers
Radstand	1430 mm
Gesamtlänge	2070 mm
Gesamtbreite	910 mm
Gesamthöhe	1320 mm
Sitzhöhe	820 mm

FAHRWERK

Rahmen	Stahl-Gitterrohrrahmen
Lenkkopfwinkel/Nachlauf	24°/102 mm
Vorderradaufhängung	43-mm-Teleskopgabel
Federweg	130 mm
Einstellbarkeit	Federvorspannung sowie Druck- und Zugstufendämpfung
Hinterradaufhängung	Zentralfederbein
Federweg	148 mm
Einstellbarkeit	Federvorspannung sowie Druck- und Zugstufendämpfung
Reifen	
- Marke	Metzeler oder Michelin
- vorne	120/70 x ZR17
- hinten	170/70 x ZR17
Bremsen	
- Marke	Brembo
- vorne	320-mm-Doppelscheibe
- hinten	245-mm-Einscheibenbremse

DUCATI 996 BIPOSTO

Statt der 2-Kolben-Bremszangen der 916 Biposto werden bei der 996 Biposto vorne Brembo-4-Kolben-Bremszangen eingesetzt, die ursprünglich bei der 996SPS verwendet wurden. Zudem findet sich hier ein Zylinder der neuen 900SS.

Kupplung
Ducati hat die Maschine mit einem verbesserten Kupplungszylinder ausgestattet, um die 996BP zusätzlich aufzurüsten.

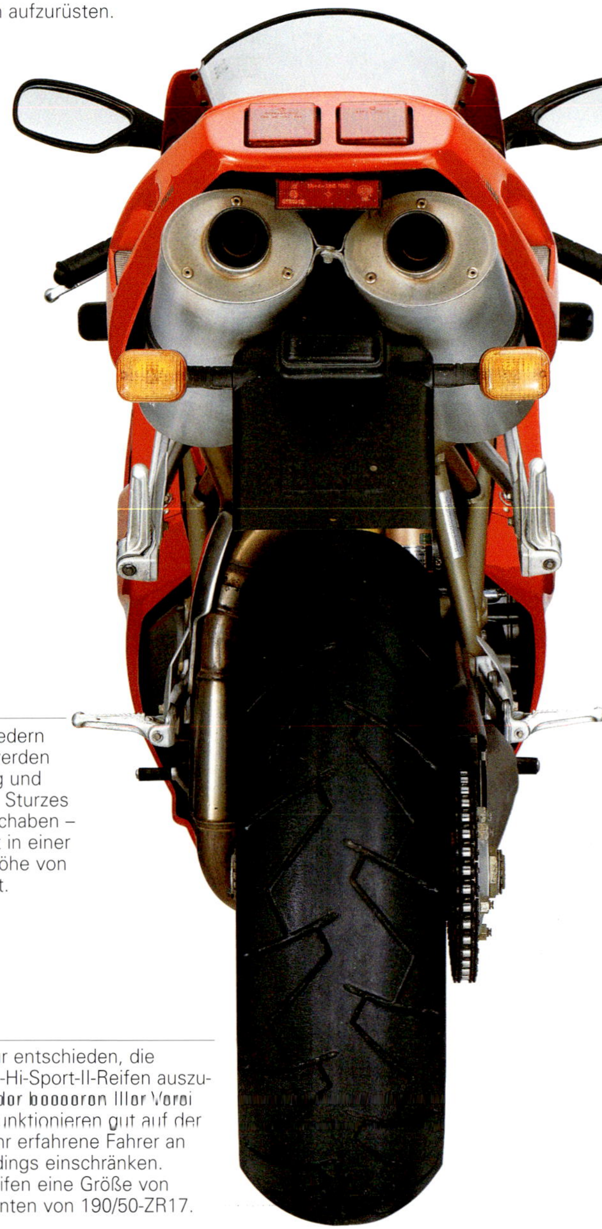

Breite
Mit einer Gesamtbreite von nur 780 mm passt die 996 durch die meisten engen Gassen sowie Durchgänge zu Abstellplätzen.

Rennposition
Die Höhe der Fußrasten in Verbindung mit der Sitzhöhe von 790 mm sowie die weit vorne befindlichen Griffe zwingen den Fahrer einer 996 sofort dazu, eine geduckte Haltung einzunehmen. Bei Fahrten mit hoher Geschwindigkeit ist das sinnvoll, aber sonst kann es zu Schmerzen in den Handgelenken und im Nacken führen.

Fußrasten
Wie bei allen Mitgliedern der 916er-Familie werden die Fußrasten einzig und allein im Falle eines Sturzes am Boden entlangschaben – das vordere Paar ist in einer beeindruckenden Höhe von 390 mm angebracht.

996

Ducati hat dem ehemaligen 916er-Motor neues Leben eingehaucht und damit eine Glanzleistung vollbracht. Man erweiterte den alten Motor um 80 ccm, fügte zusätzliche Einspritzdüsen hinzu, überarbeitete Auspuffsystem, Bremsen und Kupplung und schuf auf diese Weise die 996 Biposto. Dabei ist es unerheblich, dass es getan wurde, um mit der Konkurrenz mithalten zu können. Wichtig ist lediglich, dass Ducati es so wunderbar umgesetzt hat.

Reifen
Ducati hat sich dafür entschieden, die 996BP mit Michelin-Hi-Sport-II-Reifen auszustatten anstatt mit der besseren Ultra-Version der Marke. Sie funktionieren gut auf der Straße, könnten sehr erfahrene Fahrer an Offroad-Tagen allerdings einschränken. Vorne haben die Reifen eine Größe von 120/70-ZR17 und hinten von 190/50-ZR17.

Figurbetont
Das Styling der 996 folgt den kurvigen Linien der 916 Strada aus dem Jahr 1993. Von oben betrachtet, soll die Form des Motorrads der einer Frau ähneln.

Obwohl sie optisch den Schalldämpfern der 916 Biposto ähneln, wurden die Töpfe bei der 996 abgeschrägt, um die zusätzliche Kraft, die der um 80 ccm größere Motor liefert, optimal auszunutzen.

Der hochbewährte Stahl-Gitterrohrrahmen lässt nicht nur sofort erkennen, dass es sich um eine Ducati handelt, er ergänzt sich auch gut mit den anderen Chassis-Teilen, so dass die Maschine ein präzises Straßenverhalten zeigt. Um ein optimales Handling zu erzielen, kann man den Lenkkopfwinkel zwischen 23,5° und 24,5° einstellen. Auch der Nachlauf ist zwischen 91 mm und 97 mm verstellbar.

Der 4-Takt-90°-V-Zwillingsmotor hat einen Hubraum von 996 ccm, 80 ccm mehr als die Vorgängerversion 916BP. Bohrung und Hub betragen 98 mm x 66 mm, und das Verdichtungsverhältnis liegt bei 11,5 : 1. Die Maschine hat 4 Ventile pro Zylinder, die übliche desmodromische Ventilsteuerung, gerade verzahnte Getrieberäder, eine Mehrscheiben-Trockenkupplung sowie ein 6-Gang-Getriebe.

Tank
Der wunderschön geformte und vielleicht etwas zu einfache Tank hat ein Fassungsvermögen von 17 l. Das ist geringfügig weniger als bei den meisten Supersportlern.

Besserer Halt
Die Befestigungen für den Sitz wurden verbessert, um ihn im Vergleich zu früheren Modellen sicherer zu machen.

Entlarvt
Auf den ersten Blick unterscheidet sich die 996 Biposto nur durch die diskrete Beschriftung auf der Verkleidung vom kleineren 916-ccm-Cousin. Der Doppelsitz und die gänzlich rote Karosserie verraten zusätzlich, dass es sich um ein Biposto- und nicht etwa um ein SPS- oder SP-Modell handelt.

Vorderradaufhängung
Bei der 43-mm-Upside-Down-Gabel lassen sich Federvorspannung, Druck- und Zugstufendämpfung einstellen. Sie hat einen Federweg von 127 mm.

Tief
Die Verkleidung der 996 kommt dem Boden näher, als es bei vielen Supersportlern der Fall ist. Die Bodenfreiheit beträgt nur 150 mm. In Schräglage berührt man den Boden zwar nicht, aber vor Bürgersteigen muss man sich in Acht nehmen.

Hinterradaufhängung
Showa stellt auch das hintere progressiv wirkende Zentralfederbein her, bei dem Federvorspannung sowie Druck- und Zugstufendämpfung einstellbar sind. Das vertikal montierte Federbein hat einen Federweg von 71 mm.

DUCATI 996 BIPOSTO

Technische Daten

Der 996er-Motor ist im Grunde nichts anderes als eine 916er-BP-Maschine, die um 80 ccm erweitert wurde und zusätzliche Einspritzdüsen erhalten hat. Außerdem kamen ein überarbeitetes Auspuffsystem und ein neuer Computer-Steuerungschip dazu. Durch den 996er-BP konnte der Vorgängermotor noch weiterleben. Und in dieser Aufmachung ist er absolut in der Lage, es mit der neuen RSV1000 Mille von Aprilia aufzunehmen. Andere Zwillinge wie die VTR1000 FireStorm von Honda oder beide TL1000er von Suzuki stellt er mühelos in den Schatten. Und es ist immer noch das sexyste Bike auf dem Markt, auch wenn es das Design schon seit 1993 gibt!

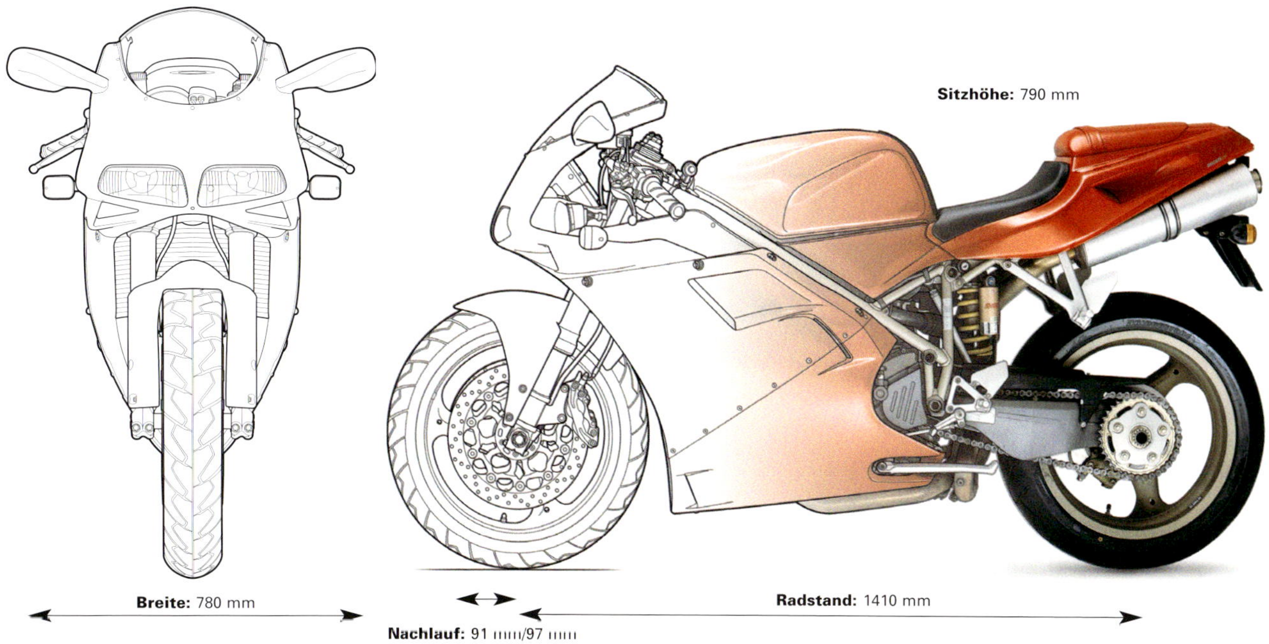

MOTOR

Typ	4-Takt-Motor
Bauart	90°-V-Zwillingsmotor
Hubraum	996 ccm
Bohrung	98 mm
Hub	66 mm
Verdichtungsverhältnis	11,5 : 1
Ventile	4 pro Zylinder
Kraftstoffaufbereitung	2 Einspritzdüsen pro Zylinder
Zündung	elektronisch mit Nippon-Denso-Anlassmotor
Kühlung	flüssigkeitsgekühlt, gebogener Kühler
Nennleistung	84,5 kW (113,3 PS) bei 8630/min
Maximales Drehmoment	98,1 Nm bei 6910/min

MOTORLEISTUNG

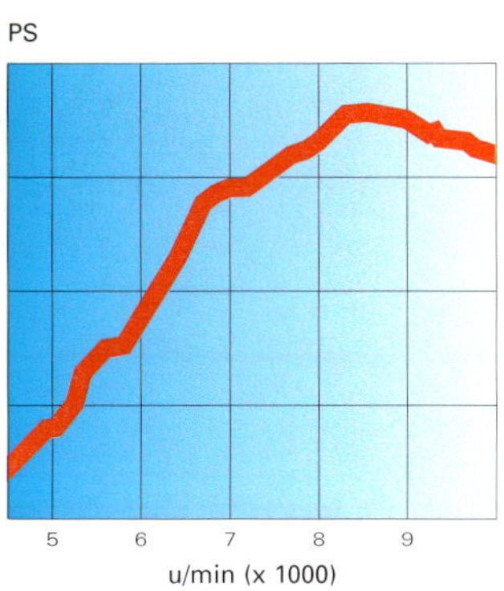

Unabhängige Testmessungen (s. o.) weichen von den Angaben des Herstellers ab.

KRAFTÜBERTRAGUNG

Primärantrieb	Getriebe mit gerade verzahnten Getrieberädern
Kupplung	Mehrscheiben-Trockenkupplung
Getriebe	6 Gänge
Sekundärantrieb	O-Dichtring-Kette

GEWICHTE UND ABMESSUNGEN

Tankvolumen	17 l
Trockengewicht	198 kg
Gewichtsverteilung	
- vorne	keine Angabe des Herstellers
- hinten	keine Angabe des Herstellers
Radstand	1410 mm
Gesamtlänge	2030 mm
Gesamtbreite	780 mm
Gesamthöhe	1080 mm
Sitzhöhe	790 mm

FAHRWERK

Rahmen	Stahl-Gitterrohrrahmen
Lenkkopfwinkel/Nachlauf	einstellbar zwischen 23,5° und 24°/zwischen 91 mm und 97 mm verstellbar
Vorderradaufhängung	43-mm-Upside-Down-Gabel
Federweg	127 mm
Einstellbarkeit	Federvorspannung sowie Druck- und Zugstufendämpfung
Hinterradaufhängung	progressiv wirkendes Zentralfederbein
Federweg	71 mm
Einstellbarkeit	Federvorspannung sowie Druck- und Zugstufendämpfung
Reifen	
- Marke	Michelin Hi-Sports
- vorne	120/70 x 17
- hinten	190/50 x 17
Bremsen	
- Marke	Brembo
- vorne	schwimmend gelagerte 320-mm-Stahl-Doppelscheibe, Bremszangen mit 4 gegenüberliegenden Kolben
- hinten	220-mm-Stahlscheibe, 2-Kolben-Bremszange

DUCATI 996SPS

Renn-Herkunft
Wie bei der 916SPS produzierte Ducati eine „Foggy-Replika-996SPS" in limitierter Stückzahl, um den Erfolg ihres Superbike-WM-Fahrers Carl Fogarty zu feiern. 1999 wurden 150 Motorräder mit einer Renn-Replika-Farbgestaltung produziert. Troy Bayliss gewann 2001 die Superbike-Weltmeisterschaft auf einer 996R, der Nachfolgerin der 996SPS im Jahr 2001.

DUCATI 996SPS

Die 996SPS war Ducatis Flaggschiff der Supersportler in den Jahren 1998–2000. Sie ist eine der am weitesten entwickelten Renn-Replika-Maschinen, die je hergestellt wurden. Die Buchstaben SPS stehen für „Sport Production Special" und machen deutlich, dass es sich um eine überaus spezielle Variante der Standardversion der 996er-Ducati handelt. Sie kam 1998 als Ersatz für die 916SPS auf den Markt (diese hatte einen 996-ccm-Motor, was verwirrend war). Die 996SPS konnte gegenüber der Standard-996 mit einem weiterentwickelten Motor sowie veränderten Chassiskomponenten aufwarten.

Gabel
Die auf dem Foto sichtbare Öhlins-Gabel wurde beim 2000er-Modell verwendet. Die inneren Standbeine haben eine harte, gut gleitende Titaneloxierung, so dass die Reibung reduziert wird und die Gabel besser funktioniert.

Aufhängung
Sowohl das voll einstellbare Zentralfederbein hinten als auch die Federung vorne sind hochwertige Qualitätsteile des schwedischen Herstellers Öhlins.

Räder
Hier verwendete man hochwertige 5-Speichen-Marchesinis. Sie waren leichter als die 3-Speichen-Räder bei der Standard-996.

Gewicht
Die letzte Version der SPS im Jahr 2000 wog 3 kg weniger als das Original, da ihre Batterie, die Räder sowie der hintere Hilfsrahmen leichter waren.

Motor
Die 996SPS hat einen 996-ccm-Motor und erreicht gewaltige 92 kW (123 PS) bei 9800/min. Sie produziert zirka 9 kW mehr als die Standard-996 und war somit eine weit stärkere Rennmaschine mit entsprechenden Leistungsspitzen, die für die Rennbahn besser geeignet waren.

Im Jahr 2000 ersetzte die hier sichtbare, kleinere wartungsfreie Batterie die bei früheren Modellen verwendete schwerere Batterie, so dass 1 kg eingespart wurde. Die Ansaugtrichter sowie die Airbox sind ebenfalls sichtbar. Hinten reduzierte ein Aluminium-Hilfsrahmen das Gewicht des Motorrads, so dass die ohnehin bis zur Superlative ausgefeilte Maschine zusätzlich verbessert wurde.

Sitz
Die markante weiße Rennverkleidung des Sitzes kennzeichnet diese Maschine unmittelbar als exotisches SPS-Modell.

Seitenständer
Bis zum Jahr 2000 schnalzten die Ducati-Seitenständer bei Entlastung von selbst nach oben. Das traf viele Fahrer unerwartet, die ihre Maschine versehentlich fallen ließen, als der Ständer nach oben sprang. Seit dem Jahr 2000 stattet Ducati seine Motorräder mit normalen Ständern aus.

HARLEY-DAVIDSON 883 SPORTSTER

Beim geschwungenen Kotflügel klingen deutlich die 50er-Jahre an, und seine Form wird nicht durch einen Soziussitz verunstaltet.

Schalter
An der rechten Lenkerseite befinden sich der Motorstoppschalter, der Starterknopf sowie der rechte Blinkerschalter. Links sind die Lichtschalter für Abblend- und Fernlicht, die Hupe und der linke Blinkerschalter untergebracht. Es gibt keinen Schalter zum An- und Ausschalten des Lichts, da es zusammen mit der Zündung eingeschaltet wird.

Bremsen
Vorne wie hinten befindet sich genau die gleiche 292,1-mm-Einscheibenbremse.

Blinker
Die Blinker sind nicht wie üblich an den Gabelholmen befestigt, sondern hängen direkt am Lenker.

Niedriger Sitz
Mit nur 711 mm Höhe ist der Sitz ziemlich niedrig, so dass man gut mit dem relativ schweren Gewicht des Motorrads zurechtkommt. Auch bei unerfahrenen Piloten, die sich noch nicht zutrauen, größere Maschinen zu fahren, ist die niedrige Sitzhöhe beliebt.

Gabel
Die 39-mm-Gabel der 883 ist einfach und ohne Schnickschnack. Das Einzige, was man bei ihr verändern kann, ist das Gewicht des verwendeten Öls. Der Federweg beträgt 175,3 mm.

Hinterradaufhängung
Die beiden hinteren stark verchromten Stoßdämpfer sind mit der Stahlrohr-Schwinge verbunden. Bei ihnen lässt sich nur die Federvorspannung verstellen.

883 SPORTSTER

Für Harley-Fans ist das Baby der Milwaukee-Familie häufig ein wahres Kunstwerk, aber Fans von Sportbikes betrachten es als ein Kunstwerk, das in einem Museum stehen – oder zumindest in Nordamerika bleiben sollte. Harleys sind sicherlich besser für das amerikanische Klima geeignet, aber wenn Sie sich eine wünschen, sollten Sie sich eine kaufen. Niemand sollte Ihnen vorschreiben, welches Motorrad Sie fahren.

Räder und Reifen
Die Räder sind entweder mit Kreuzspeichen oder, was üblicher ist, als 13-Speichen-Aluminiumguss-Räder erhältlich. Die Reifen haben eine Größe von 100/90 x 19 vorne und 130/90 x 16 hinten. Der Dunlop Elite wird bevorzugt verwendet.

Schlankes Profil
Aufgrund des V-Twin-Motors und einer gänzlich fehlenden Verkleidung ist das Motorrad sehr schlank, so dass man enge Lücken im Stadtverkehr wunderbar ausnutzen kann. Wenn der breite Lenker hindurchpasst, wissen Sie, dass Sie genug Platz haben.

Die Fußrasten sind mit dickem Gummi bedeckt, damit die beträchtlichen Motorvibrationen abgedämpft werden.

Der große aufrechte Tacho und die einzelne Warnleuchten-Leiste verleihen dem Motorrad vom Sattel aus gesehen ein klares, klassisches Aussehen.

Der Motor der 883 wird durch einen Gleichdruckvergaser versorgt, der durch einen ovalen „Renn-Luftfilter" atmet.

Sowohl Rahmen als auch Schwinge bestehen aus weichem Stahl. Der Motor ist in einen Doppelschleifenrahmen gebettet. Also nichts, was weiter aufregend wäre.

Tank
Der Tank ist mit einem Fassungsvermögen von nur 8,1 l unglaublich klein, wenn man eine gewisse Distanz zurücklegen möchte. Weniger als 160 km sind möglich, bevor man wieder tanken muss.

Scheinwerfer
Der Quartz-Halogenscheinwerfer mit 55 Watt beim Abblendlicht und 60 Watt beim Fernlicht befindet sich in einem gewölbten verchromten Gehäuse im Retrostil. Er ist relativ schwach, daher sollte man Nachtfahrten auf kurze Distanzen begrenzen.

Einzelsitz
Die Sportster wird serienmäßig mit einem Einzelsitz ausgestattet, aber Doppelsitze oder separate Soziussitze sind in vielen Varianten erhältlich.

Motor
Der 883-ccm-Evolution-V-Twin-Motor gehört zur Standardausrüstung der Harleys. Die Erstinspektion erfolgt nach 800 km und dann alle 8000 km.

Endantrieb über Zahnriemen
Die meisten Motorräder haben eine Kette, um den Antrieb vom Getriebe zum Hinterrad zu übertragen. Die 883 nutzt einen Zahnriemen. Er ist weniger wartungsintensiv und läuft ruhiger. Allerdings könnte er die Kraft eines Superbikes nicht verkraften.

HARLEY-DAVIDSON 883 SPORTSTER

Technische Daten

Im Jahr 2000 hat sich bei Harley-Davidson sehr viel verändert, und auch bei der Sportster machte sich das bemerkbar. Sie hat unter anderem neue Bremsen und veränderte Übersetzungselemente bekommen. Diese Harley spricht neben den Fans auch ein breiteres Publikum an. Vielleicht liegt es daran, dass sie unverschnörkelt geblieben ist und ihr Stil eine Einfachheit besitzt, die sogar den Menschen gefällt, die schwören würden, dass sie nie eine Harley fahren würden.
Dieses Motorrad war zudem das einzige Bike, das für kleinere Fahrer geeignet war, bevor die japanischen Hersteller einen potenziellen Markt für Cruiser sahen. Nach wie vor ist es bei vielen Menschen sehr beliebt.

MOTOR

Typ	4-Takter
Bauart	45°-V-Twin-Motor
Hubraum	883 ccm
Bohrung	76,2 mm
Hub	96,8 mm
Verdichtungsverhältnis	9,0 : 1
Ventile	2 pro Zylinder
Kraftstoffaufbereitung	Gleichdruckvergaser
Zündung	Batteriezündung, elektronisch
Kühlung	luftgekühlt
Nennleistung	26 kW (35 PS) bei 6000/min
Maximales Drehmoment	50 Nm bei 2400/min

MOTORLEISTUNG

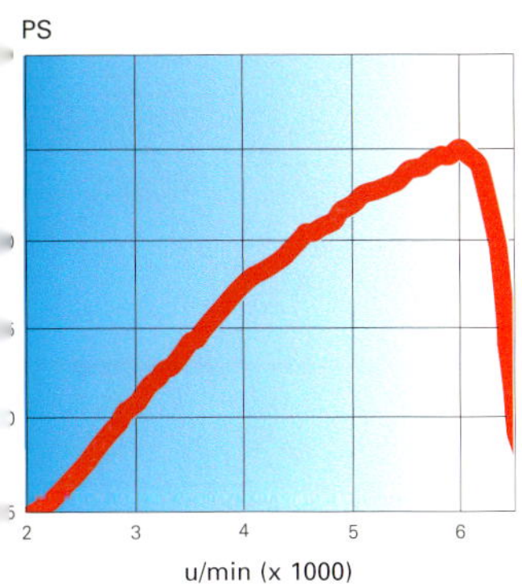

Unabhängige Testmessungen (s. o.) weichen von den Angaben des Herstellers ab.

KRAFTÜBERTRAGUNG

Primärantrieb	Kette
Kupplung	Mehrscheiben-Nasskupplung
Getriebe	5 Gänge
Sekundärantrieb	Zahnriemen

GEWICHTE UND ABMESSUNGEN

Tankvolumen	12,5 l
Trockengewicht	222,3 kg
Gewichtsverteilung	
- vorne	keine Angabe des Herstellers
- hinten	keine Angabe des Herstellers
Radstand	1524 mm
Gesamtlänge	2235 mm
Gesamtbreite	810 mm
Gesamthöhe	1150 mm
Sitzhöhe	711 mm

FAHRWERK

Rahmen	Stahl-Doppelschleifenrahmen
Lenkkopfwinkel/Nachlauf	29,6°/117 mm
Vorderradaufhängung	39-mm-Teleskopgabel
Federweg	keine Angabe des Herstellers
Einstellbarkeit	Federvorspannung
Hinterradaufhängung	zwei Federbeine
Federweg	175 mm
Einstellbarkeit	Federvorspannung
Reifen	
- Marke	Dunlop
- vorne	100/90 x 19
- hinten	130/90 x 16
Bremsen	
- vorne	292-mm-Einscheibenbremse mit einer 4-Kolben-Festzange
- hinten	292-mm-Einscheibenbremse mit einer 4-Kolben-Festzange

HARLEY-DAVIDSON DYNA SUPERGLIDE SPORT

Die Instrumente sind minimalistisch und beschränken sich auf das Wesentliche; es gibt einen elektronischen Tacho, einen Drehzahlmesser sowie eine Tank- und Kilometeranzeige. Darüber hinaus sind Kontrollleuchten für Fernlicht, Leerlauf, Öl und Blinker vorhanden.

Gabel
Die 39-mm-Gabel, die von Harley-Davidson selbst entwickelt wurde, hat Federn mit zwei verschiedenen Federarten, die sich in polierten Aluminiumgabelholmen befinden. Der Lenkkopfwinkel beträgt 28°, der Nachlauf 10,4 cm.

Motor
Der Motor hat einen Hubraum von 1450 ccm. Bohrung und Hub betragen 95,3 x 101,6 mm, das Verdichtungsverhältnis liegt bei 8,8 : 1. Die Brennkammern in Badewannenform sind neu bei Harley. Sie haben ein Volumen von 85 ccm und arbeiten effektiver als frühere Modelle.

DYNA SUPER-GLIDE SPORT

Reifen
Die Dunlop-Elite-Reifen haben vorne eine Größe von 100/90 und hinten von 130/90. Sie haben eine „H-Kennung", das bedeutet, sie werden für Geschwindigkeiten bis zu 209 km/h empfohlen.

Dies ist die erste Harley mit dem Big-Twin-Motor mit 1450 ccm, dem bisher leistungsstärksten in Serie produzierten Triebwerk des Herstellers. Wahrscheinlich ist es das beste Motorrad, das von dem in Milwaukee ansässigen Unternehmen je gebaut wurde. Es ist zwar nicht annähernd so schnell wie viele Sportbikes, aber es bietet eine gute Fahrleistung und wird Harley-Fans gefallen.

Auspuff
Die beiden Auspuffrohre verlaufen längs an der rechten Seite des Motorrads.

Der 45°-V-Twin hat um 50 Prozent größere Kühlrippen, neu geschmiedete Schwungräder und stärkere Verbindungsstangen. Verformungen der Bohrung sollten der Vergangenheit angehören, da eine neue Metallverbindung verwendet wurde, die das Kurbelwellengehäuse mit den Zylindern verbindet.

Der Harley-Rahmen besteht aus einem rechteckigen Rückgrat, zwei nach unten verlaufenden Rohren sowie einer rechteckigen Schwinge, die alle aus weichem Stahl bestehen.

Die 292-mm-Doppelscheibenbremse sieht vielleicht nicht sehr imposant aus, aber kommt es bei einer solchen Bremskraft etwa auf das Aussehen an? Der Fahrer spürt wenig Biss, aber diese Harley kommt bei einer Geschwindigkeit von 160 km/h innerhalb von nur 118,2 Metern zum Stehen – das ist wirklich nicht schlecht.

Tank
Der Tank hat ein Fassungsvermögen von 18,6 l.

Sitz
Der schlanke Badlander-Sitz unterscheidet die Sport von anderen Modellen der Baureihe und ist nur 686 mm hoch. Der Soziuskomfort ist auf der erhöhten, kurzen hinteren Sitzfläche bei langen Distanzen schlecht.

Bremsen
Die Harley-Bremsen werden häufig verspottet, aber bei der Sport funktionieren sie beachtlich gut. Bei 160 km/h bringen sie das Motorrad innerhalb von 118 Metern zum Stehen. Das sind nur drei Meter mehr als beim Tourensportler Honda VFR800.

Räder
Die Kreuzspeichenräder haben eine Größe von 19 x 63,5 mm vorne und 16 x 76 mm hinten.

Radstand
Der Radstand beträgt 1623 mm.

HARLEY-DAVIDSON DYNA SUPERGLIDE SPORT

Technische Daten

Das Herz der Superglide Sport ist der Harley-Big-Twin-Motor, das leistungsstärkste Triebwerk, das Harley-Davidson je serienmäßig produziert hat. Trotz des 1450-ccm-Hubraums bietet es allerdings nicht die gleiche Leistung wie etwa eine japanische oder europäische Maschine – aber darum geht es bei einer Harley auch nicht. Bei dem Gewicht des Motorrads muss die Bremskraft sehr gut sein und das ist sie auch. Obwohl die 292-mm-Vorderrad-Bremsscheiben nicht beeindruckend aussehen, sind sie sehr effektiv. Das typische Harley-Chassis hat ein rechteckiges Rückgrat aus weichem Stahl mit nach unten führender Doppelschleife sowie einer rechteckigen Schwinge.

Breite: keine Angabe des Herstellers

Nachlauf: 104,1 mm

Radstand: 1622,5 mm

MOTOR

Typ	4-Takter
Bauart	45°-V-Twin-Motor
Hubraum	1450 ccm
Bohrung	95,2 mm
Hub	101 mm
Verdichtungsverhältnis	8,9 : 1
Ventile	2 pro Zylinder
Kraftstoffaufbereitung	40-mm-Gleichdruckvergaser
Zündung	elektronisch
Kühlung	luftgekühlt
Nennleistung	19,8 kW (35 PS) bei 5300/min
Maximales Drehmoment	91,3 Nm bei 3090/min

MOTORLEISTUNG

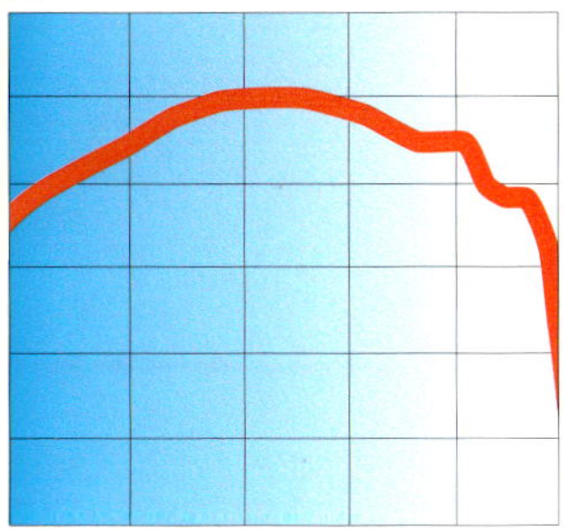

Unabhängige Testmessungen (s. o.) weichen von den Angaben des Herstellers ab.

KRAFTÜBERTRAGUNG

Primärantrieb	Duplexkette
Kupplung	Mehrscheiben-Nasskupplung
Getriebe	5 Gänge
Sekundärantrieb	Zahnriemen

GEWICHTE UND ABMESSUNGEN

Tankvolumen	18,6 l
Trockengewicht	300 kg
Gewichtsverteilung	
- vorne	keine Angabe des Herstellers
- hinten	keine Angabe des Herstellers
Radstand	1622,5 mm
Gesamtlänge	2539 mm
Gesamtbreite	keine Angabe des Herstellers
Gesamthöhe	keine Angabe des Herstellers
Sitzhöhe	685,8 mm

FAHRWERK

Rahmen	rechteckiges Rückgrat mit Doppelschleife aus weichem Stahl
Lenkkopfwinkel/Nachlauf	28°/104,1 mm
Vorderradaufhängung	39-mm-Gabel
Federweg	keine Angabe des Herstellers
Einstellbarkeit	keine Einstellung möglich
Hinterradaufhängung	zwei Federbeine
Einstellbarkeit	Federvorspannung
Reifen	
- Marke	Dunlop Elite
- vorne	100/90 x 19
- hinten	130/90 x 16
Bremsen	
- Marke	Harley-Davidson
- vorne	292-mm-Doppelscheiben-bremse
- hinten	292-mm-Doppelscheiben-bremse

HONDA NC30

Honda empfiehlt unterschiedlich heiße Zündkerzen, je nachdem, wie stark das Motorrad beansprucht wird. Viele Besitzer statten ihre Maschine daher mit „Hochgeschwindigkeits-Kerzen“ aus, die allerdings bei niedrigen und moderaten Geschwindigkeiten schnell verschleißen. Viele Besitzer beschreiben das Auswechseln der Zündkerzen als Alptraum.

Vergaser
Sie können schnell nicht mehr synchronisiert sein, was für den Heimmechaniker knifflig werden kann, da der Motor und die umliegenden Teile so eng in den Rahmen gepackt sind. Die Vergaser befinden sich zwischen den V-förmig angeordneten Zylindern und sind daher schwer zugänglich. Für die Einstellschrauben und die Unterdruckanschlüsse (die sich an der Unterseite befinden) benötigt man in der Regel Schraubenzieher mit Universalgelenken.

NC30

Wenn Sie bisher nichts Kleineres als eine 600er in Erwägung gezogen haben, sollten Sie sich Hondas NC30 einmal ansehen. Vollgepackt mit Renntechnologie kann sie sich unter ihresgleichen behaupten und wird einige Fahrer größerer Maschinen überraschen. Das Beste ist, dass sie exklusiv ist, was man heutzutage nicht von allzu vielen Supersportlern behaupten kann, es sei denn, man ist bereit, außergewöhnlich viel zu bezahlen.

Kupplung
Die seilzugbetätigte, leichtgängige Kupplung reduziert das Gewicht und ist wartungsarm. Bei korrekter Einstellung hat man zirka 15 mm freies Spiel am Kupplungshebel. Die Stellschraube kann die Gehäuse der Instrumente beschädigen, wenn sie ganz angezogen ist.

Auspuff
Die NC30 hat ein großartiges System, das sich von dem der meisten Motorräder unterscheidet, da es sich auf der linken Seite befindet. Viele Besitzer beklagen, dass sich der Schalldämpfer nicht leicht abmontieren lässt, um gegen andere auf dem Zubehörmarkt erhältliche Endtöpfe ausgetauscht zu werden. Bei vielen NC30ern sieht man daher durch die Besitzer veränderte Halterungen.

Das Cockpit ist übersichtlich und minimalistisch gestaltet.

Der Tank hat ein Fassungsvermögen von 15 l. Davon sind 2 l Reserve. Die Reservebenzinleitung hat eine eigenartige Form und Position, so dass die Handhabung während der Fahrt knifflig ist.

Die Reifen sind relativ schmal, passen aber ideal zur NC30. Sie haben eine Größe von 120/60 x 17 vorne und ungewöhnliche 150/60 x 18 hinten. Die Gummiauswahl ist etwas begrenzt.

Sitz
Er ist klein und niedrig und erfordert eine sportliche Fahrerhaltung. Somit ist er hervorragend für kurze Distanzen und Offroad-Fahrten geeignet, aber bei längeren Strecken unbequem.

Lenkkopfwinkel/Nachlauf
Sportliche 25,2° und 96 mm zeigen, wie rennorientiert die NC30 ist.

Schwinge
Die NC30 ist eines der wenigen Motorräder, die eine Einarmschwinge haben. Das wirkt sich nicht nur positiv auf die Optik aus, sondern vereinfacht auch einen Hinterradwechsel. Dafür benötigt man allerdings einen speziellen Motorradheber.

HONDA NC30

Technische Daten

Die VFR400R NC30 ist eine Minirennmaschine, die seit ihrer Markteinführung im Jahr 1989 weltweit die Herzen zehntausender Menschen erobert hat. Der juwelenartige V-4-Zylinder-Motor mit seinen zahnradgetriebenen Nockenwellen bietet für seine Größe viel Drehmoment und verbindet sich nahtlos mit einem beeindruckenden Chassis.
Der kurze Radstand, die erstklassige Aufhängung und griffige Reifen machen die NC30 zu einer perfekten Maschine für enge Straßen und zu einem idealen kleinen Flitzer für die Rennbahn.

MOTOR

Typ	4-Takt-Motor
Bauart	90°-V-4-Zylinder
Hubraum	399 ccm
Bohrung	55 mm
Hub	42 mm
Verdichtungsverhältnis	11,3 : 1
Kraftstoffaufbereitung	4 x Gleichdruckvergaser
Zündung	digital elektronisch
Kühlung	flüssigkeitsgekühlt
Nennleistung	42,4 kW (56,8 PS) bei 12500/min
Maximales Drehmoment	36,3 Nm bei 9800/min

KRAFTÜBERTRAGUNG

Primärantrieb	Getrieberäder
Kupplung	Mehrscheiben-Nasskupplung
Getriebe	6 Gänge
Sekundärantrieb	Kette

FAHRWERK

Rahmen	Brückenrahmen
Lenkkopfwinkel/Nachlauf	25,2°/96 mm
Vorderradaufhängung	Teleskopgabel
Federweg	120 mm
Einstellbarkeit	Federvorspannung sowie Zug- und Druckstufendämpfung
Hinterradaufhängung	Einarmschwinge
Federweg	120 mm
Reifen	
- Marke	verschiedene
- vorne	120/60 x 17
- hinten	150/60 x 18
Bremsen	
- Marke	Nissin
- vorne	Doppelscheibe
- hinten	Singlescheibe

MOTORLEISTUNG

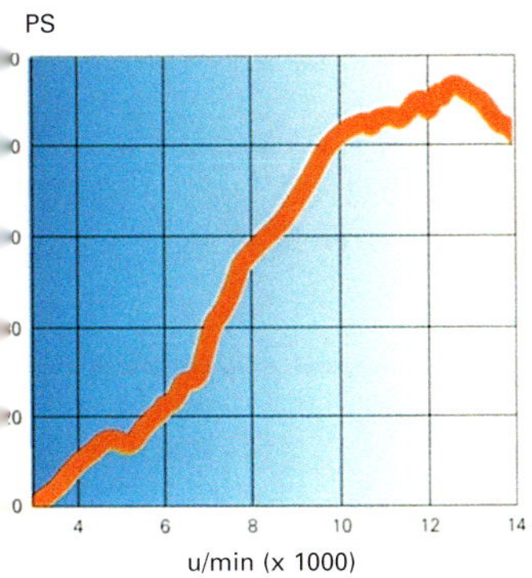

Unabhängige Testmessungen (s. o.) weichen von den Angaben des Herstellers ab.

GEWICHTE UND ABMESSUNGEN

Tankvolumen	15 l
Trockengewicht	175 kg
Gewichtsverteilung	
- vorne	keine Angabe des Herstellers
- hinten	keine Angabe des Herstellers
Radstand	1345 mm
Gesamtlänge	1985 mm
Gesamtbreite	705 mm
Gesamthöhe	1075 mm
Sitzhöhe	keine Angabe des Herstellers

HONDA CB400 FOUR

Im Unterschied zur größeren 750 hatte die 400 ein 6-Gang-Getriebe und eine Mehrscheiben-Nasskupplung.

Lenker
Er ist flach, sieht sportlich aus und sorgt für bequeme Fahrten.

Bremsen
Die Scheibenbremse vorne war zwar kräftig, aber für starkes Bremsen war die hintere Trommelbremse nötig.

Lenker
Der flache Lenker war ein Markenzeichen der 400 Four.

Motor
Der luftgekühlte 408-ccm-4-Zylinder lief gleichmäßig und war für die 70er Jahre sehr zufrieden stellend und überaus zuverlässig.

CB400 FOUR

Als die CB400 Four Ende der 70er-Jahre auf den Markt kam, hatten die meisten japanischen Hochleistungs-Roadster eine ähnliche Gestaltung. Dieses beinahe universelle Design basierte auf einem luftgekühlten 4-Zylinder-Motor, der in einem Stahlrohr-Doppelschleifenrrahmen saß, einer Scheibenbremse vorne, einer Trommelbremse hinten, einer konventionellen Gabel vorne und zwei Federbeinen hinten.

Die frühen Modelle waren feuerrot oder dunkelblau lackiert.

Bei diesem Stahlrohr-Doppelschleifenrahmen führt ein einzelnes Rohr an der Front nach unten und teilt sich unter dem Motor in zwei Rohre auf.

Auspuff
Das 4-2-Auspuffsystem war perfekt ausgeklügelt. Die nach unten führenden Krümmer verliefen diagonal vor dem Motor.

Instrumente
Sie waren einfach, übersichtlich und gut lesbar.

Motor
Der luftgekühlte 408-ccm-Motor hatte acht Ventile. Die oben liegende einzelne Nockenwelle wurde durch eine Steuerkette angetrieben.

HONDA CB600 HORNET S

Tank
Er hat ein geringes Fassungsvermögen. Und da die Maschine überraschend viel schluckt, hat die Hornet nur eine geringe Reichweite – wenn man sie hart rannimmt, muss man bereits nach nur 160 km nach einer Tankstelle Ausschau halten.

Verkleidung
Eine einfache, am Rahmen befestigte Verkleidung zielt darauf ab, die Hornet geeigneter für lange Distanzen und höhere Geschwindigkeiten zu machen. Die Verkleidung bietet keinen großartigen Schutz, aber sie wehrt den schlimmsten Winddruck ab und erhöht allein deshalb den praktischen Nutzen dieser Maschine erheblich.

Vorderradaufhängung
Hier kommt eine ziemlich konventionelle Teleskopgabel zum Einsatz, bei der sich weder die Federvorspannung noch die Dämpfung einstellen lassen. Trotzdem hat sie eine ordentliche Qualität, so dass viele Fahrer die Möglichkeit, daran herumzuschrauben, nicht vermissen werden.

Die Hornet S unterscheidet sich lediglich durch die Halbverkleidung von der Hornet. Das attraktive Styling dieser Maschine war ursprünglich bei der Hornet 250 zu sehen, einem Modell, das nur in Japan verkauft wurde. Es wurde außerordentlich gut auf die größere 600-ccm-Variante übertragen, wenngleich die Verwendung des Motors, der von der großartigen CBR600F stammte, weniger effektiv war.

Der altmodische Stahl-Zentralrohrrahmen ist optisch unaufdringlich und relativ billig in der Herstellung. Auf diese Weise ist der Motor gut sichtbar, und das Motorrad erhält ein traditionelleres Aussehen. Allerdings büßt die Maschine dies durch zusätzliches Gewicht im Vergleich zu einem Aluminiumrahmen.

Schwinge
Dieses Motorrad hat eine einfache Kastenschwinge, aber sie verbessert die Leistung der Maschine, da sie aus Aluminium besteht. Dies ist überaus vorteilhaft, da die Gewichtsreduzierung bei der ungefederten Masse erzielt wird, was die Aufhängung beträchtlich verbessert.

Vorderradbremse
Auf den ersten Blick sieht es so aus, als seien 4-Kolben-Bremszangen verwendet worden, aber bei genauerer Inspektion erkennt man, dass es sich um die billigeren 2-Kolben-Schwimmzangen handelt. Sie geben bei starkem Bremsen mehr nach, so dass das Feedback für den Fahrer vermindert und das hölzerne Gefühl am Bremshebel verstärkt wird.

Getriebe
Es basiert auf dem Getriebe der CBR600F, das heißt, es ist eine Variante des üblichen Honda-Getriebedesigns mit all der Knorpeligkeit, die damit einhergeht. Mitte der 90er-Jahre wurde es verbessert, aber in Bezug auf Gängigkeit und leichte Schaltbarkeit ist es immer noch unterdurchschnittlich.

Motor
Ein absolut typisch japanischer 4-Zylinder-Motor, der auf dem großartigen CBR600F-Motor basiert. Folglich hat er vier Vergaser, zwei oben liegende Nockenwellen und so weiter. Eine gewisse Lebensdauer wird allerdings verschenkt, da statt moderner keramikbeschichteter Aluminiumzylinder Stahlzylinder verwendet werden.

HONDA CB600 HORNET S

Technische Daten

Die Hornet folgte dem Muster, das von Suzuki und Yamaha vorgegeben wurde, da hier der Motor eines 600er-Supersportlers dem Chassis eines Straßenmotorrads angepasst wurde, so dass eine günstige mittelschwere Maschine entstand, die im Vergleich zu den wahren Supersportlern nicht zu viel Leistung einbüßte. Dieses Prinzip wird mit der Hornet S fortgesetzt, die wie viele Motorräder dieser Art mit einer zusätzlichen Halbverkleidung auf die ursprüngliche Version des Naked Bikes folgt. Auf diese Weise werden die Einsatzmöglichkeiten erweitert, da lange Distanzen und Fahrten bei hoher Geschwindigkeit nicht mehr so anstrengend sind, weil der Winddruck abgewehrt wird. Bei der Naked-Bike-Variante muss der Fahrer sich dagegen gut festhalten, was die Nacken- und Armmuskeln strapaziert.

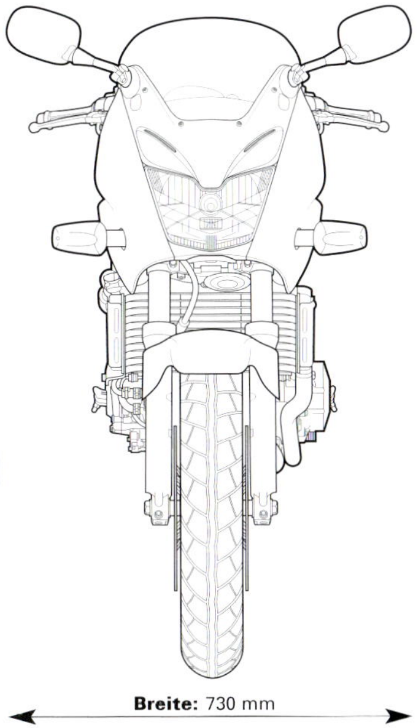

MOTOR

Typ	4-Takt-Motor
Bauart	Reihen-4-Zylinder
Hubraum	599 ccm
Bohrung	65 mm
Hub	45,2 mm
Verdichtungsverhältnis	12 : 1
Ventile	4 pro Zylinder
Kraftstoffaufbereitung	4 x 34-mm-Flachschieber-Gleichdruckvergaser
Zündung	computergesteuert digital
Kühlung	flüssigkeitsgekühlt
Nennleistung	70,4 kW (94,4 PS) bei 11817/min
Maximales Drehmoment	64,8 Nm bei 9569/min

MOTORLEISTUNG

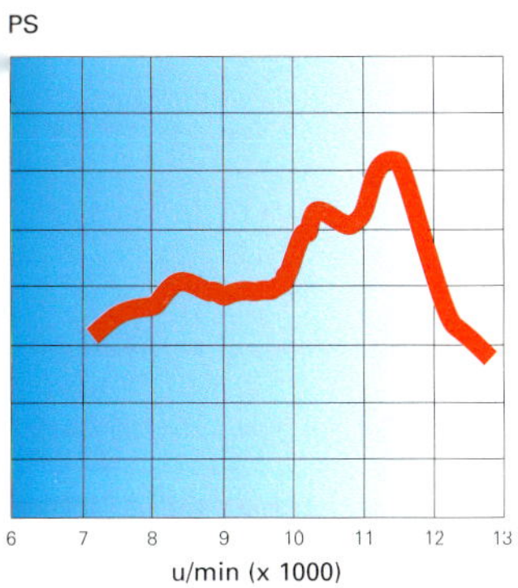

Unabhängige Testmessungen (s. o.) weichen von den Angaben des Herstellers ab.

KRAFTÜBERTRAGUNG

Primärantrieb	Getrieberäder
Kupplung	Mehrscheiben-Nasskupplung
Getriebe	6 Gänge
Sekundärantrieb	O-Ring-Kette

GEWICHTE UND ABMESSUNGEN

Tankvolumen	16 l
Trockengewicht	180 kg
Gewichtsverteilung	
- vorne	keine Angabe des Herstellers
- hinten	keine Angabe des Herstellers
Radstand	1420 mm
Gesamtlänge	2090 mm
Gesamtbreite	730 mm
Gesamthöhe	1060 mm
Sitzhöhe	790 mm

FAHRWERK

Rahmen	Zentralrohrrahmen aus Vierkant-Stahlprofil
Lenkkopfwinkel/Nachlauf	25°/98 mm
Vorderradaufhängung	41-mm-Teleskopgabel
Federweg	128 mm
Einstellbarkeit	keine Einstellung möglich
Hinterradaufhängung	Monofederbein
Federweg	128 mm
Einstellbarkeit	siebenstufige Federvorspannung
Reifen	
- Marke	Michelin/Bridgestone
- vorne	130/70 x ZR16
- hinten	180/55 x ZR17
Bremsen	
- Marke	Nissin
- vorne	296-mm-Doppelscheibe, 2-Kolben-Bremszangen
- hinten	220-mm-Scheibe, 1-Kolben-Bremszange

HONDA CBR600F

Zu viele Motorräder haben heutzutage keinen Hauptständer. Aber diese kleine handliche Honda hat einen.

Lenker
Die Lenkerstummel sind höher, als man es erwartet, und zusammen mit der Position der Fußrasten bedeutet dies, dass der Fahrer in einer ausgewogenen stabilen Position sitzt, was bei langen Distanzen bequem ist.

Kühlung
Der Kühler ist bei der CBR600 gebogen, was eine größere Oberfläche und somit eine maximale Kühlung zur Folge hat.

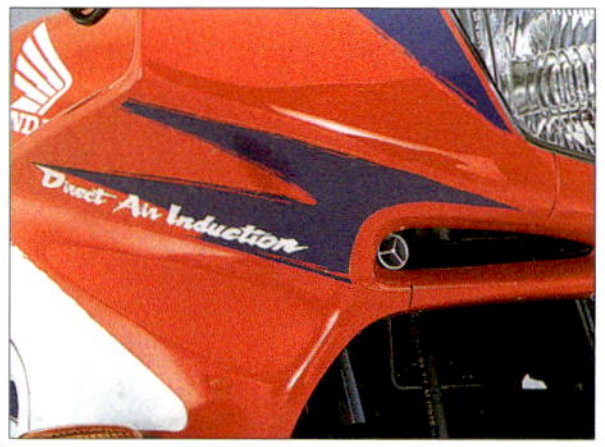

Die Luftansaugung erfolgt über Hondas Ram-Air-System. Die Luftführung ist in der Verkleidung unterhalb des Scheinwerfers erkennbar.

Scheibe und Spiegel
Die Scheibe sorgt aufgrund ihrer Form für einen guten Schutz. Die Spiegel sind groß genug, um eine gute Rücksicht zu bieten.

Gabel
Bei der 41-mm-Teleskopgabel sind Federvorspannung sowie Druck- und Zugstufendämpfung einstellbar, aber die Federn sind relativ weich.

Vorderradbremse
296-mm-Stahl-Doppelscheibe mit 2-Kolben-Nissin-Zangen. Die Scheiben enthalten gebohrte Löcher, damit die Hitze schneller reduziert wird. Zudem wird auf diese Weise der Staub, der sich beim Bremsen auf die Bremsbeläge legt, besser weggefegt.

Mittels dieser Schrauben lassen sich die Zugstufendämpfung sowie die Federvorspannung der Gabel einstellen.

Hinterradaufhängung
Die Honda-Pro-Link-Hinterradfederung mit der progressiv wirkenden Feder ist mit einem Kayaba-Monofederbein kombiniert. Federvorspannung sowie Druck- und Zugstufendämpfung sind einstellbar. Insgesamt bietet die Aufhängung eine stabile Federung und ein gutes Ansprechverhalten und verdient eine sehr gute Note.

Hinterradbremse
Die 220-mm-Singlescheibe und die 1-Kolben-Bremszange verwenden gesinterte Metallbremsbeläge.

Reifen
Die Originalausstattung bestehend aus Michelin-Reifen bietet auf den 43,2-cm-5-Speichen-Rädern nur eine durchschnittliche Leistung. Wenn man die Maschine hart fährt, sollte man Reifen mit besserem Grip verwenden, sobald die Originalreifen abgefahren sind.

Die CBR600F ist seit ihrer Markteinführung vor mehr als einem Jahrzehnt ein Favorit. Sie ist schnell und lässt sich gut handhaben, aber wodurch hebt sie sich gegenüber anderen Maschinen ab? Die ausgewogene Kraftentfaltung, das Handling sowie die Bremsen sind überragend. Und es ist nicht nur ein Motorrad für die Straße. Diese Maschine hatte in der 600-ccm-Klasse auf der Rennbahn enormen Erfolg – eines der großartigsten Motorräder der letzten 20 Jahre.

Die Instrumente sind überschaubar – Tacho, Drehzahlmesser und Wassertemperaturanzeige. Die rote Linie befindet sich bei 13500/min.

Ohne die Verkleidung ist das in die Jahre gekommene, aber immer noch effektive Chassis erkennbar. Oberhalb der Schwinge befindet sich ein Ketten- und Spritzschutz, der Dreck und Öl vom hinteren Federbein fern hält.

Motor
Der 13500/min-Motor zieht bei nur 4000/min stark an, so dass er einen großen leistungsstarken Drehzahlbereich bietet. Er hat 98 PS.

Benzinzufuhr und Zündung
Das Benzin-Luftgemisch gelangt mithilfe von vier 36-mm-Keihin-Vergasern in die Zylinder. Die Zündung wird digital von einem Computer gesteuert. Dabei wird ein konventionelles Zündkabel verwendet.

Haltestange
Ein seltenes Element bei modernen Supersportlern. Solche Merkmale fördern den Ruf der CBR, eine vollendete Allrounderin zu sein.

Scheinwerfer
Hierbei handelt es sich um einen konventionellen Reflektor. Der Lichtstrahl wird durch einen konkaven Reflektor hinter der Birne gebündelt.

Verkleidung
Sie entspricht im Großen und Ganzen dem ursprünglichen Konzept – im Laufe der Jahre ist sie lediglich etwas stylischer geworden.

Chassis
Der Brückenrahmen besteht im Gegensatz zu den Aluminiumrahmen vieler neuerer Supersportler aus Stahl, aber die Fahrqualität ist beeindruckend.

HONDA CBR600F

Technische Daten

Obwohl die CBR600F sich immer schon in großen Stückzahlen verkaufte, führte die Markteinführung der Yamaha R6 und der Erfolg der Suzuki GSX-R600 dazu, dass Honda entschied, dass es an der Zeit war, etwas zu verändern. Und es kam zu erheblichen Veränderungen! Das Motorrad wurde grundsätzlich neu gestaltet. Es erhielt einen leistungsstärkeren Motor und hat nun ein großartiges Handling sowie absolut überragende Bremsen. Ein Alumimium-chassis ersetzte das Stahlchassis, und das Gewicht wurde um erstaunliche 16 kg reduziert.

MOTOR

Typ	4-Takt-Motor
Bauart	DOHC-Reihen-4-Zylinder
Hubraum	599 ccm
Bohrung	67 mm
Hub	42,5 mm
Verdichtungsverhältnis	12 : 1
Ventile	4 pro Zylinder
Kraftstoffaufbereitung	4 x 36,5-mm-Flachschieber-Gleichdruckvergaser
Zündung	CDI
Kühlung	flüssigkeitsgekühlt
Nennleistung	98 PS bei 12000/min
Maximales Drehmoment	61,8 Nm bei 10100/min

MOTORLEISTUNG

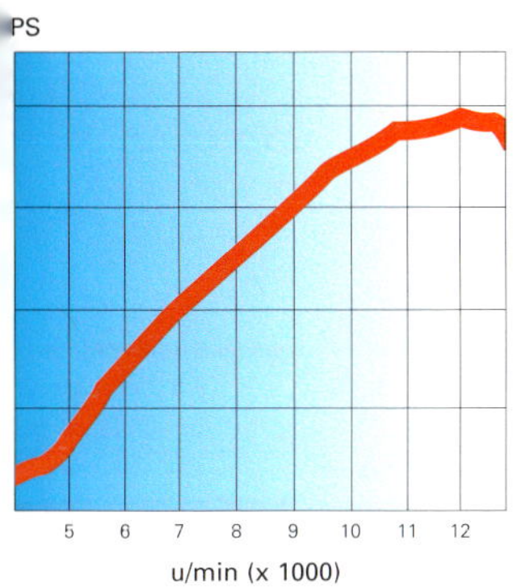

Unabhängige Testmessungen (s. o.) weichen von den Angaben des Herstellers ab.

KRAFTÜBERTRAGUNG

Primärantrieb	Getrieberäder
Kupplung	Mehrscheiben-Nasskupplung
Getriebe	6 Gänge
Sekundärantrieb	Kette

GEWICHTE UND ABMESSUNGEN

Tankvolumen	18 l
Trockengewicht	170 kg
Gewichtsverteilung	
- vorne	keine Angabe des Herstellers
- hinten	keine Angabe des Herstellers
Radstand	1395 mm
Gesamtlänge	2060 mm
Gesamtbreite	685 mm
Gesamthöhe	1130 mm
Sitzhöhe	810 mm

FAHRWERK

Rahmen	Aluminium-Brückenrahmen
Lenkkopfwinkel/Nachlauf	24°/96 mm
Vorderradaufhängung	43-mm-Teleskopgabel
Federweg	120 mm
Einstellbarkeit	Federvorspannung sowie Druck- und Zugstufen-dämpfung
Hinterradaufhängung	Monofederbein
Federweg	120 mm
Einstellbarkeit	Federvorspannung sowie Druck- und Zugstufen-dämpfung
Reifen	
- Marke	verschiedene (Michelin, Bridgestone, Dunlop)
- vorne	120/70 x ZR17
- hinten	180/55 x ZR17
Bremsen	
- Marke	Nissin
- vorne	296-mm-Doppelscheibe, Bremszangen mit 4 gegenüberliegenden Kolben
- hinten	220-mm-Scheibe, 1-Kolben-Bremszange

HONDA CBR600RR

Das elektronische Hightech-Display enthält einen großen analogen Drehzahlmesser sowie eine digitale LCD-Tachoanzeige. Darüber hinaus gibt es eine digitale Tankanzeige und Uhr sowie eine Gangwechsel-Warnleuchte, die aufleuchtet, wenn sich die Motordrehzahl der roten Markierung nähert.

Ram-Luftansaugung
Die beiden Lufteinlasskanäle an der Vorderseite der Verkleidung leiten den kühlen Staudruck des Fahrtwinds in die große Airbox der CBR. Spezielle Kammern in den Lufteinlasskanälen erhöhen die Leistung im mittleren Drehzahlbereich und reduzieren das Ansauggeräusch des Motors.

Spiegel
Bei den Spiegeln kommt eine ultraleichte Kunstharzkonstruktion zum Einsatz.

Scheinwerfer
Die CBR600RR ist mit Hondas Line-Beam-Scheinwerfer-Technologie ausgestattet, die einen helleren, brillanteren Lichtstrahl bei einer kleineren Scheinwerfervorrichtung ermöglicht. Nur ein Scheinwerfer leuchtet mit Abblendlicht.

Motor
Er ist zum größten Teil hinter der Verkleidung versteckt. Es handelt sich um einen konventionellen 4-Zylinder-Reihenmotor mit 16 Ventilen, wobei dieser sehr kompakt und leistungsstark ist.

Getriebe
Das Getriebe ist übereinander angeordnet. Auf diese Weise konnte der Motor kürzer und damit das Chassis kompakter gestaltet werden.

Gabel
Eine 45-mm-Cartridgegabel bietet eine erstklassige Dämpfung und Kontrolle sowie eine gute Stabilität, was das Handling verbessert.

Schalldämpfer
Die CBR600RR hat ein vom Zentrum nach oben verlaufendes Auspuffdesign, bei dem sich der Schalldämpfer unter dem Sitz befindet. Dadurch werden Bodenfreiheit und Aerodynamik verbessert, und das Heck erhält ein sauberes „Rennstyling".

Rücklicht
Die konventionellen Glühlampen wurden durch LED-Leuchten ersetzt. Das spart Gewicht und verringert den Wartungsaufwand. LEDs nutzen sich nie ab wie Glühbirnen. Das LED-Bremslicht leuchtet darüber hinaus schneller auf und erhöht somit die Sicherheit.

Hinterreifen
Honda verwendet einen griffigen 180/55er-Reifen bei der CBR600RR.

CBR600RR

Diese Maschine wurde entwickelt, um die Supersportler-Rennen zu dominieren sowie um die Verkaufszahlen in den Ausstellungsräumen der Motorradhäuser anzuführen. Die Buchstaben RR weisen auf eine kompromisslose Performance-Maschine hin, und das CBR-Design stammt von Hondas beeindruckendem RC211V-MotoGP-Champion. Ein überragendes Handling sowie ein leistungsstarker 85,8-kW-(115-PS-)Motor sorgten für Hondas Erfolg – so gewann der australische Fahrer Chris Vermeulen die Superbike-WM im Jahr 2003 auf einer CBR600RR.

Bei der massiven Aluminiumschwinge kommt Hondas Pro-Link-System zum Einsatz, bei dem das hintere Federbein komplett in die Schwinge verlagert ist. Auf diese Weise wird eine enorme Stabilität mit geringem Gewicht kombiniert.

Rahmen
Honda entwickelte ein neues Gießverfahren, um den Rahmen der CBR herzustellen, der aus gegossenen Elementen besteht, die zusammengeschweißt werden.

Auspuff
Kleine Verbindungsrohre zwischen den Auspuffrohren verbessern die Leistung im mittleren Drehzahlbereich. Das Hauptrohr verläuft seitlich an der Schwinge nach oben zum Schalldämpfer unter dem Sitz.

Soziussitz
Die CBR600RR ist in erster Linie eine Sportmaschine, daher ist der Beifahrersitz ziemlich knapp gehalten. Das kleine Sitzpolster befindet sich hoch über dem Fahrersitz, und die kleinen Fußrasten sorgen zusätzlich für eine unbequeme Fahrt. Der Soziussitz kann durch eine Plastikabdeckung ersetzt werden, wenn das Motorrad nur von einem Fahrer genutzt wird.

Tank
Er sieht aus wie ein normaler Tank, besteht aber aus Plastik. Der Tank befindet sich zum Teil unter dem Fahrersitz, da im vorderen Bereich unter der Abdeckung die große Airbox untergebracht ist.

Frontscheibe
Aufgrund des Renndesigns ist die Scheibe niedrig, und der Fahrer muss sich tief nach vorne beugen, um sich bei hoher Geschwindigkeit hinter die Scheibe zu ducken.

Vorderradbremse
Die CBR hat eine schwimmend gelagerte 310-mm-Doppelscheibe und hydraulische 4-Kolben-Nissin-Bremszangen, die eine ausgezeichnete Bremskraft und Dosierbarkeit bieten.

Benzineinspritzung
Unter dem Benzintank befindet sich eine ausgereifte Einspritzanlage mit je zwei Einspritzdüsen pro Zylinder. Dies steigert die Leistung bei niedrigen und hohen Motorgeschwindigkeiten.

HONDA XL600V TRANSALP

Der Schalldämpfer hat eine interessante Optik, da die Endtöpfe übereinander liegen. Das Auspuffgeräusch ähnelt allerdings eher einer schnell ratternden Nähmaschine.

Handprotektoren
Honda neigt dazu, billiges Plastik für die Handprotektoren zu verwenden, aber sie sind ein wahrer Segen. Das Material hält tausend Stürze aus und sorgt sogar für trockene und relativ warme Hände. Eine Wohltat bei langen Strecken im Winter.

Vergaser
Der einfache und PS-schwache Motor wird zuverlässig von zwei 34-mm-Vergasern versorgt.

Hinterradbremse
Die 240-mm-Einscheibenbremse mit der 1-Kolben-Bremszange ist nur mäßig dosierbar, hat aber viel zupackende Kraft.

Tank
Er hat ein Fassungsvermögen von 18 l und bietet eine potenzielle Reichweite von 254 km bei gemütlicher Fahrt. Der Tankdeckel wird abgeschraubt.

Getriebe
Das 5-Gang-Getriebe rastet exakt, wenngleich es beim Schalten zu leichten Schaltschlägen kommt. Bei heißem Motor ist es manchmal etwas knifflig, den Leerlauf zu finden.

Vorderradaufhängung
Die 41-mm-Telegabel hat einen Federweg von 200 mm und gewährt einen, wenn auch begrenzten, sanften Offroad-Einsatz. Die Federung ist bei allen Bedingungen stets weich.

Hinterradaufhängung
Das Pro-Link-System bietet einen Federweg von 190 mm, so dass entspannte Fahrten auf Feldwegen möglich sind.

Schwinge
Die Markierungen für die Justierung der Kette sind notorisch ungenau. Daher sollte man die Kettenspannung am besten manuell prüfen.

XL600V TRANSALP

Die Transalp hat sich über die Jahre stets gut verkauft und wurde seit ihrer Markteinführung 1987 häufig aufgerüstet. Trotzdem blieb der Preis konstant niedrig, so dass sie bei der Zielgruppe nach wie vor beliebt ist. Die Transalp ist in keiner Hinsicht besonders herausragend, aber es gibt nicht so viele Maschinen, die als vielseitige Allrounder für den Alltag geeignet sind und mit denen man so gut klarkommt.

Der flüssigkeitsgekühlte 4-Takt-V-2-Zylinder hat eine oben liegende Nockenwelle und einen „unkonventionellen" 52°-Winkel zwischen den Zylindern. Bohrung und Hub betragen 75 x 66 mm. Das Verdichtungsverhältnis liegt bei 9,2 : 1, und der Hubraum beträgt 583 ccm.

Die Vorderradbremse mit ihren 256-mm-Scheiben und den 2-Kolben-Bremszangen sieht schmächtig aus und ist es auch. Unsere Testfahrer konnten die Maschine nur innerhalb von 122,7 m von 160 km/h herunterbremsen. Dafür lässt sich die Bremse sehr gut über den Bremshandhebel dosieren.

Sitz
Er ist annehmbar bequem und beim Fahrerplatz 850 mm hoch. Er geht fast stufenlos in den Beifahrersitz über, so dass der Sozius es sich schön gemütlich machen kann.

Haltegriffe
Die seitlich befestigten Haltegriffe erhöhen die Sicherheit und den Komfort des Beifahrers. Sie sind am kleinen Gepäckträger angebracht.

aitenbälge
ie billigen „Ziehharmonika-abelschützer" sehen nicht nur ut aus, sondern verlängern die ebensdauer der Gabelsimmer-inge und schützen auch die erchromten inneren Rohre. Die ier verwendeten Faltenbälge rechen nach ein oder zwei ahren, lassen sich aber kostengünstig ersetzen.

Bugspoiler
Bei den meisten echten Geländemaschinen gehört er zur Serienausstattung. Und häufig ist er auch bei hoffnungslosen Möchtegern-Imitatoren zu sehen. Seine einzige Aufgabe besteht darin, den Motor vor Beschädigungen durch Steine, Äste und andere Gegenstände zu schützen.

Schaltpedal
Es ragt aus dem Bugspoiler hervor und kann leicht beschädigt werden, wenn die Maschine Offroad einmal stürzen sollte.

HONDA XL600V TRANSALP

Technische Daten

Es scheint so, als sei Hondas Transalp bereits seit einer Ewigkeit auf dem Markt – es sind mittlerweile knapp 20 Jahre. Das zeigt, wie beliebt diese Enduro bei den Käufern ist. Von Anfang an wurde ihr Verkaufspotenzial erkannt, und in der Folge wurde diese Maschine immer wieder weiterentwickelt. Ihr grunzender 583-ccm-V-2-Zylinder-Motor mit 35,8 kW (48 PS) hat genug Kraft, um die meisten Menschen zufrieden zu stellen und die Strapazierfähigkeit der XLV sowie der geringe Wartungsaufwand machen sie zu einer guten Wahl für neue Fahrer und solche, die keine Angst davor haben, sich ins Gelände zu begeben.

MOTOR

Typ	4-Takt-Motor
Bauart	V-Twin
Hubraum	583 ccm
Bohrung	75 mm
Hub	66 mm
Verdichtungsverhältnis	9,2 : 1
Ventile	2 pro Zylinder
Kraftstoffaufbereitung	2 x 34-mm-Vergaser
Zündung	digitale Transistorzündung mit elektronischer Frühverstellung
Kühlung	flüssigkeitsgekühlt
Nennleistung	35,8 kW (48 PS) bei 7759/min
Maximales Drehmoment	51 Nm bei 5964/min

MOTORLEISTUNG

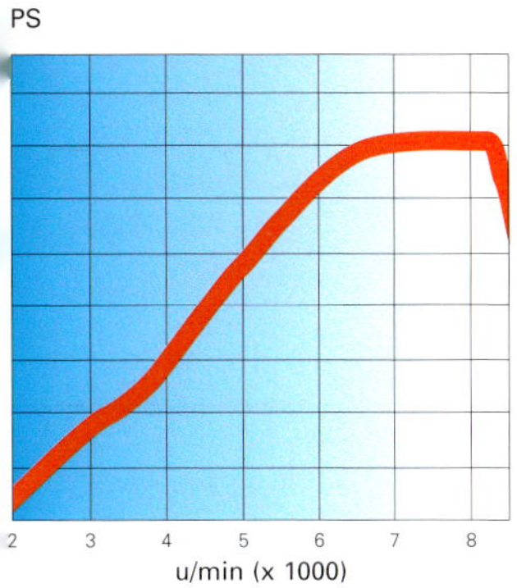

Unabhängige Testmessungen (s. o.) weichen von den Angaben des Herstellers ab.

KRAFTÜBERTRAGUNG

Kupplung	Mehrscheiben-Nasskupplung
Getriebe	5 Gänge
Sekundärantrieb	O-Ring-Kette

GEWICHTE UND ABMESSUNGEN

Tankvolumen	18 l
Trockengewicht	196 kg
Gewichtsverteilung	
- vorne	keine Angabe des Herstellers
- hinten	keine Angabe des Herstellers
Radstand	1505 mm
Gesamtlänge	2265 mm
Gesamtbreite	905 mm
Gesamthöhe	1300 mm
Sitzhöhe	850 mm

FAHRWERK

Rahmen	Stahl-Einschleifenrahmen
Lenkkopfwinkel/Nachlauf	keine Angabe des Herstellers
Vorderradaufhängung	41-mm-Teleskopgabel
Federweg	200 mm
Einstellbarkeit	keine Einstellung möglich
Hinterradaufhängung	Pro-Link-System
Federweg	190 mm
Einstellbarkeit	keine Einstellung möglich
Reifen	
- Marke	verschiedene
- vorne	90/90 x 21
- hinten	120/90 x 17
Bremsen	
- Marke	keine Angabe des Herstellers
- vorne	256-mm-Doppelscheibe, 2-Kolben-Bremszangen, gesinterte Metallbremsbeläge
- hinten	hydraulische 240-mm-Scheibe, 1-Kolben-Bremszange

HONDA SLR650

Die 41-mm-Teleskopgabel hat einen Federweg von 190 mm und ist weich gefedert. Sie lässt sich allerdings überhaupt nicht einstellen.

Spiegel
Sie sind zwar aus billigem Material hergestellt, vibrieren aber nur wenig und bieten einen ordentlichen Rückblick.

Tank
Er ist kurz und untersetzt und hat ein Fassungsvermögen von lediglich 13 l.

Vorderradbremse
Eine 2-Kolben-Bremszange mit gesinterten Bremsbelägen packt eine 276-mm-Scheibe. Bei starker Bremsung taucht die Gabel ein und beginnt dann zu stampfen. Wenn man die Bremse ein paar Mal hintereinander betätigt, wird die Bremsleistung schwächer. Insgesamt funktioniert die Bremse ordentlich, aber sie ist nicht gerade vertrauensfördernd.

Hinterradaufhängung
Ein billiges Monofederbein mit Pro-Link-System erweckt den Eindruck, als habe man hier sparen wollen, ist aber tatsächlich eine stabile und robuste Komponente. Der Federweg beträgt ganze 170 mm.

Räder
Wie ihre Rivalin, die Pegaso von Aprilia, ist diese Honda mit typischen Endurofelgen ausgestattet. Vorne haben sie einen Durchmesser von 48,3 cm und hinten von 43,2 cm. Dazu passen 100/90er- beziehungsweise 120/90er-Reifen. Die Felgen bestehen aus Aluminium.

An dieser Maschine ist nichts Besonderes. Sie wurde lediglich von 1996 bis 1999 hergestellt. Die Ausstattung war nicht inspirierend, und die Qualität variierte. Auch in den kommenden Jahren wird man sich nicht wehmütig an die SLR650 zurückerinnern. Aber selbst wenn die technischen Daten auf dem Papier nicht beeindruckend aussehen, kann die Maschine auf der Straße oder Offroad doch angenehm überraschen.

Hinterradbremse
Die 220-mm-Scheibe und die 1-Kolben-Bremszange mit ihren asbestfreien Kunstharz-Bremsbelägen packt progressiv zu und hat eine ordentliche Bremswirkung. Sie ist besser als die Rückbremse vieler anderer Sportbikes.

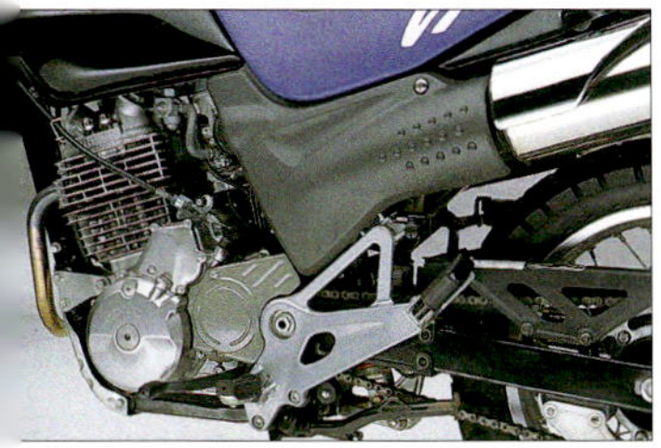

Hinter der uninspirierenden schwarzen Seitenverkleidung verbirgt sich eine Menge Elektrik auf engstem Raum. Sie schützt zudem die Beine des Beifahrers vor den heißen Auspuffrohren.

Ein schnörkelloser Stahlrohrrahmen soll ebenso wie die anderen Elemente des Motorrads für einen geringen Wartungsaufwand sorgen. Allerdings ist der Rahmen nicht sehr stabil und seine Qualität im Vergleich mit den meisten anderen Hondas nur durchschnittlich.

Sitzbank
Mit 845 mm ist auch die Sitzhöhe identisch mit der von Aprilias Pegaso. Die Sitzbank ist bequem und bietet genügend Platz für zwei.

Vorderrad-Spritzschutz
Ein Blick auf den engen Abstand zum Vorderreifen zeigt, wie ungeeignet diese Enduro für Offroad-Fahrten ist.

Motor
Er ist ganz ohne Schnörkel. Der luftgekühlte 1-Zylinder-4-Takt-Motor mit oben liegender Nockenwelle hat einen Hubraum von 644 ccm. Bohrung und Hub betragen 100 x 82 mm. Das niedrige Verdichtungsverhältnis liegt bei 8,3 : 1. Der Treibstoff wird von einen 40-mm-Vergaser geliefert. Das Getriebe hat fünf Gänge.

Bodenfreiheit
An der Unterseite befindet sich ein Motorschutz.
Die Bodenfreiheit beträgt 200 mm.

HONDA SLR650

Technische Daten

Wenn Sie bisher nur Sportbikes wie Hondas CBR600F oder FireBlade, Yamahas YZF-R1 oder Suzukis GSX-R750 gefahren haben, wird die SLR650 Sie enttäuschen. Aber wenn Sie etwas anderes wollen oder ein relativ unerfahrener Pilot sind, dann ist dies kein schlechtes Motorrad. Sein Gewicht und die Sitzhöhe passen fast zu jedem und auch für den Stadtverkehr ist diese Maschine ideal. Aber Fahrten auf der Autobahn sind frustrierend; bleiben Sie mit diesem Motorrad auf kleineren Straßen, denn seine Höchstgeschwindigkeit beträgt lediglich 155 km/h. Eine einfache Maschine, die aber Spaß macht.

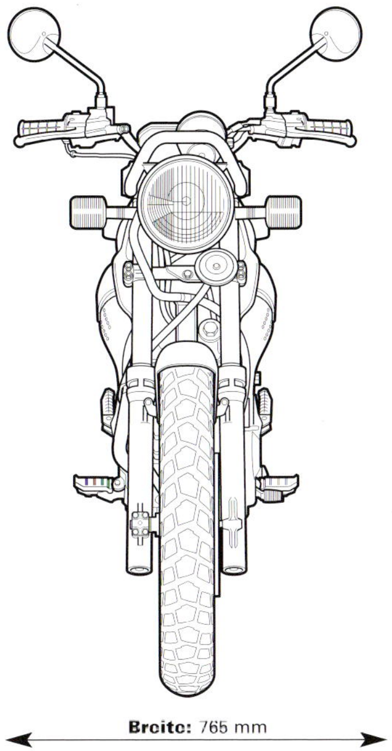

MOTOR

Typ	4-Takt-Motor
Bauart	1-Zylinder-Motor mit 4 Ventilen
Hubraum	644 ccm
Bohrung	100 mm
Hub	82 mm
Verdichtungsverhältnis	8,3 : 1
Ventile	4 pro Zylinder
Kraftstoffaufbereitung	40-mm-Vergaser
Zündung	elektronische Transistorzündung
Kühlung	luftgekühlt
Nennleistung	23,8 kW (31,9 PS) bei 6150/min
Maximales Drehmoment	42,2 Nm bei 4250/min

MOTORLEISTUNG

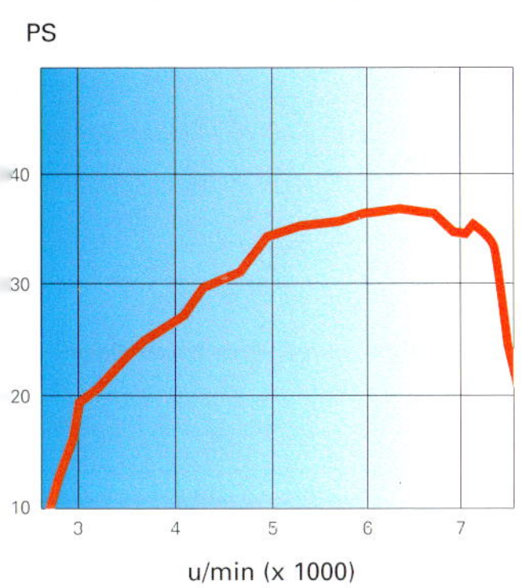

Unabhängige Testmessungen (s. o.) weichen von den Angaben des Herstellers ab.

KRAFTÜBERTRAGUNG

Primärantrieb	Zahnkette
Kupplung	Nasskupplung
Getriebe	5 Gänge
Sekundärantrieb	O-Dichtringkette

GEWICHTE UND ABMESSUNGEN

Tankvolumen	13 l
Trockengewicht	161 kg
Gewichtsverteilung	
- vorne	keine Angabe des Herstellers
- hinten	keine Angabe des Herstellers
Radstand	1440 mm
Gesamtlänge	2185 mm
Gesamtbreite	765 mm
Gesamthöhe	1140 mm
Sitzhöhe	845 mm

FAHRWERK

Rahmen	Stahl-Einschleifenrahmen
Lenkkopfwinkel/Nachlauf	keine Angabe des Herstellers
Vorderradaufhängung	41-mm-Teleskopgabel
Federweg	190 mm
Einstellbarkeit	keine Einstellung möglich
Hinterradaufhängung	Pro-Link-System
Federweg	170 mm
Einstellbarkeit	Federvorspannung
Reifen	
- Marke	verschiedene
- vorne	110/90 x 19
- hinten	120/90 x 17
Bremsen	
- Marke	keine Angabe des Herstellers
- vorne	hydraulische 276-mm-Scheibe, 2-Kolben-Bremszange, gesinterte Metallbremsbeläge
- hinten	hydraulische 220-mm-Scheibe, 1-Kolben-Bremszange, asbestfreie Kunstharz-Bremsbeläge

HONDA CB750

Simulierte Kühlrippen verleihen der Maschine eine nette Note und passen absolut zu ihrem Retro-Image und ihrer klassischen Anmutung.

Front
Die Front im Retro-Stil hat einen charakteristischen runden Scheinwerfer, der stark an die 30-jährige Geschichte dieser Maschine erinnert, sowie einen farbigen Fender, der in Rot oder Grau erhältlich ist.

Auspuff
Die 4-2-Anordnung der verchromten Rohre wurde speziell entwickelt, um die Leistung im mittleren Drehzahlbereich zu steigern, so dass genug Zugkraft entsteht, um es mit vielen größeren Maschinen aufnehmen zu können.

Vorderradaufhängung
Die CB750 hat eine luftunterstützte 41-mm-Gabel mit einstellbarer Federvorspannung und einem Federweg von 130 mm und bietet somit ein überaus angemessenes Feedback.

Instrumente
Sie sind so knapp und unaufdringlich gehalten wie möglich und bleiben somit dem minimalistischen Styling der 60er- und 70er-Jahre treu.

Hinterradaufhängung
Die beiden altmodischen Federbeine sind mit dämpfenden flüssigkeitsbefüllten Ausgleichsbehältern kombiniert. Nur die Federvorspannung lässt sich hier einstellen. Der Federweg beträgt 110 mm.

CB750

Dieses Motorrad repräsentiert ein Stück Geschichte. Hier verbinden sich moderne Technologie und klassisches Styling. Die erste CB750 kam vor über 30 Jahren auf den Markt und wurde von Fahrern ausgewählt, die zur damaligen Zeit Spaß mit ihrem Motorrad haben wollten. Auch heute ist der Retro-Roadster noch ein ernst zu nehmender Konkurrent, wenn man sich eine Allroundmaschine, einen langlebigen Motor und eine Federung mit gutem Ansprechverhalten wünscht.

Die Aluminiumhaltestange ist stylisch und unterscheidet sich farblich von den für den Rahmen verwendeten schwarzen Rohren. Sie ist ein weiteres subtiles Retro-Element.

Vorne sorgen die stabilen 296-mm-Scheiben und die 2-Kolben-Bremszangen für die Bremskraft. Hinten befindet sich eine 240-mm-Einscheibenbremse.

Der Rahmen ist zwar nicht besonders aufregend, aber das Stahlrohrchassis ist stabil und verwindungssteif und sorgt somit für ein vorhersehbares Handling und eine gute Stabilität der Maschine.

Tank
Der klassisch geformte 20-l-Tank sorgt für eine ordentliche Reichweite, die vom Fahrstil abhängt. Er ist ergonomisch gestaltet, so dass der Fahrer sich bequem am Motorrad anlehnen kann.

Sitz
Vielen fällt der außerordentliche Komfort auf, egal ob bei kurzen Fahrten oder längeren Ausflügen. Die Sitzhöhe von 795 mm ist für alle gut zugänglich – außer für Fahrer mit besonders kurzen Beinen.

Räder
Die schwarz lackierten 43,2-cm-6-Speichen-Aluminiumgussräder verleihen der CB750 einen soliden und aggressiv wirkenden Straßenauftritt.

Motor
Er basiert auf der alten CBX750-Maschine mit 16 Ventilen, die Mitte der 80er-Jahre entwickelt wurde. Bohrung und Hub betragen 67 x 53 mm und sorgen für hohe Umdrehungszahlen. Der 747-ccm-Reihen-4-Zylinder-Motor mit zwei oben liegenden Nockenwellen ist luftgekühlt, hat ein indirekt betätigtes 5-Gang-Getriebe und wird von vier 34-mm-Gleichdruckvergasern versorgt. Er erreicht 54,4 kW (73 PS) bei 8500/min.

Radstand
Der 1495-mm-Radstand bietet eine vernünftige Mischung aus Stabilität und Wendigkeit, was die CB750 sowohl für erfahrene Piloten als auch für Neulinge zu einer leicht fahrbaren Maschine macht und ihre Allround-Qualitäten zusätzlich fördert.

HONDA CB750

Technische Daten

Obwohl es die CB750 in der einen oder anderen Form seit drei Jahrzehnten gibt – das 1992er-Modell wurde gegenüber seinem Vorgänger erheblich verbessert –, würden manche sie immer noch als „durchschnittlich" beschreiben. Man kann sie gar nicht zu stark kritisieren. Denn obwohl sie, was die Leistung und das Handling betrifft, ihr Soll erfüllt, vermisst man bei ihr den Nervenkitzel. Und im Vergleich mit anderen Maschinen der 750er-Klasse würde in ihrem Zeugnis sicherlich der Vermerk stehen „Könnte besser sein".

MOTOR

Typ	4-Takter
Bauart	4-Zylinder-Reihenmotor
Hubraum	747 ccm
Bohrung	67 mm
Hub	53 mm
Verdichtungsverhältnis	9,3 : 1
Ventile	4 pro Zylinder
Kraftstoffaufbereitung	4 x 34-mm-Gleichdruckvergaser
Zündung	elektronische Transistorzündung
Kühlung	luftgekühlt
Nennleistung	51,8 kW (69,3 PS) bei 8400/min
Maximales Drehmoment	58,9 Nm bei 7000/min

KRAFTÜBERTRAGUNG

Primärantrieb	Getrieberäder
Kupplung	Mehrscheiben-Nasskupplung
Getriebe	5 Gänge
Sekundärantrieb	O-Dichtringkette

GEWICHTE UND ABMESSUNGEN

Tankvolumen	20 l
Trockengewicht	215 kg
Gewichtsverteilung	
- vorne	keine Angabe des Herstellers
- hinten	keine Angabe des Herstellers
Radstand	1495 mm
Gesamtlänge	2155 mm
Gesamtbreite	780 mm
Gesamthöhe	1100 mm
Sitzhöhe	795 mm

FAHRWERK

Rahmen	Doppelschleifenrahmen
Lenkkopfwinkel/Nachlauf	keine Angabe des Herstellers
Vorderradaufhängung	luftunterstützte 41-mm-Gabel
Federweg	130 mm
Einstellbarkeit	keine Einstellung möglich
Hinterradaufhängung	2 Federbeine mit Ausgleichsbehältern
Federweg	110 mm
Einstellbarkeit	Federvorspannung
Reifen	
- Marke	keine Angabe des Herstellers
- vorne	120/70 x 17
- hinten	150/70 x 17
Bremsen	
- Marke	keine Angabe des Herstellers
- vorne	296-mm-Doppelscheibe, 2-Kolben-Bremszangen
- hinten	240-mm-Singlescheibe, 1-Kolben-Bremszange

HONDA NR750

Das Cockpit enthält unter anderem einen Drehzahlmesser mit weißem Ziffernblatt sowie eine digitale Tacho- und Kilometeranzeige. Der Zündschlüssel besteht aus Nickel, Silber und Carbon. Wenn Sie ihn also lässig auf den Tresen werfen wollen, können Sie es ohne Bedenken tun.

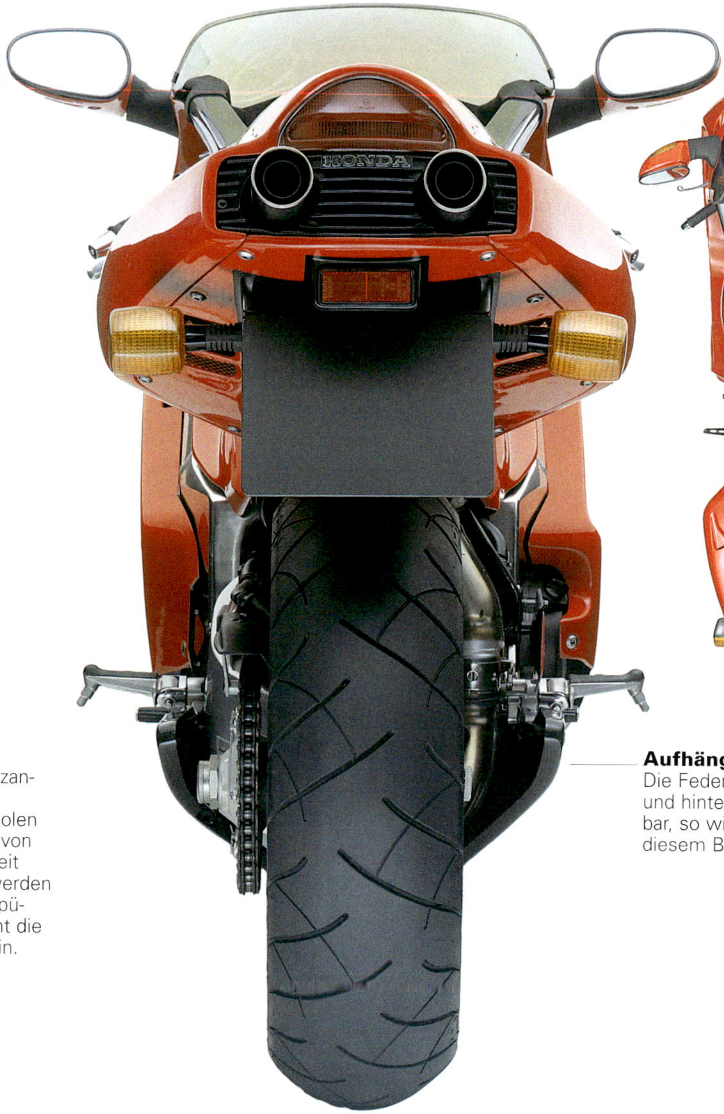

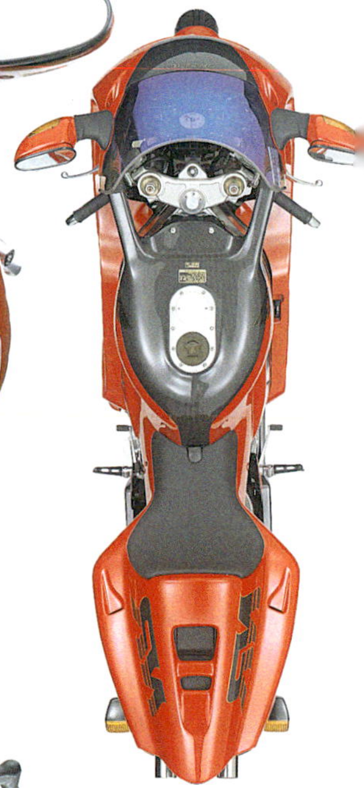

Verkleidung
Durch die hellrote Farbe wirken die Konturen sehr sexy. Die Schalldämpfer sind in die Verkleidung integriert, die Nase ist leicht nach vorne geneigt – diese Maschine ist ein wahres Honda-Prachtmodell.

Bremsen
Die 4-Kolben-Bremszangen an den beiden 310-mm-Scheiben holen die Maschine rasch von jeder Geschwindigkeit herunter, aber Sie werden es in Ihren Armen spüren. Allerdings taucht die Gabel dabei kaum ein.

Aufhängung
Die Federung ist vorne und hinten voll einstellbar, so wie man es bei diesem Bike erwartet.

NR750

Sie sehen hier eines der seltensten und begehrtesten Motorräder des Universums. Unglücklich für Honda war allerdings, dass viele potenzielle Käufer sich durch den Preis abschrecken ließen. Zudem werden viele Exemplare heutzutage hinter verschlossener Tür gehegt und gepflegt, so dass man dieses Modell selten auf der Straße sieht, wo es eigentlich hingehört.

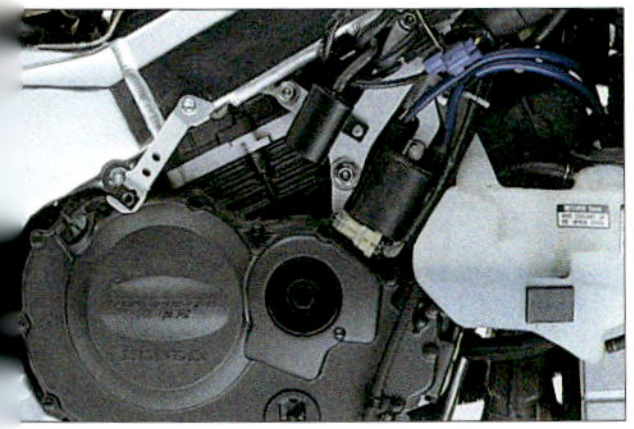

Der flüssigkeitsgekühlte 747-ccm-Motor mit zwei oben liegenden Nockenwellen und 32 Ventilen war mit seinem ovalen Kolbendesign und der V-4-Zylinder-Anordnung extrem innovativ. Allerdings sollte man beachten, dass Triumph einen solchen Motor bereits einige Jahre vor Honda entwickelt hatte. Bohrung und Hub betragen 101,2 x 50,6 mm.

Die leichten 5-Speichen-Felgen sind Rennelemente. Das Hinterrad lässt sich in Windeseile abmontieren, damit in der Box auf der Rennbahn möglichst wenig Zeit verloren geht.

Beim Rahmen gibt es nichts Neues. Ein traditioneller Brückenrahmen legt sich auf ähnliche Weise wie bei der RC30 um den Motor herum. Die sichtbaren Verschweißungen kann man nur als delikat beschreiben. Diese Maschine ist mit 222,5 kg kein Leichtgewicht, aber sie ist mit ihrer nahezu perfekten Gewichtsverteilung gut ausbalanciert.

Lenkung
Die Lenkung ist ausgezeichnet: Sie ist stabil und bietet ein sehr gutes Feedback. Das könnte auf den 24,5°-Lenkkopfwinkel und das 40,6-cm-Vorderrad zurückzuführen sein. Absolut mühelos ändert die NR750 die Richtung.

Gabel
Die NR750 ist mit einer traditionellen 45-mm-Upside-Down-Gabel ausgestattet, allerdings ist sie bei diesem Modell mit einer Goldeloxierung überzogen.

Motor
Er läuft wunderbar rund und bietet stets eine gleichmäßige, kontrollierte Leistungsentfaltung.

HONDA NR750

Technische Daten

Dieses Motorrad hat die exotischsten technischen Komponenten aller Straßenmotorräder der jüngeren Geschichte. Viele Komponenten wirken nicht so herausragend, da sie gleichzeitig bei der epochalen FireBlade eingeführt wurden. Das war das große Problem der NR zusammen mit der Tatsache, dass Honda die Leistung freiwillig auf 93,2 kW (125 PS) beschränkte. Insidern zufolge hätte sie bis zu 119,3 kW (160 PS) schaffen können. Die Zahlen können auch nicht darüber Aufschluss geben, welchen Einfluss das Styling der NR auf viele Nachfolger hatte, inklusive der Ducati 916, wo es besonders zum Tragen kam. Nach dem Erscheinen der NR wurde die Ducati optisch einer kompletten Neugestaltung unterzogen.

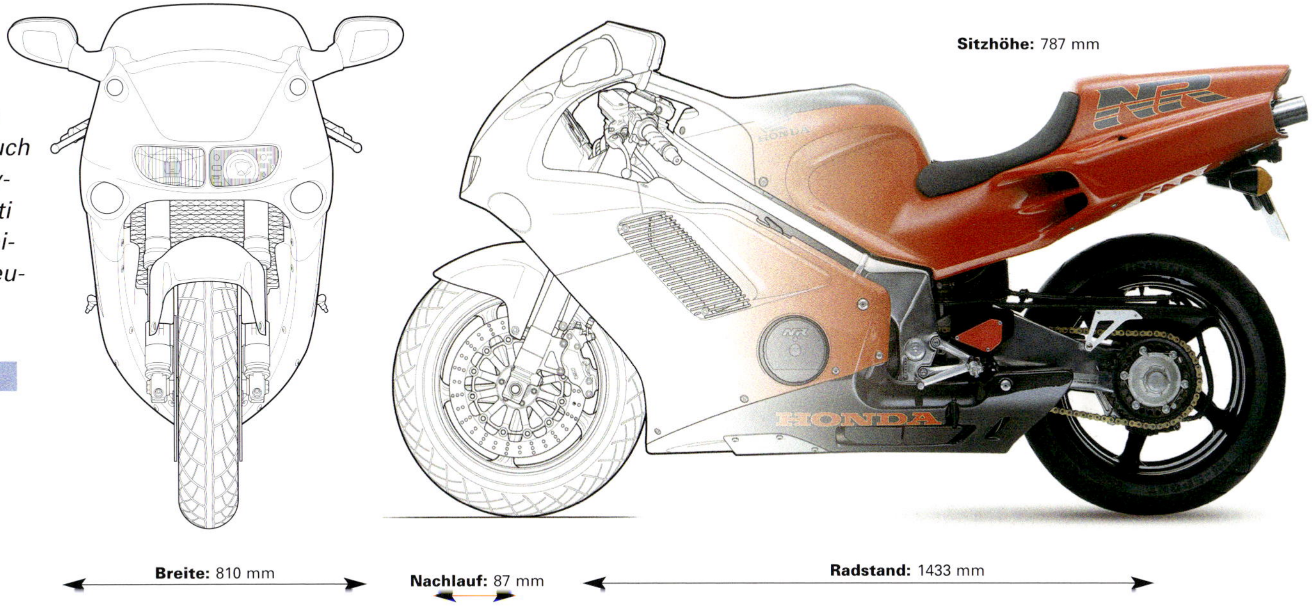

MOTOR

Typ	4-Takt-Motor
Bauart	90°-V-4-Zylinder
Hubraum	747,7 ccm
Bohrung	75,3 mm
Hub	42 mm
Verdichtungsverhältnis	11,7 : 1
Ventile	8 pro Zylinder
Kraftstoffaufbereitung	Weber-Marelli-Benzineinspritzung
Zündung	computergesteuertes Motormanagement
Kühlung	flüssigkeitsgekühlt
Nennleistung	93,2 kW (125 PS) bei 14000/min
Maximales Drehmoment	67,9 Nm bei 11500/min

MOTORLEISTUNG

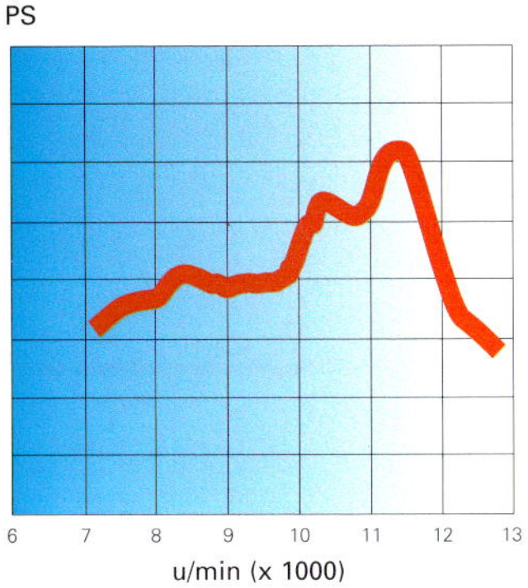

Unabhängige Testmessungen (s. o.) weichen von den Angaben des Herstellers ab.

KRAFTÜBERTRAGUNG

Primärantrieb	Getrieberäder
Kupplung	Mehrscheiben-Nasskupplung
Getriebe	6 Gänge
Sekundärantrieb	O-Ring-Kette

GEWICHTE UND ABMESSUNGEN

Tankvolumen	17,3 l
Trockengewicht	222,5 kg
Gewichtsverteilung	
- vorne	keine Angabe des Herstellers
- hinten	keine Angabe des Herstellers
Radstand	1433 mm
Gesamtlänge	2110 mm
Gesamtbreite	810 mm
Gesamthöhe	1060 mm
Sitzhöhe	787 mm

FAHRWERK

Rahmen	Aluminium-Brückenrahmen
Lenkkopfwinkel/Nachlauf	24°-30°/87 mm
Vorderradaufhängung	45-mm-Teleskopgabel
Federweg	keine Angabe des Herstellers
Einstellbarkeit	Federvorspannung sowie Druck- und Zugstufendämpfung
Hinterradaufhängung	progressiv wirkendes Monofederbein
Federweg	keine Angabe des Herstellers
Einstellbarkeit	Fahrhöhe, Federvorspannung sowie Druck- und Zugstufendämpfung
Reifen	
- Marke	Michelin
- vorne	130/70 x 16
- hinten	180/55 x 17
Bremsen	
- Marke	Nissin NR
- vorne	310-mm-Doppelscheibe, 4-Kolben-Bremszangen
- hinten	220-mm-Singlescheibe, 2-Kolben-Bremszange

HONDA XRV750 AFRICA TWIN

Die Bremsen bei der Maschine im Paris-Dakar-Stil sind stark – das liegt an der 276-mm-Doppelscheibe, den 2-Kolben-Bremszangen und den gesinterten Metallbremsbelägen.

Das Fliegenaugen-Design ist synonym mit der Africa Twin und sorgt für eine ordentliche Ausleuchtung bei Abblend- und Fernlicht.

Mithilfe von Instrumenten wie dem elektronischen Kilometerzähler, dem digitalen Zeitmesser und dem Rundenzähler lassen sich stündliche Durchschnittswerte leichter berechnen. Zudem helfen sie bei der Orientierung auf Rally-Straßenkarten.

Sozius-Haltegriffe
Sie sind etwas gewöhnungsbedürftig, aber effektiv. Hier finden sich auch Haken zur Befestigung von Spanngurten.

Bugspoiler
Der robuste Aluminiumbugspoiler schützt den Motor. Die Bodenfreiheit beträgt 215 mm.

Vergaser
Die beiden großzügigen 36-mm-Gleichdruckvergaser haben ein gut ansprechendes Flachschieberdesign.

Haben Sie noch nie ein Sportbike ausprobiert, das zwei Einsatzmöglichkeiten bietet? Dann sollten Sie zum nächsten Hondahändler gehen und eine Probefahrt auf einer Africa Twin vereinbaren. Bei ihr muss einiges stimmen – schließlich gibt es sie bereits seit einem Jahrzehnt, und noch immer verkauft sie sich gut. Diejenigen, die glauben, man könne nur mit einer CBR600F seinen Spaß haben, wird die XRV750 eines Besseren belehren. Und diejenigen, die sie bereits ausprobiert haben, müssen sich von niemandem mehr erklären lassen, warum diese Maschine so viel Spaß macht!

Vorderradaufhängung
Die 43-mm-Gabel hat einen Federweg von 220 mm und ist für einen gemäßigten Offroad-Einsatz gut geeignet. Sie ist nicht einstellbar, aber das ist nicht so wichtig, da die Federrate ohnehin sehr ordentlich ist und diesem Fahrzeug entspricht. Plastikverstärkungen schützen die Gabelholme.

Sitz
Die Sitzhöhe beträgt 860 mm, was für ein Motorrad dieses Typs nicht übermäßig hoch ist. Allerdings lag die Sitzhöhe bei Modellen vor 1993 noch bei 875 mm.

Der Tank hat ein Fassungsvermögen von 23 l und bietet somit eine Reichweite von zirka 322 km. Seine Position wurde 1993 vom Hersteller nach hinten und somit näher zum Schwerpunkt hin verschoben. Dies verbesserte das Handling sowie die Wendigkeit der Maschine – und zwar bei jeder Geschwindigkeit.

Der Originalmotor war eine Version des Transalp-Triebwerks mit einer leicht vergrößerten Bohrung, aber 1990 verabschiedete man sich davon. Honda beschloss, den Hubraum auf 750 ccm zu vergrößern, aber da sich das mit dem Transalp-Motor nicht machen ließ, musste ein neuer Motor eingesetzt werden. Heute nutzt man einen flüssigkeitsgekühlten 52°-V-2-Zylinder mit insgesamt sechs Ventilen, einer oben liegenden Nockenwelle, 742 ccm und einem Verdichtungsverhältnis von 9 : 1. Bohrung und Hub betragen 81 x 72 mm.

Verkleidung
Die aktuelle Version geht zum großen Teil auf eine Überarbeitung im Jahr 1996 zurück, als die Maschine mit einer höheren Scheibe und einer neuen Seitenverkleidung ausgestattet wurde, um Fahrerkomfort und -schutz zu erhöhen.

Räder
Die Aluminiumfelgen haben stabile Stahlspeichen. Vorne wird ein 90/90-x-21-Diagonalreifen und hinten ein 140/80-x-17-Radialreifen aufgezogen.

Hinterradbremse
Sie ist kraftvoll und gleichzeitig gut dosierbar. Die 256-mm-Scheibe wird von einer 1-Kolben-Zange und Kunstharz-Bremsbelägen gepackt.

HONDA XRV750 AFRICA TWIN

Technische Daten

Wenn Sie ein gutes Motorrad für die Straße sowie für Offroad-Fahrten suchen, kann Hondas Africa Twin als Einsteigermaschine mit anderen ihrer Klasse gut mithalten. Sie bietet eine ordentliche Performance mit einer Spitzengeschwindigkeit von 174 km/h. Sie bringt das Blut vielleicht nicht allzu sehr in Wallung, lässt sich bei 160 km/h aber angenehm spazieren fahren.
Offroad wird man sie wirklich zu schätzen wissen. Hier wird man sich sowohl in diese Paris-Dakar-Replika als auch in den Schlamm verlieben. Außerdem sieht diese Maschine auch gut aus.

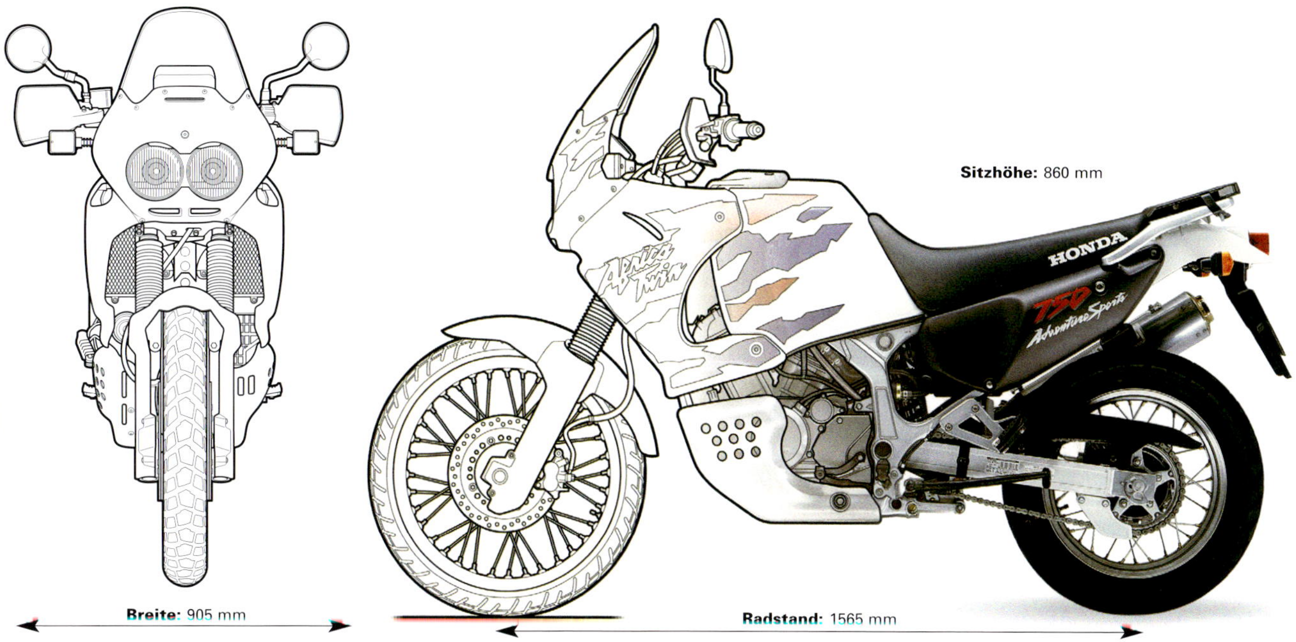

MOTOR

Typ	4-Takt-Motor
Bauart	SOHC-52°-V-2-Zylinder
Hubraum	742 ccm
Bohrung	81 mm
Hub	72 mm
Verdichtungsverhältnis	9 : 1
Ventile	3 pro Zylinder
Kraftstoffaufbereitung	2 x 36-mm-Flachschiebervergaser
Zündung	digital elektronisch
Kühlung	flüssigkeitsgekühlt
Nennleistung	38,7 kW (52 PS) bei 7200/min
Maximales Drehmoment	66,7 Nm bei 5400/min

MOTORLEISTUNG

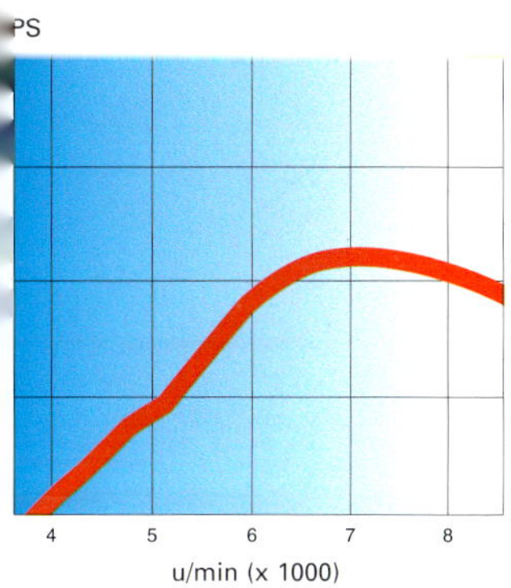

Unabhängige Testmessungen (s. o.) weichen von den Angaben des Herstellers ab.

KRAFTÜBERTRAGUNG

Primärantrieb	Getrieberäder
Kupplung	Mehrscheiben-Nasskupplung
Getriebe	5 Gänge
Sekundärantrieb	Kette

GEWICHTE UND ABMESSUNGEN

Tankvolumen	23 l
Trockengewicht	207,5 kg
Gewichtsverteilung	
- vorne	keine Angabe des Herstellers
- hinten	keine Angabe des Herstellers
Radstand	1565 mm
Gesamtlänge	2320 mm
Gesamtbreite	905 mm
Gesamthöhe	1430 mm
Sitzhöhe	860 mm

FAHRWERK

Rahmen	Doppelschleifenrahmen
Lenkkopfwinkel/Nachlauf	keine Angabe des Herstellers
Vorderradaufhängung	43-mm-Gabel
Federweg	220 mm
Einstellbarkeit	keine Einstellung möglich
Hinterradaufhängung	Pro-Link-Aluminiumschwinge
Federweg	220 mm
Einstellbarkeit	Federvorspannung
Reifen	
- Marke	Bridgestone TW101 (v), TW152 (h), Michelin T66 (v), T66X (h)
- vorne	90/90 x 21
- hinten	140/80 x 17
Bremsen	
- Marke	Nissin
- vorne	276-mm-Doppelscheibe, 2-Kolben-Bremszangen
- hinten	256-mm-Singlescheibe, 1-Kolben-Bremszange

HONDA VFR800

Das Cockpit ist zwar etwas farblos, aber nichtsdestotrotz übersichtlich gestaltet. Im Zentrum befindet sich der Drehzahlmesser mit weißem Zifferblatt, auf der linken Seite ist der 274-km-Tacho mit schwarzem Zifferblatt untergebracht. Das digitale Display auf der rechten Seite enthält unter anderem eine Uhr, Tageskilometerzähler, Hodometer und eine Temperaturanzeige.

Spiegel
Sie sind für die meisten Fahrer perfekt positioniert und zum Glück fast vibrationsfrei.

Benzineinspritzung
Wie der Motor basiert auch das Einspritzsystem auf dem Muster von Hondas siegreicher Rennmaschine, der RC45. Es gewährleistet eine direkte Gasannahme ohne exzessives Losbrechen, egal, in welche Position der Gasgriff gebracht wird, was den Ruf dieses Superbikes, leicht fahrbar zu sein, zusätzlich fördert.

Verkleidung
Egal, ob man das Styling liebt oder hasst, es ist jedenfalls praktisch und von vorne betrachtet aufgrund seiner Eckigkeit klar erkennbar und etwas anders. Die seitlichen Aussparungen unterhalb des Tanks sollen langbeinigen Fahrern mehr Platz bieten.

Als Honda ankündigte, dass die vielgeliebte VFR im Jahr 1998 50 ccm zusätzlich erhalten würde, glaubten fast alle, dass es eine unschlagbare Maschine sein würde. Unglücklicherweise hatte man die Rechnung ohne Ducatis ST4 und Triumphs Sprint ST gemacht. Aber trotzdem ist die VFR ein so gutes Motorrad, dass andere nur mit großer Mühe an sie herankommen.

Linker Lenkerstummel
Hier befinden sich unter anderem der Kupplungshebel, der Schalter für Abblend- und Fernlicht, Lichthupe, Blinker und Choke.

Getriebe
Das 6-Gang-Getriebe hat gut gewählte Übersetzungen und überträgt seine Kraft mittels einer O-Dichtringkette.

Bremsen
Hier kommt Hondas Verbundbremssystem zum Einsatz. Es verbindet die 296-mm-Doppelscheibe und die 3-Kolben-Bremszangen vorne mit der 256-mm-Scheibe und der 3-Kolben-Bremszange hinten. Die Bremsen sind serienmäßig mit gesinterten Metallbremsbelägen ausgerüstet. Die vorderen Scheiben sind 4,5 mm, die hintere ist 6 mm dick.

Rechter Lenkerstumme
Hier befinden sich der Gasgriff, der an die Handspanne anpassbare Bremshebel fü die Vorderbremse, der Motorstoppschalter, der elektronische Startknopf sowie de Lichtschalter für die Positionen Aus/Parken/An

Räder
Sowohl die 6-Speichen-Vorderradfelge als auch die 5-Speichen-Hinterradfelge haben einen Durchmesser von 43,2 cm und bestehen aus Aluminiumguss.

Alle von den Zylindern nach unten führenden Krümmer verlaufen unterhalb oder an der rechten Seite des Motorrads und werden schließlich zu einem einzelnen Schalldämpfer zusammengeführt, der ebenfalls rechts angebracht ist. Manche Besitzer hätten den Schalldämpfer lieber auf der linken Seite gehabt, um das Hinterrad (das auf der linken Seite an einer Einarmschwinge befestigt ist) von der rechten Seite her ohne Einschränkung sichtbar zu machen. Aus Platzgründen und aufgrund technischer Aspekte war dies bei diesem Modell allerdings unmöglich.

Die Kühler sind seitlich montiert, da die beiden Frontzylinder des V-4-Motors den größten Teil des vorderen Motorraums des Chassis einnehmen. Die Kühler sind in dieser Position vor hochspringenden Steinen und Rieseln geschützt. Schlitze in der Verkleidung lassen die heiße Abluft entweichen.

Der ubiquitäre Aluminium-Brückenrahmen ist nicht nur ein Hingucker (obwohl er leider zur Hälfte hinter der Seitenverkleidung verborgen ist), sondern er leistet auch vortreffliche Dienste. Dank dieser Rahmenkonstruktion kommt die sportliche Seite des Motorrads auf kurvigen Straßen voll zur Geltung.

Tank
Er hat ein Fassungsvermögen von 21 l und bietet somit eine Reichweite von 214 bis 291 km, je nachdem, wie die Maschine gefahren wird.

Sitzbank
Die zweistufige, gut gepolsterte Sitzbank bietet dem Fahrer ausgezeichnet Platz, für den Beifahrer ist er ausreichend. Der Fahrersitz hat eine Höhe von 805 mm.

Haltegriffe
Sie können innerhalb von Sekunden entfernt werden und bestehen aus einem Material, das sich beim Festhalten nicht allzu kalt anfühlt.

Reifen
Die Reifen haben eine ZR-Kennung, das heißt, man darf mit ihnen über 240 km/h fahren. Vorne passt ein 120/70er, hinten ein 180/55er.

Motor
Die neue 781,7-ccm-VFR800 hat 33,7 ccm mehr als ihre Vorgängerin, die VFR750. Das macht ihre Leistung herausragend. Die Fähigkeit, bei beinahe jeder Drehzahl in jedem Gang stark anzuziehen, ist für jeden Top-Tourensportler essenziell. Und der flüssigkeitsgekühlte 4-Takt-90°-V-4-Motor mit 16 Ventilen und doppelten oben liegenden Nockenwellen schafft das wunderbar.

Schwinge
Die Einarmschwinge auf der linken Seite ermöglicht einen raschen Reifenwechsel. Sie ist schwerer als eine konventionelle Zweiarmschwinge.

HONDA VFR800

Technische Daten

Die VFR800 ist Hondas Antwort auf die Nachfrage nach einer großen Kilometerfresserin mit breit gefächerten sportlichen Fähigkeiten. Der Hersteller hat sein Ziel mithilfe einer guten Mischung aus Technik und Abmessungen erreicht und eine ausgewogene Allrounderin geschaffen.
Diese Maschine wurde eingeführt, um die in die Jahre gekommene VFR750 zu ersetzen. Die VFR800 ist erheblich leichter geworden, ihre Maße wurden ebenfalls etwas verringert. Insgesamt handelt es sich um ein neues Motorrad und nicht nur um eine Neuauflage eines alten Modells, das eine Erweiterung des Hubraums erfahren hat. Allerdings ist die Benutzerfreundlichkeit, die mit der VFR assoziiert wird, erhalten geblieben.

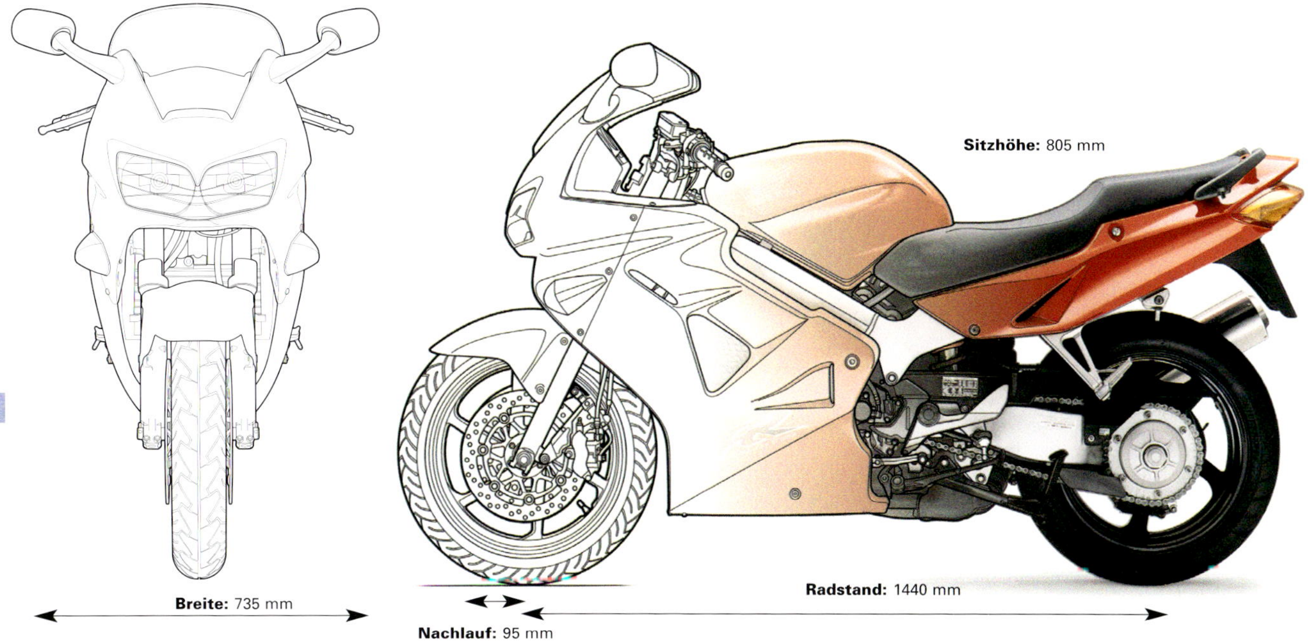

MOTOR

Typ	4-Takt-Motor
Bauart	DOHC-90°-V-4-Zylinder
Hubraum	781,7 ccm
Bohrung	72 mm
Hub	48 mm
Verdichtungsverhaltnis	11,6 : 1
Ventile	4 pro Zylinder
Kraftstoffaufbereitung	elektronische Benzineinspritzung – PGM-FI
Zündung	digital elektronisch
Kühlung	flüssigkeitsgekühlt
Nennleistung	82 kW (110 PS) bei 10281/min
Maximales Drehmoment	83,4 Nm bei 8549/min

MOTORLEISTUNG

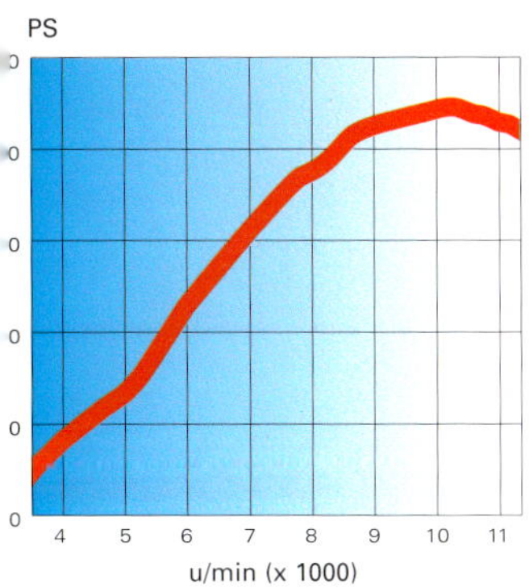

Unabhängige Testmessungen (s. o.) weichen von den Angaben des Herstellers ab.

KRAFTÜBERTRAGUNG

Primärantrieb	Zahnkette
Kupplung	Mehrscheiben-Nasskupplung
Getriebe	6 Gänge
Sekundärantrieb	O-Dichtringkette

GEWICHTE UND ABMESSUNGEN

Tankvolumen	21 l
Trockengewicht	208 kg
Gewichtsverteilung	
- vorne	keine Angabe des Herstellers
- hinten	keine Angabe des Herstellers
Radstand	1440 mm
Gesamtlänge	2095 mm
Gesamtbreite	735 mm
Gesamthöhe	1190 mm
Sitzhöhe	805 mm

FAHRWERK

Rahmen	Aluminium-Brückenrahmen
Lenkkopfwinkel/Nachlauf	25,5°/95mm
Vorderradaufhängung	41-mm-Teleskopgabel
Federweg	109 mm
Einstellbarkeit	Federvorspannung
Hinterradaufhängung	Einarmschwinge mit Gasdruck-Stoßdämpfer
Federweg	120 mm
Einstellbarkeit	Federvorspannung und Zugstufendämpfung
Reifen	
- Marke	verschiedene
- vorne	120/70 x ZR17
- hinten	180/55 x ZR17
Bremsen	
- Marke	Nissin
- vorne	Verbundbremssystem mit 296-mm-Doppelscheibe und 3-Kolben-Bremszangen
- hinten	Verbundbremssystem mit 256-mm-Singlescheibe und 3-Kolben-Bremszange

HONDA CBR900RR

Bei der geschwungenen und sich verjüngenden Schwinge lassen sich die Einstellungen am Federbein problemlos vornehmen.

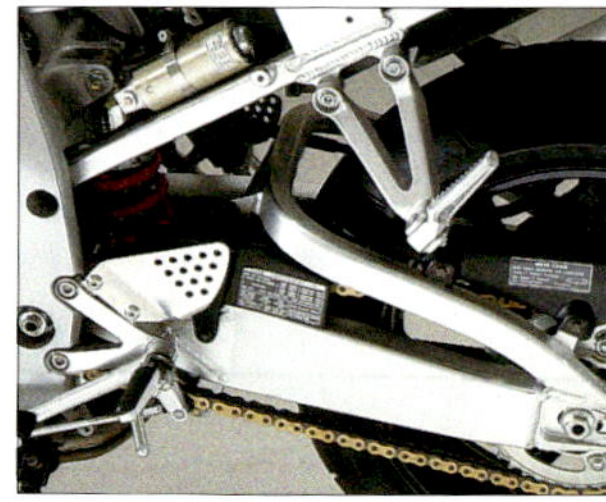

Der Tacho ist an das Getriebe angeschlossen anstatt an das Vorderrad – so kann der Fahrer seine Geschwindigkeit kontrollieren, während er Wheelies fährt.

Scheinwerfer
Die FireBlade ist leicht anhand ihrer fuchsaugenähnlichen Scheinwerfer zu erkennen, die im Dezember 1993 zur dritten Inkarnation dieses Modells eingeführt wurden. Sie wurden seitdem zwar überarbeitet, aber ihr charakteristisches Aussehen ist geblieben.

Verkleidung
Im Falle eines Sturzes ist der Ersatz der gewölbten Verkleidungselemente teuer. Sie bestehen aus leichtem Plastik, um das Gewicht gering zu halten. Dadurch sind sie aber auch nicht sehr robust.

Lenker
Der Motorstoppschalter sowie der Startknopf sind am rechten Lenkerstummel angebracht. An der linken Lenkerseite befinden sich die Lichtschalter und Blinker. Die Plastikschalter sind mit winzigen Dübeln am Lenker befestigt.

Kühlsystem
Der Motor ist flüssigkeitsgekühlt. Probleme mit dem Kühler oder der Wasserpumpe treten extrem selten auf.

Kupplung
Die bullige Mehrscheiben-Nasskupplung, mit der alle FireBlades ausgerüstet sind, hat sich bei starker Beanspruchung wie beim Fahren von Wheelies oder schnellen Starts als robust und unempfindlich erwiesen. Wenn man sie hart rannimmt, kann sie allerdings etwas ruckartig greifen.

Schwinge
Die Zweiarmschwinge ist unter fast allen Bedingungen verwindungssteif, das Material sehr unempfindlich gegenüber Witterungseinflüssen und Korrosion.

Gabel
Die 45-mm-Teleskopgabel hat ein gutes Ansprechverhalten und bietet ein gutes Feedback. Federvorspannung sowie Druck- und Zugstufendämpfung sind einstellbar.

Auspuff
Bei Modellen vor 1996 blätterte die schwarze Farbe oft noch während der Garantiezeit ab. Das 1997er-Modell wurde daher mit einer einfachen Legierung versehen.

CBR900RR
FIREBLADE

Die Honda FireBlade definierte die Klasse der Supersportler neu, als sie im März 1992 auf den Markt kam. Dieses Motorrad hatte die Kraft einer 1000-ccm-Maschine, entsprach mit ihrem Gewicht aber eher einer 600er. Die Journalisten waren beeindruckt, einige empfanden sie als zu extrem für den normalen Straßen-Motorradfahrer. Aber die FireBlade wurde ein großer Verkaufserfolg. Mittlerweile wurde die Performance eines Straßenmotorrads mit der YZF-R1 von Yamaha noch weiter getrieben.

Räder
Die FireBlade ist vorne mit einer 40,6-cm-Felge ausgestattet, auf die ein eigens dafür angefertigter 43,2-cm-Reifen passt. Der kleinere Durchmesser soll Kreiselbewegungen des Rads reduzieren und so einen schnellen Rundlauf gewährleisten.

Reifen
Die serienmäßigen Bridgestone-BT56-Reifen haben vorne ein Maß von 130/70 x 16 und hinten von 180/55 x 17. Das Profil des Vorderreifens sorgt dafür, dass die Traktion sich bis zur Seite des Reifens erstreckt, so dass es unmöglich ist, die Haftung zu verlieren.

Hinterradaufhängung
Beim Showa-Monofederbein lassen sich Federvorspannung sowie Druck- und Zugstufendämpfung einstellen. Die Dämpfung kann allerdings bereits unter 20000 km stark nachlassen. Bei früheren Modellen nutzten sich manchmal die Simmerringe ab.

Der Doppelscheinwerfer ist mit konventionellen Reflektoren ausgestattet. Beim 1998er-Modell wurde ihre Form etwas abgeschrägt, damit sie noch böser aussehen.

Vier Mikuni-Vergaser und eine riesige Airbox sorgen für eine unmittelbare Gasannahme. Auf dem Zubehörmarkt sind leistungsverstärkende Dynojet-Vergaser-Kits erhältlich.

Der Rahmen der 1998er-FireBlade wiegt inklusive Schwinge und Federung insgesamt 5 kg weniger als bei den Vorgängermodellen. Viele Besitzer versehen ihn mit Carbonprotektoren, um Kerben und Kratzer zu vermeiden.

Bremsen
Die beiden Vorderrad-4-Kolben-Nissin-Bremszangen beim 98er-Modell gehören zu den besten bei den Straßenmaschinen. Bei den Bremsen früherer Modelle wurde häufig die schlechte Dosierbarkeit und das mangelnde Feedback am Bremshebel bemängelt. Darüber hinaus traten hin und wieder Risse zwischen den gebohrten Löchern der Bremsscheiben auf.

Motor
Ursprünglich handelte es sich um einen 893-ccm-Motor, der später auf 918 ccm erweitert wurde. 1998 überarbeitete man dann 80 Prozent seines Innenlebens, so dass der Reihen-4-Zylinder-4-Takter laut Herstellerangabe 95,4 kW (128 PS) produziert. Bei Motorrädern, die im Grunde identische Triebwerke haben, kann die Leistung um 3,7 kW variieren, wobei sie in der Regel maximal um neun Prozent von der Herstellerangabe abweichen.

Getriebe
Das 6-Gang-Getriebe hat eine konventionelle „Eins-nach-unten-fünf-nach-oben-Auslegung. Der Leerlauf befindet sich zwischen erstem und zweitem Gang. Das Getriebe ist konzeptgerecht abgestuft, wirkt aber im Vergleich zu ähnlichen Bikes etwas rau.

HONDA CBR900RR

Technische Daten

Die FireBlade ist ein hervorragender kompakter Supersportler, der die Motorradwelt 1992 mit seinem leichten Gewicht, seiner zielgenauen Lenkung und enormen Kraft beeindruckte.
1998 war die FireBlade mit 180,2 kg leichter als je zuvor. Dies erreichte Honda durch Gewichtsreduzierungen bei zahlreichen Komponenten wie etwa der Kupplung, dem Auspuffsystem und dem Motor. Mit einem Lenkkopfwinkel von nur 24° und einem Radstand von 1405 mm ist diese bewegliche Maschine immer noch eines der am meisten beachteten, radikalsten und aufregendsten Straßenbikes, die auf dem Markt erhältlich sind.

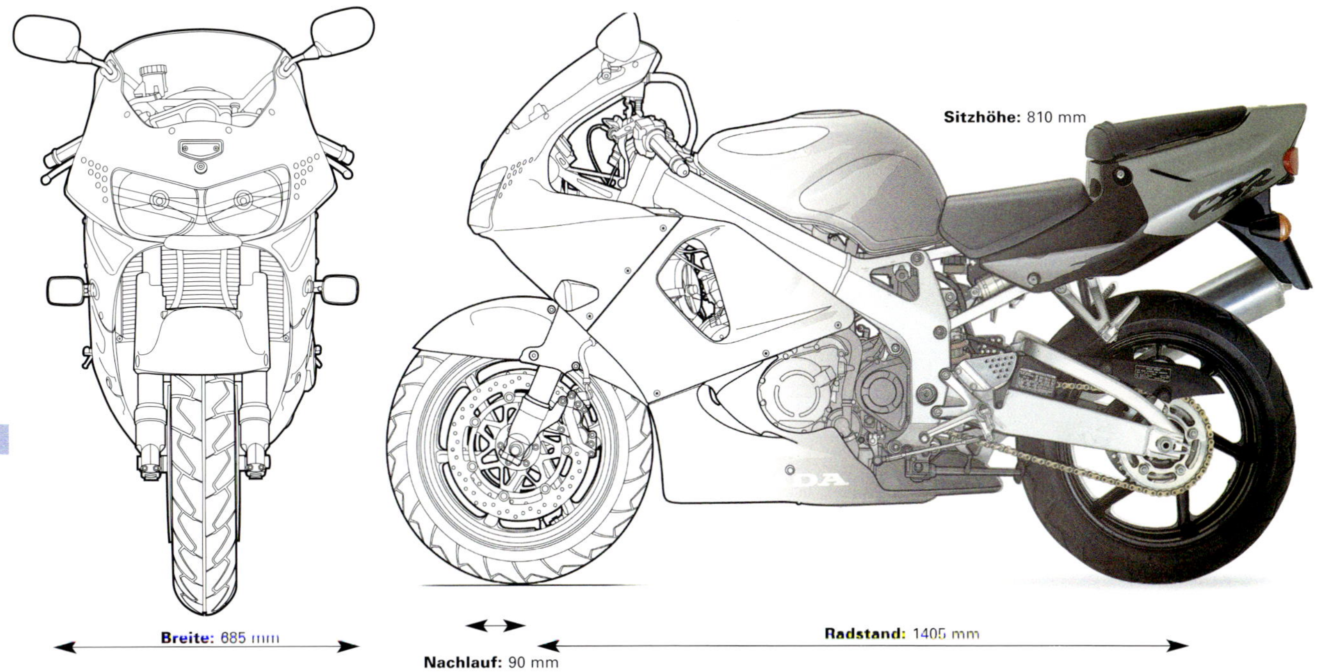

MOTOR

Typ	4-Takt-Motor
Bauart	DOHC-Reihen-4-Zylinder
Hubraum	918 ccm
Bohrung	71 mm
Hub	58 mm
Verdichtungsverhältnis	11,1 : 1
Ventile	4 pro Zylinder
Kraftstoffaufbereitung	4 x 38-mm-Mikuni-Vergaser
Zündung	digital elektronisch
Kühlung	flüssigkeitsgekühlt
Nennleistung	91,2 kW (122,3 PS) bei 10720/min
Maximales Drehmoment	89,3 Nm bei 8350/min

MOTORLEISTUNG

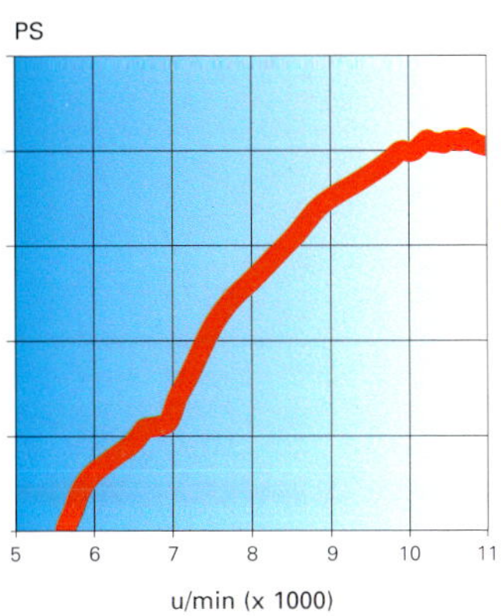

Unabhängige Testmessungen (s. o.) weichen von den Angaben des Herstellers ab.

KRAFTÜBERTRAGUNG

Primärantrieb	gerade verzahnte Getrieberäder
Kupplung	Mehrscheiben-Nasskupplung
Getriebe	6 Gänge
Sekundärantrieb	O-Dichtringkette

GEWICHTE UND ABMESSUNGEN

Tankvolumen	18 l
Trockengewicht	180,2 kg
Gewichtsverteilung	
- vorne	51%
- hinten	49 %
Radstand	1405 mm
Gesamtlänge	2040 mm
Gesamtbreite	685 mm
Gesamthöhe	1135 mm
Sitzhöhe	810 mm

FAHRWERK

Rahmen	Aluminium-Brückenrahmen
Lenkkopfwinkel/Nachlauf	24°/90 mm
Vorderradaufhängung	45-mm-Kayaba-Teleskopgabel
Federweg	120 mm
Einstellbarkeit	Federvorspannung, Druck- und Zugstufendämpfung
Hinterradaufhängung	progressiv wirkendes Showa-Monofederbein
Federweg	125 mm
Einstellbarkeit	Federvorspannung sowie Druck- und Zugstufendämpfung
Reifen	
- Marke	Bridgestone BT56
- vorne	130/70 x 16
- hinten	180/55 x 17
Bremsen	
- Marke	Nissin
- vorne	halb schwimmend gelagerte 310-mm-Stahldoppelscheibe, Bremszangen mit 4 gegenüberliegenden Kolben
- hinten	220-mm-Stahlscheibe, Bremszange mit 2 gegenüberliegenden Kolben

HONDA CBR900RR 1999

Der Lenker ist höher als bei den meisten anderen Motorrädern, und die Instrumente und Schalter haben die übliche gut durchdachte Honda-Qualität. Die Spiegel funktionieren zufrieden stellend. Wie es bei Supersportlern üblich ist, sieht man einen großen Teil der eigenen Schultern und Arme darin, aber sie sind relativ vibrationsfrei.

Verkleidung
Mit ihren 170 kg ist die FireBlade einer der leichtesten Supersportler auf dem Markt. Sie wiegt sogar noch weniger als die meisten 600-ccm-Supersportler einschließlich Hondas eigener CBR600F. Sie ist extrem kompakt, wodurch sie unglaublich handlich und benutzerfreundlich wirkt.

Wie bei den meisten Sportbikes hat der Soziussitz eher eine Alibifunktion und ist ziemlich unbequem. Wenn man auf diesem Monstrum einen Beifahrer mitnimmt, wird man beträchtlich langsamer!

CBR900RR
FIREBLADE 1999

Die neue Honda FireBlade wurde entwickelt, um die Krone bei den Supersportlern zurückzugewinnen, die zunächst Yamahas R1 und dann Suzukis GSX-R1000 erobert hatten. Es ist ein hehres Ziel, aber die zehn Jahre alte Blade kann immer noch einige Trümpfe aus dem Ärmel ziehen, von denen sich die anderen beiden etwas abschauen könnten. Es ist vielleicht nicht mehr das Bike für die absolut „Motorradverrückten", das es in den frühen 90er-Jahren war, und es ist vielleicht auch nicht mehr die grandioseste Vorzeigemaschine, aber es ist immer noch ein ausgezeichnetes Gefährt.

Hinterradaufhängung
Das Heck hat eine ganz neue Schwinge mit neuem Dämpfer bekommen, an der eine 220-mm-Bremsscheibe mit einer Bremszange befestigt ist. Die Schwinge ist interessanterweise am hinteren Ende des Motors montiert und nicht am Rahmen.

Sitz
Die Sitzposition des Fahrers ist relativ bequem, und der Sitz ist sogar leicht gepolstert. Honda scheint bemerkt zu haben, dass die Leute Motorrad fahren, weil es Spaß macht, und dass der Komfort dabei eine Rolle spielt. Die meisten Hersteller von Supersportlern opfern alles für die Geschwindigkeit.

Einige Enthusiasten tauschen die schwere Kette der FireBlade gegen eine leichtere aus und sparen auf diese Weise 2 kg Gewicht ein.

Chassis
Das 1999er-Modell hat ein Semi-Pivotless-Rahmensystem. Zusätzlich halten Aluminiumplatten die Schwinge an ihrem Platz. Auf diese Weise werden die Belastungen am Heck reduziert. Dieses System stammt aus der Offroad-Technologie.

Verkleidung
Die Verkleidung ist wunderschön zusammengestellt – so wie man es von Honda erwartet, einem Hersteller, der anhaltend zu den qualitätsstärksten gehört. Die Verkleidungselemente gehen schön ineinander über, und die Schrauben und Muttern lassen sich gut bewegen, selbst wenn sie in Kontakt mit Regen und Spritzwasser gekommen sind. Die grafische Gestaltung ist etwas zu schlicht und lässt das Bike weniger aggressiv wirken als die der Konkurrenz.

Vorderreifen
Das neue 43-cm-Vorderrad wurde von fast allen gewünscht, die je eine Blade besaßen. Honda hat sich schließlich darauf eingelassen, und das neue Layout sorgt für eine große Beweglichkeit. Allerdings lenkt die Maschine nicht mehr so eng ein wie mit der alten 40-cm-Rad-Variante.

Bremsen
Die Bremsen sind fantastisch. Die 4-Kolben-Bremszangen und die 330-mm-Scheiben, die größer denn je sind, beißen fester und länger zu als fast jede andere Bremse, und es dauert lange, bis die Bremswirkung nachlässt. Die FireBlade wiegt nur 170 kg, und mit diesen Stoppern können Sie die Maschine auf einem Stecknadelkopf zum Stehen bringen.

Motor
Unsere Blade schafft 123 PS am Hinterrad. Damit verschenkt sie einige Punkte an die Konkurrenz. Der Motor muss stark hochgedreht werden, um die maximale Leistung zu erzielen, und die Benzineinspritzung lässt ihn etwas ruppig wirken. Die Kraftentfaltung ist allerdings geschmeidig und funktioniert zusammen mit dem 6-Gang-Getriebe sehr gut.

HONDA CBR900RR 1999

Technische Daten

Als der Hersteller sich dazu entschloss, die FireBlade aufzurüsten, ging er dabei nicht langsam Schritt für Schritt vor, sondern er entschied sich für dramatische grundlegende Veränderungen. Vor allem wollte man das Gewicht der Maschine reduzieren und modifizierte daher den Motor. Aber auch Chassis und Verkleidung blieben nicht unangetastet. Das Ergebnis ist ein stärkeres und leistungsfähigeres Motorrad mit einer ausgezeichneten Stabilität und einem großartigen Handling.

MOTOR

Typ	4-Takt-Motor
Bauart	DOHC-Reihen-4-Zylinder
Hubraum	929 ccm
Bohrung	74 mm
Hub	54 mm
Verdichtungsverhältnis	11,3 : 1
Ventile	4 pro Zylinder
Kraftstoffaufbereitung	PGM-FI
Zündung	computergesteuert
Kühlung	flüssigkeitsgekühlt
Nennleistung	113,3 kW (152 PS) bei 11000/min
Maximales Drehmoment	102 Nm bei 9000/min

KRAFTÜBERTRAGUNG

Primärantrieb	Getrieberäder
Kupplung	Mehrscheiben-Nasskupplung
Getriebe	6 Gänge
Sekundärantrieb	O-Dichtringkette

GEWICHTE UND ABMESSUNGEN

Tankvolumen	18 l
Trockengewicht	170 kg
Gewichtsverteilung	
- vorne	keine Angabe des Herstellers
- hinten	keine Angabe des Herstellers
Radstand	1400 mm
Gesamtlänge	2040 mm
Gesamtbreite	685 mm
Gesamthöhe	1135 mm
Sitzhöhe	815 mm

FAHRWERK

Rahmen	Aluminium-Brückenrahmen
Lenkkopfwinkel/Nachlauf	23,8°/97 mm
Vorderradaufhängung	43-mm-HMAS-Upside-Down-Telegabel
Federweg	120 mm
Einstellbarkeit	Federvorspannung, Druck- und Zugstufendämpfung
Hinterradaufhängung	Pro-Link-HMAS-Dämpfer
Federweg	135 mm
Einstellbarkeit	Federvorspannung, Druck- und Zugstufendämpfung
Reifen	
- vorne	120/70 x 17
- hinten	190/50 x 17
Bremsen	
- vorne	330-mm-Doppelscheibe, 4-Kolben-Bremszangen
- hinten	220-mm-Singlebremse, 1-Kolben-Bremszange

HONDA CBR1000F

Die Instrumente sind sauber in die Verkleidung integriert, und alle sind sehr fahrerfreundlich gestaltet.

Verkleidung
Die Vollverkleidung lässt sich nur mit Mühe entfernen und wieder anbringen, aber sie schützt die darunter liegenden Teile vor Straßenschmutz und Korrosion. Das Styling ist ähnlich wie bei der frühen CBR600, allerdings sind die Formen weniger rund.

Motor
Der flüssigkeitsgekühlte 998-ccm-Reihen-4-Zylinder-4-Takt-Motor hat 16 Ventile und zwei oben liegende Nockenwellen. Bohrung und Hub betragen 77 x 53,6 mm. Das Verdichtungsverhältnis liegt bei 10,5 : 1. Darüber hinaus wird er von vier 38-mm-Vergasern versorgt. Die Leistung war mehr als akzeptabel, als das Bike 1987 auf den Markt kam, aber heute liegt sie keineswegs mehr an der Spitze. Allerdings lässt sich die Maschine immer noch geschmeidig fahren und erfüllt ihre Rolle als Tourensportler durchaus.

CBR1000F

Sie kam 1987 auf den Markt und war seither offensichtlich sehr erfolgreich, da sie nach nur geringfügigen Veränderungen immer noch zur Honda-Flotte gehört. Ein komfortables Motorrad, das den Bedürfnissen eines Langstreckenpendlers oder Tourers am besten gerecht werden dürfte. Aber auch im Stadtverkehr ist sie recht beweglich. Sie sieht zwar wie ein relativ schwerer Brocken aus, aber wenn Ihnen Maschinen wie die Yamaha YZF-R1 oder Hondas FireBlade nicht so zusagen, könnte diese genau die Richtige für Sie sein.

Getriebe
Das 6-Gang-Getriebe ermöglicht folgende Höchstgeschwindigkeiten in den einzelnen Gängen: 1. Gang 86,3 km/h, 2. Gang 145,2 km/h, 3. Gang 181 km/h, 4. Gang 216 km/h, 5. Gang 237 km/h, 6. Gang 246 km/h. Das Schalten im unteren Drehzahlbereich kann etwas knorpelig sein. Der Endantrieb erfolgt über eine O-Dichtringkette.

Auspuff
Die Auspuffrohre können mit der Zeit verrosten, und die gedrungenen Schalldämpfer werden nie einen Preis für ihr Aussehen gewinnen. Viele CBR1000-Maschinen wurden von ihren Besitzern mit anderen Auspuffsystemen ausgestattet, die anfangs noch teuer waren, aber immer billiger werden, da die Nachfrage sinkt.

Vorderradaufhängung
Die 41-mm-Cartridgegabel hat eine pneumatische Kammer, um die Straßenvibrationen zu dämpfen und das Handling zu verbessern. Der Federweg beträgt 130 mm. Insgesamt fühlt sich die Federung im Vergleich mit anderen in dieser Klasse schwammig an.

Trockengewicht
Es beträgt 235 kg.

Das Tankvolumen von 22 l ermöglicht eine maximale Reichweite von 288 km bei einem durchschnittlichen Benzinverbrauch auf der Autobahn.

Ausziehbare Haken an der Soziushaltestange ermöglichen die unproblematische Befestigung von Satteltaschen und Rucksäcken.

Der Doppelschleifenrahmen ist, am modernen Standard gemessen, nicht gerade fortschrittlich. Er ist vergleichsweise schwer und bei stärkeren Belastungen nicht sehr verwindungssteif. Für entspanntes Tourenfahren ist er aber durchaus geeignet, auch wenn die Bodenfreiheit begrenzt ist.

Räder
3-Speichen-Räder aus Aluminiumguss mit hohlen Abschnitten helfen bei der Gewichtsreduktion. Dazu passen vorne 120/70-x-17- und hinten 170/60-x-17-Reifen mit V-Kennung. Die Wahl der Reifen für dieses Modell ist überaus angemessen.

Sitzhöhe
Sie ist mit 780 mm für kleinere Fahrer sehr praktisch und für alle sehr bequem.

Hinterradaufhängung
Das Pro-Link-System hat einen Gasdruck-Dämpfer und einen Federweg von 115 mm. Die Federvorspannung ist einstellbar.

Bremsen
Hondas Verbundbremssystem wurde 1993 bei der CBR1000 eingesetzt. Nach wie vor wird die frühe Version dieses Systems verwendet. Dabei hat die Vorderradbremse eine 296-mm-Doppelscheibe und die Hinterradbremse eine einzelne 256-mm-Scheibe. Alle drei Bremszangen haben drei Kolben. Insgesamt ist die Bremsleistung nicht übermäßig gut.

Ständer
Das Motorrad ist serienmäßig sowohl mit einem Seiten- als auch mit einem Hauptständer ausgestattet.

Radstand
Hier wird deutlich, dass die CBR eher ein Tourer als ein Supersportler ist. Der lange geräumige Radstand beträgt 1505 mm.

HONDA CBR1000F

Technische Daten

ie CBR1000F war eines der ersten Motorräder in der nodernen Ära, das eine Vollverkleidung hatte. Böse Zungen lästerten, es sehe daher aus wie eine mobile Badezimmereinrichtung. Aber trotz ihres lustigen Aussehens (das später modifiziert wurde) blieb die CBR1000F Hondas Flaggschiff und das schnellste Motorrad des Unternehmens – bis zur Einführung der FireBlade im Jahre 1992.

ie CBR1000F war darüber hinaus die Maschine, mit der Honda zur Verwendung des konventionellen Reihen-4-Zylinders zurückkehrte, nachdem man wenig erfolgreich mit V-4-Zylindern experimentiert hatte, die sich als zu kostspielig und sperrig erwiesen hatten.

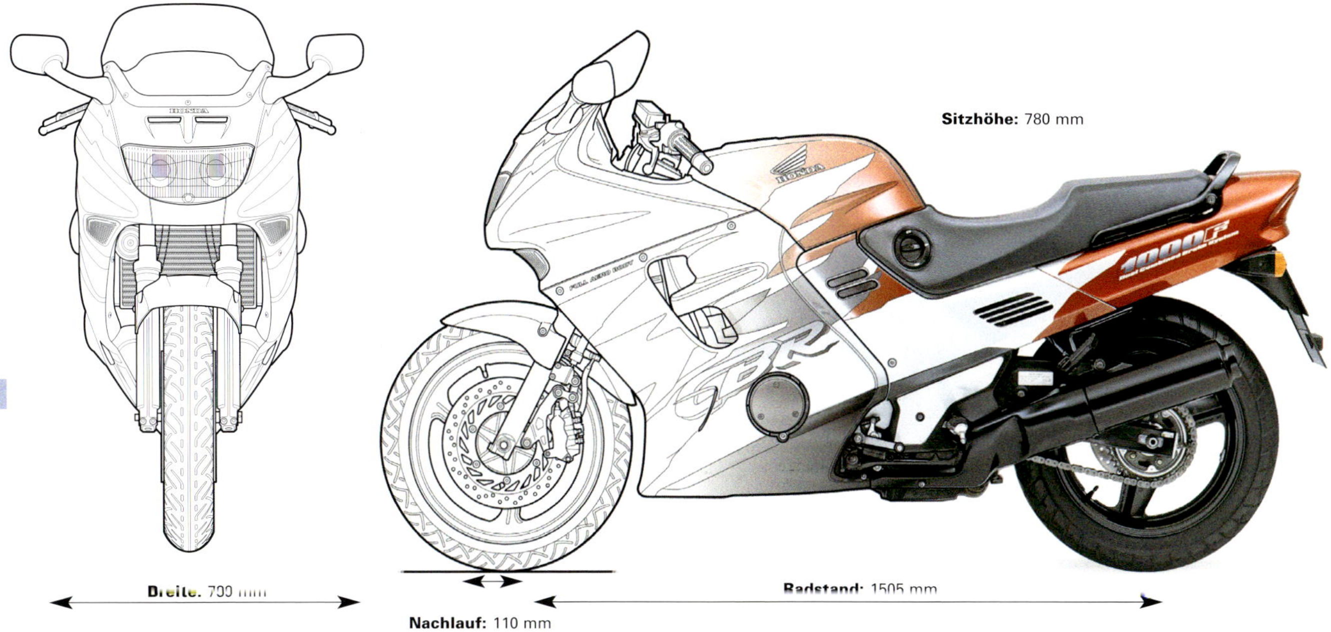

MOTOR

Typ	4-Takt-Motor
Bauart	Reihen-4-Zylinder
Hubraum	998 ccm
Bohrung	77 mm
Hub	53,6 mm
Verdichtungsverhältnis	10,5 : 1
Ventile	4 pro Zylinder
Kraftstoffaufbereitung	4 x 38-mm-Gleichdruckvergaser
Zündung	computergesteuerte, digitale Transistorzündung mit elektronischer Frühverstellung
Kühlung	flüssigkeitsgekühlt
Nennleistung	91,4 kW (125 PS) bei 9850/min
Maximales Drehmoment	95,2 Nm bei 8600/min

MOTORLEISTUNG

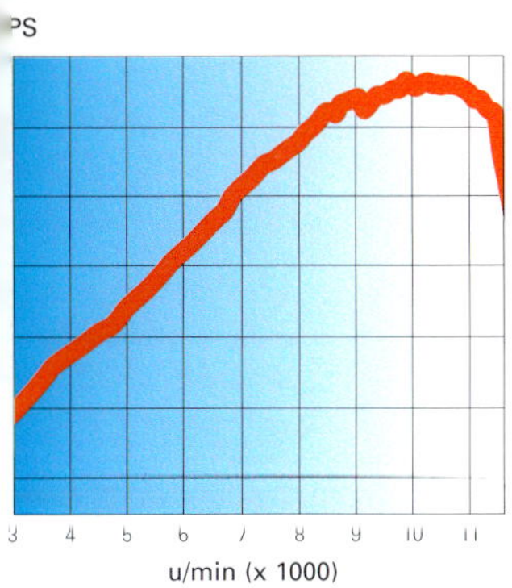

Unabhängige Testmessungen (s. o.) weichen von den Angaben des Herstellers ab.

KRAFTÜBERTRAGUNG

Primärantrieb	schräg verzahnte Getrieberäder
Kupplung	Mehrscheiben-Nasskupplung
Getriebe	6 Gänge
Sekundärantrieb	Kette

GEWICHTE UND ABMESSUNGEN

Tankvolumen	22 l
Trockengewicht	235 kg
Gewichtsverteilung	
- vorne	keine Angabe des Herstellers
- hinten	keine Angabe des Herstellers
Radstand	1505 mm
Gesamtlänge	2235 mm
Gesamtbreite	739 mm
Gesamthöhe	1215 mm
Sitzhöhe	780 mm

FAHRWERK

Rahmen	Stahl-Doppelschleifenrahmen
Lenkkopfwinkel/Nachlauf	27°/110 mm
Vorderradaufhängung	luftunterstützte 41-mm-Cartridgegabel
Federweg	130 mm
Einstellbarkeit	Federvorspannung sowie Zugstufendämpfung
Hinterradaufhängung	Pro-Link-System mit hydraulischem Gasdruck-Dämpfer
Federweg	115 mm
Einstellbarkeit	Federvorspannung sowie Zugstufendämpfung
Reifen	
- Marke	Bridgestone, Dunlop
- vorne	120/70 VR17
- hinten	190/50 VR17
Bremsen	
- Marke	Nissin
- vorne	296-mm-Doppelscheiben-Verbundbremse mit 3-Kolben-Bremszangen, gesinterte Metallbremsbeläge
- hinten	256-mm-Einscheiben-Verbundbremse mit 3-Kolben-Bremszange und gesinterten Metallbremsbelägen

HONDA CBX1000

Kraft
Zur Zeit ihrer Markteinführung konnte keine andere Maschine es mit dieser Honda mit ihrem rundlaufenden kraftvollen 6-Zylinder-Motor aufnehmen. 1978 sorgte der luftgekühlte 1047-ccm-Motor mit 24 Ventilen Herstellerangaben zufolge mühelos für eine Spitzengeschwindigkeit von 217 km/h.

Honda brachte diese mittlerweile legendäre Maschine 1978 auf den Markt, um zu zeigen, dass das Unternehmen in der Lage war, leistungsstarke Motorräder zu bauen. Es wurde als reine Sportmaschine von Shoichiro Irimajiri, dem ehemaligen Grand-Prix-Ingenieur, entworfen, war aber damals leider nicht sehr erfolgreich, wenngleich es heute viele Exemplare davon gibt (zudem existieren einige CBX1000-Clubs). Vielleicht hatte die Maschine für ihre Zeit zu viel Kraft; 1981 wurde sie etwas heruntergetuned, mit einer Verkleidung und einer besseren Aufhängung versehen und als CBX-B angeboten. Als Tourensportler verkaufte sich dieses Motorrad gut.

Bremsen
Vorne befand sich eine belüftete Doppelscheibenbremse, über die sich nicht viele Kunden beschwerten, da sie in der Lage war, die große Maschine mit dem weit aus dem Rahmen herausragenden 6-Zylinder-Motor zu stoppen.

Auspuff
Sechs glänzende Krümmer ragten aus den nach vorne geneigten Zylindern heraus und gingen am Heck in optisch beeindruckende Schalldämpfer über.

Front
Die nostalgisch wirkende Front erinnert stark an die damalige Zeit. Sie war mit einem run den Scheinwerfer, mit je einem Blinker auf jeder Seite sowie einem eng anliegenden Kotflügel und einer Teleskopgabel ausgestattet.

Aufhängung
Einige Journalisten der damaligen Zeit bemängelten das Handling der CBX, aber mittlerweile ist man sich ziemlich einig, dass die stabile Aufhängung einen großen Teil zum guten Handling dieses Motorrads beiträgt.

Der Stahlrohr-Rückgratrahmen war so gestaltet, dass der riesige Motor eindrucksvoll zu sehen war.

Motor
Die CBX1000 war eine der leistungsstärksten Maschinen ihrer Zeit. Sie hatte einen luftgekühlten, 1047-ccm-6-Zylinder-Motor mit 24 Ventilen und zwei oben liegenden Nockenwellen. Bohrung und Hub betrugen 64,5 x 53,4 mm.

HONDA VTR1000 FIRESTORM

Honda ist mit den seitlich montierten Kühlern von der Norm abgewichen. Auf diese Weise wird der steile Lenkkopfwinkel von 25° möglich, der dieser Maschine ein schlankes Aussehen verleiht.

Scheinwerfer
Schwerere Fahrer stellen möglicherweise fest, dass der Scheinwerfer gen Himmel zeigt.

Der 996-ccm-4-Takt-90°-V-2-Zylinder hat vier Ventile pro Zylinder, zwei oben liegende Nockenwellen und ein 6-Gang-Getriebe. Bohrung und Hub betragen 98 x 66 mm.

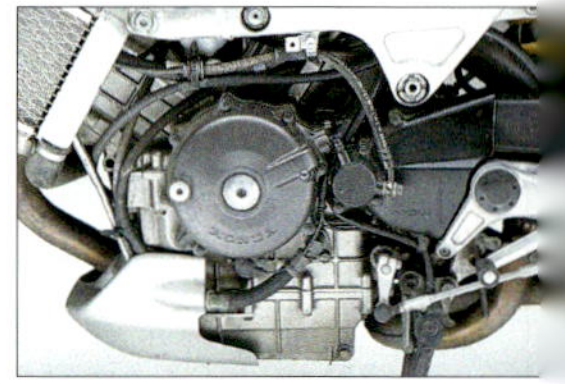

Spiegel
Auf der VTR1000 hat man eine ausgezeichnete Rücksicht. Allerdings klagen einige Fahrer über Spiegelvibrationen.

Die Lenkung ist gut für Tourensportfahrten geeignet, da sie eine enorme Stabilität bietet und relativ träge einlenkt. Die Stabilität und die Kraft des Motors machen dieses Motorrad schneller, als man vielleicht annehmen würde.

Verkleidung
Im Gegensatz zu den meisten großen Sportbikes hat die VTR1000 eine Halbverkleidung, die den Blick auf das Triebwerk lenkt.

Fußrasten
Sie sind für die meisten gut positioniert und überraschend vibrationsfrei. Allerdings sieht es für die Beifahrer anders aus, da die Fußrasten für größere Menschen etwas zu hoch sind.

Vorderradbremse
Sie besteht aus einer hydraulischen 296-mm-Doppelscheibe mit 4-Kolben-Bremszangen und gesinterten Metallbremsbelägen.

Schalldämpfer
Sie werden von den Besitzern häufig gegen leichtere, stylischere, leistungsstärkere und lautere Teile ausgewechselt, die auf dem Zubehörmarkt erhältlich sind.

VTR1000

Honda brachte die FireStorm Anfang 1997 auf den Markt, als man sah, welch großen Erfolg Ducati mit den V-2-Zylindern 916 und 900SS hatte. Obwohl sie nicht mit der italienischen Konkurrenz mithalten konnte, schlug die VTR sich im Vergleich zur Suzuki TL1000S gut, die von ähnlichem Kaliber war. Als Allroundmaschine für alle, die sowohl sportlich fahren als auch touren möchten, ist dies ein ausgezeichnetes leistungsstarkes Motorrad.

Radstand
Das Kurbelwellengehäuse dient als unmittelbare Befestigung für die Schwinge, was der Gewichtsreduzierung zugute kommt. Das Motorrad wiegt lediglich 192 kg und hat einen Radstand von nur 1430 mm.

Soziuskomfort
Der Beifahrersitz ist relativ feudal gestaltet.

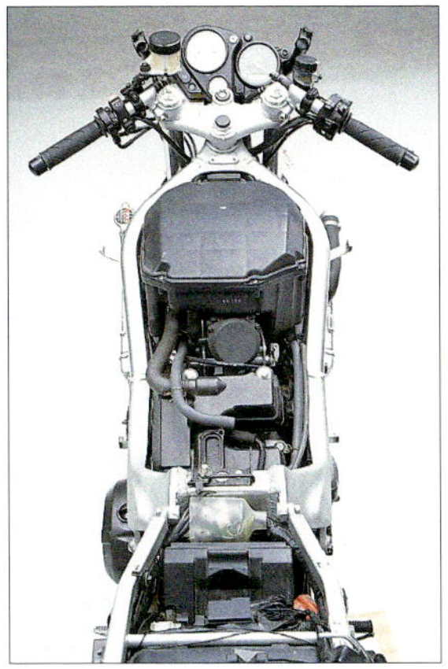

Die schräg angebrachten Flachschiebervergaser sind die größten, die je bei einer Honda eingesetzt wurden. Die computergesteuerte Zündung bietet eine optimale Performance in allen Drehzahlbereichen.

Der Motor gehört zur Konstruktion des Aluminium-Brückenrahmens dazu, so dass eine außergewöhnliche Stabilität erzielt wird. Auf dem Zubehörmarkt sind Bugspoiler erhältlich, mit denen man den winzigen Motorschutz ersetzen kann.

Tank
Er hat nur ein Fassungsvermögen von 16 l. Das kann lästig werden, wenn Sie regelmäßig längere Strecken zurücklegen. Obwohl die Lackierung grundsätzlich dick ist, verkratzt der Tank leicht. Daher ist es ratsam, schützende Tankpads anzubringen.

Sitzhöhe
Die FireStorm bietet mit 810 mm eine recht gute Sitzhöhe für kleine Fahrer.

Räder und Reifen
Die Dunlop-D204-Reifen haben vorne eine Größe von 120/70 und hinten von 180/55. Die 3-Speichen-Felgen haben vorne und hinten einen Durchmesser von 43,2 cm.

HONDA VTR1000 FIRESTORM

Technische Daten

Schlank, stylisch und leistungsstark, und das ist nur der Motor. Die Honda FireStorm hat seit ihrer Markteinführung Anfang 1997 viele Verkaufserfolge verbucht und der Suzuki TL1000S damit den Rang abgelaufen. Diese sieht auf dem Papier zwar besser aus, hat aber einige sehr schlechte Kritiken bekommen. Natürlich ist die VTR1000 nicht das Nonplusultra der V-Twins, nach dem sich alle Fahrer sehnen – diesen Status hat die Familie der 916/996er-Ducatis inne –, aber als günstige Maschine ist diese Honda ein brillanter Einstieg.

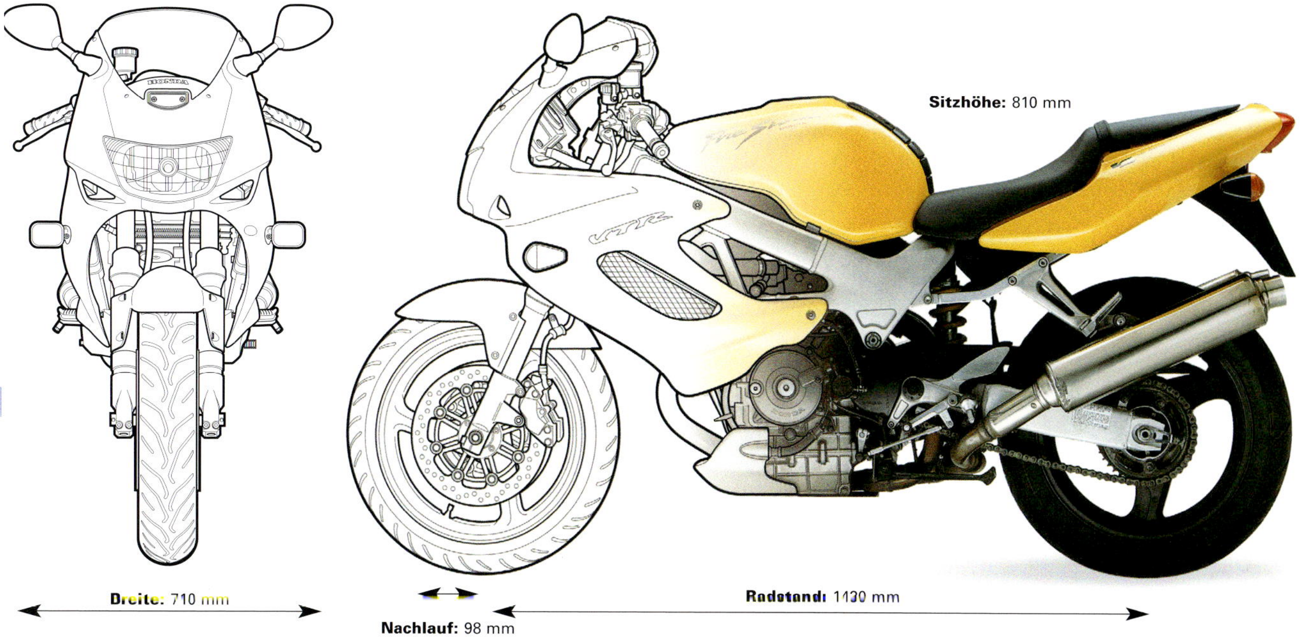

MOTOR

Typ	4-Takt-Motor
Bauart	90°-V-2-Zylinder
Hubraum	996 ccm
Bohrung	98 mm
Hub	66 mm
Verdichtungsverhältnis	9,4 : 1
Ventile	4 pro Zylinder
Kraftstoffaufbereitung	2 x 48-mm-Gleichdruck-Flachschieber-vergaser
Zündung	computergesteuerte, digitale Transistor-zündung mit elektron. Frühverstellung
Kühlung	flüssigkeitsgekühlt
Nennleistung	85 kW (114 PS) bei 8700/min
Maximales Drehmoment	101,1 Nm bei 6636/min

MOTORLEISTUNG

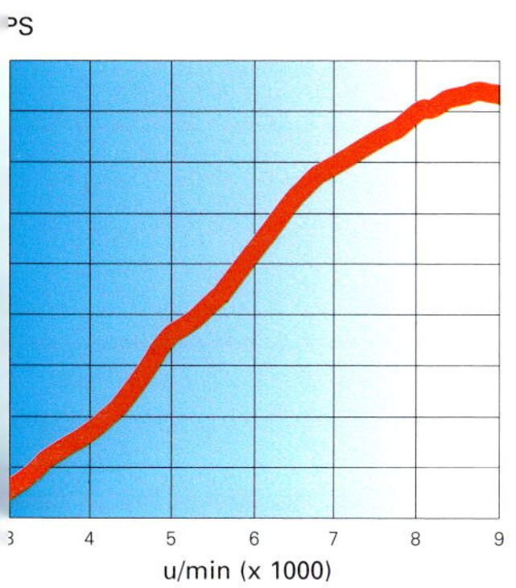

Unabhängige Testmessungen (s. o.) weichen von den Angaben des Herstellers ab.

KRAFTÜBERTRAGUNG

Primärantrieb	Getrieberäder
Kupplung	Mehrscheiben-Nasskupplung
Getriebe	6 Gänge
Sekundärantrieb	Kette

GEWICHTE UND ABMESSUNGEN

Tankvolumen	16 l
Trockengewicht	192 kg
Gewichtsverteilung	
- vorne	keine Angabe des Herstellers
- hinten	keine Angabe des Herstellers
Radstand	1430 mm
Gesamtlänge	2050 mm
Gesamtbreite	710 mm
Gesamthöhe	1155 mm
Sitzhöhe	810 mm

FAHRWERK

Rahmen	Aluminium-Brückenrahmen
Lenkkopfwinkel/Nachlauf	25°/98 mm
Vorderradaufhängung	41-mm-Gabel
Federweg	109 mm
Einstellbarkeit	Federvorspannung sowie Zugstufendämpfung
Hinterradaufhängung	Pro-Link-System mit Monofeder-bein
Federweg	124 mm
Einstellbarkeit	Federvorspannung sowie Zugstufendämpfung
Reifen	
- Marke	verschiedene
- vorne	120/70 x 17
- hinten	180/55 x 17
Bremsen	
- Marke	Nissin
- vorne	296-mm-Doppelscheibe, Brems-zangen mit 4 gegenüberliegenden Kolben
- hinten	220-mm-Scheibe mit 1-Kolben-Bremszange

HONDA XL1000 VARADERO

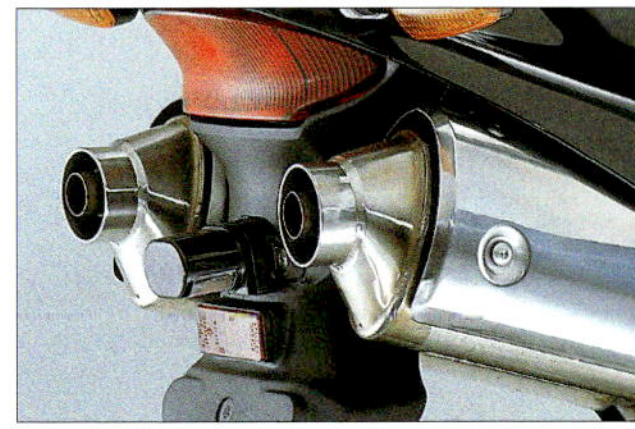

Die 2-1-2-Anordnung wurde entwickelt, um die Effizienz im mittleren Drehzahlbereich zu maximieren. Die Auspuffrohre bestehen aus langlebigem Edelstahl. Da die beiden 4,5-l-Schalldämpfer unter dem Sitz verlegt und zusätzlich durch die Heckverkleidung abgedeckt werden, kann man große Seitentaschen verwenden, ohne befürchten zu müssen, dass sie zu heiß werden.

Handprotektoren
Unsere Testfahrer legten in einer regennassen Nacht knapp 1000 km in Frankreich zurück und stellten fest, dass die Handprotektoren die Kälte erheblich reduzierten. Darüber hinaus hielten sie die Hände auch relativ trocken.

Zündung
Das computergesteuerte elektronische System überwacht die Motorgeschwindigkeit und die Öffnung der Drosselklappe, um die Performance zu maximieren.

Fußrasten
Berühren bei extremer Schräglage den Boden, aber das ist nie problematisch.

Scheinwerfer
Möglicherweise die besten, die Honda je produziert hat. Die beiden Multireflektoren bieten eine beeindruckende Ausleuchtung, die bei Abblendlicht bereits stark und bei Fernlicht eine wahre Offenbarung ist.

Bremsen
So wie die Honda CBR1000F, ST1100, Pan European, CBR1100XX, Super Blackbird und die VFR hat auch die Varadero ein Verbundbremssystem, bei dem stets beide Bremsen aktiviert werden. Vorne befindet sich eine 296-mm-Doppelscheibe, während das Hinterrad mit einer 256-mm-Einscheibenbremse ausgestattet ist.

Vergaser
Die beiden 42-mm-Gleichdruck-Flachschiebervergaser sind jeweils um 6 mm kleiner als die der Fire-Storm. Honda war der Ansicht, dass diese Größe die beste Balance zwischen einer starken Performance im niedrigen bis mittleren Drehzahlbereich und einer raschen, linearen Leistungsentfaltung bietet, der es bei dem Fahrstil bedarf, auf den die Varadero ausgerichtet ist.

Spiegel
Die runde Spiegelform ist großzügig genug, um eine ordentliche Rücksicht zu gewährleisten.

Rücklicht
Es hat zwei Birnen. Sollte eine davon kaputtgehen, hat man immer noch die zweite.

Hondas Varadero wich ziemlich von den Erwartungen der Insider ab. Anstatt einer verrückten Wheelie-Maschine brachte Honda ein wohlerzogenes Motorrad auf den Markt. Es kann zwar Wheelies fahren, aber es tourt und pendelt auch auf zivilisierte Weise. Es ist nicht jedermanns Geschmack, aber es lohnt sich, dieses Bike ernsthaft in Erwägung zu ziehen, bevor man sich entscheidet.

Die Haltegriffe gehen unmittelbar in den Gepäckträger über, der genug Raum für eine kleine Tasche bietet.

Wie bei der FireStorm sind die beiden Kühler der Varadero seitlich anstatt vorne montiert. Honda zufolge verbessert das die Kühlung, da die Luft hinter der Verkleidung mithilfe spezieller Öffnungen an der Seite durch die Kühler gesaugt wird.

Der Rahmen ist leichter als gewöhnlich, da die Schwinge am hinteren Teil des Motors befestigt ist und man daher auf zusätzliche Befestigungen verzichten kann.

Tank
Er ist ein Monstrum, das 25 l fasst. Man benötigt sie auch, wenn man die Varadero stark beansprucht, da der Bezinverbrauch im hohen Drehzahlbereich nicht gerade ein Pluspunkt dieser Maschine ist. Eine Warnlampe leuchtet auf, wenn nur noch 4 l im Tank übrig sind.

Soziusposition
Die Position von Sitz und Fußrasten bietet einen ordentlichen Komfort, wobei viele Beifahrer eine rückwärtig montierte Haltestange statt der seitlichen Haltegriffe bevorzugen würden.

Fahrposition
Das Verhältnis zwischen Lenker, Sitz und Fußrasten sorgt für eine großartige Position, die für lange Strecken geeignet ist.

Vorderradaufhängung
Die 43-mm-Gabel lässt sich nicht einstellen und hat einen relativ langen Federweg, der Bodenwellen auf unebenem Untergrund ausgleichen soll. Der weite Lenkeinschlag von 43° sorgt für eine hohe Beweglichkeit in engen Lagen.

Motor
Er stammt von Hondas Supersportler VTR FireStorm und wurde etwas umgestaltet, um eine bulligere Kraftentfaltung im niederen und mittleren Drehzahlbereich zu erzielen. Die Masse des Schwungrads wurde erhöht, um die Beschleunigung im unteren Drehzahlbereich geschmeidiger und zugkräftiger zu machen. Ein flacherer Bugspoiler verleiht dem Motor eine bessere Bodenfreiheit.

Hinterradaufhängung
Die Federvorspannung ist einstellbar, der Federweg beträgt 155 mm. Die Schwinge ist am Motor befestigt. Sie ist aus rechteckigen 36-x-82-mm-Aluminiumelementen gefertigt.

HONDA XL1000 VARADERO

Technische Daten

Hondas Varadero ist eines der bequemsten Langstrecken-Motorräder, das je gebaut wurde, und eine gelungene Alternative zu den üblichen konventionell gestylten Tourern.

Es ist eine zivilisiertere Maschine, als man nach den Gerüchten, die vor der Markteinführung kursierten, erwartet hätte. Aber diese Pseudoenduro, die behände genug ist, um als Alltagsgefährt eingesetzt zu werden, hat ziemlich viele Käufer angezogen. Im Folgenden sehen wir uns die harten technischen Fakten an, die ein solch feines Gefährt ausmachen.

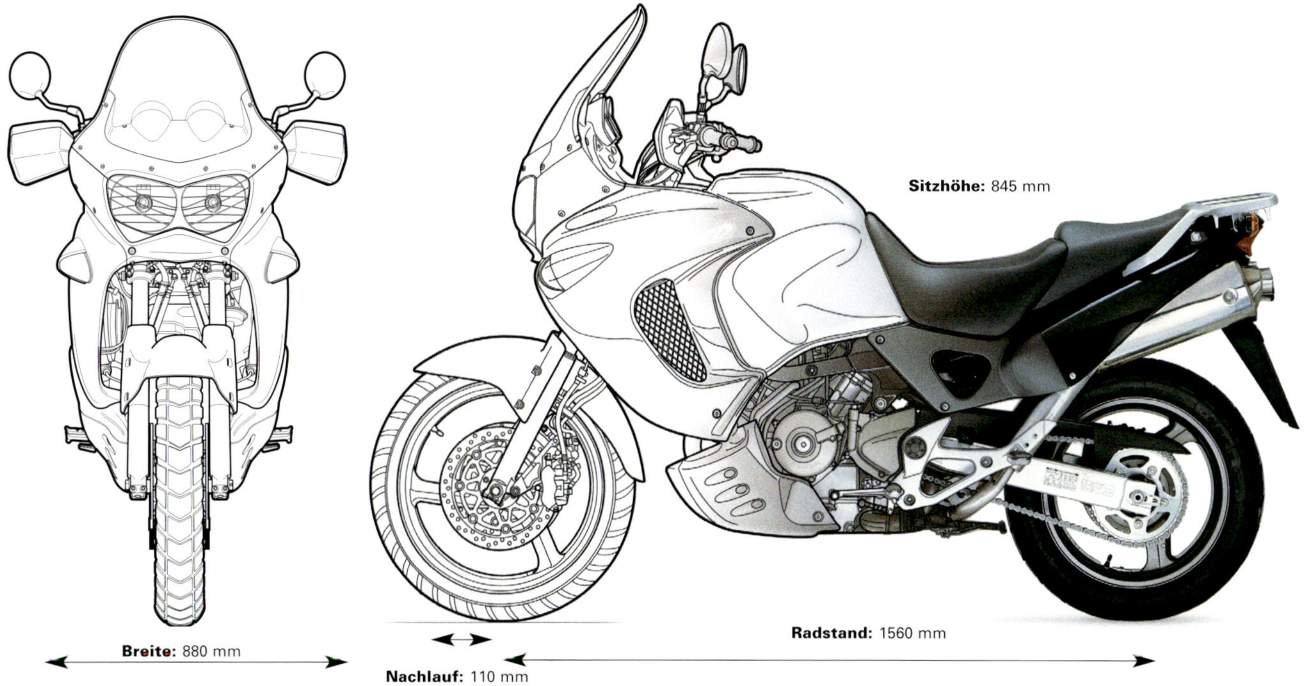

MOTOR

Typ	4-Takt-Motor
Bauart	DOHC-90°-V-2-Zylinder
Hubraum	996 ccm
Bohrung	98 mm
Hub	66 mm
Verdichtungsverhältnis	9 : 1
Ventile	4 pro Zylinder
Kraftstoffaufbereitung	2 x 42-mm-Gleichdruck-Flachschiebervergaser
Zündung	CDI
Kühlung	flüssigkeitsgekühlt
Nennleistung	68,6 kW (92 PS) bei 8700/min
Maximales Drehmoment	97,1 Nm bei 5900/min

MOTORLEISTUNG

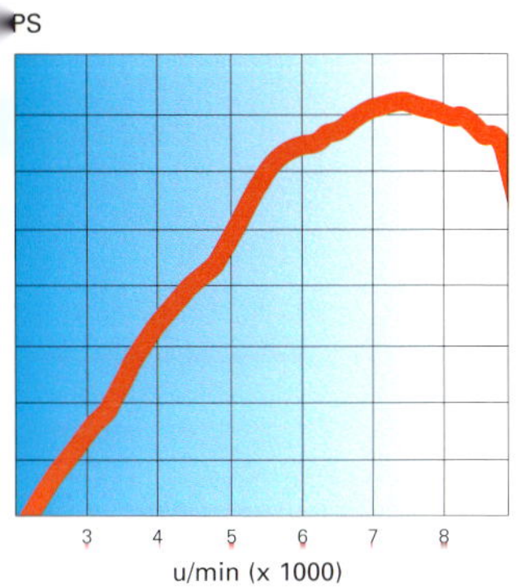

Unabhängige Testmessungen (s. o.) weichen von den Angaben des Herstellers ab.

KRAFTÜBERTRAGUNG

Primärantrieb	Getrieberäder
Kupplung	Mehrscheiben-Nasskupplung
Getriebe	5 Gänge
Sekundärantrieb	Kette

GEWICHTE UND ABMESSUNGEN

Tankvolumen	25 l
Trockengewicht	220 kg
Gewichtsverteilung	
- vorne	keine Angabe des Herstellers
- hinten	keine Angabe des Herstellers
Radstand	1560 mm
Gesamtlänge	2295 mm
Gesamtbreite	880 mm
Gesamthöhe	1460 mm
Sitzhöhe	845 mm

FAHRWERK

Rahmen	Stahlrohrrahmen mit Motor als tragendem Element
Lenkkopfwinkel/Nachlauf	27°/110 mm
Vorderradaufhängung	43-mm-Gabel
Federweg	175 mm
Einstellbarkeit	keine Einstellung möglich
Hinterradaufhängung	Pro-Link-System mit Monofederbein
Federweg	155 mm
Einstellbarkeit der	Federvorspannung
Reifen	
- Marke	unter anderen Michelin T65
- vorne	110/80 x 19
- hinten	150/70 x 17
Bremsen	
- Marke	Nissin
- vorne	Verbundbremse mit 296-mm-Doppelscheibe und 3-Kolben-Bremszangen
- hinten	Verbundbremse mit 256-mm-Scheibe und 3-Kolben-Bremszange

HONDA CBR1100XX SUPER BLACKBIRD

Die Haltestange ist bei einem Motorrad, das in 5,9 Sekunden von 0 auf 160 km/h und in nur 15,2 Sekunden auf 240 km/h beschleunigen kann, essenziell.

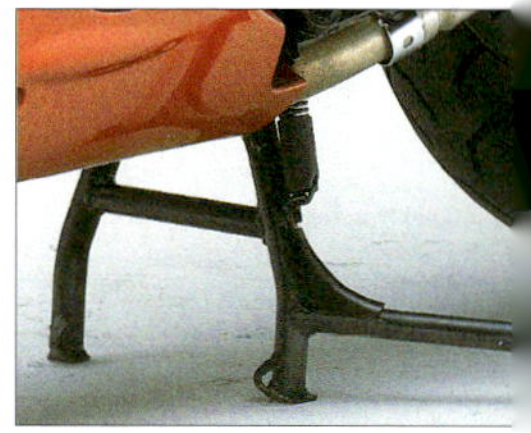

Wie die meisten Tourensportler ist die Blackbird mit einem praktischen Hauptständer ausgerüstet, der einen mühelosen Radwechsel und eine unproblematische Kettenpflege ermöglicht.

Spiegel
Sie sind gut platziert und bieten eine ausgezeichnete Rücksicht. Außerdem sind die vorderen Blinker in die Spiegel integriert, was die aerodynamische Gestaltung der Blackbird zusätzlich betont.

Scheinwerfer
Die übereinander liegenden Scheinwerfer sehen zwar hässlich aus, sind aber so gut, dass sie die Nacht zum Tag machen. Der Lichtstrahl ist stark und weit gestreut, so dass man auf engen Straßen jederzeit schnell fahren kann.

Kupplung
Die 1999er-Modelle sind mit einer neuen 7-Scheiben-Kupplung und einem neuen Kupplungszylinder ausgestattet; ältere Exemplare haben eine 9-Scheiben-Kupplung, die schwerer zu bedienen ist.

Scheibe
Zum Glück hat Honda die Maschine mit einer Scheibe ausgestattet, die den Fahrer bei leichten Schauern trocken hält. Die Beine werden allerdings vom Knie abwärts nass.

Verkleidung
Die Blackbird hat den Ruf, die „schlüpfrigste" Form auf der ganzen Welt zu haben, wenngleich Suzukis neue GSX1300R Hayabusa dies sicherlich anfechten würde. Bei extremer Schräglage wird die Verkleidung im unteren Bereich einige Kratzer erhalten.

Radstand
Mit 1490 mm ist er für die Klasse dieser Maschine durchschnittlich und schließt sicherlich ein superschnelles Handling der Blackbird aus. Aber dafür hat sie eine ausgezeichnete Stabilität.

CBR1100XX
SUPER BLACKBIRD

Hondas Super Blackbird war bei der Markteinführung 1996 sofort erfolgreich. Obwohl die Maschine stämmiger ist als andere Tourensportler, reichte die Spitzengeschwindigkeit von 280 km/h aus, um Tausende zu veranlassen, die CBR1100XX rasch zu kaufen. Die Blackbird hat ein gutes Handling, ist ein großartiger Tourer und zählt nach wie vor zu den beliebtesten Maschinen Hondas.

Trotz einer gründlichen Überarbeitung des 1999er-Modells hat Honda das unbeliebte Verbundbremssystem der Blackbird beibehalten, das nur für unerfahrene Piloten von Nutzen ist. Bei Betätigung der vorderen Bremszangen werden auch die hinteren Kolben zu einem gewissen Grad bedient und umgekehrt. Das ist etwas gewöhnungsbedürftig.

Der Rahmen bietet kein beeindruckendes Design. Es handelt sich um einen stabilen Standard-Aluminium-Brückenrahmen. Er ist relativ schwer und trägt einiges zum Trockengewicht von 223 kg bei.

Klopfsensor
Ein Computerschaltkreis überwacht ständig den Motor und steuert dementsprechend die Zündung. So wird die Zündung verzögert, wenn die Explosion bevorsteht, und neu ausgelöst, wenn sie beendet ist, so dass die Verbrennung mit der größtmöglichen Effizienz abläuft und die Leistung optimiert wird.

Motor
Der Hersteller gibt 122 kW (164 PS) an der Kurbelwelle an. Die meisten Tests zeigen, dass der flüssigkeitsgekühlte 1137-ccm-Motor mit 16 Ventilen eher 114 bis 118 kW (153–158 PS) erzielt. Am Hinterrad liegt die Leistung bei 105–109 kW (141–146 PS). Der Motor basiert auf einem Modell der erfolgreichen FireBlade und hat nun eine größere Bohrung.

Tank
Er hat ein Fassungsvermögen von 24 l.

Sitz
Die Sitzhöhe des Fahrers beträgt 810 mm, fühlt sich aber aufgrund der breiten Sitzgestaltung höher an. Der Komfort für Fahrer und Sozius ist kein Thema, wenngleich einige Beifahrer die Position der Fußrasten zu hoch finden.

Benzineinspritzung
Bis 1999 hatten die Modelle 42-mm-Keihin-Vergaser. Seitdem werden sie mit einem PGM-Einspritzsystem (mit 42-mm-Drosselklappen) ausgerüstet, die auf Hondas RC45-Werksrennmaschinen basiert. Die Kraftentfaltung wurde dadurch gleichmäßiger, Benzinverbrauch und Emissionswerte sind gesunken, da Druck, Lufttemperatur, Drosselklappenposition und Motortemperatur ständig kontrolliert werden und die Benzinmenge stets angepasst wird.

HONDA CBR1100XX SUPER BLACKBIRD

Technische Daten

Eigentlich ist diese Maschine eher ein Falke als eine Amsel (Blackbird = Amsel; Anm. d. Übers.). Um die beeindruckende Höchstgeschwindigkeit zu erzielen, benötigte die stromlinienförmige CBR1100XX ein fortschrittliches aerodynamisches Design und bekam es auch. Darüber hinaus erhielt sie einen Motor, der auf der Maschine der siegreichen FireBlade basiert, womit Honda auf der sicheren Seite ist. Pech für den Hersteller war, dass Suzuki die Hayabusa herausbrachte. Aber auch wenn einige die Blackbird gegen die schnellere Maschine der Konkurrenz tauschen wollen, werden viele ihrer Honda treu bleiben, die ihnen bereits so viel Freude gemacht hat.

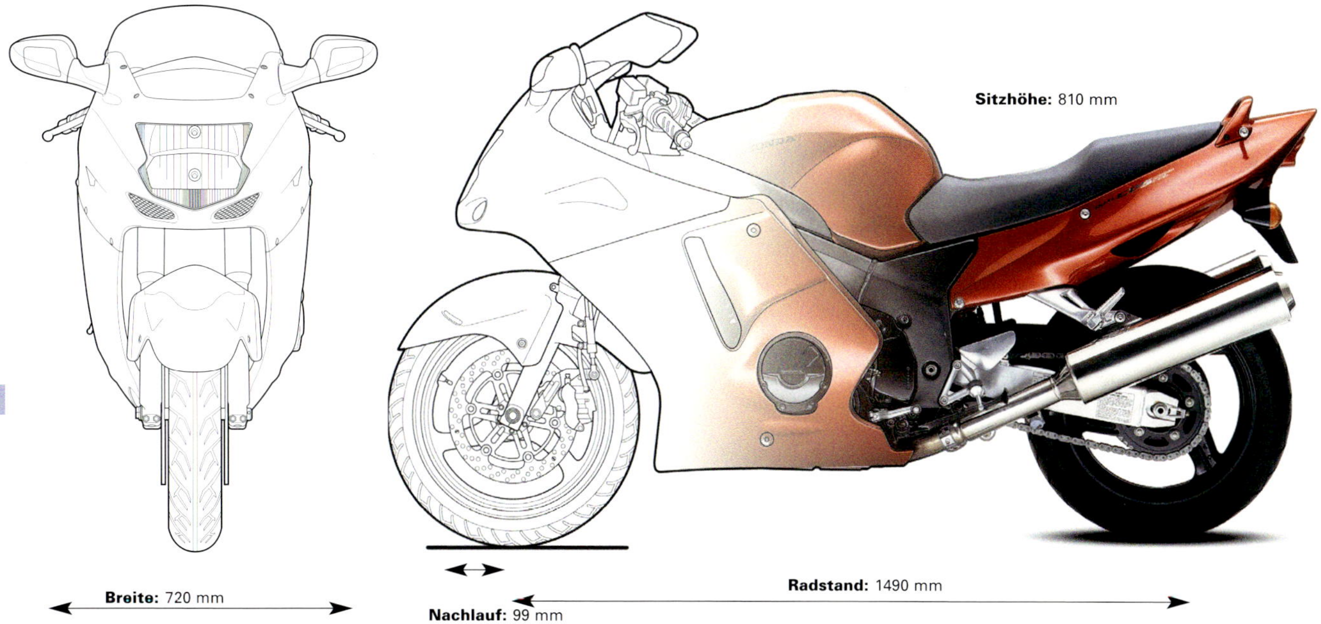

MOTOR

Typ	4-Takt-Motor
Bauart	DOHC-Reihen-4-Zylinder
Hubraum	1137 ccm
Bohrung	79 mm
Hub	58 mm
Verdichtungsverhältnis	11 : 1
Ventile	4 pro Zylinder
Kraftstoffaufbereitung	4 x 42-mm-Vergaser
Zündung	digitale Transistorzündung
Kühlung	flüssigkeitsgekühlt
Nennleistung	112 kW (150 PS) bei 9539/min
Maximales Drehmoment	120,7 Nm bei 7281/min

MOTORLEISTUNG

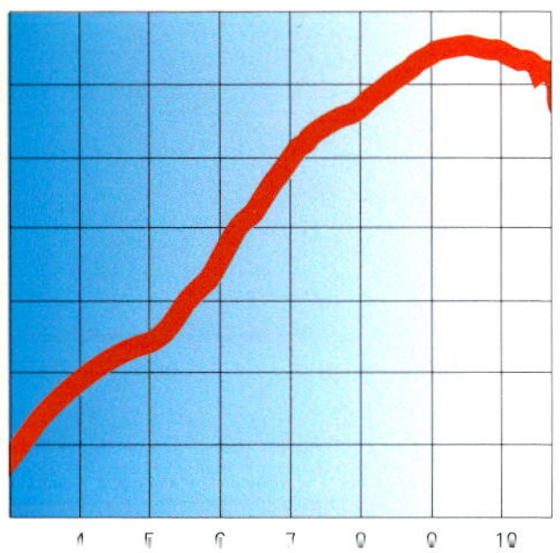

Unabhängige Testmessungen (s. o.) weichen von den Angaben des Herstellers ab.

KRAFTÜBERTRAGUNG

Primärantrieb	Getrieberäder
Kupplung	Mehrscheiben-Nasskupplung
Getriebe	6 Gänge
Sekundärantrieb	Kette

GEWICHTE UND ABMESSUNGEN

Tankvolumen	24 l
Trockengewicht	223 kg
Gewichtsverteilung	
- vorne	keine Angabe des Herstellers
- hinten	keine Angabe des Herstellers
Radstand	1490 mm
Gesamtlänge	2160 mm
Gesamtbreite	720 mm
Gesamthöhe	1170 mm
Sitzhöhe	810 mm

FAHRWERK

Rahmen	Aluminium-Brückenrahmen
Lenkkopfwinkel/Nachlauf	25°/99 mm
Vorderradaufhängung	43-mm-Teleskopgabel
Federweg	120 mm
Einstellbarkeit	keine Einstellung möglich
Hinterradaufhängung	Pro-Link-System mit Monofederbein
Federweg	120 mm
Einstellbarkeit	Federvorspannung sowie Zugstufendämpfung
Reifen	
- Marke	verschiedene
- vorne	120/70 x ZR17
- hinten	180/55 x ZR17
Bremsen	
- Marke	Nissin
- vorne	Verbundbremssystem mit 310-mm-Doppelscheibe und Bremszangen mit 3 gegenüberliegenden Kolben
- hinten	Verbundbremssystem mit 256-mm-Scheibe und Bremszange mit 3 gegenüberliegenden Kolben

HONDA X-11

Die muskulöse Tankverkleidung unterstützt das Streetfighter-Image der X11. Der Tank kann 22 l aufnehmen und bietet den Fahrern somit eine Reichweite von ordentlichen 288 km zwischen den Tankstationen.

Cockpit-Verkleidung
Der Mini-Aufsatz macht vielleicht nicht viel her, aber sein cleveres Design bringt bei Geschwindigkeiten über 115 km/h sehr viel, da die Luft am Kopf des Fahrers vorbeigeleitet wird. Wir sind sogar bei 240 km/h problemlos ohne Verkleidung mit dieser Maschine gefahren. Diese Ausstattung ist sicherlich ein Novum bei den Naked Bikes.

Benzineinspritzung
Hondas legendäres PGM-FI-System sorgt bei fast jeder Drehzahl für eine reibungslose Versorgung. An der rechten Motorradseite befindet sich ein Drehzahleinsteller, der bei Bedarf als zusätzlicher Choke fungiert. Stuntmen haben bereits festgestellt, dass er hilfreich bei sehr langsamen Manövern ist.

Kühlerabdeckung
Dieses Element ist nicht unumstritten. Einige sind der Meinung, dass die Maschine dadurch, von vorne betrachtet, wie ein Kühlschrank aussieht. Aber Honda hat angeblich viel Geld für die Entwicklung ausgegeben. Die Abdeckung soll den Kühler schützen, die Abtriebskraft verbessern, um die Stabilität bei hohen Geschwindigkeiten zu erhöhen, und einen stärkeren Luftstrom erzeugen, um den Motor zu kühlen. Darüber hinaus leitet die Abdeckung den Winddruck von den Fahrerbeinen fort, so dass schnelle Fahrten weniger ermüdend sind.

Sicherheit
Die X11 gehört zur wachsenden Zahl von Motorrädern, die mit einer Wegfahrsperre ausgerüstet sind. Dabei wird ein Chip im Schlüssel von einem Computer im Motorrad erkannt. Durch diese Ausstattung ist es Dieben angeblich unmöglich, einfach mit der Maschine wegzufahren.

X11

Man nehme den 1137-ccm-Motor der Super Blackbird, tuned ihn, um einen kräftigeren mittleren Drehzahlbereich zu bekommen, setzt ihn in einen Brückenrahmen, und schon erhält man die X11. Vielleicht wirkt sie überflüssig und ist aufgrund mancher Aspekte umstritten, aber für diejenigen, die ein Monster-Naked-Bike mit aufwühlendem Drehmoment wollen, das sich trotzdem wie eine 600er fahren lässt, hat Honda möglicherweise die ideale Mischung gefunden.

Vorderradaufhängung
Die 43-mm-Gabel hat einen Federweg von 120 mm, ist aber nicht einstellbar. Druck- und Zugstufe sind allerdings so eingestellt, dass man mit diesem Motorrad bequem touren, aber auch sportlich fahren kann.

Bremsen
Die Verbundbremse hat vorne 3-Kolben-Nissin-Bremszangen und eine 310-mm-Doppelscheibe und hinten eine 256-mm-Scheibe sowie eine 3-Kolben-Zange. Die X11 ist die letzte Honda, die mit der Kombibremse ausgerüstet ist, die stets auf beide Räder wirkt, egal, ob die Hand- oder Fußbremse betätigt wird. Das System hat seine Fans (es bietet zusätzliche Stabilität und ist für Neulinge geeignet) und seine Kritiker (es nimmt dem Fahrer die Kontrolle über ein Element).

Beim Monofederbein lässt sich die Federvorspannung siebenfach verstellen, damit man sie gegebenenfalls an einen Beifahrer und schwerere Fahrer anpassen kann. Der Federweg beträgt 120 mm.

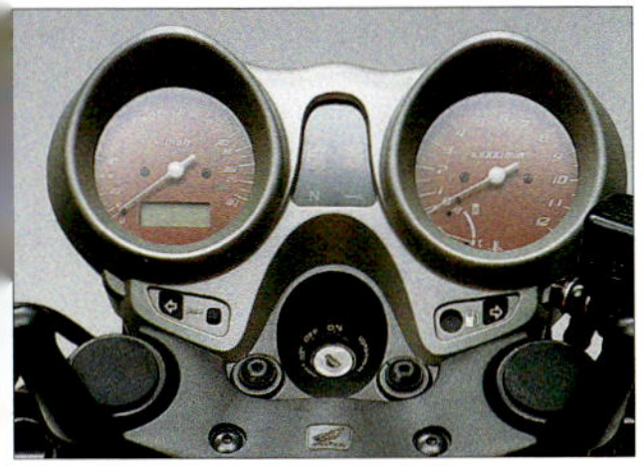

Die Ziffernblätter von Tacho und Drehzahlmesser haben eine freundliche und erfrischende orangerote Farbe, sind aber bei Nacht schlecht zu erkennen. Der Hodometer wird digital angezeigt, die Warnleuchten befinden sich in einem zentralen Display.

Der Brückenrahmen orientiert sich stark am Rahmendesign der Super Blackbird und fördert somit das „brutale“ Aussehen der X11. Er ist überaus verwindungssteif und hält der heftigen Motorleistung daher mühelos stand.

Sitzhöhe
Mit 795 mm hat der Sitz eine durchschnittliche Höhe. Aber er ist erstaunlich bequem, wie eine 800-km-Fahrt durch Frankreich gezeigt hat.

Motor
Er basiert unmittelbar auf der beeindruckenden Maschine der Super Blackbird, wobei die Kraftentfaltung im mittleren Drehzahlbereich verbessert wurde. Der 1137-ccm-DOHC-Reihen-4-Zylinder hat vier Ventile pro Zylinder, Bohrung und Hub betragen 79 x 54 mm. Das Verdichtungsverhältnis liegt bei 11 : 1. Herstellerangaben zufolge erzielt die X11 103 kW (138 PS).

Auspuff
Die Katalysatoren in den Auspuffrohren reduzieren die Emissionen, lassen die Außenseite der Schalldämpfer aber sehr heiß werden.

HONDA X-11

Technische Daten

Honda verfolgte mit der X11 in erster Linie das Ziel, ein Motorrad für das neue Millenium zu schaffen, das diesen Anspruch mit seinem Styling und seiner Kraft erfüllte. Und das ist dem Hersteller gelungen.
Der Motor basiert stark auf dem der CBR1100XX, wobei die X11 ein Naked Bike mit großer Leistung, Kraft und gekonntem Styling ist. Zwar fährt man auf einer voll verkleideten Maschine dieses Kalibers bestimmt sicherer, aber man wird dann auch nicht diesen unglaublichen Zug beim Gasaufdrehen verspüren.

MOTOR

Typ	4-Takt-Motor
Bauart	Reihen-4-Zylinder
Hubraum	1137 ccm
Bohrung	79 mm
Hub	54 mm
Verdichtungsverhältnis	11 : 1
Ventile	4 pro Zylinder
Kraftstoffaufbereitung	elektronische Benzineinspritzung
Zündung	digitale Transistorzündung mit elektronischer Frühverstellung
Kühlung	flüssigkeitsgekühlt
Nennleistung	92,4 kW (123,9 PS) bei 9500/min
Maximales Drehmoment	106 Nm bei 7400/min

MOTORLEISTUNG

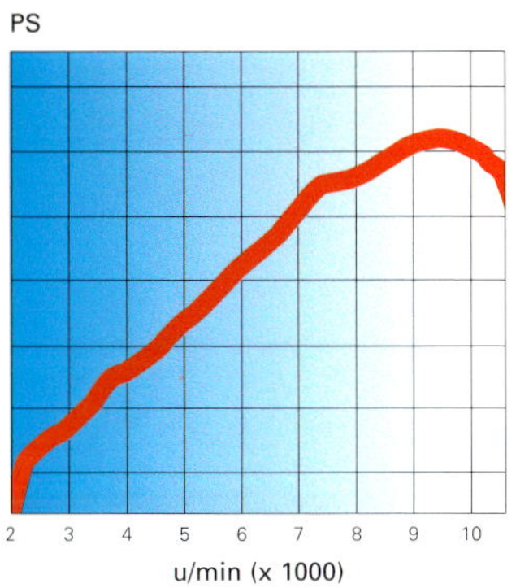

Unabhängige Testmessungen (s. o.) weichen von den Angaben des Herstellers ab.

KRAFTÜBERTRAGUNG

Primärantrieb	Getrieberäder
Kupplung	Mehrscheiben-Nasskupplung
Getriebe	5 Gänge
Sekundärantrieb	O-Dichtringkette

GEWICHTE UND ABMESSUNGEN

Tankvolumen	22 l
Trockengewicht	222 kg
Gewichtsverteilung	
- vorne	keine Angabe des Herstellers
- hinten	keine Angabe des Herstellers
Radstand	1500 mm
Gesamtlänge	2145 mm
Gesamtbreite	750 mm
Gesamthöhe	1115 mm
Sitzhöhe	795 mm

FAHRWERK

Rahmen	Aluminium-Brückenrahmen
Lenkkopfwinkel/Nachlauf	keine Angabe des Herstellers
Vorderradaufhängung	43-mm-Teleskopgabel
Federweg	120 mm
Einstellbarkeit	keine Einstellung möglich
Hinterradaufhängung	Monofederbein
Federweg	120 mm
Einstellbarkeit	Federvorspannung in 7 Stufen
Reifen	
- Marke	Michelin Macadam/Bridgestone
- vorne	120/70 x 17
- hinten	180/55 x 17
Bremsen	
- Marke	Nissin
- vorne	Verbundbremse mit 310-mm-Doppelscheibe und 3-Kolben-Bremszangen sowie gesinterten Metallbremsbelägen
- hinten	Verbundbremse mit 256-mm-Scheibe, 3-Kolben-Bremszange und gesinterten Metallbremsbelägen

HONDA F6C VALKYRIE

Hondas 5-Gang-Getriebe bietet erstklassige Übersetzungen und Schaltwege mit geringen Schaltschlägen in beiden Richtungen. Der Endantrieb erfolgt über eine wartungsarme Kardanwelle.

Die Hinterradaufhängung hat zwei Federbeine. Ihre Federvorspannung kann jeweils fünffach verstellt werden. Der Federweg beträgt 120 mm.

Motor
Er ist stark an den legendären Motor der Gold Wing angelehnt, ist aber in ein leichteres Chassis eingepasst und bietet eine erstaunliche Beschleunigung des massiven Custom-Cruisers. Die 6-Zylinder-Anordnung mit zwölf Ventilen und beeindruckenden 1520,3 ccm Hubraum verleihen dem Motor einen ganz eigenen Charakter. Das Verdichtungsverhältnis ist (gemessen am modernen Standard) mit 9,8 : 1 relativ niedrig. Sechs 28-mm-Vergaser werden eingesetzt, um dieses Monstrum zu füttern.

Tank
Ein großer Cruiser braucht einen großen Tank. Der von der Valkyrie hat ein Fassungsvermögen von 20 l.

F6C VALKYRIE

Hondas F6C ist groß, schwer und chrombeladen. Der auf der Gold-Wing-Maschine basierende Motor fügt sich schön in ein leichteres Chassis ein, und Sie könnten von dem Gewicht und der Beweglichkeit der Valkyrie überrascht sein. Sie beschleunigt in 3,6 Sekunden von 0 auf 96 km/h und erreicht eine respektable Höchstgeschwindigkeit von 206 km/h. Wahrscheinlich hat sie die Welt der Cruiser für immer verändert.

Vorderradbremse
Honda hat sich für eine 296-mm-Doppelscheibe mit 2-Kolben-Zangen entschieden, um die F6C herunterzubremsen. Obwohl bei Sportmaschinen, die viel weniger wiegen, in der Regel größere Bremsscheiben und mehr Kolben verwendet werden, ist das bei der Valkyrie nicht nötig, da nicht geplant ist, dass sie auf der Rennbahn erscheint.

Schmutzfänger
Sie haben ein typisch amerikanisches Design, was bei der F6C generell intendiert ist, und sind weit über den Reifen gewölbt, so dass auch das Salz von der Straße wirksam fern gehalten wird.

Die 45-mm-Upside-Down-Gabel sorgt für eine weiche Fahrt, sieht gut aus und hat einen Federweg von 110 mm. Sie ist nicht einstellbar.

Lassen Sie sich vom Gewicht überraschen. Die F6C bringt ein Trockengewicht von 309 kg auf die Waage.

Instrumente
Früher konnte man bei Nachtfahrten ein grünes Rücklicht sehen. Mittlerweile hat die F6C ein besser erkennbares orangefarbenes Rücklicht. Das Cockpit enthält einen Drehzahlmesser, eine Wassertemperaturanzeige und die üblichen Warnleuchten.

Vorderrad
Die Wahl einer 43,2-cm-Felge bedeutet eine gute Kombination aus Stabilität und agiler Lenkung, wobei das etwas auf Kosten des authentischen Stils geht. Der serienmäßige dicke 150/80-Vorderreifen hat die gleiche Größe, die in den 80er-Jahren bei den Hinterrädern einiger Supersportler mit großer Bohrung verwendet wurde.

Sitzhöhe
Aufgrund einer Sitzhöhe von nur 740 mm kann jeder leicht mit der F6C umgehen – vorausgesetzt, man kommt mit dem Gewicht des Motorrads klar. Beim Modell des Jahres 2000 wurden Form und Material des Sitzes verändert. Der geneigte Lenker bietet eine entspannte Sitzposition, so dass der Fahrer auch bei hohen Geschwindigkeiten bequem sitzen kann, obwohl das Motorrad nicht verkleidet ist.

Bodenfreiheit
Bürgersteigen sollte man sich sehr vorsichtig nähern. Obwohl die Bodenfreiheit 155 mm beträgt, erhöht der lange Radstand (1690 mm) die Wahrscheinlichkeit, am Boden entlangzukratzen, erheblich.

Chrom
Die Maschine ist großflächig mit einer dicken Chromschicht überzogen. Daher sollte die Lebensdauer wirklich kein Thema sein.

HONDA F6C VALKYRIE

Technische Daten

Sie mag ja groß und schwer sein, aber sie ist auch sehr beliebt. 1997 kam sie auf den Markt und eroberte die Herzen vieler Cruiser-Fans, und wenn sie auf der Straße ist, kommt der Verkehr wegen ihr fast zum Erliegen.
Es ist sehr viel Chrom an diesem Monstrum, daher ist es ein Jammer, dass sie nicht mehr Bodenfreiheit hat: Ab einer bestimmten Schräglage berühren die Schalldämpfer als Erstes den Boden, und das wird teuer.
Aber die Maschine ist solide gebaut, stabil, bequem, und man kann sogar Wheelies mit ihr fahren! Allerdings muss man bei ihrem hohen Preis in sie verliebt sein.

MOTOR

Typ	4-Takt-Motor
Bauart	6-Zylinder-Motor mit horizontal gegenüberliegenden Zylindern
Hubraum	1520 ccm
Bohrung	71 mm
Hub	64 mm
Verdichtungsverhältnis	9,8 : 1
Ventile	2 pro Zylinder
Kraftstoffaufbereitung	6 x 28-mm-Gleichdruckvergaser
Zündung	elektronische Transistorzündung
Kühlung	flüssigkeitsgekühlt
Nennleistung	65,6 kW (88 PS) bei 5250/min
Maximales Drehmoment	117,7 Nm bei 4950/min

MOTORLEISTUNG

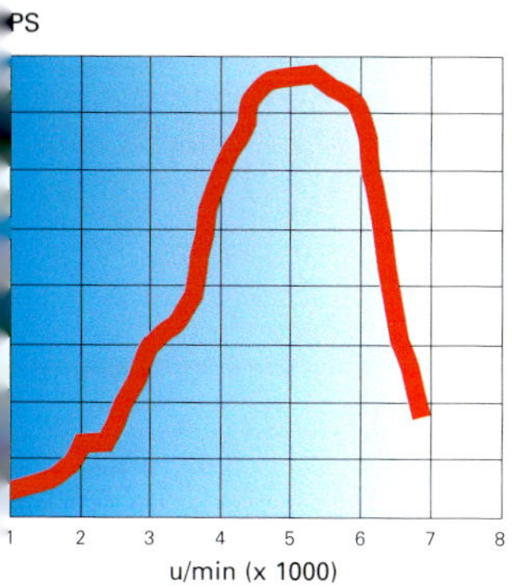

Unabhängige Testmessungen (s. o.) weichen von den Angaben des Herstellers ab.

KRAFTÜBERTRAGUNG

Primärantrieb	Getrieberäder
Kupplung	hydraulisch
Getriebe	5 Gänge
Sekundärantrieb	Kardan

GEWICHTE UND ABMESSUNGEN

Tankvolumen	20 l
Trockengewicht	309 kg
Gewichtsverteilung	
- vorne	keine Angabe des Herstellers
- hinten	keine Angabe des Herstellers
Radstand	1690 mm
Gesamtlänge	2530 mm
Gesamtbreite	980 mm
Gesamthöhe	1185 mm
Sitzhöhe	740 mm

FAHRWERK

Rahmen	Stahlrohr-Doppelschleifenrahmen
Lenkkopfwinkel/Nachlauf	keine Angabe des Herstellers
Vorderradaufhängung	45-mm-Upside-Down-Telegabel
Federweg	110 mm
Einstellbarkeit	keine Einstellung möglich
Hinterradaufhängung	zwei konventionelle Federbeine
Federweg	120 mm
Einstellbarkeit	Federvorspannung in 5 Stufen
Reifen	
- Marke	Dunlop
- vorne	150/80 x 17
- hinten	180/70 x 16
Bremsen	
- Marke	keine Angabe des Herstellers
- vorne	296-mm-Doppelscheibe mit 2-Kolben-Bremszangen
- hinten	316-mm-Scheibe mit 2-Kolben-Bremszange

HONDA GL1800 GOLD WING

Das Cockpit bietet verlässliche Informationen. Es enthält einen analogen Drehzahlmesser und Tacho sowie eine große LCD-Anzeige mit Hodometer, Tageskilometeranzeige sowie eine Warnanzeige bei geöffneten Koffern und eine Anzeige für das elektrisch justierbare Federbein.

Schutzschild
Der riesige Windschild der Gold Wing ist manuell in sechs verschiedenen Höhen einstellbar, um ihn besser an verschieden große Fahrer und unterschiedliche Fahrstile anpassen zu können. Als Sonderausführung kann der Windschutz noch erweitert werden, um zusätzlich Schutz vor Wind und Wetter zu bieten.

Blinker
Sie sind aufgrund der besseren Sichtbarkeit und einer saubereren Aerodynamik in die großen Rückspiegel integriert.

Scheinwerfer
Vier große Scheinwerfer leuchten die Straße unglaublich gut aus, damit man nachts problemlos vorwärtskommt. Beim Abblendlicht kommen zwei, beim Fernlicht kommen alle vier Scheinwerfer zum Einsatz.

Antenne
An das Radio-Soundsystem ist eine Peitschenantenne angeschlossen. Zur einfachen Aufbewahrung kann man sie abbauen.

Lichter
Eine große Ansammlung von Rück- und Bremslichtern bietet bei Nacht ein beeindruckendes Bild von hinten.

Gepäck
Die beiden großen Seitenkoffer und das massive Topcase sind komplett in die Verkleidung der Gold Wing integriert. Sie bieten insgesamt einen Stauraum von 147 l, beinhalten einen CD-Wechsler und lassen sich zentral durch eine Fernbedienung verriegeln.

GL1800
GOLD WING

Die GL1800 ist die letzte Version des legendären Gold-Wing-Supertourers von Honda und überhaupt der fortschrittlichste Tourer unter den Motorrädern. Bei der mit einem Aluminiumrahmen ausgerüsteten Wing kommt Superbike-Technologie zum Einsatz, um Gewicht zu sparen und die Performance zu verbessern. Dieses Modell kam 2001 auf den Markt und war bei Langstrecken-Liebhabern sofort ein Hit. Ein überaus geschmeidiger Motor, eine unglaublich luxuriöse Sitzplatzgestaltung und eine beeindruckende Ausstattung lassen die Wahl auf diese Maschine fallen, wenn man tagelang Kontinente durchqueren will. Das stabile Chassis und kräftige Bremsen steuern eine sportliche Note bei.

Sturzbügel
Robuste, verchromte Stahlbügel schützen die Zylinderköpfe vor Beschädigungen bei eventuellen Stürzen bei langsamer Fahrt.

Auspuff
Das 6-2-System aus Edelstahl hat sechs Ausgangsrohre, die der GL1800 einen charakteristischen, klassischen Auspuffklang verleihen.

Die GL1800 hat eine mit der Bremse verbundene Anti-Dive-Gabel. Bei der Fahrt erhöht der Druck der Bremsflüssigkeit die dämpfende Wirkung der Gabel. Auf diese Weise taucht die Gabel beim Bremsen weniger stark ein, so dass die Stabilität erhöht wird. Auf dem Foto ist außerdem das duale ABS-Verbundsystem oberhalb der Bremszange zu sehen.

Die glatten Linien und ein sorgsam überarbeitetes Design machen die GL1800 um zehn Prozent aerodynamischer als ihre Vorgängerin, die GL1500 Gold Wing.

Schwinge
Die Aluminium-Einarm-Pro-Link-Schwinge hat ein per Computer einstellbares Zentralfederbein. Auf Knopfdruck lässt sich so die Federvorspannung verändern. Es gibt zwei bereits eingestellte Memory-Positionen.

Rückwärtsgang
Die Wing hat einen elektrischen Rückwärtsgang. Der Anlassmotor treibt dabei das Hinterrad an, damit das Motorrad bei langsamer Geschwindigkeit in eine Parkposition gebracht werden kann.

Rahmen
Der Aluminium-Brückenrahmen ist ganze 11 kg leichter als der Stahlrahmen der GL1500.

Motor
Die GL1800 hat einen wassergekühlten Flat-SOHC-6-Zylinder-Motor mit zwölf Ventilen und 1832 ccm Hubraum. Die Zylinderköpfe sind von beiden Seiten gut zu sehen. Der Motor ist geschmeidig, kraftvoll und drehzahlfest. Somit ist er perfekt für die Aufgaben eines Tourers geeignet.

Übersetzung
Die Gold Wing hat ein 5-Gang-Getriebe, eine Hydraulik-Kupplung sowie einen Kardanendantrieb.

Sitz
Der gut geformte Fahrersitz ist durch eine große Lehne vom Soziussitz getrennt. Niedrige Fußrasten verbessern den Komfort sowohl von Fahrer als auch Beifahrer.

Kühler
Honda hat die Maschine mit zwei seitlich montierten Kühlern ausgerüstet, um die Kühlung zu verbessern und die Hitze vom Fahrer fern zu halten. Auf diese Weise gewinnt man im Unterschied zu konventionellen Kühlern hinter dem Vorderrad Platz.

Kawasaki ZXR400

Sogar aus der Fahrerperspektive hat die ZXR eine Rennmaschinenoptik. Die übersichtlich angeordneten Instrumente sowie die Luftschläuche, die in den Tank führen, tun ein Übriges. Es ist schwer, da nicht beeindruckt zu sein.

Verkleidung
Kawasaki ist für die ausgezeichnete Lackierung bei den meisten seiner Motorräder bekannt, und das ist auch bei der ZXR so. Sie ist in zwei verschiedenen Farbgestaltungen erhältlich, die dazu dienen, den sportlichen Charakter dieses Bikes zu untermalen. Die Gestaltung in Lime Green ist charakteristisch für Kawasaki und unter vielen anderen Motorrädern sofort erkennbar, während die Schwarz-Metallic-Version grandios aussieht. Die grüne Variante verleiht dem Bike allerdings ein „schnelles" Aussehen.

Gabel
An der Front befindet sich eine 41-mm-Upside-Down-Teleskopgabel, bei der Zugstufendämpfung und Federvorspannung einstellbar sind.

Lenker
Der niedrige Rennlenker ist so angebracht, dass der Fahrer gezwungen ist, eine geduckte Rennhaltung einzunehmen. Aber genau so werden die meisten, die diese Maschine kaufen, sie auch fahren wollen.

ZXR400

Kawasaki bezeichnet diese Maschine gerne als „Taschenrakete", und das ist ausnahmsweise keine Übertreibung des Marketings. Ohne ihr Logo würden viele denken, dass es sich um ein 600-ccm-Sportbike handelt. Sobald man sich draufsetzt, bemerkt man allerdings den Unterschied, da die Sitzhöhe sehr niedrig ist und das Trockengewicht nur 159 kg beträgt. Es ist schade, dass es nicht mehr Motorräder wie diese Kawasaki gibt.

Reifen
Vorne hat die ZXR eine Reifengröße von 120/60 x 17. Hinten beträgt sie 170/60 x 17.

Auspuff
Die 4-1-Anordnung hat nur einen Leichtmetall-Endtopf, der auf der rechten Seite verläuft. Er ist sehr hübsch und effizient.

Von vorne sieht die Maschine sehr schön aus. Mit der vollen Rennverkleidung erkennt man die Luftführungen und die beiden Luftschläuche, die in den Benzintank führen.

Bis 1995 war das Heck mit „ZXR400" beschriftet. Jetzt steht dort nur noch die Zahl 400. Die frühere Version sah besser aus – Kawasaki hätte dabei bleiben sollen.

Der Brückenrahmen ist zwischen den Verkleidungselementen gut sichtbar. Er ist zwar schon über zehn Jahre alt, aber das sieht man ihm nicht an.

Tank
Er hat ein Fassungsvermögen von 16 l, was für einen Supersportler angemessen ist. Für die meisten Fahrer ist er perfekt geformt, so dass sie sich in der zwangsläufig geduckten Rennhaltung bequem daran anlehnen können.

Sitzhöhe
Der zweiteilige Rennsitz ist auf Geschwindigkeit und nicht auf Komfort ausgelegt, aber die Fahrer werden positiv überrascht sein, wie bequem er trotzdem ist – das gilt allerdings nicht für die Beifahrer! Die Sitzhöhe beträgt lediglich 760 mm.

Räder
Die 43,2-cm-3-Speichen-Räder sind nicht ungewöhnlich, aber sie sehen gut aus.

Motor
Im Zentrum der ZXR sitzt der wassergekühlte 398-ccm-Reihen-4-Zylinder mit 16 Ventilen. Bohrung und Hub betragen 57 x 39 mm. Dieser Motor hat eine gute Performance mit einer Höchstgeschwindigkeit von knapp über 225 km/h. Mit einer Drehzahlgrenze von 14500/min hat er ebenso viel Biss wie viele 600er.

Kawasaki ZXR400

Technische Daten

Diese großartige kleine 400 ist seit über zehn Jahren auf dem Markt. Und es ist gut zu sehen, dass Kawasaki die Produktion dieser Maschine nicht eingestellt hat, denn welche anderen brillanten 400er gibt es sonst schon? Dieses Motorrad hat den Spitznamen „Taschenrakete", und nach einer Fahrt mit ihm ist klar, warum. Auf einer guten, kurvigen Straße hängt es viele größere, leistungsstärkere Maschinen ab. Es ist beweglich, hat ein zielgenaues Einlenkverhalten und ein großartiges Handling. Darüber hinaus sieht es fantastisch aus. Mit diesem Motorrad kann man nicht viel verkehrt machen.

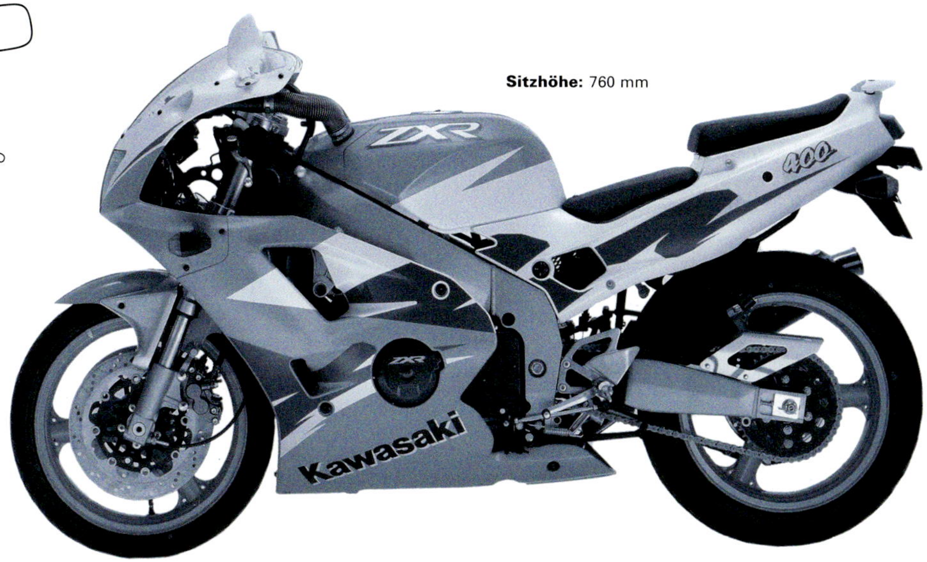

MOTOR

Typ	4-Takt-Motor
Bauart	Reihen-4-Zylinder
Hubraum	398 ccm
Bohrung	57 mm
Hub	39 mm
Verdichtungsverhältnis	keine Angabe des Herstellers
Ventile	4 pro Zylinder
Kraftstoffaufbereitung	Vergaser
Zündung	elekronisch
Kühlung	wassergekühlt

KRAFTÜBERTRAGUNG

Primärantrieb	Getrieberäder
Kupplung	Mehrscheibenkupplung
Getriebe	6 Gänge
Sekundärantrieb	Kette

GEWICHTE UND ABMESSUNGEN

Tankvolumen	16 l
Trockengewicht	159 kg
Gewichtsverteilung	
- vorne	keine Angabe des Herstellers
- hinten	keine Angabe des Herstellers
Radstand	1510 mm
Gesamtlänge	keine Angabe des Herstellers
Gesamtbreite	695 mm
Gesamthöhe	keine Angabe des Herstellers
Sitzhöhe	760 mm

FAHRWERK

Rahmen	Leichtmetall-Brückenrahmen
Lenkkopfwinkel/Nachlauf	27°/110 mm
Vorderradaufhängung	41-mm-Teleskopgabel
Federweg	keine Angabe des Herstellers
Einstellbarkeit	Federvorspannung sowie Zugstufendämpfung
Hinterradaufhängung	Uni-Trak
Federweg	keine Angabe des Herstellers
Einstellbarkeit	Federvorspannung sowie Zugstufendämpfung
Reifen	
- vorne	120/70 x 17
- hinten	170/60 x 17
Bremsen	
- vorne	Doppelbremsscheibe
- hinten	Singlebremsscheibe

Kawasaki ER5

Trommelbremsen werden heutzutage bei Motorrädern nur noch selten verwendet, aber etwas anderes braucht die leichte ER5 gar nicht, um zu stoppen. Die Bremse hat genug Biss, um das Hinterrad bei 112 km/h fest zu packen. Wenn Sie eine gebrauchte Trommelbremse kaufen, sollten Sie darauf achten, dass die Bremsbacken noch gut erhalten sind, da sie sonst die Beschichtung der Trommel beschädigen.

Instrumente
Die beiden verchromten Instrumente sehen von vorne sehr stylisch aus.

Scheinwerfer
Der einzelne, einfache runde Scheinwerfer hat für die Geschwindigkeit der ER5 genug Leuchtkraft.

Gabel
Bei der spindeldürren Teleskopgabel lassen sich weder die Federvorspannung noch die Dämpfung einstellen, und der 125-mm-Federweg ist beim Bremsen oder auf unebenen Straßen schnell ausgeschöpft, so dass die Federung leicht durchschlagen kann. Aber insgesamt funktioniert die Dämpfung – gerade noch!

Lackierung
Die Lackierung ist nicht die beste und besonders am Tank ist sie weich und dünn. Schnallen, Reißverschlüsse und Tanktaschen hinterlassen daher schnell Spuren.

Motor
Beim 4-Takt-498-ccm-DOHC-Twin betragen Bohrung und Hub 74 x 58 mm. Er hat ein Verdichtungsverhältnis von 9,8 : 1, vier Ventile pro Zylinder, eine Flüssigkeitskühlung und wird von zwei Keihin-34-mm-Gleichdruckvergasern gefüttert. Er ist recht leistungsschwach und dreht schnell hoch, so dass man bei starkem Gegenwind ständig schalten muss.

Das Tachokabel gehört zu den Teilen, die bei der ER5 am häufigsten defekt sind. Wenn das geschieht, werden Ihre gefahrenen Kilometer nicht mehr vom Kilometerzähler angezeigt, und Sie verstoßen damit auch gegen die Vorschriften.

Schalldämpfer
Ein flüsterleiser Ersatzschalldämpfer ist nicht billig. Aber ob Sie es glauben oder nicht, für die ER5 sind gute Systeme als Zubehör erhältlich.

Reifen
Die serienmäßigen Dunlop-D202-Reifen werden häufig gegen eine Bereifung mit besserem Grip ausgetauscht. Sie sollten allerdings keine zu großen Reifen aufziehen, es sei denn, der Hersteller empfiehlt dies ausdrücklich. Die Standardgröße beträgt 110/70 x 17 vorne und 130/70 x 17 hinten.

ER5

Sie sieht nicht toll aus, aber wie viele billige Motorräder tun das schon? Die ER5 richtet sich an eine bestimmte Käuferschicht, die eine einfache, praktische und günstige Maschine will. Und in diesen drei Punkten ist die kleine Kawasaki herausragend. Sie ist aus einfachen Elementen zusammengesetzt. Die beiden Stoßdämpfer, die Hinterrad-Trommelbremse und die Einscheibenbremse vorne scheinen ziemlich überaltert zu sein, aber alles funktioniert im Verhältnis zur Kraft der Maschine gut genug. Dies ist sicherlich ein Motorrad ohne Schnickschnack, aber dafür hat es einen guten Preis.

Die Hinterradaufhängung mit den beiden Stoßdämpfern ist serienmäßig so eingestellt, dass die Maschine leicht durchsackt und dadurch unruhiger wird. Die meisten Besitzer müssen die Federvorspannung um eine Stufe höher stellen. Unsere Testmaschine zeigte das beste Handling mit zwei zusätzlichen Stufen. Der maximale Federweg beträgt 105 mm.

Da das Motorrad seitlich nicht verkleidet ist, sind der Motor und die ihn umgebenden Elemente Straßenverunreinigungen und Salz ausgesetzt. Daher ist eine sorgsame und korrekte Wartung essenziell, wenn die Maschine wie neu aussehen soll.

Der Stahlrohr-Doppelschleifenrahmen, die beiden hinteren Stoßdämpfer und die 37-mm-Gabel sind keine Aufsehen erregenden Elemente. Das Motorrad ist in keiner Hinsicht besonders herausragend, aber das Gesamtpaket ist insgesamt gelungen und bietet ein gefälliges Gefährt.

Tank
Er hat ein Fassungsvermögen von 16 l und bietet der ER5 eine potenzielle Reichweite von 265-274 km.

Sitzhöhe
Mit 780 mm ist der Fahrersitzplatz für die meisten Besitzer niedrig genug.

Räder
Das 3-Speichen-Design sieht süß und unaufdringlich aus. Zudem ist es vergleichsweise leicht.

Ölstand
Die ER5 ist eines der wenigen Bikes, das so leicht ist, dass die meisten es gerade halten können, während sie in der Hocke sind, um den Ölstand durch das Schauglas zu kontrollieren.

Kette
Es gibt zahlreiche Horrorgeschichten über Besitzer, die kein Geld hatten und die Maschine mit einer ultrabilligen Kette ausstatteten, die kurz darauf riss. Tun Sie dies daher nicht!

Kawasaki ER5

Technische Daten

Obwohl die Daten der ER5 auf dem Papier nicht spektakulär aussehen, hat sie eine große und treue Anhängerschaft. Wenn es nicht auf die Höchstgeschwindigkeit und die Fähigkeit ankommt, sich innerhalb von einer Nanosekunde von links nach rechts zu werfen, sondern wenn es um Handlichkeit, Fügsamkeit und ein überaus günstiges Angebot geht, dann wird dieses Kawasaki-Sparbaby den Ansprüchen gerecht. Es ist eines der besten Motorräder für Anfänger und wird daher von vielen Fahrschulen eingesetzt.
Aber auch erfahrene Piloten mögen die ER5 – weil sie genau so ist, wie sie ist.

MOTOR

Typ	4-Takt-Motor
Bauart	DOHC-Twin
Hubraum	498 ccm
Bohrung	74 mm
Hub	58 mm
Verdichtungsverhältnis	9,8 : 1
Ventile	4 pro Zylinder
Kraftstoffaufbereitung	2 x Keihin-34-mm-Gleichdruckvergaser
Zündung	CDI
Kühlung	flüssigkeitsgekühlt
Nennleistung	33,1 kW (44,4 PS) bei 8800/min
Maximales Drehmoment	41,2 Nm bei 7000/min

MOTORLEISTUNG

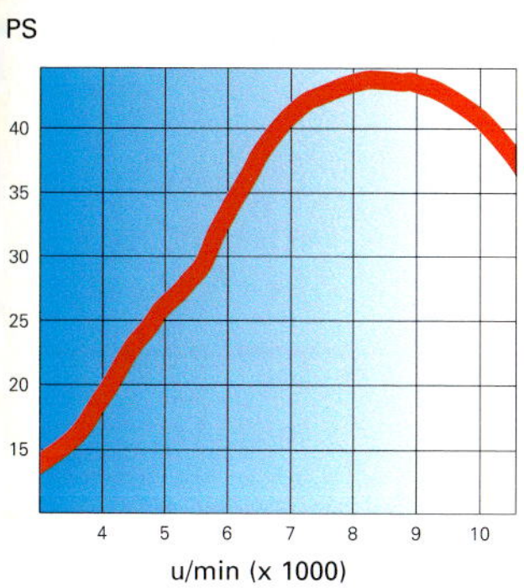

Unabhängige Testmessungen (s. o.) weichen von den Angaben des Herstellers ab.

KRAFTÜBERTRAGUNG

Primärantrieb	Zahnkette
Kupplung	Mehrscheiben-Nasskupplung
Getriebe	6 Gänge
Sekundärantrieb	Kette

GEWICHTE UND ABMESSUNGEN

Tankvolumen	16 l
Trockengewicht	174 kg
Gewichtsverteilung	
- vorne	keine Angabe des Herstellers
- hinten	keine Angabe des Herstellers
Radstand	1430 mm
Gesamtlänge	2070 mm
Gesamtbreite	730 mm
Gesamthöhe	1070 mm
Sitzhöhe	780 mm

FAHRWERK

Rahmen	Stahlrohr-Doppelschleifenrahmen
Lenkkopfwinkel/Nachlauf	27°/102 mm
Vorderradaufhängung	37-mm-Teleskopgabel
Federweg	125 mm
Einstellbarkeit	keine Einstellung möglich
Hinterradaufhängung	2 Federbeine
Federweg	105 mm
Einstellbarkeit	Federvorspannung
Reifen	
- vorne	110/70 x 17
- hinten	130/70 x 17
Bremsen	
- Marke	verschiedene
- vorne	Einscheibenbremse mit 2-Kolben-Bremszange
- hinten	Trommelbremse

Kawasaki GPZ500

Die unaufdringliche Front hat eine am Rahmen befestigte Halbverkleidung und einen unauffälligen, aber etwas altmodisch wirkenden quadratischen Scheinwerfer. Sie setzt sich in der Menge nicht besonders ab, wirkt dafür aber auch nicht anziehend auf Diebe.

Farben
Es gibt nur zwei Farbgestaltungen für die GPZ500. Sie ist entweder in Black Pearl (siehe Fotos) oder im kräftigeren Candy Persimmon Red erhältlich.

Vorderradaufhängung
Die 37-mm-Teleskopgabel hat einen Federweg von 130 mm. 1994 wurde ihr Durchmesser von 36 mm vergrößert. Zusätzlich wurde die Dämpfung überarbeitet, um das Handling und die Stabilität des Motorrads zu verbessern.

GPZ500

Die GPZ500 hat einige Merkmale der Spitzenklasse von der mit ihr verwandten grandiosen GPZ900R geerbt, aber es gelang ihr nicht, die Welt uneingeschränkt für sich zu begeistern. Sie wird als mittelgewichtiges Sportbike klassifiziert und ist insgesamt ein Motorrad, das sich auf grundlegende bewährte Elemente besinnt und zu einem angemessenen Preis zu haben ist. Vielleicht gerät Ihr Blut nicht gerade in Wallung, aber diese Maschine wird erfahrene Piloten zufrieden stellen und ist für Neulinge gerade recht.

Auspuff
Das 2-2-System hat bei allen Modellen, die nach 1994 produziert wurden, verchromte Schalldämpfer, um die sonst wenig spritzige optische Gestaltung etwas glanzvoller zu machen.

Hinterradaufhängung
Bei Kawasakis einst herausragendem Uni-Trak-System mit Monofederbein lässt sich nur die Federvorspannung einstellen. Der Federweg beträgt 100 mm. Insgesamt bietet die Aufhängung gute Allround-Eigenschaften.

Bremsen
Die Bremskraft wird vorne durch eine 280-mm-Singlescheibe mit einer Bremszange erzielt. Hinten wurde die ursprüngliche Trommelbremse 1994 durch eine 230-mm-Einscheibenbremse ersetzt.

Das Cockpit ist typisch japanisch. Es enthält keine besonders protzigen Elemente, aber die Instrumente sind gut lesbar und alle Schalter sind gut erreichbar.

Die Reifen sind mit 110/70 x 17 vorne und 130/70 x 17 hinten relativ eng, bieten aber einen ordentlichen Grip. Es sind die gleichen Reifen, die auch bei der erfolgreichen ER5 verwendet werden.

Wie viele andere günstige Maschinen hat auch die GPZ einen einfachen Stahl-Doppelschleifenrahmen.

Tank
Der 18-l-Tank bietet eine ordentliche Reichweite, aber wie weit Sie kommen, hängt von Ihrem individuellen Fahrstil ab.

Sitzhöhe
Die niedrige Sitzhöhe von 775 mm macht dieses Motorrad für Fahrer mit nicht so langen Beinen attraktiv.

Räder
Die 43,2-cm-Aluminium-3-Speichen-Räder sind leicht, aber langlebig. 1994 wurden die schicken, aber weniger stabilen 40,6-cm-Räder auf das heutige Maß vergrößert.

Motor
Der flüssigkeitsgekühlte DOHC-Reihen-2-Zylinder mit acht Ventilen basiert zum größten Teil auf dem Triebwerk der GPZ900R von 1984. Allerdings hat er zwei Zylinder weniger. Der GPZ900R-Motor wurde zum Muster für viele andere Hersteller, und die GPZ500S hat viele seiner Qualitätsmerkmale geerbt.

Kraftübertragung
Das 6-Gang-Getriebe enthält Kawasakis bewährten Leerlauf-Mechanismus: Hält man im ersten Gang an, lässt sich das Schaltpedal nur in den Leerlauf bewegen. So wird vermieden, dass man aus Versehen den zweiten Gang einlegt und die Maschine abwürgt.

Kawasaki GPZ500

Technische Daten

Es ist nichts Besonderes an der GPZ500. Sie ist seit drei Jahrzehnten auf dem Markt. Obwohl sie als mittelschweres Sportbike herauskam, gehört sie mittlerweile zur „Billig-Bike-Klasse", da sie seit 1987 kaum verändert wurde. Aber der Grund, warum es die GPZ bereits so lange gibt und warum man sie wahrscheinlich auch noch eine Weile weiterproduzieren wird, ist, dass der Käufer gute Qualität für sein Geld bekommt.
Die GPZ500 enttäuscht nicht: Sie hat eine Höchstgeschwindigkeit von knapp über 200 km/h, macht alles, was sie soll und tut dies viel besser, als man bei diesem Preis erwarten würde.

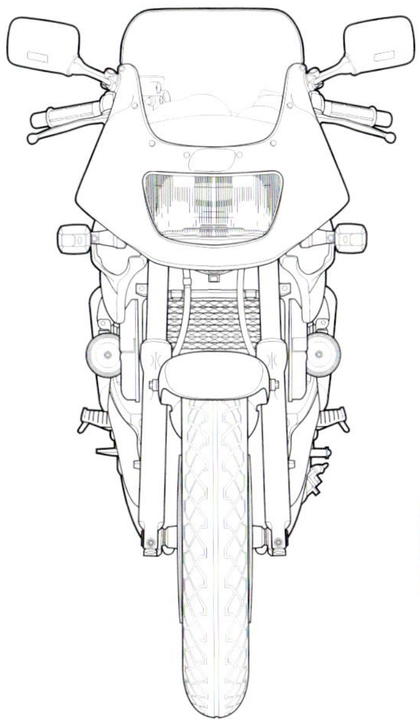

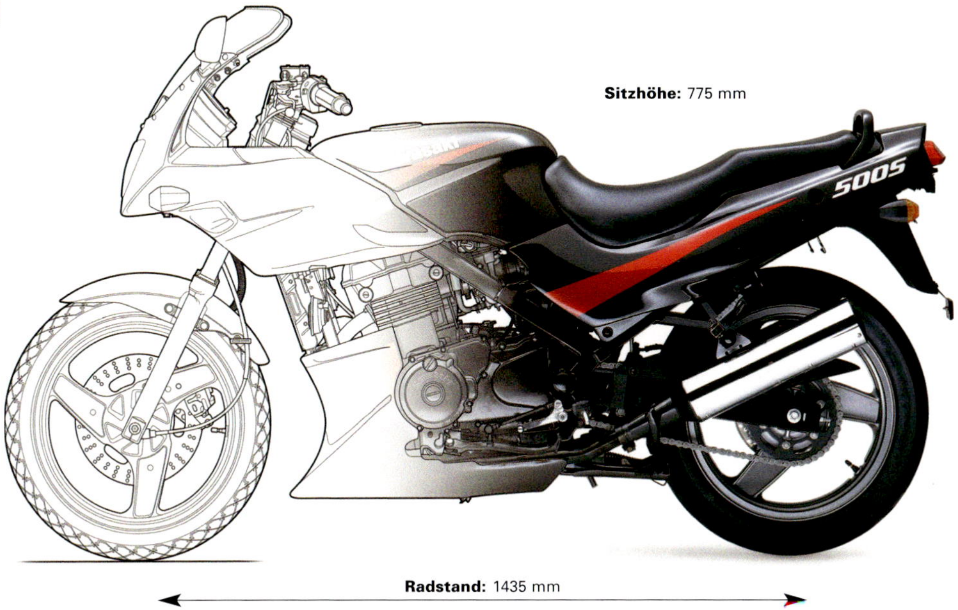

MOTOR

Typ	4-Takt-Motor
Bauart	geneigter Twin mit parallel angeordneten Zylindern
Hubraum	498 ccm
Bohrung	74 mm
Hub	58 mm
Verdichtungsverhältnis	1,28 : 1
Ventile	4 pro Zylinder
Kraftstoffaufbereitung	34-mm-Gleichdruck-Schieber-vergaser
Zündung	digital elektronisch
Kühlung	flüssigkeitsgekühlt
Nennleistung	38,5 kW (51,6 PS) bei 7850/min
Maximales Drehmoment	42,2 Nm bei 7900/min

MOTORLEISTUNG

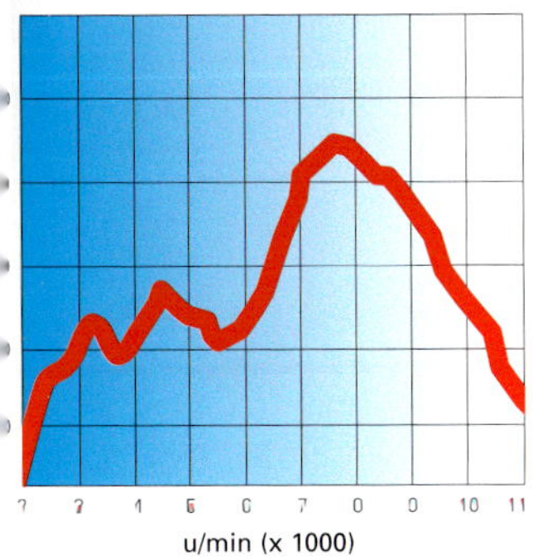

Unabhängige Testmessungen (s. o.) weichen von den Angaben des Herstellers ab.

KRAFTÜBERTRAGUNG

Primärantrieb	schräg verzahnte Getrieberäder
Kupplung	Mehrscheiben-Nasskupplung
Getriebe	6 Gänge mit indirekt betätigten, ständig ineinander greifenden Zahnrädern
Sekundärantrieb	Kette

GEWICHTE UND ABMESSUNGEN

Tankvolumen	18 l
Trockengewicht	176 kg
Gewichtsverteilung	
- vorne	keine Angabe des Herstellers
- hinten	keine Angabe des Herstellers
Radstand	1435 mm
Gesamtlänge	keine Angabe des Herstellers
Gesamtbreite	keine Angabe des Herstellers
Gesamthöhe	keine Angabe des Herstellers
Sitzhöhe	775 mm

FAHRWERK

Rahmen	Doppelschleifenrahmen
Lenkkopfwinkel/Nachlauf	27°/91 mm
Vorderradaufhängung	37-mm-Teleskopgabel
Federweg	keine Angabe des Herstellers
Einstellbarkeit	Federvorspannung
Hinterradaufhängung	Uni-Trak
Federweg	keine Angabe des Herstellers
Einstellbarkeit	Federvorspannung
Reifen	
- Marke	keine Angabe des Herstellers
- vorne	110/70 x 17
- hinten	130/70 x 17
Bremsen	
- Marke	keine Angabe des Herstellers
- vorne	280-mm-Singlebremse mit 1-Kolben-Bremszange
- hinten	Einscheibenbremse (Trommel bis 1994)

Kawasaki ZX-6R NINJA

Bei der gewohnten Supersportleranordnung ist der analoge Drehzahlmesser im Zentrum, während sich der Tacho auf der linken Seite befindet. Der Hodometer hat eine Digitalanzeige. Auf der rechten Seite sind die Warnleuchten angebracht. Einigen Fahrern versperrt der vordere Bremszylinder bei einer gebückten Rennhaltung den Blick darauf.

Trotz eines kleinen Einbruchs der Kraftentfaltung bei 5000/min gehört der Motor zu den stärksten seiner Klasse. Seine Kraft ist in allen Drehzahlbereichen des 599-ccm-4-Zylinders mit 16 Ventilen nutzbar.

ZX-6R

1998 war Kawasakis ZX-6R Ninja möglicherweise die beste Maschine im 600er-Bereich und der beeindruckenden Honda CBR600F als Allrounderin ebenbürtig. Bei Fahrern ist sie sowohl aufgrund ihrer sportlichen Potenz als auch wegen ihrer Tourerqualitäten beliebt. Daher ist die Ninja eine starke Konkurrentin und wird in keiner Weise von Yamahas mächtiger R6 oder Hondas komplett überarbeiteter CBR600F in den Schatten gestellt.

Spiegel
Sie sind geringfügig breiter als die meisten anderen ihrer Klasse und bieten eine ausgezeichnete, vibrationsfreie Rücksicht für alle Fahrer, es sei denn, diese sind sehr groß.

Scheinwerfer
Er ist nahtlos in die Verkleidung integriert, um eine gute Aerodynamik zu gewährleisten, und hat ein kräftiges, gut gestreutes Fern- sowie ein akzeptables Abblendlicht.

Kupplung
Bei wiederholten Rennstarts ist sie stärker und progressiver als die der CBR. Sie wird per Seilzug betätigt und hat einen vierfach auf die Handgröße einstellbaren Hebel.

Gabel
Die riesige konventionelle 46-mm-Teleskopgabel ist voll einstellbar, das heißt, Druck- und Zugstufendämpfung sowie die Federvorspannung können verändert werden. Die Standardeinstellungen sind allerdings ziemlich optimal.

Spritzschutz
Die schwarzen Seitenelemente sehen eigenartig aus, verbessern aber die Aerodynamik, da sie die Luft durch ihre glatte Oberfläche von der Gabel wegleiten, so dass nur ein minimaler Widerstand entsteht.

Reifen
Die Dunlop-D204-Reifen haben vorne eine Größe von 120/60 ZR17 und hinten von 170/60 ZR17 und bieten ein ausgewogenes Verhältnis zwischen starkem Grip und Abnutzungsgrad. Nach knapp 2500 km tauschen viele Besitzer die Reifen gegen griffigere aus.

Farben
Am beliebtesten sind die berühmte grüne Kawasaki-Farbgestaltung oder die rot-schwarze. Eine schwarz-graue Variante ist weniger beliebt. Die Lackierung ist generell dick, obwohl hochspringende Riesel ihr schon etwas anhaben können.

Schalldämpfer
Hübsch, relativ leicht und hoch genug montiert, um bei schnellen Kurvenfahrten einen Straßenkontakt zu vermeiden, lässt er sich dank der Befestigung mit nur vier Schrauben rasch entfernen, so dass man einen anderen Schalldämpfer, der als Zubehör erhältlich ist, anbringen kann.

Die ZX-6R ist mit überaus hochwertigen 600-ccm-Elementen ausgerüstet. So hat sie unter anderem einen Aluminium-Brückenrahmen, der ausgesprochen verwindungssteif sowie viel leichter ist als die Stahlalternativen (wie zum Beispiel der Rahmen der Honda CBR600F von 1998).

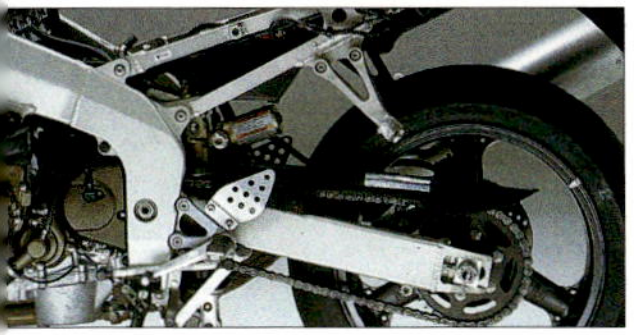

Aggressiv und gleichzeitig subtil geformt, sitzen die Luftführungen genau unter dem Scheinwerfer und leiten den Fahrtwind automatisch durch die Verkleidungsschlitze in die bucklige Airbox, die unterhalb des vorderen Teils des Benzintanks eingepasst ist. Das dröhnende Geräusch, das durch die Luftzufuhr entsteht, ist deutlich vernehmbar, aber nicht störend.

Aufgrund eines fehlenden Spritzschutzes wird der hintere Stoßdämpfer schnell mit Straßendreck überzogen. Hier ist ein Zubehörteil unbedingt erforderlich.

Scheibe
Sie sieht niedrig aus, bietet aber einen ordentlichen Windschutz. Sogar großen Fahrern müsste es gelingen, sich dahinterzukauern, um ein paar zusätzliche Kilometer bei der Geschwindigkeit herauszuschinden.

Tank
Mit 18 l bietet er eine maximale Reichweite von 254 km zwischen den Tankstationen.

Sitz
Der Fahrersitz ist bequem, aber der Soziussitz ist für die meisten Beifahrer etwas zu hoch gestuft. Dieser wird durch gut positionierte Handgriffe und Fußrasten ergänzt. Die Fahrersitzhöhe beträgt 815 mm.

Vorderradbremse
Eigentlich sollten die 320-mm-Doppelscheibe und die 6-Kolben-Tokico-Bremszangen eine beinharte Bremskraft liefern, aber das tun sie nicht. Anfangs ist der Biss etwas enttäuschend und das Feedback von der Front leicht vage. Seien Sie deshalb aber nicht verärgert – denn was den Bremsweg und die Anfälligkeit zur Überhitzung betrifft, sind diese Bremsen immer noch die klassenbesten.

Hinterradaufhängung
Einige Fahrer sind der Meinung, dass die Einstellungen des Monofederbeins sorgfältig nachgebessert werden müssen, um ein möglichst gutes Handling zu erzielen. Die Federvorspannung ist für die meisten Fahrer in Ordnung, aber eine Veränderung der Druck- und Zugstufendämpfung könnte nötig sein.

Kawasaki ZX-6R NINJA

Technische Daten

Die Kawasaki ZX-6R war 1998 das ungeschlagene Mittelgewicht – und auch heute ist sie noch nicht bereit, den Kampf aufzugeben. Eine beeindruckende Liste technischer Komponenten verhalf ihr anfangs an die Spitze, und nach wie vor ist sie sehr konkurrenzstark. Trotz einiger Veränderungen beim letzten Modell hat sich bei der Gestaltung nichts Dramatisches getan – es kam lediglich zu einer Verschmelzung mit Elementen, die sich im Laufe der Zeit und auf der Rennbahn bewährt haben, sowie zu einigen Veränderungen bei den Abmessungen und der Geometrie.

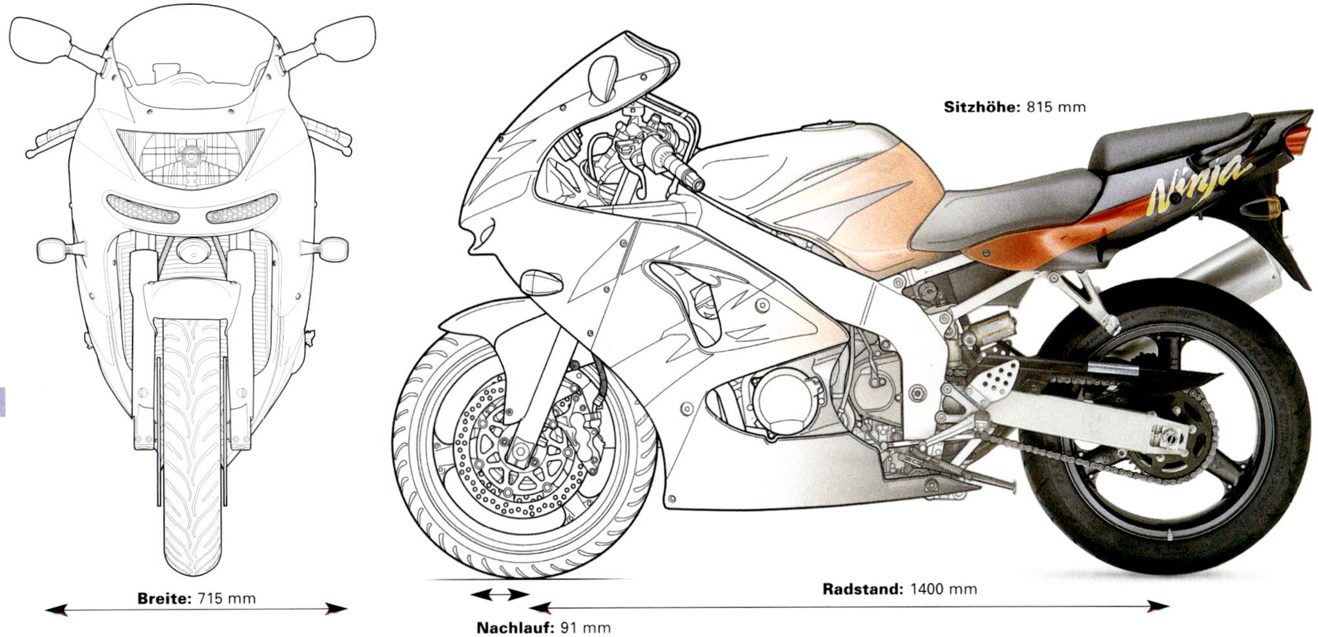

MOTOR

Typ	4-Takt-Motor
Bauart	Reihen-4-Zylinder
Hubraum	599 ccm
Bohrung	66 mm
Hub	43,8 mm
Verdichtungsverhältnis	11,8 : 1
Ventile	4 pro Zylinder
Kraftstoffaufbereitung	4 x Mikuni-BDSR36R-Vergaser
Zündung	digital
Kühlung	flüssigkeitsgekühlt
Nennleistung	78,5 kW (105,3 PS) bei 12168/min
Maximales Drehmoment	63,8 Nm bei 9911/min

MOTORLEISTUNG

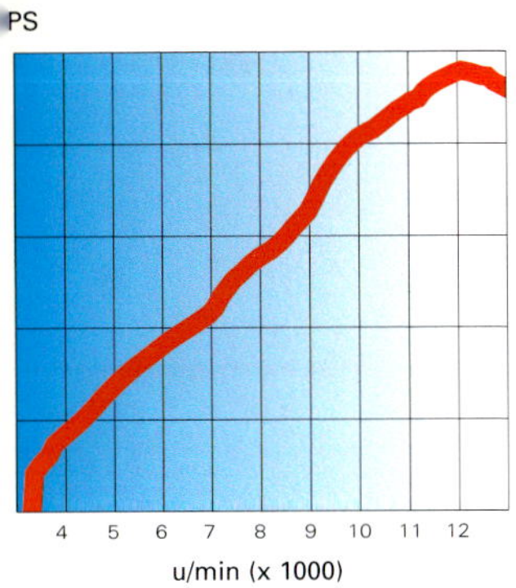

Unabhängige Testmessungen (s. o.) weichen von den Angaben des Herstellers ab.

KRAFTÜBERTRAGUNG

Primärantrieb	Getrieberäder
Kupplung	Mehrscheiben-Nasskupplung
Getriebe	6 Gänge
Sekundärantrieb	Dichtringkette

GEWICHTE UND ABMESSUNGEN

Tankvolumen	18 l
Trockengewicht	176 kg
Gewichtsverteilung	
- vorne	keine Angabe des Herstellers
- hinten	keine Angabe des Herstellers
Radstand	1400 mm
Gesamtlänge	2055 mm
Gesamtbreite	715 mm
Gesamthöhe	1160 mm
Sitzhöhe	815 mm

FAHRWERK

Rahmen	Aluminium-Perimeterrahmen
Lenkkopfwinkel/Nachlauf	23,5°/91 mm
Vorderradaufhängung	46-mm-Teleskopgabel
Federweg	120 mm
Einstellbarkeit	Federvorspannung sowie Druckstufendämpfung (10fach einstellbar) und Zugstufendämpfung (12fach einstellbar)
Hinterradaufhängung	Monofederbein
Federweg	135 mm
Einstellbarkeit	Federvorspannung sowie Druckstufendämpfung (20fach einstellbar) und Zugstufendämpfung (20fach einstellbar)
Reifen	
- Marke	Dunlop
- vorne	120/60 x ZR17
- hinten	170/60 x ZR17
Bremsen	
- Marke	Tokico
- vorne	halb schwimmend gelagerte 300-mm-Doppelscheibe mit 6-Kolben-Bremszangen
- hinten	220-mm-Singlescheibe, 1-Kolben-Zange

Kawasaki *ZZ-R600*

Den 599-ccm-DOHC-Reihen-4-Zylindermotor mit 16 Ventilen gibt es zwar schon seit einem Jahrzehnt, aber er ist immer noch stark genug, um der ZZ-R600 zu einer Spitzengeschwindigkeit von 256,4 km/h zu verhelfen – und ist damit den hochmodernen Maschinen dicht auf den Fersen. Bohrung und Hub betragen 64 x 46,6 mm, und das Verdichtungsverhältnis liegt bei 12 : 1.

Die Instrumente bieten viele technische Informationen dank Drehzahlmesser, Tacho, zwei Kilometerzählern, Tankanzeige, Kühltemperaturanzeige sowie den üblichen Warnleuchten.

Verkleidungsscheibe
Die lang gezogene Form verzerrt in gewisser Weise den Blick. Unsere Testfahrer stellten fest, dass entgegenkommende Fahrzeuge weiter entfernt erscheinen, als sie tatsächlich sind.

Getriebe
Das 6-Gang-Getriebe hat die folgenden Übersetzungen:
1. Gang 3,166 : 1;
2. Gang 2,125 : 1;
3. Gang 1,666 : 1;
4. Gang 1,380 : 1;
5. Gang 1,217 : 1;
6. Gang 1,083 : 1.

Dieser ausgewogene Aufbau bietet also theoretisch Höchstgeschwindigkeiten von:
93 km/h im 1. Gang,
138 km/h im 2. Gang,
175 km/h im 3. Gang,
209 km/h im 4. Gang,
236 km/h im 5. Gang
und
256 km/h im 6. Gang.

ZZ-R600

Seit sie im Jahr 1990 auf den Markt kam, ist Kawasakis ZZ-R600 einige Male überarbeitet worden und zeigt den „Neulingen" von heute immer noch, was eine wahre Maschine alles kann. Dieses Motorrad sollte man sicherlich nicht abschreiben – es bietet die Kraft, den Komfort und die Performance, um das zu beweisen. Sehen Sie sich nur einmal ihre Höchstgeschwindigkeit von 256,4 km/h an und vergleichen Sie das mit den moderneren 600ern.

Hinterradbremse
Sie besteht aus einer 240-mm-Scheibe und einer radial montierten 1-Kolben-Bremszange.

Reifen
Aufgrund der Standardgrößen von 120/60 ZR17 vorne und 160/60 ZR17 hinten haben kritische Besitzer eine große Gummiauswahl.

Fußrasten
Bei beherztem Fahrstil verschrammen die Fußrasten schnell, aber es kommt dabei nicht zu bösen Überraschungen. Es führt lediglich dazu, dass man sich nicht noch weiter in die Kurve legen will.

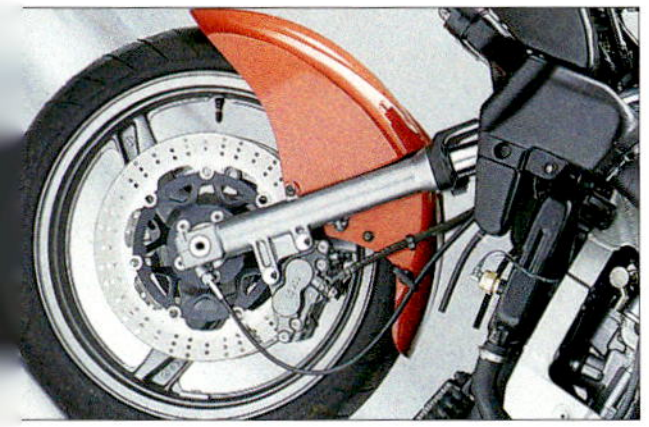

Bei der 41-mm-Gabel lassen sich die Federvorspannung sowie die Zugstufendämpfung einstellen. Letztere ist 4fach verstellbar. Der Federweg beträgt maximal 120 mm. Im Vergleich zu moderneren Systemen fühlt sich die Federung weich und etwas schwammig an.

Kawasaki hat sich für eine 4-1-2-Anordnung entschieden und verwendet aufeinander abgestimmte Auspuffrohre, um eine maximale Performance und Effizienz zu erreichen.

Der Perimeterrahmen aus gepresstem Aluminium ist auf gelungene Weise mit der Position des Motors, dem Radstand von 1430 mm und einem Trockengewicht von 195 kg kombiniert, so dass ein entspanntes, nicht nervöses Fahren möglich wird.

Alarmanlage/Wegfahrsperre
Die ZZ-R600 ist serienmäßig damit ausgestattet.

Tank
Ist der 18-l-Tank ganz aufgefüllt, kann der Fahrer davon ausgehen, dass er 280 km fahren kann, bevor der Tank leer ist.

Vorderradbremse
Die halb schwimmend gelagerte 300-mm-Doppelscheibe und die 4-Kolben-Bremszangen funktionieren gut, vor allem, wenn man bedenkt, wie stark die Gabel in Notsituationen holpern und rattern kann. Man benötigt 99,4 m, um von 160 km/h zu stoppen, und die Bremsen lassen kaum nach, es sei denn, man bremst einige Male hintereinander sehr stark.

Hinterradaufhängung
Das Uni-Trak-System mit Gasdruck-Federbein hat eine 3fach einstellbare Zugstufendämpfung und einen maximalen Federweg von 130 mm. Die Schwinge besteht aus Aluminium.

Kawasaki ZZ-R600

Technische Daten

Die ZZ-R600 ist immer noch schnell und relativ beweglich und war einst eine ernst zu nehmende Herausforderin der mittelgewichtigen Spitzensportbikes. Die Evolution ihrer Rivalen sowie ein neuer hoher Preis verweist sie mittlerweile allerdings in die zweite Liga. Aber lassen Sie sich davon nicht abschrecken. Sie ist immer noch ein gutes Motorrad und kann Ihren Puls hochjagen, selbst wenn das Styling etwas überholt aussieht.

MOTOR

Typ	4-Takt-Motor
Bauart	Reihen-4-Zylinder
Hubraum	599 ccm
Bohrung	64 mm
Hub	46,6 mm
Verdichtungsverhältnis	12 : 1
Ventile	4 pro Zylinder
Kraftstoffaufbereitung	4 x 36-mm-Keihin-Vergaser
Zündung	digital
Kühlung	flüssigkeitsgekühlt
Nennleistung	66,7 kW (89,5 PS) bei 11500/min
Maximales Drehmoment	58,9 Nm bei 8800/min

KRAFTÜBERTRAGUNG

Primärantrieb	Getrieberäder
Kupplung	Mehrscheiben-Nasskupplung
Getriebe	6 Gänge
Sekundärantrieb	Kette

GEWICHTE UND ABMESSUNGEN

Tankvolumen	18 l
Trockengewicht	195 kg
Gewichtsverteilung	
- vorne	keine Angabe des Herstellers
- hinten	keine Angabe des Herstellers
Radstand	1430 mm
Gesamtlänge	2070 mm
Gesamtbreite	695 mm
Gesamthöhe	1175 mm
Sitzhöhe	700 mm

FAHRWERK

Rahmen	Aluminium-Perimeterrahmen
Lenkkopfwinkel/Nachlauf	keine Angabe des Herstellers
Vorderradaufhängung	41-mm-Teleskopgabel
Federweg	120 mm
Einstellbarkeit	Federvorspannung sowie 4fach einstellbare Zugstufendämpfung
Hinterradaufhängung	Uni-Trak-Gasdruck-Federbein
Federweg	130 mm
Einstellbarkeit	Federvorspannung sowie 3fach einstellbare Zugstufendämpfung
Reifen	
- Marke	verschiedene
- vorne	120/60 x 17
- hinten	150/60 x 17
Bremsen	
- Marke	Tokico
- vorne	halb schwimmend gelagerte 300-mm-Doppelscheibe mit 4-Kolben-Bremszangen
- hinten	240-mm-Singlescheibe, 1-Kolben-Zange

Kawasaki W650

Die beiden 34-mm-Gleichdruckvergaser werden von der computergesteuerten elektronischen K-TRIC-Zündung gesteuert, die sich unter der Sitzbank befindet.

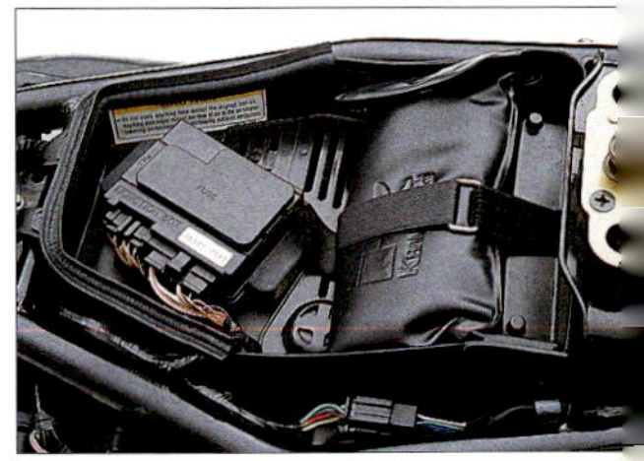

Lenker
Der hohe breite Lenker sorgt für eine aufrechte Sitzposition des Fahrers, die hohe Geschwindigkeiten verhindert, da das Handling bei mehr als 112 km/h beeinträchtigt wird.

Tank
Er hat ein Fassungsvermögen von 15 l mit einer Reserve von 4 l. Auch hier ist das Styling des Tanks wieder sehr gelungen.

Aufhängung
Da es viel zu weich gefedert ist, fühlt sich das Motorrad im Stand bereits holprig an und kann Löcher in der Straße überhaupt nicht leiden. Viele Fahrer werden die Federung verbessern, indem sie die Gabel verändern und Dämpfer am Heck anbringen.

Kickstarter
Anstatt den elektronischen Knopf zu betätigen, wie Sie es vielleicht gewohnt sind, sollten Sie den Kickstarter einmal ausprobieren, den früher alle Motorräder hatten. Das ist nicht nur etwas Neues für jüngere Fahrer, es ist auch nützlich, wenn der Elektrostarter versagen sollte.

Styling
Das Logo im Retro-Stil auf der Rückseite der Sitzbank ist nur eins der Details, die der W650 ihr charakteristisches Aussehen verleihen.

Bremsen
Die halb schwimmend gelagerte Tokico-300-mm-Doppelscheibe vorne ist besser als bei den alten Bikes, denen die W650 nachempfunden ist, aber sie ist im Vergleich zum Gesamtpaket enttäuschend, da sie ein minimales Feedback und eine gerade ausreichende Bremskraft hat. Hinten befindet sich eine 160-mm-Trommelbremse.

W650

Wenn Sie zu jung sind, um eine Original-Triumph oder -BSA besessen zu haben, als sie auf den Markt kamen, wollen Sie es vielleicht gerne einmal mit diesem Motorrad versuchen. Es ist mit allen modernen Komponenten ausgerüstet, hat aber den Charakter der guten Oldies. Außerdem können Sie an diesem Bike herumbasteln, was heutzutage nur noch selten möglich ist. Und diejenigen, die noch nie an einem Motor herumgetüftelt haben, können nun herausfinden, was ihnen gefehlt hat.

Reifen
Vorne befindet sich ein 109/90-19 57H und hinten ein 130/80-18 66H. Sie sind schlank und haben keinen besonders guten Grip, so dass es etwas schwierig ist, das Motorrad mit Schrittgeschwindigkeit zu fahren.

Auspuff
Ein Ventil saugt Luft in die vor den Ventilen liegenden Öffnungen, um die Verschmutzung zu reduzieren. Ein Unterdruckventil sorgt dafür, dass Fehlzündungen vermieden werden (zumindest in der Theorie).

Das Styling des Tanks mit seiner großen Chromplakette ist so überzeugend, dass er fast direkt von Triumph stammen könnte.

Das Chassis ist ziemlich gut. Es hat eine leichte und recht zielgenaue Lenkung sowie eine stabile Schwinge. Allerdings lässt die schlecht gefederte Aufhängung zu wünschen übrig.

Über diesen Rahmen kann man sich bei einem solchen Motorrad kaum beschweren, da er seinen Anforderungen gerecht wird. Es handelt sich um einen Stahl-Doppelschleifenrahmen mit zwei Federbeinen, die mit einer Kastenschwinge verbunden sind.

Sitz
Mit einer Sitzhöhe von 800 mm kommt die W650 für kleinere Fahrer gerade noch infrage. Die Sitzbank sieht mit ihrer abgesetzten weißen Bordüre außerdem hübsch aus.

Gabel
Die 49-mm-Gabel ist mit schwarz lackierten Holmen ausgestattet. Das passt zum Styling und zu den Gummibälgen.

Motor
Der luftgekühlte 676-ccm-SOHC-Parallel-Twin ist drehzahlfester, als Sie vermutlich annehmen, und hat einen sehr knurrigen mittleren Drehzahlbereich. Außerdem erzeugt er einen guten Klang.

Kawasaki ZR-7

Das 4-1-Auspuffsystem ist recht sauber ausgeführt und für ein so günstiges Motorrad sorgfältig verlegt.

Spiegel
Sie sind einfach, ohne Schnörkel und bieten eine ordentliche Rücksicht, wobei ihre Effektivität bei Nässe erheblich reduziert wird.

Farbpalette
Die ZR-7 ist in drei verschiedenen Farbvarianten erhältlich – in Candy Lightning Blue (siehe Fotos), in Candy Wine Red sowie in Champagner Metallic Gold – das ist ziemlich exotisch für eine solch schnörkellose Maschine.

Vorderradaufhängung
Die ZR-7 hat eine 41-mm-Teleskopgabel mit einem Federweg von 130 mm. Die Gabel ist nicht einstellbar, hat aber Plastikschützer, um die Standrohre vor hochspringenden Steinen zu schützen.

Gepäckhaken
Sie sind clever gemacht und gut positioniert, so dass das Be- und Entladen einfach ist – das ist beim Touren ein zusätzliches Plus.

ZR-7

Sie wird auch die „Nackte Wahrheit" genannt. Was das genau bedeuten soll, kann man nur vermuten. Jedenfalls sollte man sich nicht in ihr täuschen. Die ZR-7 ist ein günstiges Motorrad, das weniger kostet als viele 600er. Und obwohl einige Elemente uninspirierend sind – vor allem die Bremsen und der Motor –, steigern einige wohl überlegte Details ihre Attraktivität und lassen sie gegenüber anderen billigen Motorrädern herausragen.

Kraftübertragung
Das System ist nicht neu – es enthält eine Mehrscheiben-Nasskupplung und ein 5-Gang-Getriebe, bei dem die Zahnräder ständig ineinander greifen und indirekt betätigt werden. Allerdings gibt es ein neues Element: Kawasakis ausgezeichneten Leerlauf-Mechanismus. Wenn Sie den Hebel im Stand vom ersten Gang nach oben drücken, verhindert dieser, dass Sie durch den Leerlauf zum zweiten Gang durchschalten.

Hinterradaufhängung
Sie ist nicht so rückständig, dass Sie mit zwei Stoßdämpfern zurechtkommen müssten. Stattdessen ist die ZR-7 mit Kawasakis progressiv wirkendem Uni-Trak-Monofederbein ausgerüstet, das eine siebenfach einstellbare Federvorspannung sowie eine vierfach einstellbare Zugstufendämpfung hat. Die Kastenschwinge besteht aus rechteckigen Stahlelementen.

Der Tank hat ein großzügiges Fassungsvermögen von 22 l und bietet der Maschine somit eine Reichweite von 322 km.

Die 300-mm-Doppelscheibe mit den 2-Kolben-Schwimmzangen zeigt, warum dies ein billiges Motorrad ist. Sie erfüllt ihre Pflicht, aber auch nicht mehr.

Instrumente
Sie sind hübsch und gut lesbar. Die weißen Zifferblätter und Chromränder wirken edel.

So wie der Motor ist auch das Chassis, am modernen Standard gemessen, ein alter Hut. Es ist ein Stahlrohr-Doppelschleifenrahmen – den man bereits von Maschinen aus den 80er-Jahren kennt. Trotzdem ist er recht stabil.

Sitz
Die Sitzhöhe beträgt 800 mm und ist somit für mittelgroße bis kleine Fahrer geeignet. Tank und Heck haben ein schnittiges Styling.

Rahmen
Es handelt sich um einen traditionellen Stahlrohr Doppelschleifenrahmen, wobei das Design und moderne Materialien ihn im Vergleich zu ähnlichen älteren Varianten viel verwindungssteifer gemacht haben, ohne zulasten des Gewichts zu gehen. Daher leidet das Handling nicht darunter. Beachten Sie beispielsweise die großen diagonal verlaufenden Rohre.

Motor
Er ist nicht gerade hoch spannend, aber seit zwei Jahrzehnten ein wichtiges Kawasaki-Element. Es handelt sich um einen luftgekühlten 738-ccm-4-Zylinder mit vier Vergasern und acht Ventilen, der für die ZR-7-Version einer Reihe von Veränderungen unterzogen wurde, um die neuesten Lärmschutz- und Abgasbestimmungen zu erfüllen. Leider wird die Gasannahme dadurch beeinträchtigt – und das trotz des K-TRIC-Systems, das die Zündung je nach Position des Gasgriffs steuert.

Kawasaki ZR-7

Technische Daten

Kawasakis ZR-7 ist eine Maschine, bei der niedrige Herstellungskosten absolute Priorität hatten. Dieses Ziel konnte umgesetzt werden, indem man Teile verwendete, die bereits produziert wurden. So ist beispielsweise der Motor mit dem 4-Zylinder-Motor identisch, der sein Debüt in den 80er-Jahren bei der Z750 hatte. Das Gleiche gilt für die Aufhängung, die ebenfalls fast vollständig auf dem System der Z750 basiert.
Als heutige Maschine ist sie antiquiert, aber wenn Sie bei der Gesamtrechnung den Preis und die laufenden Kosten miteinbeziehen, ist die ZR-7 gar nicht schlecht.

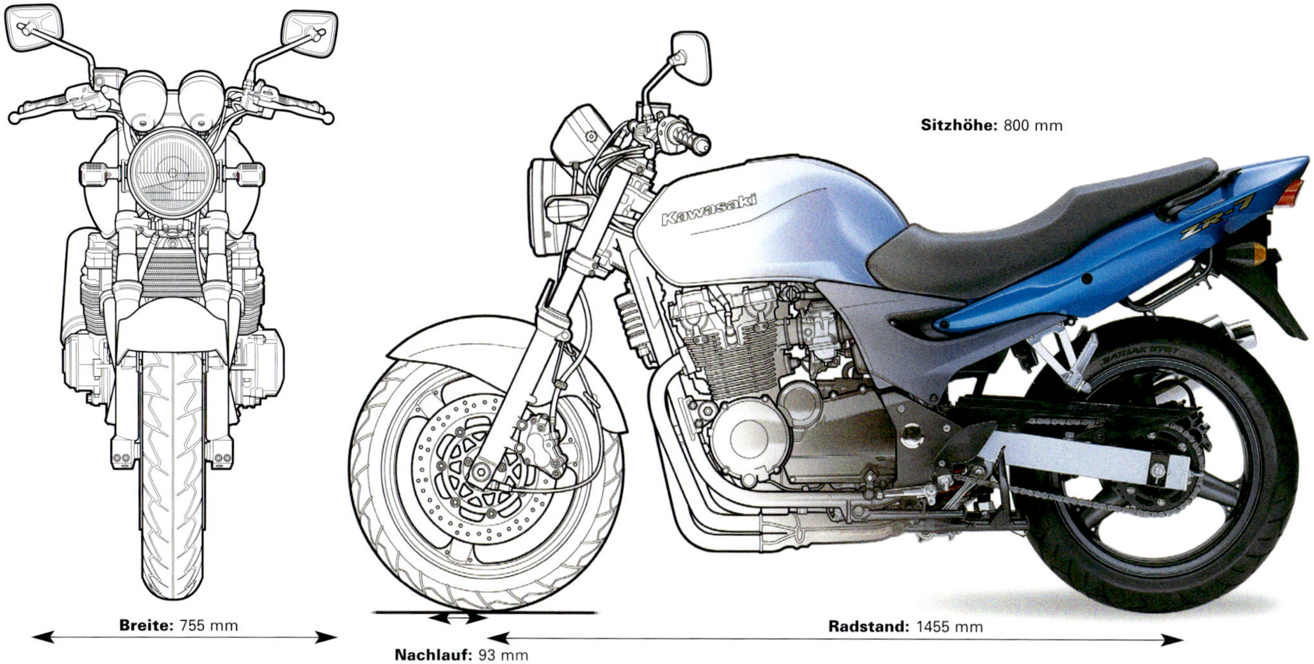

MOTOR

Typ	4-Takt-Motor
Bauart	Reihen-4-Zylinder
Hubraum	738 ccm
Bohrung	66 mm
Hub	54 mm
Verdichtungsverhältnis	9,5 : 1
Ventile	2 pro Zylinder
Kraftstoffaufbereitung	4 x 32-mm-Vergaser mit K-TRIC
Zündung	digital mit Elektrostarter
Kühlung	luftgekühlt
Nennleistung	56 kW (75 PS) bei 9500/min
Maximales Drehmoment	55 Nm bei 7500/min

KRAFTÜBERTRAGUNG

Primärantrieb	Getrieberäder
Kupplung	Mehrscheiben-Nasskupplung
Getriebe	5 Gänge mit Leerlauffindung
Sekundärantrieb	Kette

GEWICHTE UND ABMESSUNGEN

Tankvolumen	22 l
Trockengewicht	202 kg
Gewichtsverteilung	
- vorne	keine Angabe des Herstellers
- hinten	keine Angabe des Herstellers
Radstand	1455 mm
Gesamtlänge	2105 mm
Gesamtbreite	755 mm
Gesamthöhe	1075 mm
Sitzhöhe	800 mm

FAHRWERK

Rahmen	Doppelschleifenrahmen
Lenkkopfwinkel/Nachlauf	25,5°/93 mm
Vorderradaufhängung	41-mm-Teleskopgabel
Federweg	130 mm
Einstellbarkeit	keine Einstellung möglich
Hinterradaufhängung	progressiv wirkendes Uni-Trak-System
Federweg	keine Angabe des Herstellers
Einstellbarkeit	7fach einstellbare Federvorspannung und 4fach einstellbare Zugstufendämpfung
Reifen	
- Marke	Bridgestone BT57
- vorne	schlauchloser 120/70 x ZR17 58W
- hinten	160/60 x ZR17 69W
Bremsen	
- Marke	Tokico
- vorne	300-mm-Doppelscheibe mit 2-Kolben-Bremszangen
- hinten	240-mm-Singlescheibe mit 2-Kolben-Bremszange

Kawasaki *ZX-9R NINJA*

Zündzeitpunkt
Bei der Zündung wechselt die elektronische Frühverstellung zwischen 10° BTDC bei 1100/min und 32,5° bei 5000/min. Der Funke wird entweder von NGK-CR9EK- oder ND-U27ETR-Kerzen erzeugt. Die Zündreihenfolge ist von links gesehen 1-2-4-3.

Die Maschine hat eine Mehrscheiben-Nasskupplung, die leichtgängig und gut dosierbar ist.

Rücklichter
Die Doppelleuchten bieten 5 Watt für das Rücklicht und 21 Watt für das Bremslicht.

Getriebe
Das Getriebe mit den ständig ineinander greifenden Zahnrädern hat sechs relativ eng beieinander liegende Gänge. Die Übersetzungen sehen folgendermaßen aus:
1. Gang 2,571 (36/14);
2. Gang 1,941 (33/17);
3. Gang 1,556 (28/18);
4. Gang 1,333 (28/21);
5. Gang 1,200 (24/20);
6. Gang 1,095 (23/21).

Hinterradaufhängung
Das voll einstellbare Uni-Trak-Monofederbein hat einen maximalen Federweg von 130 mm.

ZX-9R

Kawasaki brachte seine beeindruckende ZX-9R 1994 auf den Markt. Dieser Supersportler bietet eine erstklassige Verarbeitungsqualität, ein vorzügliches Handling sowie eine großartige Performance. Die Maschine benötigt nur 2,87 Sekunden von 0 auf 96 km/h. Aber da es auch die Yamaha R1 und die Honda FireBlade gibt, wird die ZX-9R häufig übersehen, obwohl sie mit diesen beiden Rivalen mühelos mithalten kann.

Reifen
Die ZX-9R ist hier dem allgemeinen Trend und den Erwartungen angepasst und hat 120/70- sowie 180/55-43,2-cm-Reifen, die eine ZR-Kennung haben – also mit über 240 km/h gefahren werden dürfen.

Gewicht
1998 wurde das Modell grundlegend überarbeitet. Dabei verlor die ZX-9R 32 kg. Das Trockengewicht beträgt nun 183 kg.

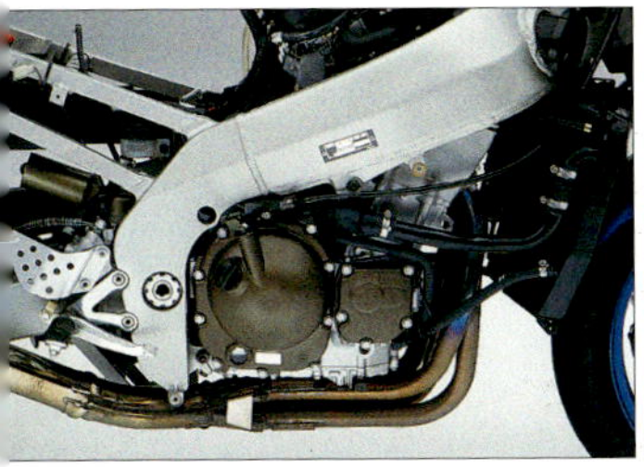

Der flüssigkeitsgekühlte 4-Takt-DOHC-4-Zylinder hat ein Verdichtungsverhältnis von 11,5 : 1 und einen Hubraum von 899 ccm. Bohrung und Hub betragen 75 x 50,9 mm.

Bei der Überarbeitung der ZX-9R und der Erfindung des C1-Modells hat Kawasaki enorm viel Gewicht beim Motor und den damit zusammenhängenden Komponenten abgespeckt. So sind Kurbelwellengehäuse, Kurbelwelle, Getriebe, Lichtmaschine, Front, Auspuff und Kupplung sowie der Kettenschutz neu und im Vergleich zum vorigen Modell um 10 kg leichter geworden.

Von der alten geschwungenen modischen Schwinge hat man sich verabschiedet. Ersetzt wurde sie durch eine einfachere, leichtere, aber ebenso starke konventionelle Kastenschwinge.

Wendekreis
Die ZX-9R hat einen Mindestwendekreis von 3,2 m.

Beifahrersitz
Der Beifahrersitz ist deutlich erhöht (so dass man sich anfangs an Bord etwas unsicher fühlt), aber erstaunlich geräumig und bequem. Obwohl die Fußrasten hoch montiert sind, muss man sich nicht so stark verrenken wie bei den meisten Rennreplikas.

Gabel
Die Vorderradaufhängung ist konventionell gestaltet. Sie ist voll einstellbar und hat einen Federweg von 120 mm.

Vorderradbremse
So stark die Tokico-6-Kolben-Bremszangen auch aussehen, die tatsächliche Bremsleistung ist überraschenderweise nur durchschnittlich. Das liegt wohl an der Kombination des niedrigen Schwerpunkts des Bikes, des Gabelverhaltens, der Bereifung und des Bremssystems selbst. Unsere Testfahrer schafften es lediglich, die Maschine innerhalb von 103,4 m von 160 km/h zum Stand zu bringen – das ist im Vergleich mit anderen hochkarätigen Supersportlern bescheiden.

Kawasaki ZX-9R NINJA

Technische Daten

Eine Kawasaki ZX-9R zu besitzen, bedeutet, ein Motorrad zu haben, das viel mehr Potenzial hat, als ihm je zugebilligt wurde. Es ist wahrscheinlich eins der am meisten unterschätzten Motorräder aller Zeiten. Dafür gibt es viele Gründe. Nicht zuletzt liegt es an der Tatsache, dass Yamahas beeindruckende R1 zur gleichen Zeit auf den Markt kam wie Kawasakis überarbeitete ZX-9R. Aber sehen Sie sich die Fakten an – eine Höchstgeschwindigkeit von 296 km/h, von 0 auf 160 km/h in 6,54 Sekunden – und aus dem Stand innerhalb von 400 m und 10,76 Sekunden auf 219 km/h. Das sind Zahlen, die für sich sprechen – es ist eine erstaunliche Maschine.

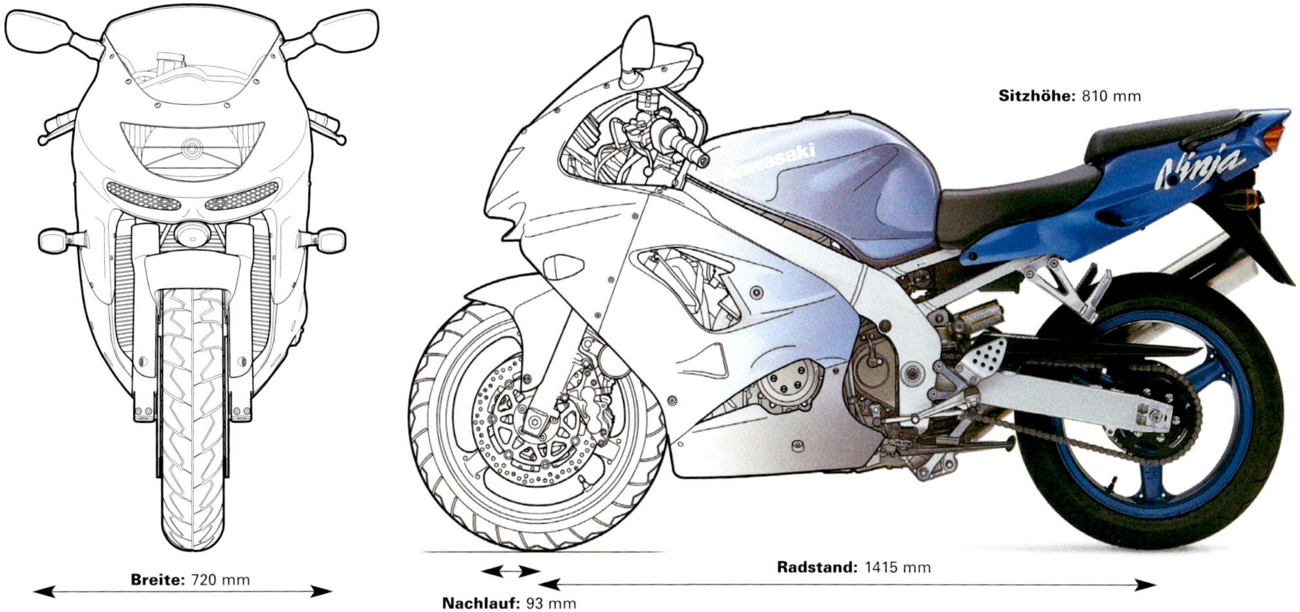

MOTOR

Typ	4-Takt-Motor
Bauart	DOHC-Reihen-4-Zylinder
Hubraum	899 ccm
Bohrung	75 mm
Hub	50,9 mm
Verdichtungsverhältnis	11,5 : 1
Ventile	4 pro Zylinder
Kraftstoffaufbereitung	4 x 40-mm-Keihin-Gleichdruck-Vergaser
Zündung	digital elektronisch
Kühlung	flüssigkeitsgekühlt
Nennleistung	104 kW (139,8 PS) bei 11254/min
Maximales Drehmoment	98,1 Nm bei 9260/min

MOTORLEISTUNG

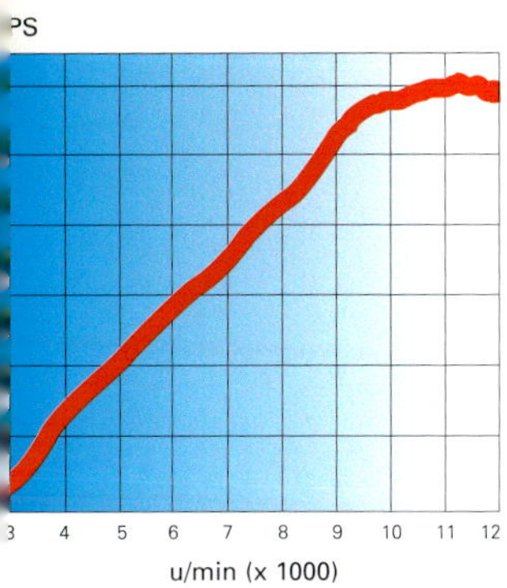

Unabhängige Testmessungen (s. o.) weichen von den Angaben des Herstellers ab.

KRAFTÜBERTRAGUNG

Primärantrieb	Getrieberäder
Kupplung	Mehrscheiben-Nasskupplung
Getriebe	6 Gänge
Sekundärantrieb	Kette

GEWICHTE UND ABMESSUNGEN

Tankvolumen	19 l
Trockengewicht	183 kg
Gewichtsverteilung	
- vorne	keine Angabe des Herstellers
- hinten	keine Angabe des Herstellers
Radstand	1415 mm
Gesamtlänge	2050 mm
Gesamtbreite	720 mm
Gesamthöhe	1155 mm
Sitzhöhe	810 mm

FAHRWERK

Rahmen	Brückenrahmen
Lenkkopfwinkel/Nachlauf	24°/93 mm
Vorderradaufhängung	46-mm-Teleskopgabel
Federweg	120 mm
Einstellbarkeit	Federvorspannung sowie Druck- und Zugstufendämpfung
Hinterradaufhängung	progressiv wirkendes Monofederbein
Federweg	130 mm
Einstellbarkeit	voll einstellbar
Reifen	
- Marke	verschiedene
- vorne	120/70 x ZR17
- hinten	180/55 x ZR17
Bremsen	
- Marke	Tokico
- vorne	296-mm-Doppelscheibe und Bremszangen mit 6 gegenüberliegenden Kolben
- hinten	220-mm-Singlescheibe, 1-Kolben-Bremszange

Kawasaki ZX-9R NINJA

Der hintere Hilfsrahmen ist leichter als vorher und außerdem komplett abnehmbar.

Cockpit
Der analoge Drehzahlmesser ist mit einem leichten, digitalen LCD-Tacho gepaart. Zudem bietet das Cockpit eine Motortemperaturanzeige, eine Uhr sowie die üblichen Informationen.

Verkleidung
Die neue Gestaltung der Verkleidung im oberen Bereich umfasst aggressiv wirkende Doppelscheinwerfer, die so ähnlich aussehen wie die Scheinwerfer der mit der ZX-9R verwandten ZX-6R und ZX-12. Der Windschutz ist besser als bei den meisten Motorrädern dieser Klasse.

Gabel
Bei der 46-mm-Gabel sind Federvorspannung sowie Druck- und Zugstufendämpfung einstellbar. Sie bietet eine angenehme Fahrqualität mit einem guten Ansprechverhalten.

ZX-9R

Das 2000er-Modell der ZX-9R prahlt mit einer Reihe von Verbesserungen, um sich besser gegen die Konkurrenten wie die Honda FireBlade oder die Yamaha R1 durchsetzen zu können. Die Bremsen und das Handling sind besser als vorher und zusammen mit den Kernqualitäten des Motorrads – der guten Verarbeitungsqualität, dem flexiblen Motor und dem gutmütigen Fahrverhalten – ist die Maschine attraktiver als je zuvor.

Vorderradbremse
Die 6-Kolben-Tokico-Bremszangen haben unterschiedliche Kolbengrößen, um einen gleichmäßigen Druck der Bremsbeläge zu erzeugen. Sie bieten eine enorme Bremskraft mit einem guten Feedback für den Fahrer. Die Scheiben haben einen Durchmesser von 310 mm.

Reifen
Vorne beträgt die Größe nach wie vor 120/70, aber hinten ist der Reifen jetzt mit 190/50 bulliger als vorher.

Hinterradaufhängung
Kawasakis Uni Trak Monofederbein-Aufhängung wurde überarbeitet, um eine vollkommen lineare Aufhängung zu gewährleisten. Bei früheren Modellen wurde eine progressiv wirkende Dämpfung verwendet.

Am Heck hat das 2000er-Modell der ZX-9R immer noch zwei charakteristische ovale Rücklichter.

Nach wie vor wird eine Kastenschwinge verwendet, die aber noch leichter und stärker ist als zuvor.

Lenkung
Die Geometrie wurde durch eine Vergrößerung des Nachlaufs von 93 mm auf 97 mm verändert. Der Lenkkopfwinkel ist gleich geblieben.

Der Aluminium-Brückenrahmen hat einen Radstand von 1415 mm, einen Nachlauf von 97 mm und einen Lenkkopfwinkel von 24°, so dass eine gute Kombination aus Stabilität und Beweglichkeit erzielt wird.

Sitz
Er ist gut eingepasst und zudem bequemer und sicherer als bei vielen Rennreplikas. Auch der Beifahrerkomfort ist nicht allzu schlecht.

Ram-Luftführungen
Neu geformte Ram-Luftführungen unterhalb der Scheinwerfer verbessern gegenüber dem Vorgängermodell die Atmungseffizienz.

Motor
Er wurde für das 2000er-Modell vom Kurbelwellengehäuse aufwärts ganz neu gestaltet und mit einer Keramikbeschichtung versehen, um Gewicht zu sparen, die Wärmeableitung zu verbessern und das Kolbenspiel zu reduzieren. Der flüssigkeitsgekühlte 899-ccm-Motor hat zwei oben liegende Nockenwellen und vier Vergaser. Er bietet eine enorme Spitzenleistung sowie viel Kraft im unteren und mittleren Drehzahlbereich.

Kawasaki ZX-9R NINJA

Technische Daten

Diese Maschine ist viel mehr als nur ein überarbeitetes Modell: Veränderungen bei den Bremsen, Rädern, der Vorderrad- und Hinterradaufhängung sowie ein neuer Rahmen und eine neue Schwinge zeigen, dass wenig vom alten Motorrad übrig geblieben ist. Darüber hinaus wurde die Verkleidung neu gestaltet, um der Maschine ein frischeres Aussehen zu verleihen. Weitere Veränderungen umfassen einen leichteren und kompakteren Drehzahlmesser, der in seinem Zifferblatt eine zusätzliche LCD-Anzeige enthält. (Sie zeigt die Gesamt- und Tageskilometer sowie die Uhrzeit an.) Zudem wurde die alte Einstellschraube für das Kupplungsspiel durch eine Stufenrastung ersetzt.

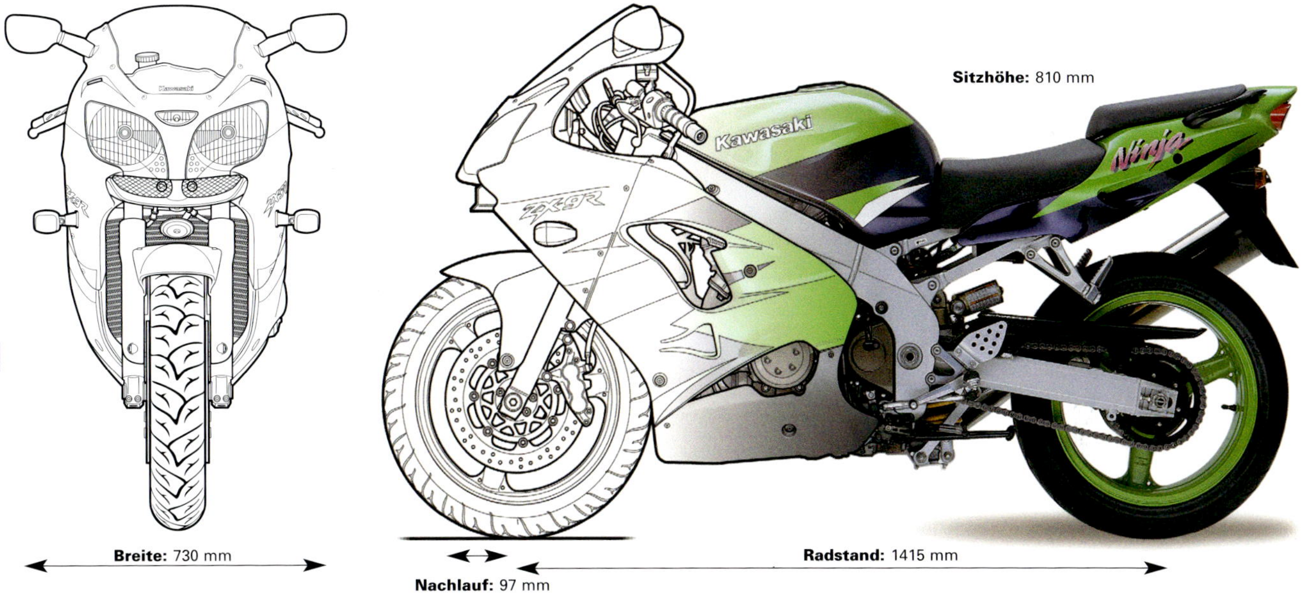

MOTOR

Typ	4-Takt-Motor
Bauart	Reihen-4-Zylinder
Hubraum	899 ccm
Bohrung	75 mm
Hub	50,9 mm
Verdichtungsverhältnis	12,2 : 1
Ventile	4 pro Zylinder
Kraftstoffaufbereitung	4 x 40-mm-Keihin-Vergaser
Zündung	digital
Kühlung	flüssigkeitsgekühlt
Nennleistung	93,2 kW (125 PS) bei 10000/min
Maximales Drehmoment	95,2 Nm bei 8900/min

MOTORLEISTUNG

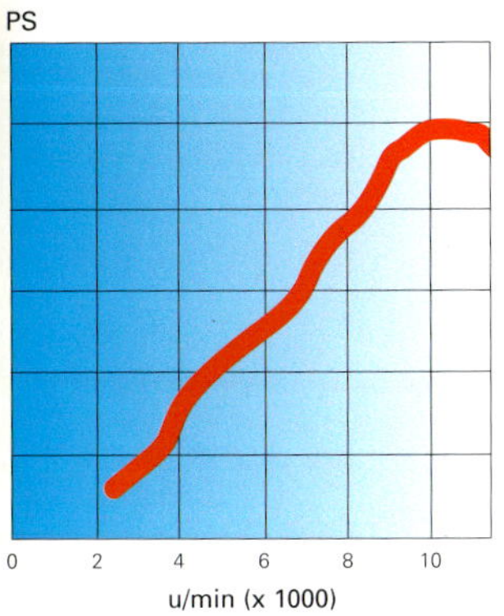

Unabhängige Testmessungen (s. o.) weichen von den Angaben des Herstellers ab.

KRAFTÜBERTRAGUNG

Primärantrieb	Getrieberäder
Kupplung	Mehrscheiben-Nasskupplung
Getriebe	6 Gänge
Sekundärantrieb	Kette

GEWICHTE UND ABMESSUNGEN

Tankvolumen	19 l
Trockengewicht	183 kg
Gewichtsverteilung	
- vorne	keine Angabe des Herstellers
- hinten	keine Angabe des Herstellers
Radstand	1415 mm
Gesamtlänge	2050 mm
Gesamtbreite	730 mm
Gesamthöhe	1155 mm
Sitzhöhe	810 mm

FAHRWERK

Rahmen	Aluminium-Brückenrahmen
Lenkkopfwinkel/Nachlauf	24°/97 mm
Vorderradaufhängung	46-mm-Teleskopgabel
Federweg	120 mm
Einstellbarkeit	Federvorspannung sowie Druck- und Zugstufendämpfung
Hinterradaufhängung	ein Federbein
Federweg	135 mm
Einstellbarkeit	Federvorspannung, Druck- und Zugstufendämpfung sowie Fahrhöhe
Reifen	
- Marke	verschiedene
- vorne	120/70 x 17
- hinten	190/50 x 17
Bremsen	
- Marke	keine Angabe des Herstellers
- vorne	halb schwimmend gelagerte 310-mm-Doppelscheibe und 6-Kolben-Bremszangen
- hinten	220-mm-Singlescheibe, radial montierte 1-Kolben-Bremszange

Kawasaki ZX-10R

Dieser Ausschnitt bietet einen hervorragenden Blick ins Innere des Motors der ZX-10R. Man erkennt die leichten geschmiedeten Kolben sowie die Titanauspuffventile. Obwohl es sich um einen konventionellen Reihen-4-Zylinder-Motor mit 16 Ventilen und 998 ccm handelt, bietet er eine phänomenale Performance. Das Einspritzsystem mit zwei Ventilen pro Zylinder und das Butterfly-Auspuffventil sind ebenfalls auf dem Foto sichtbar.

Scheinwerfer
Die beiden großen Reflektorscheinwerfer bieten mit ihren zwei kleinen Lampen in der Mitte eine brillante Ausleuchtung. Beim Abblendlicht leuchtet nur eine Birne.

Blinker
Diese hübschen Blinker sind bündig in die Verkleidung integriert und reduzieren daher Turbulenzen bei hohen Geschwindigkeiten. Darüber hinaus verleihen sie der Frontverkleidung ein stylisches Aussehen.

Luftführung
Die große, zentral positionierte Luftführung versorgt die Airbox bei hohen Geschwindigkeiten mit gestauter, kühler Luft und steigert so die Leistung. Die Luft wird direkt durch den Lenkkopfbereich des Rahmens geleitet.

ZX-10R

Als sie im Jahr 2003 auf den Markt kam, erntete sie schnell den Beifall der Kritiker. Kawasakis ZX-10R Ninja bietet eine Performance der Superlative und sowohl auf der Straße als auch auf der Rennbahn ist sie die Beste in ihrer Klasse. Ihr Motor produziert 135 kW (181 PS), während das Motorrad lediglich 170 kg auf die Waage bringt. Das Hightechdesign der Ninja umfasst eine Benzineinspritzung mit elektronischer Frühverstellung, eine erstklassige Rahmengestaltung sowie ein charakteristisches MotoGP-Styling.

Blinker
Spezielle kleine Blinker sind unterhalb des Hecks angebracht.

Rücklicht
Eine helle, zuverlässige LED-Leuchte ersetzt die konventionelle Glühlampe. Sie spart Gewicht, ist wartungsärmer und verbraucht weniger Strom. Zudem leuchtet das Bremslicht schneller auf und bietet somit mehr Sicherheit im Verkehr.

Hinterreifen
Die ZX-10R ist mit einem sehr breiten 190/50-ZR-17-Reifen ausgestattet, der einen sehr guten Grip hat. Er ist auf eine Aluminiumgussfelge mit dünnen Speichen aufgezogen. Serienmäßig wurde die Maschine mit Dunlop-D218- oder Bridgestone-BT-014-Reifen geliefert. Letztere sind auf den Fotos zu sehen.

Schalldämpfer
Der Endtopf ist sehr hoch und eng am Motorrad montiert, um die Schräglagenfreiheit bei extremen Kurvenlagen zu verbessern.

Sitz
Der Fahrersitz hat auf beiden Seiten große Aussparungen, damit der Fahrer sich bei Manövern bei hoher Geschwindigkeit oder bei Richtungswechseln gut hin und her bewegen kann.

Verkleidung
Diese Ansicht von oben zeigt die weichen, aerodynamischen Kurven der Verkleidung der ZX-10R.

Die ZX-10R war die erste Serienmaschine, bei der blütenförmige Bremsscheiben verwendet wurden. Diese so genannten Wave-Bremsscheiben sind leichter als die üblichen runden Scheiben. Zudem sind sie resistenter gegen Überhitzung und Verformungen. Die radial montierten 4-Kolben-Tokico-Bremszangen haben vier individuelle Bremsbeläge, um eine herausragende Bremsleistung zu erzielen.

Der unkonventionelle Rahmen verläuft vorwiegend oberhalb des Motors, so dass die Maschine insgesamt schmaler gestaltet werden konnte, was die Aerodynamik verbessert. Der Rahmen besteht aus gegossenen und gepressten Aluminiumelementen, die in einer stabilen, leichten Konstruktion miteinander verschweißt sind.

Aussparungen in der Verkleidung
Große Aussparungen in der Seitenverkleidung sorgen dafür, dass heiße Luft aus dem Kühler entweichen kann, und verbessern die Ableitung der Luft durch die ZX-10R hindurch und an ihr entlang. Das vermindert Verwirbelungen bei hohen Geschwindigkeiten.

Soziussitz
Wie die meisten Supersportler hat auch die ZX-10R für einen Beifahrer nur recht begrenzt Platz. Abgesehen von ganz kleinen Beifahrern werden alle aufgrund des kleinen Sitzes und der hohen Fußrasten zu leiden haben.

Auspuffsystem
Die Rohre sowie der ovale Schalldämpfer bestehen aus hartem, leichtem Titan. Ein Butterflyventil im Hauptrohr öffnet und schließt sich bei verschiedenen Motordrehzahlen, um die Abgaseigenschaften den Motorbedürfnissen anzupassen und somit die Leistung im mittleren Drehzahlbereich zu verbessern.

Gabel
Federvorspannung sowie Druck- und Zugstufendämpfung sind bei der 43-mm-Upside-Down-Gabel voll einstellbar. Die Standrohre haben auf der Innenseite eine spezielle Carbonbeschichtung, um die statische Reibung zu mindern und die Gabel noch geschmeidiger zu machen.

Schwinge
Die ZX-10R hat eine besonders lange Schwinge, um den Grip des Hinterreifens sowie die Stabilität beim Beschleunigen zu verbessern. Die spezielle Aluminiumkonstruktion macht sie extrem verwindungssteif und sehr leicht.

Kawasaki GPZ1100

Die Spiegel haben ein charakteristisches Design und sind sowohl breit genug als auch vibrationsfrei, so dass sie bei jeder Geschwindigkeit nützlich sind.

Die Verkleidung wird gut mit hochspringenden Steinen fertig und verkraftet sogar Stürze bei niedriger Geschwindigkeit. Sie bietet dem Motorrad einen umfassenden Schutz und hält auch die Beine des Fahrers relativ trocken.

Verkleidungsscheibe
Sie erfüllt zu 90 Prozent ihren Zweck, trotzdem tauschen Besitzer, die gerne touren, die Scheibe häufig gegen einen höheren Windschutz aus, um einen größeren Komfort zu erreichen.

Getriebe
Das 6-Gang-Getriebe ist bei allen Bedingungen sehr artig, es hat eine exakte Rastung, und die Gänge springen nur selten heraus. Die Übersetzungen sehen folgendermaßen aus:
1. Gang 2,8 : 1.
2. Gang 2,055 : 1;
3. Gang 1,59 : 1;
4. Gang 1,333 : 1;
5. Gang 1,153 : 1;
6. Gang 1,035 : 1;
Bei der Kupplung handelt es sich um eine Mehrscheiben-Nasskupplung. Der Endantrieb erfolgt über eine Kette.

Lenkgeometrie
Mit einem Lenkkopfwinkel von 27° und einem Nachlauf von 110 mm ist die GPZ1100 zweifellos eher als Tourer denn als Supersportler angelegt. Obwohl sie sich unter den meisten Bedingungen stabil verhält, berichten einige Fahrer, dass die Front unruhig wird und zu pendeln beginnt, wenn sie freihändig fahren.

Fußrasten
Im Kreisverkehr und bei engen Kurven berühren sie leicht den Boden.

GPZ1100

In ihrer Heimat ist sie eine Art Kultbike, hier kam sie jedoch fast als Schnäppchen auf den Markt. Sie macht alles ganz gut, aber nichts wirklich herausragend. Trotzdem sind diejenigen, die eine GPZ1100 besitzen, offensichtlich zufrieden damit, da sie nur selten gebraucht verkauft wird. Die GPZ ist eher ein Tourer als ein Sportbike und eine zuverlässige Maschine.

Reifen
Sie wirken im Vergleich zum heutigen Standard der großen Bikes fast schon dünn. Hinten haben die Reifen eine Größe von 170/60 x ZR17 und vorne von 120/70 x ZR17.

Hinterradbremse
Sie funktioniert relativ gut, ist aber schwer dosierbar.

Trotz ihrer wuchtigen Erscheinung ist die Vorderradbremse der GPZ keine herausragende Wahl. Unsere Testfahrer haben sie auf der Straße an ihre Grenze gebracht (und sie heißlaufen lassen) und auf diese Weise einen Punkt erreicht, an dem die Bremsen auf beunruhigende Weise versagten. Dieses Problem trat bei mindestens drei Exemplaren der GPZ1100 auf, was darauf hindeutet, dass es sich nicht um einen Einzelfall handelt. 1996 wurde die Maschine mit ABS als Sonderausstattung geliefert.

Der Stahl-Doppelschleifenrahmen ist sehr stabil und hält den fast legendären ZZR1100-Motor umschlossen (der für den mittleren Drehzahlbereich gedrosselt wurde).

Trockengewicht
Mit 242 kg weigert die GPZ sich, die Kurven wie ein Supersportler zu nehmen. Sie ist allerdings beweglicher, als man aufgrund ihres Gewichts annehmen würde.

Tank
Er hat ein Fassungsvermögen von 22 l.

Sitzhöhe
Sie ist mit 790 mm durchschnittlich hoch.

Scheinwerfer
Er ist relativ klein, aber effektiv bei Nacht.

Wendekreis
Er ist mit 1,20 m durchschnittlich bis gut für ein Motorrad dieser Gattung.

Motor
Der traditionelle 4-Takt-DOHC-Motor hat 16 Ventile und vier Zylinder. Der Hubraum beträgt 1052 ccm, das Verdichtungsverhältnis liegt bei 11 : 1, Bohrung und Hub haben die Maße 76 x 58 mm. Vier 34-mm-Keihin-Vergaser stimmen das Benzin-Luftgemisch ab, während NGK-CR9EK-Zündkerzen (und manchmal auch ND-U27ETR-Zündkerzen) den Funken erzeugen.

Kawasaki GPZ1100

Technische Daten

Die GPZ1100 stand immer im Schatten der ZZ-R1100, was nicht sonderlich überrascht, da der Motor eine gedrosselte ZZ-R-Maschine ist. Aber während Letztere eine reine Sportmaschine war, richtete sich die GPZ an diejenigen, die nicht nur ein sportliches Motorrad wollten, sondern eines, das zudem stylisch war und Tourerqualitäten aufweisen konnte. Die Maschine hat ihre guten Seiten, aber in einigen Bereichen schneidet sie schlecht ab, unter anderem bei den Bremsen. Doch der Motor der GPZ ist stark und zuverlässig, und so ist sie eine gute Wahl für diejenigen, denen die ZZ-R gefällt, die aber eher eine Allrounderin möchten.

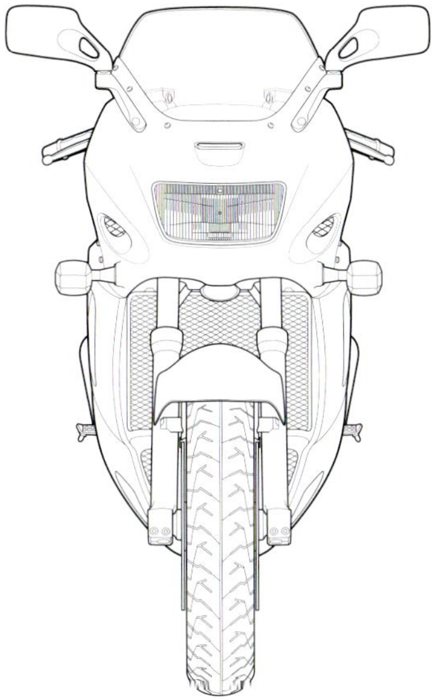

MOTOR

Typ	4-Takt-Motor
Bauart	Reihen-4-Zylinder
Hubraum	1052 ccm
Bohrung	76 mm
Hub	58 mm
Verdichtungsverhältnis	11 : 1
Ventile	4 pro Zylinder
Kraftstoffaufbereitung	4 x 34-mm-Vergaser
Zündung	digital elektronisch
Kühlung	flüssigkeitsgekühlt
Nennleistung	86 kW (115,4 PS) bei 11500/min
Maximales Drehmoment	97,1 Nm bei 7900/min

MOTORLEISTUNG

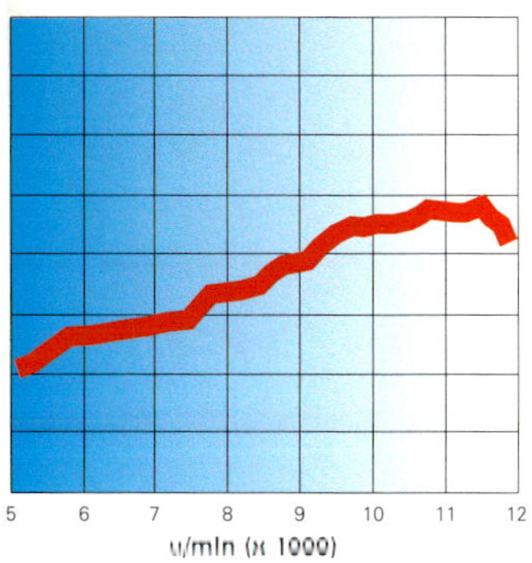

Unabhängige Testmessungen (s. o.) weichen von den Angaben des Herstellers ab.

KRAFTÜBERTRAGUNG

Primärantrieb	Getrieberäder
Kupplung	Mehrscheiben-Nasskupplung
Getriebe	6 Gänge
Sekundärantrieb	Kette

GEWICHTE UND ABMESSUNGEN

Tankvolumen	22 l
Trockengewicht	242 kg
Gewichtsverteilung	
- vorne	keine Angabe des Herstellers
- hinten	keine Angabe des Herstellers
Radstand	1510 mm
Gesamtlänge	keine Angabe des Herstellers
Gesamtbreite	keine Angabe des Herstellers
Gesamthöhe	keine Angabe des Herstellers
Sitzhöhe	790 mm

FAHRWERK

Rahmen	Stahl-Doppelschleifenrahmen
Lenkkopfwinkel/Nachlauf	27°/110 mm
Vorderradaufhängung	41-mm-Teleskopgabel
Federweg	keine Angabe des Herstellers
Einstellbarkeit	Federvorspannung sowie Zugstufendämpfung
Hinterradaufhängung	Uni-Trak
Federweg	keine Angabe des Herstellers
Einstellbarkeit	Federvorspannung sowie Zugstufendämpfung
Reifen	
- Marke	keine Angabe des Herstellers
- vorne	120/70 x 17
- hinten	170/60 x 17
Bremsen	
- Marke	keine Angabe des Herstellers
- vorne	Doppelscheibenbremse
- hinten	Einscheibenbremse

Kawasaki ZZ-R1100

Bei der 43-mm-Teleskopgabel lassen sich lediglich die Federvorspannung sowie die Zugstufendämpfung einstellen, aber das genügt.

Spiegel
Sie haben eine ordentliche Größe, eine gute Position und sind zum Glück frei von störenden und verzerrenden Vibrationen. Kurz: Sie funktionieren gut.

Sämtliche Informationen sind im ziemlich übersichtlichen Cockpit ablesbar. Der Griffe haben eine bequeme Fahrposition.

Motor
Der 1052-ccm-Reihen-4-Zylinder war wahrscheinlich das beste Motorradkraftwerk, bevor Suzukis Hayabusa auf den Markt kam. Sogar Hondas Super Blackbird konnte diesen Motor nicht schlagen. Am Hinterrad einer gut getuneten ZZ-R1100 kann man durchaus zirka 100 kW (135 PS) erwarten, was insgesamt 112 kW (150 PS) entspricht, wenn man den Ram-Air-Effekt der Airbox berücksichtigt, die mit gestauter Luft gefüllt ist.

Vorderradaufhängung
Die fehlende Einstellbarkeit der Druckstufendämpfung ist nicht tragisch, da das Motorrad eher die Rolle eines Tourensportlers denn einer Rennreplika erfüllt. Die Federung ist serienmäßig weich, so dass sie Bodenwellen gut ausgleicht, die Front beim Bremsen aber deutlich eintauchen lässt.

ZZ-R1100

Die ZZ-R1100 gibt es bereits seit einer ganzen Weile, aber sie gehört immer noch zu den besten Motorrädern. Im Laufe der Jahre wurde sie überarbeitet, um den hohen Standard, der von Kawasaki entwickelt wurde, zu bewahren.

Hinterradaufhängung
Das progressiv wirkende Monofederbein bietet nichts Neues, aber es erfüllt seine Aufgabe, die 233 kg mit ihren 112 kW (150 PS) zu kontrollieren, recht gut. Da das Motorrad aus Gründen des Komforts recht weich gefedert ist, wird es bei einer zu enthusiastischen Betätigung des Gasgriffs beim Austritt aus Kurven zu schlingern beginnen.

Bodenfreiheit
Für eine tourensportliche Fahrweise ist die Bodenfreiheit mehr als ausreichend, aber wenn sie im Eddie-Lawson-Stil fahren, können die Fußrasten, rasch gefolgt von einem Schalldämpfer, am Boden entlangschrammen. Das ist aber eigentlich nur ein Problem auf der Rennbahn, wobei diese kaum der natürliche Aufenthaltsort der ZZ-R1100 sein dürfte.

Reifen
Der Original-180/55-x-17-Hinterreifen war es wert, besonders herausgestellt zu werden, als die ZZ-R1100 auf den Markt kam. Einige Besitzer kürzten sogar den hinteren Spritzschutz, um den massigen Reifen besser zur Geltung zu bringen. Heute wirkt er weniger beeindruckend, da bereits 190er-Reifen erhältlich sind. Vorne ist die Maschine mit 120/70-x-17-Reifen ausgestattet, so dass man eine große Auswahl an Ersatzreifen hat.

In einigen Ländern ist der Auspuff mittlerweile mit dem so genannten KLEEN-System von Kawasaki ausgerüstet. Es enthält einen Katalysator im Auspufftopf, zudem wird frische Luft in die Auspufföffnungen geleitet, und außerdem befindet sich eine Katalysatorvorstufe in den unmittelbar an den Endtopf angeschlossenen Rohren.

Der Leichtmetall-Brückenrahmen ist mittlerweile im Vergleich zu moderneren Elementen alt und schwer. Er ist innerhalb seiner Klasse sicherlich nicht der Leichteste und Stabilste, aber er hat viele Jahre lang durchaus gute Dienste geleistet!

Tank
Er hat ein beeindruckendes Fassungsvermögen von 24 l, wirkt aber trotzdem nicht zu wuchtig. Sie können mit 257–306 km Reichweite zwischen den Tankstationen rechnen.

Ram-Air-System
Die riesigen Luftführungen unterhalb des Scheinwerfers saugen Luft in die Airbox hinein, die dort gestaut wird. Auf diese Weise wird ein verdichteteres Gemisch in die Verbrennungskammern geleitet, was zu einer besseren und vollständigeren Verbrennung – und somit zu einer größeren Leistung – führt.

Sitz
Er ist mit 780 mm überraschend niedrig, so dass kleinere Fahrer sich auf der ZZ-R1100 wohl fühlen. Außerdem ist er bequem und unterstreicht somit die übrige Gestaltung des Motorrads, die darauf angelegt ist, zahlreiche Kilometer zurückzulegen.

Soziuskomfort
Passagiere sind hier gut versorgt. Der breite Sitz, die gute Haltestange und die niedrigen Fußrasten sollten dafür sorgen, dass die Beifahrer hohe Geschwindigkeiten und lange Distanzen nicht als allzu anstrengend empfinden.

Vorderradbremse
Die halb schwimmend gelagerte 320 mm Doppelscheibe und die 4-Kolben-Tokico-Bremszangen mit ihren gegenüberliegenden Kolben kommen angesichts der potenziell enormen Höchstgeschwindigkeit dieses Motorrads ganz gut zurecht, lassen aber nach zwei aufeinander folgenden Vollbremsungen bei hoher Geschwindigkeit deutlich nach. Das liegt allerdings eher am schweren Trockengewicht von 233 kg und hat nichts mit etwaigen Mängeln der Bremselemente zu tun.

Hauptständer
Ein Hauptständer ist heutzutage eher eine Seltenheit, aber essenziell für Wartungsarbeiten bei einer so großen und schweren Maschine. Das Hinterrad auswechseln zu können, ohne zusätzlich Geld für einen Motorradheber ausgeben zu müssen, ist ein Bonus.

Kawasaki *ZZ-R1100*

Technische Daten

In den letzten beiden Jahrzehnten haben Motorräder eine enorme Entwicklung durchgemacht. Wer hätte sich, als die ZZ-R1100 im Jahr 1990 auf den Markt kam – und großen Anklang bei einem breiten Publikum fand, andere aber angesichts ihrer Geschwindigkeit mit Sorge erfüllte –, damals die Yamaha YZF-R1 vorstellen können, die in 2,5 Sekunden von 0 auf 96 km/h beschleunigt, oder die Hayabusa mit ihrer Höchstgeschwindigkeit von knapp 322 km/h? Trotzdem hat sich die ZZ-R1100 nicht von den neuen Rivalen abschütteln lassen. Sie war ein Motorrad, das seiner Zeit sehr weit voraus war, und kann es daher immer noch mit den anderen aufnehmen.

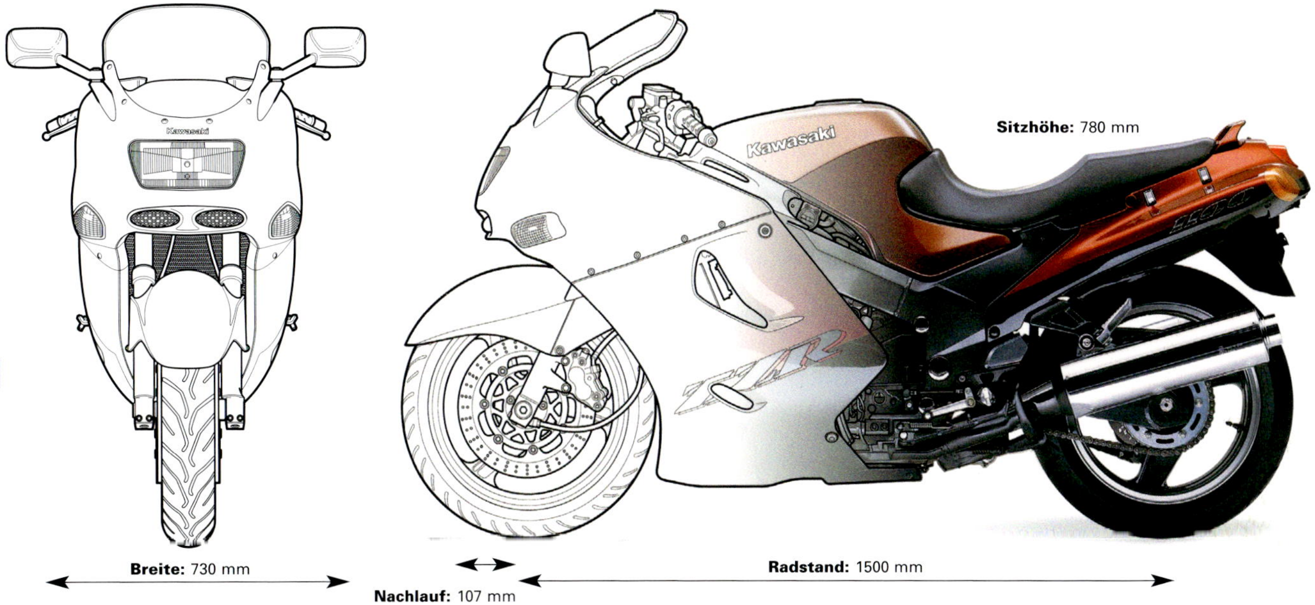

MOTOR

Typ	4-Takt-Motor
Bauart	Reihen-4-Zylinder
Hubraum	1052 ccm
Bohrung	76 mm
Hub	58 mm
Verdichtungsverhältnis	11 : 1
Ventile	4 pro Zylinder
Kraftstoffaufbereitung	Ram-Air-System, 4 x 40-mm-Vergaser
Zündung	digital elektronisch
Kühlung	flüssigkeitsgekühlt
Nennleistung	93,9 kW (125,9 PS) bei 10200/min
Maximales Drehmoment	98,1 Nm bei 8500/min

MOTORLEISTUNG

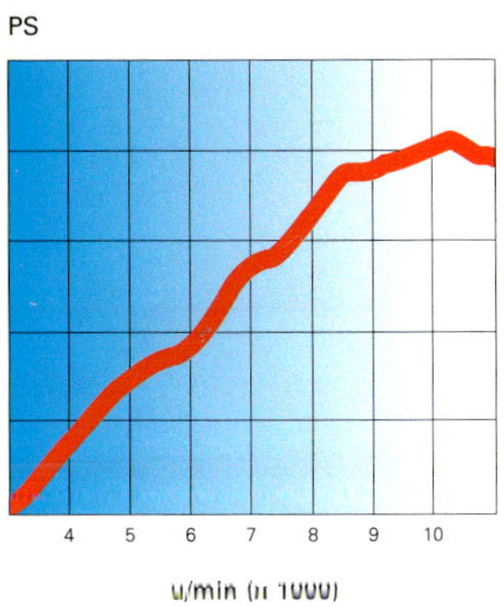

Unabhängige Testmessungen (s. o.) weichen von den Angaben des Herstellers ab.

KRAFTÜBERTRAGUNG

Primärantrieb	Getrieberäder
Kupplung	Mehrscheiben-Nasskupplung
Getriebe	6 Gänge
Sekundärantrieb	Kette

GEWICHTE UND ABMESSUNGEN

Tankvolumen	24 l
Trockengewicht	233 kg
Gewichtsverteilung	
- vorne	keine Angabe des Herstellers
- hinten	keine Angabe des Herstellers
Radstand	1500 mm
Gesamtlänge	2165 mm
Gesamtbreite	730 mm
Gesamthöhe	1205 mm
Sitzhöhe	780 mm

FAHRWERK

Rahmen	Aluminium-Perimeterrahmen
Lenkkopfwinkel/Nachlauf	26,5°/107 mm
Vorderradaufhängung	43-mm-Teleskopgabel
Federweg	120 mm
Einstellbarkeit	Federvorspannung sowie Zugstufendämpfung
Hinterradaufhängung	Uni-Trak, Aluminiumschwinge
Federweg	112 mm
Einstellbarkeit	Federvorspannung sowie Zugstufendämpfung
Reifen	
- Marke	Dunlop D204 und verschiedene andere
- vorne	120/70 x ZR17
- hinten	180/55 x ZR17
Bremsen	
- Marke	Tokico
- vorne	halb schwimmend gelagerte 320-mm-Doppelscheibe, Bremszangen mit 4 gegenüberliegenden Kolben
- hinten	250-mm-Einscheibenbremse mit Singlebremszange

Kawasaki ZRX1100

Bei den Bremsen werden wie bei anderen Kawasaki-Modellen Tokico-Bremszangen verwendet. Vorne stammt das Bremssystem von der ZX-7RR Ninja. Es hat zwei 6-Kolben-Bremszangen und eine halb schwimmend gelagerte 310-mm-Edelstahl-Doppelscheibe. Bei der Hinterradbremse ist dagegen eine 250-mm-Einscheibenbremse im Einsatz.

Das Benzin wird von vier 36-mm-Keihin-Gleichdruckvergasern bereitgestellt.

Lenker
Er hat eine neutrale Position, was zusammen mit den auf mittlerer Höhe angebrachten Fußrasten für eine entspannte Fahrposition sorgt. Praktisch ist, dass der maximale Lenkeinschlag 38° beträgt, was einem das Wenden in drei Zügen auf engen Straßen erspart.

Verkleidung
Der „C-Typ" der ZRX1100 hat eine Bikiniverkleidung bekommen. Beim „D-Typ" ist es anders. Der Winddruck wird mit der Verkleidung reduziert, allerdings nicht wesentlich. Puristen sind der Meinung, dass das Motorrad in nacktem Zustand authentischer aussieht.

Hinterradaufhängung
Die beiden Federbeine mit ihren externen Ausgleichsbehältern tragen zur muskulösen Retro-Optik der ZRX1100 bei. Sie haben jeweils eine einstellbare Federvorspannung sowie eine je vierfach einstellbare Druck- und Zugstufendämpfung.

ZRX1100

Dieses Motorrad ist eine eigenartige Mischung. Sein Aussehen erinnert an längst vergangene Zeiten, aber seine Performance repräsentiert eindeutig die 90er-Jahre. Das spricht natürlich nicht alle an, aber Puristen müssten es für gut befinden. Der Motor wird nicht von zu viel Plastik verdeckt, und das Handling ist nicht zu verachten. Eigentlich kann man an diesem Motorrad nichts ernsthaft bemängeln. Kawasaki hat eine sehr attraktive 1100-ccm-Maschine produziert.

Räder
Die 3-Speichen-Räder haben eine Größe von 8,9 x 43,2 cm vorne und 12,7 x 43,2 cm hinten. Als Standardbereifung werden Bridgestone-BT57er mit einer Größe von 120/70 beziehungsweise 170/60 verwendet.

Auspuffsystem
Auf den ersten Blick sieht es wie ein antic tes 4-1-System aus, aber in Wirklichkeit h delt es sich um eine 4-2-1-Anordnung, die Kraft im mittleren Drehzahlbereich erhöht, ohne die strengen Lärmschutzbestimmung zu verletzen. Der schräg nach oben gerich Endtopf besteht aus Aluminium.

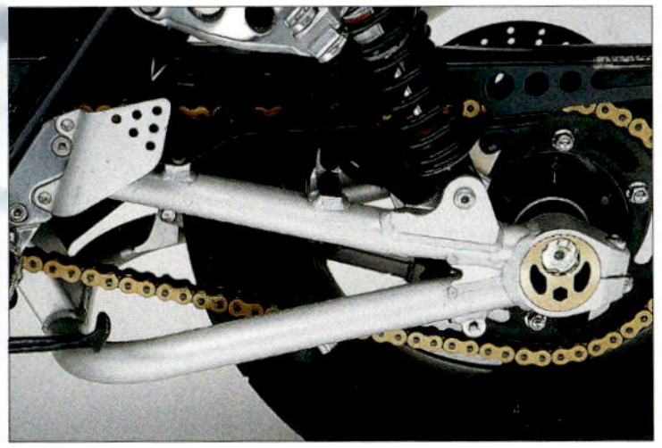

Die für moderne Motorräder ungewöhnliche Schwinge mit Unterzug imitiert den Stil der 80er-Jahre, ohne das gute Handling oder die Stabilität dabei zu opfern. Das Gewicht ist durch die Verwendung von Aluminium niedrig gehalten, gleichzeitig hilft eine Eloxierung der Oberfläche, das Metall vor Salz und Dreck zu schützen. Exzenter-Ketten-Spanner reduzieren die Spannzeit und sorgen für einen genauen Lauf.

Der Stahl-Doppelschleifenrahmen sorgt dafür, dass der schicke Motor gut sichtbar ist, und bietet darüber hinaus ein gutes Handling.

Tank
Er ist so geformt, dass er die Illusion vermittelt, kleiner zu sein, als es seinem Fassungsvermögen von 20 l entspricht. Er trifft auf einen ebenfalls schmalen Fahrersitz, um während langer Fahrten maximalen Komfort zu bieten.

Sitzhöhe
Die Sitzhöhe ist mit 800 mm relativ durchschnittlich. Für kleine Menschen ist das trotzdem kein Trost.

Vorderradaufhängung
Die 43-mm-Gabel stammt aus Kawasakis Ninja-Rennreplika-Stall und hat eine zehnfach einstellbare Druck- und Zugstufendämpfung.

Motor
Er stammt von der 1990er-Motorversion der GPZ1100 ab (die selbst zum Teil vom ZZ-R1100-Triebwerk abstammte). Der flüssigkeitsgekühlte 1052-ccm-Reihen-4-Zylinder hat vier Ventile pro Zylinder sowie zwei oben liegende Nockenwellen. Bohrung und Hub betragen 76 x 58 mm, das Verdichtungsverhältnis liegt bei 10,1 : 1. Das Getriebe hat fünf Gänge. Die Zündung ist digital, und die Aluminiumzylinderköpfe sind mit Kühlrippenattrappen versehen, um dem Motorrad einen eleganten luftgekühlten Retro-Look zu verleihen.

Kawasaki ZRX1100

Technische Daten

Aufgrund ihres Retro-Stylings denken viele, die ZRX sei überholt, dabei ist sie erst seit 1997 auf dem Markt. Doch nur Unerfahrene werden von der Optik getäuscht. Vielleicht sieht sie wie eine Retro-Maschine aus, aber die ZRX1100 hat ein ebenso gutes Handling wie jedes beliebige heutige Superbike. Das liegt an dem sehr stabilen Chassis, den gut funktionierenden Bremsen und der Höchstgeschwindigkeit von 225 km/h. Wenn Sie zusammen mit Ihren Kumpeln auf den neuesten Maschinen eine Fahrt machen, wird die ZRX vorne mit dabei sein. Die Technik, die bei diesem Motorrad eingesetzt wurde, ist erstklassig. Machen Sie eine Testfahrt, dann werden Sie wissen, was wir meinen.

MOTOR

Typ	4-Takt-Motor
Bauart	Reihen-4-Zylinder
Hubraum	1052 ccm
Bohrung	76 mm
Hub	58 mm
Verdichtungsverhältnis	10,1 : 1
Ventile	4 pro Zylinder
Kraftstoffaufbereitung	4 x 36-mm-Keihin-Vergaser
Zündung	digital
Kühlung	flüssigkeitsgekühlt
Nennleistung	71,5 kW (95,9 PS) bei 8600/min
Maximales Drehmoment	96,1 Nm bei 10350/min

MOTORLEISTUNG

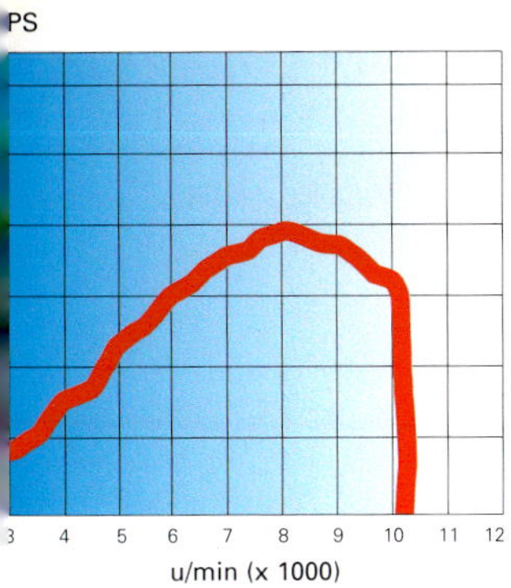

Unabhängige Testmessungen (s. o.) weichen von den Angaben des Herstellers ab.

KRAFTÜBERTRAGUNG

Primärantrieb	Getrieberäder
Kupplung	Mehrscheiben-Nasskupplung
Getriebe	5 Gänge
Sekundärantrieb	Kette

GEWICHTE UND ABMESSUNGEN

Tankvolumen	20 l
Trockengewicht	222 kg
Gewichtsverteilung	
- vorne	keine Angabe des Herstellers
- hinten	keine Angabe des Herstellers
Radstand	1450 mm
Gesamtlänge	2120 mm
Gesamtbreite	780 mm
Gesamthöhe	1150 mm
Sitzhöhe	800 mm

FAHRWERK

Rahmen	Doppelschleifenrahmen
Lenkkopfwinkel/Nachlauf	keine Angabe des Herstellers
Vorderradaufhängung	43-mm-Teleskopgabel
Federweg	120 mm
Einstellbarkeit	Druck- und Zugstufendämpfung
Hinterradaufhängung	zwei Federbeine
Federweg	112 mm
Einstellbarkeit	Federvorspannung sowie Druck- und Zugstufendämpfung
Reifen	
- Marke	Bridgestone
- vorne	120/70 x 17
- hinten	170/60 x 17
Bremsen	
- Marke	Tokico
- vorne	Doppelbremsscheibe, 6-Kolben-Bremszangen
- hinten	Einscheibenbremse mit Singlebremszange

Kawasaki DRIFTER 1500

Luftfilter
Das runde Chrom-Luftfiltergehäuse im „Pfannkuchenstil“ verbirgt eine moderne Airbox.

DRIFTER 1500

Kawasaki führte die Retro-Design-Mode zu neuen Ebenen und ging bis in die 40er-Jahre zurück, um Inspirationen für die Drifter zu sammeln, die wie ein Indianer-Motorrad aus Amerika gestylt ist. Die geschwungenen Kotflügel, der breite Lenker und das lange Auspuffrohr, die heute alle so seltsam wirken, basieren auf extravaganten indianischen Design-Ideen. Auf der Straße bietet die Drifter die typischen Eigenschaften eines Cruisers: eine Menge Kraft im niedrigen Drehzahlbereich, aber eine minimale Leistung im obersten Drehzahlbereich. Der Motor wurde getuned, um ein größeres Drehmoment zu erzielen, so dass man entspannt vorankommt, ohne viel zu schalten – im Grunde genommen kann der Fahrer die meiste Zeit im höchsten Gang bleiben.

Bremsen
Die Bremsen haben vorne und hinten 2-Kolben-Bremszangen. Ihre Bremskraft ist eher marginal, das gilt besonders für die vordere Einscheibenbremse.

Benzineinspritzung
Das elektronische Einspritzsystem arbeitet mit zwei 36-mm-Drosselklappen.

Räder
Auf die Speichenräder der Drifter sind breite Cruiserreifen aufgezogen.

Zündung
Der Zündungsschalter befindet sich unterhalb des Tanks.

Unter der ungewöhnlichen äußeren Gestaltung ist die Drifter vorwiegend aus Standard-Cruiser-Elementen zusammengesetzt, die aus Kawasakis VN-1500er-Reihe stammen. Wenn Tank und Sitz entfernt sind, sieht man nicht viel von der Drifter, abgesehen von dem riesigen V-2-Zylinder-Motor und den dünnen Rahmenstahlrohren.

Sitz
Der Fahrersitz ist extrem niedrig, so dass sogar die kleinsten Fahrer beide Füße fest auf den Boden stellen können. Der Sozius sitzt höher und hat eine lange Haltestange zum Festhalten. Der breite Sitz und der ebenfalls breite Lenker sind bequem, aber die Fahrposition ist es nicht unbedingt, besonders bei höheren Geschwindigkeiten.

Hinterer Kotflügel
Er ist an der Schwinge befestigt, damit zwischen Reifen und Fender stets ein Abstand bleibt sowie um ihm das nötige Oldtimer-Styling zu verleihen.

Motor
Der Motor ist der ehrwürdige SOHC-1470-ccm-V-Twin mit acht Ventilen, der ursprünglich bei der 1988er-VN-1500 verwendet wurde. Trotz seines Alters hat der Motor eine vergleichsweise moderne Technik. Er hat zwei Zündkerzen pro Zylinderkopf, eine elektronische Benzineinspritzanlage und eine Wasserkühlung. Das beträchtliche Drehmoment des riesigen Motors wird mittels eines 5-Gang-Getriebes und eines effektiven, wartungsfreien Kardanantriebs auf den breiten Hinterreifen übertragen.

KTM LC4

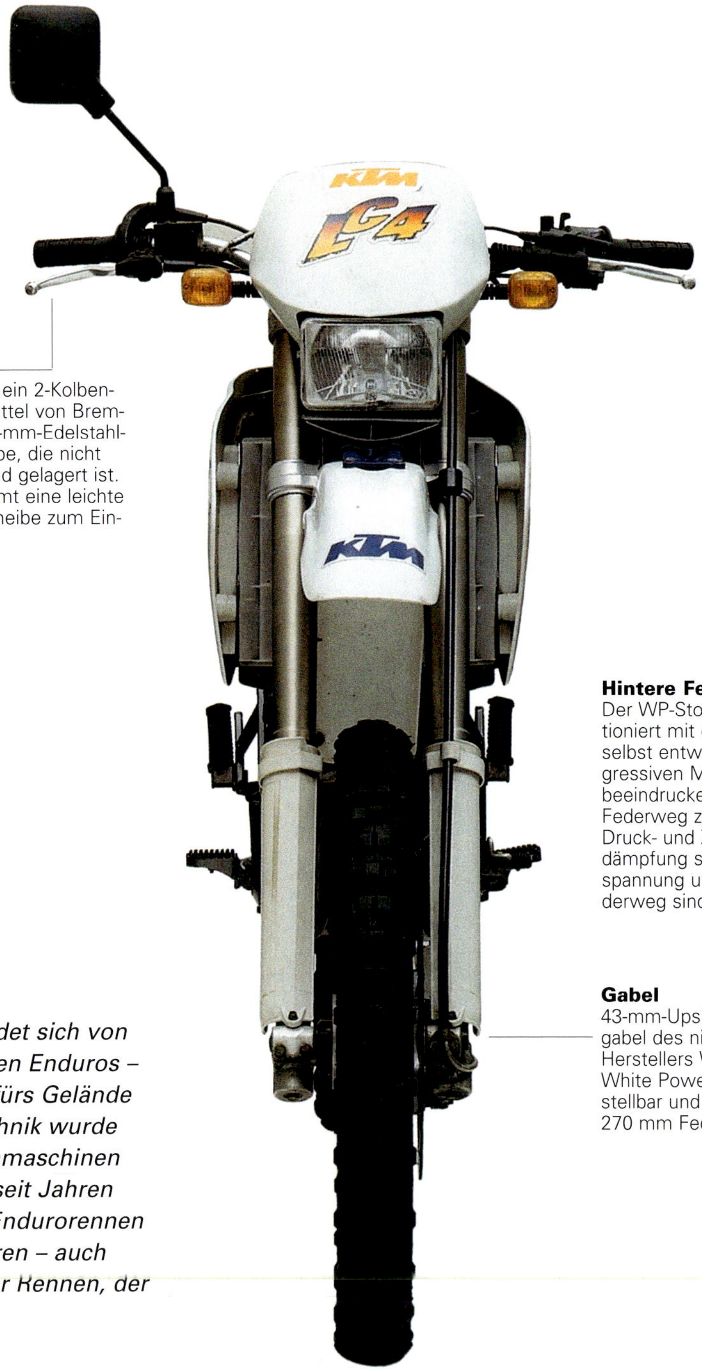

Bremsen
Vorne packt ein 2-Kolben-Schwimmsattel von Brembo eine 320-mm-Edelstahlbremsscheibe, die nicht schwimmend gelagert ist. Hinten kommt eine leichte 220-mm-Scheibe zum Einsatz.

Hintere Federung
Der WP-Stoßdämpfer funktioniert mit einem von KTM selbst entwickelten progressiven Monoshock, was beeindruckende 300 mm Federweg zur Folge hat. Druck- und Zugstufendämpfung sowie Federvorspannung und Negativfederweg sind einstellbar.

Gabel
43-mm-Upside-Down-Telegabel des niederländischen Herstellers WP (ehemals White Power) ist voll einstellbar und hat üppige 270 mm Federweg.

Karosserie
In den Händen eines
erfahrenen Fahrers v
den die für den Gelä
einsatz entwickelte
tativ hochwertige Fe
rung und die Brems
der LC4 zu einer unv
stehlichen Kombinat

LC4

Die LC4 unterscheidet sich von den meisten anderen Enduros – sie wurde speziell fürs Gelände entwickelt! Die Technik wurde von den KTM-Rennmaschinen übernommen, die seit Jahren große Erfolge bei Endurorennen und Rallyes einfahren – auch beim härtesten aller Rennen, der Rallye Paris–Dakar.

Außen ziert das farbige Logo den Tank aus Spritzgusskunststoff, innen haben üppige 30 l Platz. Das gibt dem Motorrad im Straßenverkehr eine enorme Reichweite von mehr als 480 km. Sie dürfen nur keinen magnetischen Tankrucksack verwenden.

Ein Doppelschleifenrahmen aus pulverbeschichtetem Chrom-Molybdän soll ein relativ geringes Gewicht mit der außerordentlichen Härte verbinden, die für den harten Geländeeinsatz nötig ist. Das Rahmenheck ist abnehmbar, was Reparaturen erleichtert.

Räder
Wenn Sie bisher dachten, Speichenräder seien altmodisch, sollten Sie Ihre Meinung noch einmal überdenken. Hier haben wir leichte Aluminiumfelgen mit extrem stabilen und verchromten Stahlspeichen sowie pulverbeschichteter Nabe.

Motor
Der flüssigkeitsgekühlte Einzylinder mit Trockensumpfschmierung verringert die Motorhöhe und verbessert die Bodenfreiheit. Der 35,8 kW starke Motor dreht bis auf 8000/min hinauf, hat vier Ventile, eine zentrale Zündkerze und eine effiziente Verbrennung.

KTM
LC4

Technische Daten

KTM erkannte den Wert einer verlässlichen 4-Takt-Geländemaschine, als die XR400 von Honda immer älter wurde, sich aber dennoch besser verkaufte als die neueren, sportlicheren 2-Takter. Die Franzosen entwickelten das so genannte Supermotard, das bei hohen Geschwindigkeiten auf Straßen und Pisten die Spreu vom Weizen trennen sollte. Auf diese Weise entstand eine völlig neue Klasse von Motorrädern, die genau KTMs Kragenweite waren. Die Reihe der LC-Maschinen umfasst sechs Modelle, darunter zwei Supermotos, eine Allzweck-Enduro, eine Sport-Enduro, einen Wüstenrenner und eine echte Hard-Enduro.

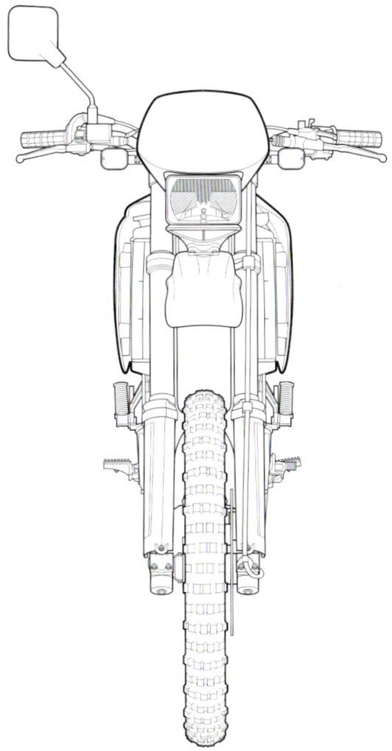

MOTOR

Typ	4-Takt-Motor
Bauart	quer zur Fahrtrichtung eingebauter Einzylindermotor
Hubraum	625 ccm
Bohrung	101 mm
Hub	75 mm
Verdichtungsverhältnis	10,4 : 1
Ventile	4
Kraftstoffaufbereitung	40-mm-Mikuni-Vergaser
Zündung	Kickstarter
Kühlung	flüssigkeitsgekühlt
Nennleistung	35,8 kW (48,7 PS) bei 9000/min
Maximales Drehmoment	keine Angabe des Herstellers

KRAFTÜBERTRAGUNG

Primärantrieb	Getrieberäder
Kupplung	Mehrscheiben-Nasskupplung
Getriebe	5 Gänge
Sekundärantrieb	Kette

GEWICHTE UND ABMESSUNGEN

Tankvolumen	30 l
Trockengewicht	122 kg
Gewichtsverteilung	
- vorne	keine Angabe des Herstellers
- hinten	keine Angabe des Herstellers
Radstand	1510 mm
Gesamtlänge	keine Angabe des Herstellers
Gesamtbreite	keine Angabe des Herstellers
Gesamthöhe	keine Angabe des Herstellers
Sitzhöhe	940 mm

FAHRWERK

Rahmen	Doppelschleifenrahmen aus Chrom-Molybdän
Lenkkopfwinkel/Nachlauf	keine Angabe des Herstellers
Vorderradaufhängung	43-mm-Upside-Down-Telegabel von WP
Federweg	270 mm
Einstellbarkeit	voll einstellbar
Hinterradaufhängung	WP-Monoshock
Federweg	300 mm
Einstellbarkeit	Federvorspannung, Druckstufendämpfung und Negativfederweg
Reifen	
- Marke	keine Angabe des Herstellers
- vorne	90/90 x 21
- hinten	140/80 x 18
Bremsen	
- Marke	Brembo
- vorne	320-mm-Einscheibenbremse, 2-Kolben-Bremszange
- hinten	220-mm-Einscheibenbremse

KTM DUKE 620

Verkleidung
Der Einzylinder-Motor und ein Minimum an Verkleidung machen diese KTM von vorne ausgesprochen schlank.

DUKE 620

Mit der Duke baut KTM auf den erfolgreichen Geländerennmaschinen auf und verbindet Geländepower und Fahrwerkstechnologie mit Reifen und Bremsen wie bei einem Superbike. Die KTM Duke war ein neuer Motorradtyp, ein so genanntes „Supermotard" oder „Fun-Bike". Im Grunde ist ein Supermotard eine für den Straßenbetrieb umgebaute Geländemaschine. Dieses leichte, minimalistische Motorrad meistert sowohl Bergstrecken mit unter 160 km/h als auch riesige Ballungsräume mit Bravour.

Lenker
Der breite Moto-Cross-Lenker aus Aluminium erlaubt schnelle und leichte Richtungswechsel und ist bei innerstädtischen Verkehrsstaus ideal.

Auspuff
Die Auspuffanlage besteht aus unverwüstlichem Edelstahl mit einem großen, hochgezogenen Endschalldämpfer. Zwei Krümmer leiten die Abgase vom Zylinderkopf fort – von jedem Auslassventil einer.

Fußrasten
Die Fußrasten sind typisch Enduro: Hochklappbar und kräftig gezackt.

Unter dem Tank und der Verkleidung befindet sich der für Enduromaschinen typische Doppelschleifenrahmen mit kernigem Design. Gewicht und Steife sind annehmbar. Die hochwertigen Fahrwerkskomponenten ermöglichen es dem Fahrer, das Optimum aus dem 41 kW (56 PS) starken Motor herauszuholen. Die Duke ist wie die meisten anderen Supermotards eine hervorragende Stuntmaschine – das geringe Gewicht, die starken Bremsen und der kernige Motor sorgen dafür, dass sich auf der Stelle Stoppies und Wheelies bewerkstelligen lassen.

Tank
Besonders praktisch ist die Duke nicht. Ihre Reichweite liegt bei 145 km, der Sitz ist dünn und hart.

Hinterradabdeckung
Eine dicht über dem Reifen liegende Abdeckung schützt den hinteren Stoßdämpfer und den Motor vor Dreckspritzern.

Motor
Die Duke wurde um einen wassergekühlten Einzylinder mit vier Ventilen und 609 ccm herumgebaut. Der Einzylindermotor hat vier Ventile und eine oben liegende Nockenwelle. Die Ventilbetätigung erfolgt mittels Rollenkipphebel. Die Gemischbildung besorgt ein 40 mm Vergaser von Dell'Orto. Eine Ausgleichswelle dämpft Vibrationen.

LAVERDA 750S

Die Instrumente sind gut positioniert, gut lesbar und sehen mit ihren zum Schriftzug passenden Nadeln in Laverda-Orange sehr professionell aus.

Front
Die 750S mit Halbverkleidung (ein voll verkleidetes Modell ist ebenfalls erhältlich) besitzt eine windschnittige Sportverkleidung mit Aussparungen für die beiden runden Scheinwerfer, die für die italienischen Superbikes typisch sind.

Die heiß begehrten 17-Zoll-3-Speichen-Gussräder von Marchesini verleihen der Optik des Motorrads eine edle Note.

Lackierung
Ursprünglich war die 750S nur in Schwarzmetallic erhältlich. Allerdings ist diese Farbe hervorragend für das typisch italienische Laverda-Styling geeignet.

Vorderradaufhängung
Das von Nico Bakker entworfene Fahrwerk hat eine hochwertige 41-mm-Upside-Down-Gabel von Paioli mit 120 mm Federweg, einstellbarer Druckstufendämpfung und Federvorspannung.

750S

Die 750S war die erste wirklich neue Maschine, die das Werk nach der Übernahme durch den italienischen Industriellen Francesco Tognon im Jahre 1993 verließ. Die 668, das Vorgängermodell der 750, hatte den Namen Laverda am Leben gehalten, doch dieses neue Motorrad stellte mit seinem kräftigen Motor, dem guten Handling und wahrlich hervorragenden Bremsen eine deutliche Verbesserung dar.

Auspuff
Als wäre der Gesamteindruck der Laverda 750S noch nicht inspirierend genug, wurde sie vom italienischen Werk mit zwei Termignoni-End-schalldämpfern für ein Optimum an schierem Kraftausdruck ausgerüstet.

Bremsen
Am stärksten fällt wohl die Brembo-Gold-Bremsanlage mit drei Bremsscheiben ins Auge – einer 320-mm-Doppelscheibenbremse vorne und einer 245-mm-Einscheibenbremse hinten. Ihre Bremskraft lässt sich nur mit der einer Backsteinmauer vergleichen.

Hinterradaufhängung
Am Heck haben wir ein qualitativ hochwertiges Öl-Federbein von Paioli mit regulierbarer Druckstufendämpfung und Federvorspannung.

Heutzutage sind runde Doppelscheinwerfer eher ungewöhnlich, doch sie verleihen der 750S ein charakteristisches und dramatisches Aussehen.

Das Fahrwerk unterscheidet sich kaum von dem der Laverda 668, dem Vorgängermodell der 750S. Mit ihrem Doppelrohrrahmen aus Aluminium, der auf einer hochwertigen Gabel und einem Zentralfederbein von Paioli ruht, ist das Handling der Laverda wahrlich Ehrfurcht einflößend.

Tank
Im Durchschnitt liegt der Kraftstoffverbrauch der Maschine mit 18-l-Tank bei 6,75 l auf 100 km, aber die mehr als pessimistische Tankleuchte ist berühmt dafür, dass sie gerne aufleuchtet, wenn der Kraftstoff im Tank unter dem Sitz hin- und herschwappt – selbst wenn man damit noch 128 km weit käme.

Sitz
Der zweiteilige Rennsitz eignet sich eher für Kurzstrecken, was wenig überraschen dürfte. Aber der Sozius reist bequem.

Motor
Ein flüssigkeitsgekühlter 2-Zylinder-Reihenmotor mit 748 ccm Hubraum, Bohrung x Hub: 83 x 69 mm, vier Ventile pro Zylinder, 6-Gang-Getriebe und Marelli-Einspritzung. Sein Drehmoment ist beinahe so lobenswert wie das der Ducati 748 und macht vielen japanischen Superbikes Konkurrenz.

Radstand
Der stämmige 1375 mm Radstand macht die 750S ausgesprochen wendig und erlaubt gemein hohe Kurvengeschwindigkeiten. Das wird von der eher trägen, aber natürlichen Lenkung der Maschine relativiert.

LAVERDA 750S

Technische Daten

Die Laverda 750S wurde im Juni 1997 zuerst nur mit Halbverkleidung auf den Markt gebracht. Erst im November desselben Jahres war sie voll verkleidet erhältlich. Die beiden Motorräder sind sich – vor allem, was das Fahrwerk angeht – sehr ähnlich, deshalb werden unten die Daten des halb verkleideten Modells angegeben. Dieses Motorrad hat seit seinem Erscheinen gerade in Europa viele Anhänger gefunden. Das Handling ist hervorragend, und es dürfte sich nicht leicht ein Motorrad finden lassen, dessen Bremsen ähnlich gut ansprechen. Ein hervorragendes Motorrad, das sich weniger gut verkauft, als zu wünschen wäre.

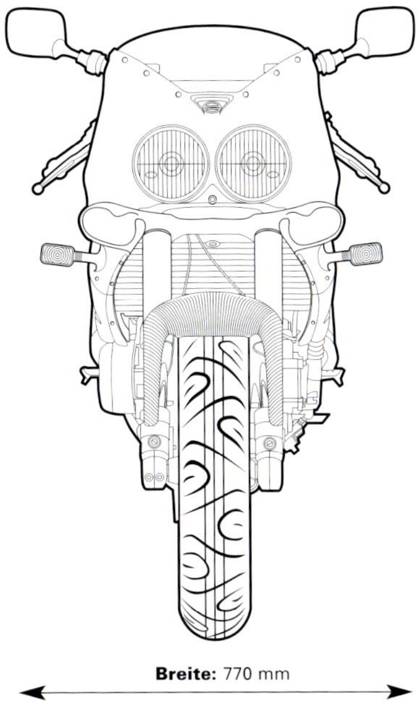

MOTOR

Typ	4-Takt-Motor
Bauart	2-Zylinder-Reihenmotor
Hubraum	747 ccm
Bohrung	83 mm
Hub	69 mm
Verdichtungsverhältnis	11,5 : 1
Ventile	4 pro Zylinder
Kraftstoffaufbereitung	elektronische Einspritzung
Zündung	elektronisch
Kühlung	flüssigkeitsgekühlt
Nennleistung	58 kW (79 PS) bei 8700/min
Maximales Drehmoment	69 Nm bei 8400/min

MOTORLEISTUNG

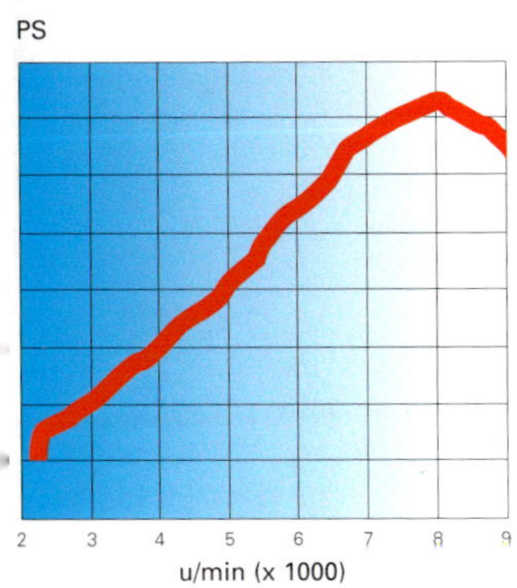

Unabhängige Testmessungen (s. o.) weichen von den Angaben des Herstellers ab.

KRAFTÜBERTRAGUNG

Primärantrieb	Getrieberäder
Kupplung	Mehrscheiben-Nasskupplung
Getriebe	6 Gänge
Sekundärantrieb	Kette

GEWICHTE UND ABMESSUNGEN

Tankinhalt	19 l
Trockengewicht	190 kg
Gewichtsverteilung	
- vorne	keine Angabe des Herstellers
- hinten	keine Angabe des Herstellers
Radstand	1375 mm
Gesamtlänge	2000 mm
Gesamtbreite	770 mm
Gesamthöhe	keine Angabe des Herstellers
Sitzhöhe	keine Angabe des Herstellers

FAHRWERK

Rahmen	Aluminium-Doppelrohr
Lenkkopfwinkel/Nachlauf	keine Angabe des Herstellers
Vorderradaufhängung	42-mm-Upside-Down-Gabel
Federweg	keine Angabe des Herstellers
Einstellbarkeit	Federvorspannung, Druck- und Zugstufendämpfung
Hinterradaufhängung	Zentralfederbein
Federweg	keine Angabe des Herstellers
Einstellbarkeit	Federvorspannung, Druck- und Zugstufendämpfung
Reifen	
- Marke	diverse
- vorne	120/60 x 17 oder 120/70 x 17
- hinten	160/60 X 17 oder 170/60 X 17
Bremsen	
- Marke	keine Angabe des Herstellers
- vorne	320-mm-Doppelscheibenbremse, schwimmend gelagert, zwei radiale 4-Kolben-Bremszangen
- hinten	245-mm-Einscheibenbremse, 1-Kolben-Bremszange

LAVERDA 750S FORMULA

Mit das Beste an der 750S Formula ist das Fahrwerk. Es ist nahezu makellos, ultrasteif und sieht unglaublich gut aus. Der polierte und lackierte Alu-Doppelrohrrahmen macht es zu einem optischen Leckerbissen.

Zwei Auspuffkrümmer enden in hochwertigen Termignoni-Carbon-Endtöpfen, die gut aussehen, viel Bodenfreiheit geben, aber durchaus etwas lauter sein könnten, damit man den satten Sound des 2-Zylinder-Reihenmotors so richtig genießen kann. Überraschung: Für den Renneinsatz bietet Laverda spezielle Endtöpfe an.

Cockpit
Zu den Instrumenten mit weißer Skala zählen ein 260-km/h-Tacho, analoge Kilometer- und Tageskilometerzähler, ein 11 000/min-Drehzahlmesser, bei dem der rote Bereich bei 9200/min liegt (entspricht maximaler Motorleistung), sowie eine analoge Temperaturanzeige. Das Carbonlook-Armaturenbrett wartet mit den üblichen Kontrollleuchten auf.

Scheinwerfer
Typisches 80er-Jahre-Styling (denken Sie an die alte Yamaha FZR und ähnliche Modelle), aber unverkennbar Laverda. Laverda würde vermutlich sehr viel mehr Motorräder verkaufen, wenn modernere Kunststoffe zum Einsatz kämen.

Vorderradaufhängung
Die hochwertige 41-mm-Upside-Down-Gabel von Paioli bietet eine 24fach einstellbare Druck-, eine 30fach einstellbare Zugstufendämpfung sowie eine justierbare Federvorspannung und hat einen Federweg von 120 mm. Das Verhalten bei hohen Geschwindigkeiten ist auf den meisten Straßenbelägen sehr gut, obwohl Laverda gegen Aufpreis WP-Austauschkomponenten für den Renneinsatz anbietet.

Fußrasten
Die Fußrasten aus Ergal sehen nicht nur aus, als seien sie der Aufgabe gewachsen. Sie sind auch noch verstellbar.

Räder
Wieder ein Spitzenname, dieses Mal Marchesini, und dieses Mal mit einem leichten 3-Speichen-Rad. Die Felgen sind serienmäßig vorne 3,5 x 17 und 5 x 17 hinten groß, so dass 120/70 respektive 170/60 Profilreifen aufgezogen werden können. Die meisten Modelle haben Pirelli-Reifen.

Abmessungen
Gesamtlänge 2000 mm; Radstand 1375 mm; Gesamtbreite 770 mm; Gewicht laut Herstellerangaben voll getankt 195 kg; Trockengewicht mit Batterie laut Herstellerangaben 189 kg.

750S FORMULA

Die Laverda ist günstiger als die 748 von Ducati, ihre vermutlich größte Konkurrenz. Leider gelingt es ihr nicht, die Käufer anzuziehen. So mancher weiß nicht einmal, dass es sie gibt! Doch das dürfte wohl am schwachen Marketing liegen. Wer es auf einen Versuch ankommen lässt, wird vom Motor enttäuscht sein. Durch das hervorragende Handling wird die schlechte Motorleistung nur noch deutlicher spürbar.

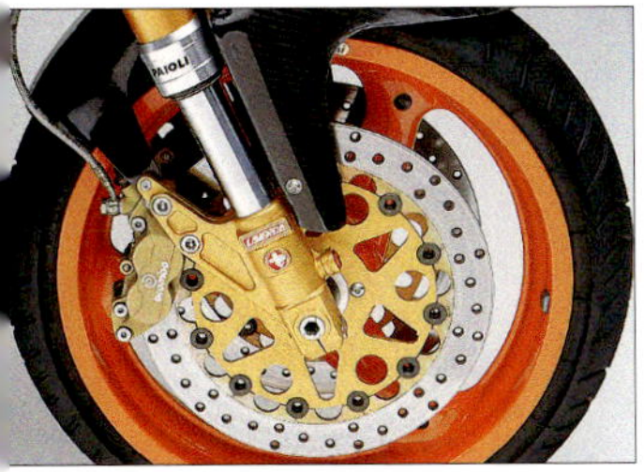

Vorne sorgen die beiden 4-Kolben-Bremssättel von Brembo und die schwimmend gelagerten 320-mm-Bremsscheiben für eine hervorragende Bremsleistung. Hinten haben wir einen 2-Kolben-Bremssattel mit 245-mm-Bremsscheibe. Bei 160 km/h beträgt der Bremsweg achtbare 96,7 m. Trotzdem gibt es noch Steigerungsmöglichkeiten, und das weiß man auch bei Laverda, denn es besteht die Möglichkeit, vorne wahlweise und gegen Aufpreis einen speziellen Hauptbremszylinder für den Renneinsatz einbauen zu lassen.

Der 4-Takt-2-Zylinder-Reihenmotor hat 747 ccm Hubraum, vier Ventile pro Zylinder, ein Verdichtungsverhältnis von 11,5 : 1, Bohrung x Hub: 83 x 69 mm. Für die Benzineinspritzung sorgt eine Einspritzanlage von Weber-Marelli mit 44-mm-Drosselklappen, die man als problemlos bezeichnen kann. Die maximale Motorleistung wird bei 9200/min erreicht – genau dort, wo der rote Bereich beginnt.

Spiegel
Über die Spiegel gibt es wegen ihrer Halterungen, die sich mit der Zeit lockern, nicht viel Gutes zu sagen, so dass die Spiegel bei hohen Geschwindigkeiten nachgeben. Nur sinnvoll, wenn man die Unterarmmuskulatur von Zeit zu Zeit etwas fordern möchte. So mancher Fahrer fixiert die Spiegel mit Klebstoff in den Halterungen.

Hinterradaufhängung
Wieder Paioli, hier ist die Druckstufendämpfung 16fach, die Zugstufendämpfung 19fach einstellbar. Auch die Federvorspannung lässt sich verändern. Serienmäßig harte Federung.

Kupplung und Getriebe
Sowohl Kupplung als auch Getriebe wurden gegenüber den Vorgängermodellen erneuert, um Langlebigkeit und Schaltgefühl zu verbessern. Auch der Leerlauf lässt sich leichter finden. Die 750S hat ein 6-Gang-Getriebe.

LAVERDA 750S FORMULA

Hier haben wir ein Motorrad, das von sportlichen Fahrern gern übersehen wird, doch die technischen Daten sprechen für sich und das Handling ist erstaunlich gut. Die Schwachstelle der 750S Formula dürfte wohl die magere Motorleistung sein, trotzdem ist sie rundherum eine Überraschung. Sie ist leichter als die Ducati 748 und in der Leistung besteht kaum ein Unterschied zwischen den beiden – doch offenbar genügt er, um die Leute vom Kauf der Laverda abzuhalten – oder sie wissen einfach nicht genug darüber.

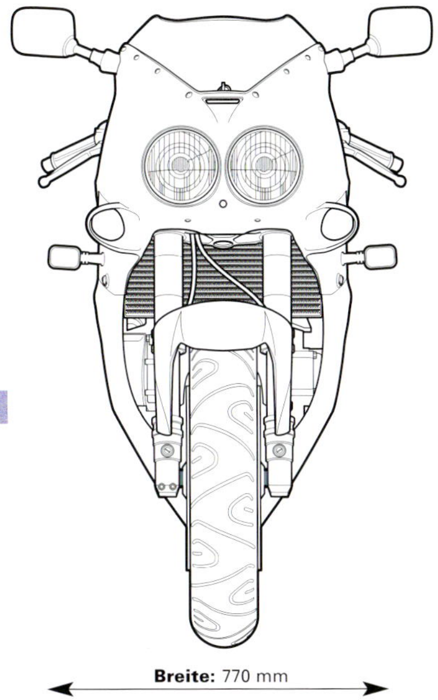

MOTOR

Typ	4-Takt-Motor
Bauart	2-Zylinder-Reihenmotor
Hubraum	747 ccm
Bohrung	83 mm
Hub	69 mm
Verdichtungsverhältnis	11,5 : 1
Ventile	4 pro Zylinder
Kraftstoffaufbereitung	elektronische Einspritzanlage von Weber-Marelli, 44 mm Drosselklappen
Zündung	Weber-Marelli
Kühlung	flüssigkeitsgekühlt
Nennleistung	58 kW (78 PS) bei 8700/min
Maximales Drehmoment	69 Nm bei 8400/min

MOTORLEISTUNG

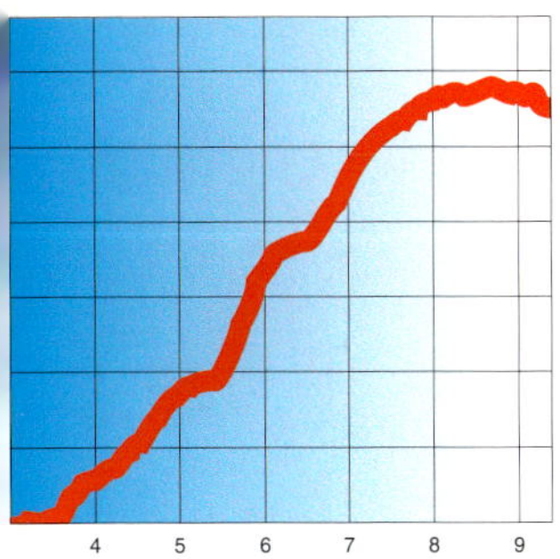

Unabhängige Testmessungen (s. o.) weichen von den Angaben des Herstellers ab.

KRAFTÜBERTRAGUNG

Primärantrieb	Getrieberäder
Kupplung	Mehrscheiben-Nasskupplung
Getriebe	6 Gänge
Sekundärantrieb	Kette

GEWICHTE UND ABMESSUNGEN

Tankinhalt	19 l
Trockengewicht	187 kg
Gewichtsverteilung	
- vorne	keine Angabe des Herstellers
- hinten	keine Angabe des Herstellers
Radstand	1375 mm
Gesamtlänge	2000 mm
Gesamtbreite	770 mm
Gesamthöhe	1120 mm
Sitzhöhe	770 mm

FAHRWERK

Rahmen	Aluminium-Doppelrohr
Lenkkopfwinkel/Nachlauf	keine Angabe des Herstellers
Vorderradaufhängung	41-mm-Upside-Down-Gabel
Federweg	120 mm
Einstellbarkeit	Federvorspannung, Druck- und Zugstufendämpfung
Hinterradaufhängung	progressives Zentralfederbein
Federweg	120 mm
Einstellbarkeit	Federvorspannung, Druck- und Zugstufendämpfung
Reifen	
- Marke	diverse
- vorne	120/60 x 17 (alternativ 120/70 x 17)
- hinten	160/60 x 17 (alternativ 170/60 x 17)
Bremsen	
- Marke	keine Angabe des Herstellers
- vorne	320-mm-Doppelscheibenbremse, zwei radiale 4-Kolben-Bremssättel
- hinten	245-mm-Einscheibenbremse, 2-Kolben-Bremssattel

CALIFORNIA SPECIAL

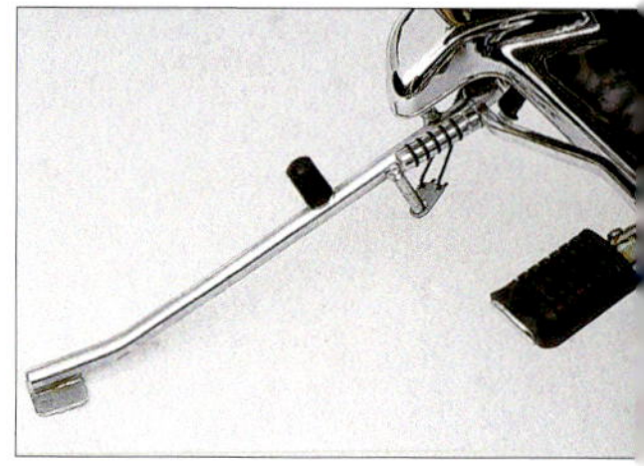

Der nützliche Seitenständer ist stabil, lässt sich unter Umständen allerdings schwer ausklappen, da er sehr nah an der Fußraste liegt. Zur Serienausstattung gehört auch ein Hauptständer.

Spiegel
Die Spiegel befinden sich auf einem Lenker, der so breit ist wie ein Öltanker. Mit ihnen werden Sie nie wieder Schwierigkeiten haben zu sehen, was hinter Ihnen vor sich geht – sieht man von den Vibrationen mal ab.

Scheinwerfer
Die Scheinwerfer sind größer als die der California EV, aber immer noch nichts Besonderes.

Lenkungsdämpfer
Der Lenkungsdämpfer ist serienmäßig eingebaut und bei hoher Geschwindigkeit auf holprigen Straßen auch nötig – hier kann die weich gefederte Spezial gelegentlich etwas instabil werden.

Vorderradaufhängung
Die 45-mm-Marzocchi-Teleskopgabel ist stark geneigt, wie sich das für einen Cruiser gehört, Druck- und Zugstufendämpfung sind 17-fach einstellbar. Der Gesamtfederweg beträgt 140 mm.

Instrumentenkonsole
Drehzahlmesser und Tacho sind gleich groß, gehen ein wenig auf Abstand zueinander und die weißen Skalen verleihen ihnen eine frische Optik. Die üblichen Kontrollleuchten sind übersichtlich angeordnet und leicht abzulesen.

Tank
Der Tank fasst 19 l, vier davon sind Reserve.

Hinterradabdeckung
Der so genannte „Eagle's Beak" (Adlerschnabel) erleichtert in der Heckansicht die Unterscheidung zwischen der Special und der California EV. Auch der neue Nummernschildhalter und das Beleuchtungsdesign helfen dabei mit.

Räder
Die Reifen liegen schlauchlos in vorne 2,5 x 18 Zoll, hinten 3,5 x 17 Zoll großen Speichenrädern. Serienmäßig oft mit bis zu 210 km/h zugelassenen Pirelli Match bereift – vorne 110/90, hinten 140/80.

CALIFORNIA SPECIAL

Californias sind schon seit einer Weile auf den Straßen unterwegs, und nun folgt die California Special. Sie orientiert sich stark an der California EV des Jahres 1997, hat aber trotzdem eine ganz eigene Identität. Mit diesem Motorrad – das mehr Cruiser ist als je zuvor – möchte Moto Guzzi die Fahrer für sich gewinnen, die es lieber etwas entspannter haben, aber keine Harley fahren möchten.

Die Hinterradbremse bestehend aus einer 282-mm-Bremsscheibe und einer 2-Kolben-Bremszange ist über das „Integralbremssystem mit Bremsregler und Verzögerungsventil" von Moto Guzzi mit der Vorderbremse verbunden. Das System verwendet Bosch-Komponenten, damit sowohl die vordere als auch die hintere Bremse gleichzeitig zum Einsatz kommen, wenn Handbremshebel oder Bremspedal betätigt werden. Das kombinierte Bremssystem von Honda steht also nicht allein!

Für die hintere Federung sorgt eine Sachs-Boge-Schwinge mit zwei hydraulischen Federbeinen. Federspannung und Zugstufendämpfung sind einstellbar und haben 91 mm Hub.

Der Doppelschleifenrahmen aus Stahlrohr geht auf den ersten Blick fast unter, so überwältigend sind die Erscheinung des quer zur Fahrtrichtung eingebauten Motors und der hohe Anteil verchromter Fahrwerksteile. Aber er erfüllt seinen Zweck.

Vorderradbremse
Zwei schwimmend gelagerte 320-mm-Bremsscheiben sowie die 4-Kolben-Bremszange von Brembo, Serie Gold, beweisen, dass Moto Guzzi es mit dem Bremsen ernst meint. Für ein Motorrad seiner gewaltigen Größe und seines Gewichts waren die Testergebnisse ermutigend.

Sitz
Fahrer und Sozius bekommen jeder einen eigenen Sitz, die Sitzhöhe beträgt 760 mm. Die Sitzposition ist dank der harmonischen Abstimmung von Fußrasten und Lenker komfortabel, obwohl längere, schnelle Fahrten ohne das nachrüstbare Windschild ein hartes Stück Arbeit sind.

Motor
Der 90° 4-Takt-2-Zylinder-V-Motor hat 1064 ccm Hubraum, Bohrung x Hub: 92 x 80, ein Verdichtungsverhältnis von 9,5 : 1 und 5-Gang-Getriebe. Stößel und Kipphebel sind aus Leichtmetall. Die Kipphebelabdeckungen passen zum Design der Special. Endantrieb über Kardanwelle.

MOTO GUZZI

CALIFORNIA SPECIAL

Technische Daten

Die California Special von Moto Guzzi ist einer der geschmackvollsten Cruiser auf dem Markt und folgt gewissenhaft dem Standard der Motorradbaukunst von Moto Guzzi.
Der luftgekühlte 90°4-Takt-2-Ventil-Motor mit Trockenkupplung und Kardanwelle ist seit den 60er Jahren fester Bestandteil des Moto-Guzzi-Programms. Die California ist nun seit über 30 Jahren unterwegs.
Somit ist die Special der lebende Beweis für das alte Sprichwort: Wenn etwas funktioniert, sollte man nicht damit herumexperimentieren.

MOTOR

Typ	4-Takt-Motor
Bauart	90° V-2-Zylinder (quer zur Fahrtrichtung eingebaut)
Hubraum	1064 ccm
Bohrung	92 mm
Hub	80 mm
Verdichtungsverhältnis	9,5 : 1
Ventile	2 pro Zylinder
Kraftstoffaufbereitung	sequenzielle Mehrpunkt-Benzineinspritzung, zwei 40-mm-Drosselklappen
Zündung	digitale Zündanlage
Kühlung	luftgekühlt
Nennleistung	48,5 (66 PS) bei 6500/min
Maximales Drehmoment	83,8 Nm bei 5200/min

MOTORLEISTUNG

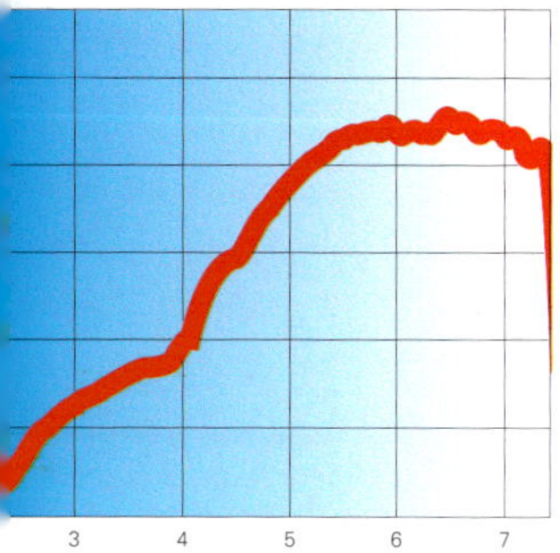

Unabhängige Testmessungen (s. o.) weichen von den Angaben des Herstellers ab.

KRAFTÜBERTRAGUNG

Primärantrieb	schräg verzahnte Getriebe-räder
Kupplung	2-Scheiben-Trockenkupplung
Getriebe	5 Gänge
Sekundärantrieb	Kardanwelle

GEWICHTE UND ABMESSUNGEN

Tankinhalt	19 l
Trockengewicht	251 kg
Gewichtsverteilung	
- vorne	keine Angabe des Herstellers
- hinten	keine Angabe des Herstellers
Radstand	1560 mm
Gesamtlänge	2380 mm
Gesamtbreite	945 mm
Gesamthöhe	1150 mm
Sitzhöhe	760 mm

FAHRWERK

Rahmen	Doppelschleifenrahmen aus Stahlrohr, Unterzüge abnehmbar
Lenkkopfwinkel/Nachlauf	keine Angabe des Herstellers
Vorderradaufhängung	45-mm-Teleskopgabel
Federweg	140 mm
Einstellbarkeit	Druck- und Zugstufendämpfung
Hinterradaufhängung	Schwinge mit zwei Federbeinen
Federweg	114 mm
Einstellbarkeit	Federvorspannung, Zugstufen-dämpfung einstellbar
Reifen	
- Marke	Metzeler, Pirelli
- vorne	110/90 VB 18
- hinten	140/80 VB 17
Bremsen	
- Marke	Brembo
- vorne	320-mm-Doppelscheibenbremse, schwimmend gelagert, 4-Kolben-Bremssättel
- hinten	282-mm-Einscheibenbremse, 2-Kolben-Bremssattel

MOTO GUZZI CALIFORNIA EV

Spiegel
Vergessen Sie's oder besorgen Sie sich Spiegel zum Nachrüsten, die weniger stark vibrieren. Die serienmäßigen Spiegel lockern sich mit der Zeit. Sie fallen zwar nicht ab, aber sie verdrehen sich.

Gewicht
Bei einem Trockengewicht von 251 kg ist die Guzzi nicht so schwer, wie die Optik vermuten ließe, und was das Manövrieren und Aufsteigen angeht, ist sie für fast jeden geeignet.

Seitenständer
Höchst ärgerlich, weil er so lang ist. Wenn sich Ihr Kumpel einen Parkplatz mit Ihnen teilen möchte, wird er das wohl vergessen können.

Räder
Vorne 110/90 x 18, hinten 140/80 x 17 Sportreifen. Beide Reifen liegen schlauchlos in BBS-Speichenfelgen.

CALIFORNIA EV

Die California EV von Moto Guzzi kam im Juli 1997 auf den Markt und hat offensichtlich auch Jahre später für Guzzi-Fans nichts von ihrem Reiz verloren. Leider ist sie nicht ausgefallen genug, um neue Anhänger anzulocken. Die Optik stimmt, sie fährt sich auch sehr gut, doch heutzutage ziehen so viele ähnliche Motorräder die Massen an, dass ein Neuling in der Welt der Cruiser wohl eine Maschine mit aufregenderem Design wählen wird. Doch die California hat seit jeher ihre Fans, und viele davon werden wohl auf diese in vielen Punkten verbesserte Version umgestiegen sein. Es handelt sich hier um einen hervorragenden Cruiser und wer in der Welt des lässigen Fahrens neu ist, wird an der California EV seine Freude haben.

Moto Guzzi ließ die original California (die einfach California 1100 hieß) kurz nach der Markteinführung der EV auslaufen, bei der es sich im Grunde um eine verbesserte Version des Vorgängermodells handelt.

Sitzhöhe
755 mm klingt nicht viel, doch wenn man erst einmal auf der Guzzi Platz genommen hat, hat man den Eindruck, auf einem hohen Motorrad zu sitzen. Das dürfte wohl an ihrem schlanken Äußeren liegen.

Fahrwerk
Keine Besonderheiten: Der Doppelschleifenrahmen aus Stahlrohr mit abnehmbaren Unterzügen erfüllt seine Aufgabe, sieht aber ohne Verkleidung ausgesprochen windig aus.

Bremsen
Vorne haben wir zwei schwimmend gelagerte 320-mm-Brembo-Bremsscheiben und ein Integralbremssystem – der Handbremshebel steuert nur die rechte Bremszange, während der Fußbremshebel die hintere sowie die vordere linke Bremszange steuert. Die Bremsen arbeiten hervorragend.

Gabel
Die hydraulische 45-mm-Teleskopgabel von Marzocchi mit getrennter Einstellmöglichkeit auf beiden Holmen ist nicht jedermanns Sache, sorgt aber für gutes Lenkverhalten. Der linke Holm regelt die Druck-, der rechte die Zugstufendämpfung.

Motor
Der luftgekühlte 90°-4-Takt-2-Zylinder-V-Motor hat 1064 ccm Hubraum, Bohrung x Hub: 92 x 90 mm. Er verfügt über zwei oben liegende Nockenwellen mit Stößeln und Kipphebeln.

MuZ MASTIFF

Die Mastiff hat eine eher niedrige Sitzhöhe (830 mm). Auch für kleinere Fahrer ist der Aufstieg problemlos. Eine gute Polsterung macht auch längere Fahrten angenehm.

Scheinwerfer
Der Doppelscheinwerfer macht dank des unverwechselbaren Drahtkäfigs und seiner exponierten Position ordentlich was her. Und er bringt genügend Leistung, so dass auch die Nachtfahrten zum Vergnügen werden.

Kühler
Der hohe und tiefe Einbau schützt ihn vor Steinschlag, und auch leichte Stürze können ihm nichts anhaben.

Vorderradbremse
Die 298-mm-Bremsscheibe und der 2-Kolben-Bremssattel von Grimeca haben mehr Bremskraft, als das auf den ersten Blick zu vermuten wäre. Die serienmäßige Stahlflexleitung beseitigt das schwammige Gefühl.

Instrumentenkonsole
Die elegant nebeneinander angeordneten polierten Gehäuse haben Stil.

Tank
Der abschraubbare Tankdeckel erleichtert das Tanken, und die Seitenverkleidung dient sowohl dem Fahrkomfort als auch dem Schutz des Fahrwerks bei einem Sturz.

Hinterradabdeckung
Das lang gestreckte Design tut das Seine, um aufgewirbelte Steine abzufangen.

Fußrasten
Die Zacken bieten den Stiefeln auch bei Fahrten durch den Schlamm guten Halt. Die Fußbremshebel können sich verbiegen, sind aber robust und lassen sich problemlos wieder gerade richten.

Haltegriffe
Die schräg montierten Haltegriffe erlauben eine Vielzahl von Handpositionen und eignen sich auch zur Befestigung leichten Gepäcks.

MASTIFF

Die Mastiff hat vieles mit der Baghira gemein, unter anderem den Rahmen, ist aber, wie der Name schon sagt, ein bulligeres, vielseitigeres Motorrad. Die Mastiff kam 1997 auf den Markt und hilft, den Ruf von MuZ wiederherzustellen. Ihre Optik wird man entweder lieben oder hassen, doch ist man einmal darüber hinweg, spricht einiges für die Mastiff. Diese Maschine macht sowohl auf Asphalt als auch im Gelände richtig viel Spaß.

Für die Leistung sorgt derselbe 660 ccm-4-Takt-1-Zylindermotor wie bei der Yamaha XTZ 660. Das verschafft der Mastiff einen klaren Vorteil gegenüber früheren MuZ-Modellen – Verlässlichkeit. Sie wird das Bild von kaputten MuZ-Enduros in irgendwelchen Hinterhöfen zu einer vagen Erinnerung verblassen lassen.

In unserer modernen Welt geht es nicht ohne Bestimmungen für Abgas- und Lärmemissionen. Deshalb verfügt die Mastiff nur über ein Auspuffrohr und einen massiven Endschalldämpfer.

Im Gegensatz zur Baghira hat die eher straßenorientierte Mastiff zwei runde Scheinwerfer, die nachts sehr viel mehr Licht geben – nur einer der Hinweise darauf, dass wir es hier mit einer zivilisierteren Maschine zu tun haben. Auch das Preis-Leistungsverhältnis stimmt.

Sitz
Mit 830 mm ist die Mastiff für eine Enduro nicht übermäßig hoch, und auch ihre schlanke Form ist für weniger große Fahrer von Vorteil. Sie ist üppig gepolstert, und die mit dem Tank verbundene Polsterung ist auf längeren Fahrten in schwierigem Gelände höchst willkommen.

Rahmen
Der Einrohrrahmen aus Stahl besitzt eine schwarze Pulverbeschichtung, was ihm das typische Aussehen verleiht, und kommt gut mit dem Motor zurecht. Die Kastenschwinge ist ebenfalls stabil und verwindungssteif.

Motor
Im Grunde haben wir es bei dem 1-Zylinder-4-Takter mit 660 ccm Hubraum mit dem Motor der Yamaha Tenere zu tun. MuZ gibt die Leistung mit 37,3 kW (51 PS) an, während Yamaha bei der Tenere von lediglich 36,8 kW (49 PS) ausgeht. Unter Umständen ist dieser Unterschied auf den offeneren Auspuff zurückzuführen. Auch eine auf 25,6 kW (35 PS) gedrosselte Version ist erhältlich.

Räder
Die glänzenden Felgen verlangen nach 120/60 x 17 Vorder- und 150/60 x 17 Hinterreifen, was eine einigermaßen große Auswahl ermöglicht. Neue Mastiffs sind für gewöhnlich mit gut haftenden Reifen von Metzeler ausgestattet.

MuZ MASTIFF

Technische Daten

Der Motor der Mastiff ist nichts Neues. Das von der Yamaha XTZ660 übernommene Modell kam ursprünglich bei der Baghira zum Einsatz. Die Treue zu diesem Motor ermöglichte es MuZ, die Produktionskosten zu minimieren – auch das Fahrwerk ist bei Baghira und Mastiff gleich. Die einzige Besonderheit dieses eher konventionellen Motors ist der Einsatz von zwei Vergasern. Dadurch kann der Motor reichlich Luft ansaugen und auch bei hoher Umdrehungszahl seine Leistung halten.

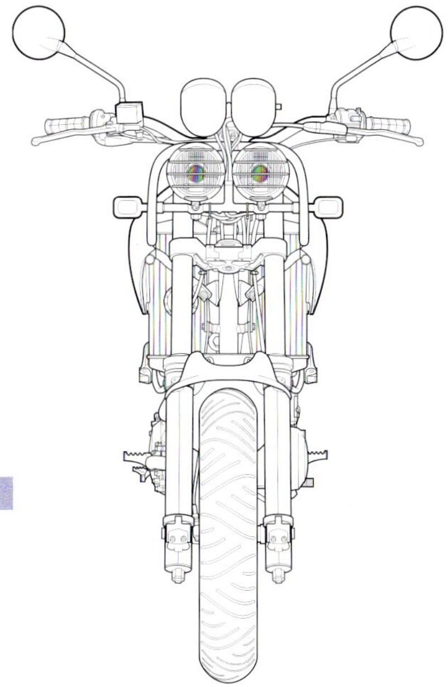

MOTOR

Typ	4-Takt-Motor
Bauart	Einzylinder
Hubraum	660 ccm
Bohrung	100 mm
Hub	84 mm
Verdichtungsverhältnis	9,2 : 1
Ventile	5
Kraftstoffaufbereitung	CDI
Zündung	elektronisch
Kühlung	wassergekühlt
Nennleistung	34,7 kW (47 PS) bei 6200/min
Maximales Drehmoment	56,7 Nm bei 5200/min

MOTORLEISTUNG

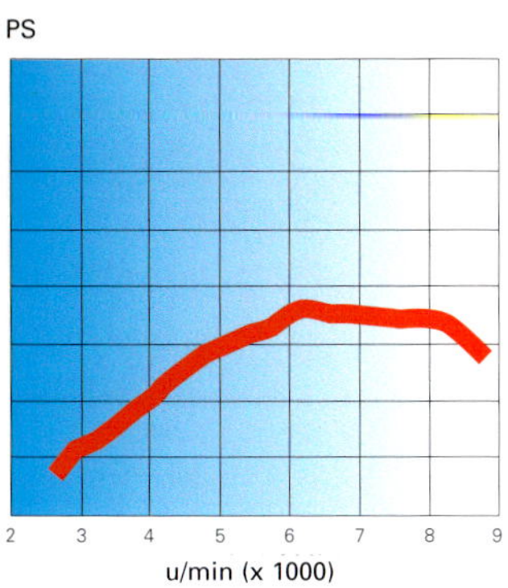

Unabhängige Testmessungen (s. o.) weichen von den Angaben des Herstellers ab.

KRAFTÜBERTRAGUNG

Primärantrieb	Getrieberäder
Kupplung	Mehrscheibenkupplung
Getriebe	5 Gänge
Sekundärantrieb	Kette

GEWICHTE UND ABMESSUNGEN

Tankinhalt	12,5 l
Trockengewicht	162 kg
Gewichtsverteilung	
- vorne	keine Angabe des Herstellers
- hinten	keine Angabe des Herstellers
Radstand	1465 mm
Gesamtlänge	keine Angabe des Herstellers
Gesamtbreite	keine Angabe des Herstellers
Gesamthöhe	keine Angabe des Herstellers
Sitzhöhe	830 mm

FAHRWERK

Rahmen	Einrohrrahmen aus Stahl
Lenkkopfwinkel	26°
Vorderradaufhängung	45-mm-Teleskopgabel
Federweg	keine Angabe des Herstellers
Einstellbarkeit	keine Einstellung möglich
Hinterradaufhängung	Zentralfederbein
Federweg	keine Angabe des Herstellers
Einstellbarkeit	Federvorspannung, Druck- und Zugstufendämpfung
Reifen	
- Marke	keine Angabe des Herstellers
- vorne	120/60 x 17
- hinten	150/60 x 17
Bremsen	
- Marke	keine Angabe des Herstellers
- vorne	298-mm-Einscheibenbremse, schwimmend gelagert, 2-Kolben-Bremszange
- hinten	245-mm-Einscheibenbremse, 1-Kolben-Bremszange

MuZ BAGHIRA

Der Lärm wird von einem massiven Edelstahlendtopf mit kleinem Auslass gedämpft.

Wer etwas kleiner ist, dürfte mit dem Aufstieg auf die 930 mm hohe Sitzbank so seine Probleme haben. Doch wenn man einmal oben ist, gibt die weiche Federung weit genug nach, so dass die meisten Fahrer beim Anhalten zumindest einen Fuß auf den Boden bekommen. Der Komfort ist auch bei längeren Strecken zwischen 300 und 500 Kilometern ausgezeichnet.

BAGHIRA

Als die Baghira im November 1997 auf den Markt kam, hatte sie wegen des schlechten Rufs von MuZ einen harten Kampf vor sich, um die Fahrer zu beeindrucken. Doch dank des Yamaha-Motors entpuppte sich die Baghira als gute Geländemaschine, die auch auf der Straße problemlos zurechtkommt und langsam, aber sicher immer mehr Fahrer auf die Seite von MuZ zieht.

Soziusplatz
Wenn der Fahrer erst einmal auf seinem Platz sitzt und die Federung nachgibt, sollte ein durchschnittlich großer Sozius ohne allzu große Probleme auf die hohe Baghira klettern können. Die Haltegriffe bekommen für gewöhnlich ein dickes Lob von allen, die bereits das Vergnügen hatten, obwohl der Sitz etwas breiter und die Soziusrasten eine Idee tiefer angebracht sein könnten. Das würde den Sitzkomfort erhöhen, sofern man regelmäßig Strecken ertragen muss, für die mehr als eine halbe Tankfüllung nötig ist.

Motor
Die Baghira und ihre straßentaugliche Schwester, die Mastiff, sind beide nicht mit einem hauseigenen Motor, sondern mit demselben japanischen Modell ausgestattet. Der Motor – im Grunde handelt es sich um den der Yamaha XTZ660 Tenere – wird bereits fix und fertig für den Einbau in das jeweilige Fahrwerk geliefert. Der Einzylinder hat knappe 660 ccm Hubraum, Bohrung x Hub: 100 x 84, einen Fünfventilkopf und ist wassergekühlt. 5-Gang-Getriebe.

Schutzgitter
Ein kleines, an vier Stellen befestigtes Schutzgitter direkt unter dem Vergaser schützt die Beine des Fahrers vor Verbrennungen.

Räder
Das 53,3 cm große Vorder- und 45,7 cm große Hinterrad sind stabil genug für die meisten Geländeeinsätze. Die Schwachstelle sind die 90/90 Vorder- und 120/80 Hinterreifen, die einen Kompromiss zwischen Straßen- und Geländebereifung darstellen und sich in keinem der beiden Bereiche mit Ruhm bekleckern.

Karosserie
Die minimalistische Karosserie besteht aus einem sehr kräftigen, aber nachgiebigen Kunststoff, weshalb sich die Reparaturkosten nach einem Sturz im Rahmen halten. Das Material neigt bei einem Aufprall eher dazu, zu reißen oder sich abzuschürfen.

Design und Montage des hohen, geraden Lenkers sind genau richtig für die drei wichtigen Einsatzgebiete der Baghira: Straßenfahren im Sitzen, schwierige Geländemanöver im Stehen und natürlich die obligatorischen Wheelies.

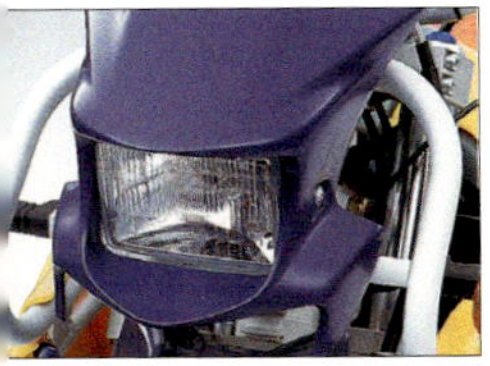

Der einzelne Scheinwerfer bringt deutlich weniger Leistung als der Doppelscheinwerfer der Mastiff, reicht für entspannte Nachtfahrten aber aus. Entgegenkommende Fahrer blenden oft verärgert auf, da sich das Licht aufgrund des langen Federwegs stark auf und ab bewegt.

Der Einrohrrahmen aus Stahl ist zwar etwas primitiv anzusehen und nicht besonders inspirierend, aber er ist seiner Aufgabe hervorragend gewachsen und ganz und gar verwindungssteif. Die Optik der Kastenschwinge ist ebenfalls nicht weiter bemerkenswert, aber auch sie leistet gute Dienste. Aufgrund des guten Handlings und des verlässlichen Motors eignet sich die Baghira hervorragend zum Erlernen von Wheelies.

Vorderradbremse
Die Kombination aus 1-Kolben-Bremszange und Einscheibenbremse von Grimeca soll sich zusammen mit der Stahlflexleitung bewusst weich anfühlen und hat anfänglich nur wenig Biss, wenn der Handbremshebel betätigt wird. Damit soll ein plötzliches Blockieren im Gelände vermieden werden. Die Baghira hat bei 160 km/h einen Bremsweg von 112,3 m. Für ein Motorrad ihres Typs ist das recht anständig und sie kann sich im Vergleich mit der Leistung der japanischen Konkurrenz durchaus sehen lassen.

Spiegel
Die Spiegel unseres Testbikes vibrierten so stark, dass sie bei hohen Drehzahlen fast gänzlich nutzlos waren. Außerdem lockerten die Vibrationen die Halterung mehrmals.

Hinterradbremse
Das aus einer 1-Kolben-Bremszange von Grimeca, einer Bremsscheibe und einer Stahlflexleitung bestehende System erwies sich bei unserer Testmaschine als außerordentlich leistungsstark. Dazu kommen das hervorragende Bremsgefühl und das optimal platzierte Pedal, und so konnten wir die Baghira im Gelände präzise in die Kurven gleiten lassen.

MuZ BAGHIRA

Technische Daten

Noch immer kämpft MuZ damit, den schlechten Ruf von MZ abzuschütteln, und liefert mit der Baghira ordentliche Arbeit ab. In Großbritannien würde sie sich unter einem anderen Namen vermutlich besser verkaufen, doch in Europa, Neuseeland und Australien findet die im Gelände wie auf der Straße einsetzbare Baghira viele Käufer: Sie sieht gut aus, überrascht durch ihre Komfortabiliät, und das von der bewährten Yamaha XTZ entlehnte Herzstück macht sie zu einer zuverlässigen Begleiterin.

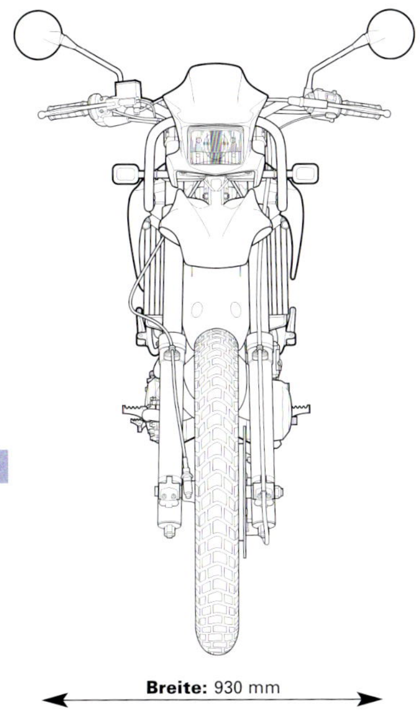

MOTOR

Typ	4-Takt-Motor
Bauart	Einzylinder, 5 Ventile
Hubraum	660 ccm
Bohrung	100 mm
Hub	84 mm
Verdichtungsverhältnis	9,2 : 1
Ventile	5
Kraftstoffaufbereitung	CDI
Zündung	elektronisch
Kühlung	wassergekühlt
Nennleistung	32,8 kW (47 PS) bei 6100/min
Maximales Drehmoment	73,2 Nm bei 5600/min

MOTORLEISTUNG

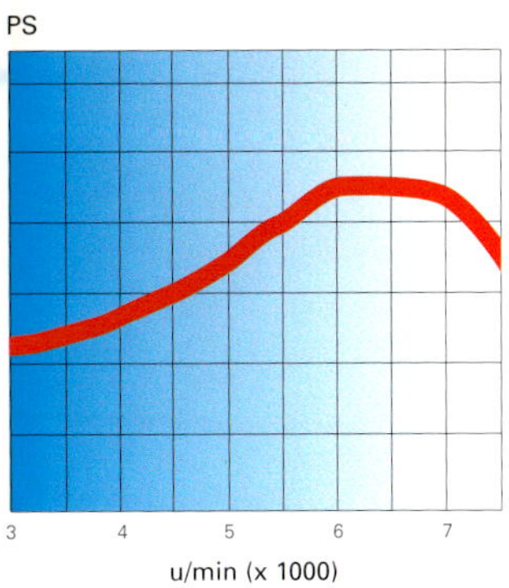

Unabhängige Testmessungen (s. o.) weichen von den Angaben des Herstellers ab.

KRAFTÜBERTRAGUNG

Primärantrieb	Getrieberäder
Kupplung	Mehrscheibenkupplung
Getriebe	5 Gänge
Sekundärantrieb	Kette

GEWICHTE UND ABMESSUNGEN

Tankinhalt	12,5 l
Trockengewicht	180 kg
Gewichtsverteilung	
- vorne	keine Angabe des Herstellers
- hinten	keine Angabe des Herstellers
Radstand	1530 mm
Gesamtlänge	keine Angabe des Herstellers
Gesamtbreite	930 mm
Gesamthöhe	keine Angabe des Herstellers
Sitzhöhe	930 mm

FAHRWERK

Rahmen	Einrohrrahmen aus Stahl
Nachlauf	94 mm
Vorderradaufhängung	Teleskopgabel
Federweg	keine Angabe des Herstellers
Einstellbarkeit	keine Einstellung möglich
Hinterradaufhängung	Zentralfederbein
Federweg	keine Angabe des Herstellers
Einstellbarkeit	Federvorspannung
Reifen	
- Marke	keine Angabe des Herstellers
- vorne	90/90 x 17
- hinten	120/80 x 17
Bremsen	
- Marke	Grimeca
- vorne	Einscheibenbremse, 1-Kolben-Bremszange
- hinten	Einscheibenbremse, 1-Kolben-Bremszange

Norton COMMANDO 850

Das Cockpit der Norton Commando 850 war selbst für die damalige Zeit beeindruckend und lieferte dem Fahrer nahezu alle Informationen, die er brauchte.

Zündung
Im Gegensatz zum Vorgängermodell, der 750, hatten spätere Versionen der Commando 850 einen elektrischen Starter, der leider nicht besonders verlässlich war.

Getriebe
Alle Modelle haben ein 4-Gang-Getriebe, einen Primär- und Sekundärantrieb über Kette sowie eine Mehrscheiben-Trockenkupplung.

Motor
Der luftgekühlte 828-ccm-2-Zylinder-Reihenmotor mit unten liegender Nockenwelle, Bohrung x Hub: 77 x 89 mm, bringt laut Hersteller bei 7000/min 48,5 kW (66 PS) Leistung und fährt 193 km/h Spitze.

Motoraufhängung
Motor, Getriebe und Schwinge waren durch eine so genannte Isolastic-Aufhängung vom Rest des Motorrads getrennt.

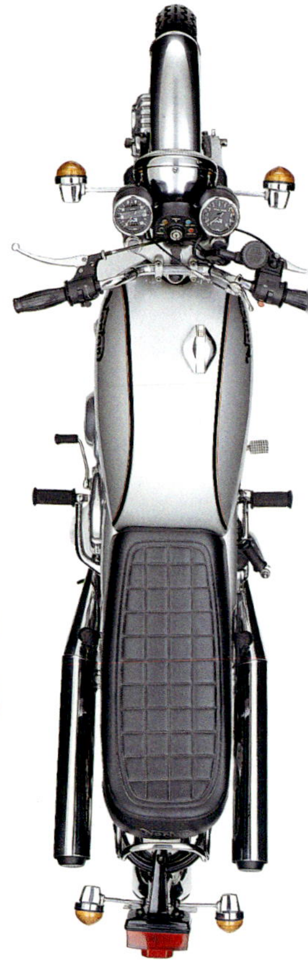

COMMANDO 850

Norton, einer der ganz großen Namen im Motorsport, lieferte mit der Commando 850 (der die 750 voranging) ein Motorrad ab, auf das sie stolz sein können. Sie hatte ein paar Schwachstellen, doch die Produktionszahlen von 55 000 Stück sprechen für sich. Ein großer Name und ein großes Motorrad.

Bremsen
Das Vorderrad war mit einer [illegible]-mm Einscheibenbremse ausgestattet, während sich hinten eine 178-mm-Trommelbremse befand, die später durch eine Scheibenbremse ersetzt wurde.

Im Gegensatz zu dem äußerst beliebten „Fastback"-Modell mit flachem Tank hatte die 850 einen rundlicheren Tank, in dem ungefähr 23 l Platz fanden. Der elektrische Anlasser befand sich an der Seite (was angesichts seiner schwachen Leistung keine besonders gute Idee war).

Die Norton Commando verfügte über einen luftgekühlten 2-Zylinder-Reihenmotor mit je zwei Ventilen, die über Stößelstangen betätigt wurden.

Der Doppelschleifenrahmen aus Stahlrohr war mit einer Gummiaufhängung (Isolastic) für Motor und Getriebe versehen.

Front
Die 750 konnte sich vorne etwas schwammig anfühlen, doch im Gegensatz dazu war das Handling der 850 sehr gut – vorausgesetzt, die Isolastic-Aufhängung war korrekt eingestellt.

Sitz
Mit einer Sitzhöhe von 813 mm war die Commando nichts für eher kleine Fahrer. Doch die Sitzposition und das Handling sorgten dafür, dass die meisten Fahrer doch mit ihr zurechtkamen.

Radstand
Die Norton hatte einen Radstand von 1447,8 mm und 152,4 mm Bodenfreiheit

SUZUKI RGV250

Die Bremsen der RGV sind großartig: Sie packen ausgewogen und kraftvoll zu, und das muss auch so sein. 4-Kolben-Bremssättel erledigen diese Aufgabe effizient, und die Hinterradbremsen geben dem Fahrer das beruhigende Gefühl, das Motorrad auch bei Vollgas zum Stillstand bringen zu können.

Federung
Das Rahmenheck besteht aus Leichtmetall und lässt sich leicht abmontieren, was die Wartung erleichtert. Eine steife Upside-Down-Gabel mit kräftigen Standrohren sorgt für ein präzises Handling, die Verwendung eines progressiven Zentralfederbeins für guten Bodenkontakt.

RGV 250

Seit seiner Markteinführung 1989 hat dieses tolle Gerät die Herzen vieler Biker erobert. Leider wird es nicht mehr produziert, aber vielleicht gelingt es Ihnen ja, es gebraucht zu ergattern – Sie sollten es auf jeden Fall unbedingt versuchen. Der 2-Zylinder-V-Motor mit seinen 249 ccm Hubraum entzückt den Fahrer mit seiner Rennvergangenheit. Draußen, auf offener Straße, gibt es wohl nichts Besseres.

Getriebe
Das Getriebe geht mit einer eher windigen Kupplung einher und ist nicht das Beste, was dieses Motorrad technisch zu bieten hat. Die mittleren Gänge sind schön kurz. Im ersten Gang ist der Schaltweg kurz genug, um an Ampeln interessant zu sein, und der sechste Gang kämpft bei Gegenwind. Das Schalten selbst geht quälend langsam, und kräftiges Zupacken wird mit hässlichen Schaltschlägen quittiert. Suzuki legt großen Wert auf die spezielle Montage des Kupplungsgriffs – weshalb, ist allerdings ein Rätsel.

Sitz
Der breite Sitz ist bequem, die hohen Fußrasten neigen den Fahrer nach vorne zum breiten Lenker, der direkte Verbindung zum Vorderrad zu haben scheint. Kein Strecken, keine übermäßige Anstrengung für den Nacken, und auch große Fahrer haben reichlich Platz. Das niedrige Windschild lässt den Kopf frei, nimmt bei hohen Geschwindigkeiten Druck von den Händen und funktioniert auch noch bei 160 km/h.

Die hochgezogenen Auspuffrohre auf der rechten Seite der Suzuki sind mit speziellen Endtöpfen versehen und sorgen für die Rennoptik, was die RGV250 als echte Hochleistungsmaschine auszeichnet. Der Auspuff ist für sein Röhren in einem sehr schmalen Drehzahlbereich zwischen 10 000 und 12 000/min bekannt und nichts für schwache Nerven.

Das federleichte Fahrwerk strotzt nur so vor renntypischen Charakteristika und wurde für schnelle Richtungswechsel, ruhiges Fahren bei Unebenheiten oder Bodenwellen sowie abrupte Stopps gebaut. Der Hauptrahmen besteht aus Aluminiumdoppelrohr, zwei Rohre umschließen den Motor.

Motor
Auch bei diesem V-Motor steht der eine Zylinder beinahe senkrecht, der andere neigt sich nach vorne. Die Zylinderlaufbuchsen sind der Leichtigkeit, Stärke und Effizienz wegen aus Hartmetall – doch das macht ein Aufbohren unmöglich und die Suzuki ist für das Abscheren von Ventilen berüchtigt.

Benzineinspritzung
Für eine gute Gasannahme hat der Slingshot-Vergaser von Suzuki zwei Luftwege und ist elektronisch an Drehzahl und Drosselklappenstellung gekoppelt. Diese als SAPC (Suzuki Advanced Power Control) bekannte Steuereinheit kombiniert digitale Einspritzanlage und AETC-Auslasssystem.

SUZUKI RGV250

Technische Daten

Suzuki brachte die RGV250 auf den Markt, um mit ihr gegen die vermeintliche Konkurrenz der Yamaha TZ anzugehen. Das brachte die kleine 2-Takt-Sportmaschine nach zehn Jahren wieder ins Geschäft, da die TZR von Yamaha nie die große Masse lockte, obwohl sie sich in Rennkreisen gut verkaufte. Es gelang Suzuki, eine Hochleistungsmaschine mit der Verlässlichkeit eines 4-Takters zu bauen und damit einen breiten Querschnitt der Motorradfahrer anzusprechen.

MOTOR

Typ	2-Takt-Motor
Bauart	90°-V-2-Zylinder
Hubraum	249 ccm
Bohrung	56 mm
Hub	50,6 mm
Verdichtungsverhältnis	7,3 : 1
Ventile	-
Kraftstoffaufbereitung	2 x 34-mm-Slingshot-Vergaser
Zündung	SAPC
Kühlung	wassergekühlt
Nennleistung	41 kW (56 PS) bei 10 750/min
Maximales Drehmoment	39,3 Nm bei 10 500/min

KRAFTÜBERTRAGUNG

Primärantrieb	Getrieberäder
Kupplung	Mehrscheiben-Nasskupplung
Getriebe	6 Gänge
Sekundärantrieb	Kette

GEWICHTE UND ABMESSUNGEN

Tankinhalt	16 l
Trockengewicht	139 kg
Gewichtsverteilung	
- vorne	keine Angabe des Herstellers
- hinten	keine Angabe des Herstellers
Radstand	1380 mm
Gesamtlänge	1980 mm
Gesamtbreite	690 mm
Gesamthöhe	1070 mm
Sitzhöhe	766 mm

FAHRWERK

Rahmen	Aluminiumdoppelrohr
Lenkkopfwinkel	keine Angabe des Herstellers
Vorderradaufhängung	Upside-Down-Teleskopgabel
Federweg	130 mm
Einstellbarkeit	Federvorspannung 5fach
Hinterradaufhängung	Floating Suspension System
Federweg	135 mm
Einstellbarkeit	Federvorspannung stufenlos
Reifen	
- vorne	110/70 x 17
- hinten	150/70 x 17
Bremsen	
- vorne	300-mm-Doppelscheibenbremse, 4-Kolben-Bremssättel
- hinten	Einscheibenbremse, 2-Kolben-Bremssattel

SUZUKI RG500

Sie sollten selbst herausfinden, weshalb der hintere Bremssattel einen so guten Ruf hat!

Karosserie
Einfach schön. Zu ihrer Zeit war sie perfekt, und auch für heutige Verhältnisse ist sie außergewöhnlich. Die blau-weiße Lackierung ist den Rennmaschinen von Suzuki nachempfunden.

Vorderrad
Vorne haben wir ein 16-Zoll-Rad, das damals nicht bei allen Fahrern Anklang fand. Aber die Optik stimmte.

Verkleidung
Die Verkleidung schließt das Motorrad vollkommen ein, was die Rennoptik noch verbessert.

Motor
Der wassergekühlte 2-Takt-4-Zylinder-Doppelreihen-Drehscheibenmotor mit 495 ccm Hubraum, von dem die RG500 angetrieben wurde, machte zu seiner Zeit großen Eindruck.

RG500

Heutzutage dürften nicht mehr allzu viele davon auf den Straßen herumfahren, da sie nur vier Jahre lang produziert wurden. Sie haben hier also die seltene Gelegenheit, einen genauen Blick auf dieses Wahnsinnsgerät zu werfen. Wilder wird's nicht mehr als bei diesem Rennmaschinennachbau von Suzuki, der eine geniale Mischung aus überwältigender Schönheit und großer Leistung ist.

Die beiden Auspuffrohre sind wunderschön unter dem Heck versteckt und sehen supereffektiv aus.

Der Motor im Stil der GP-Bikes war in einem für damalige Verhältnisse radikalen Rennfahrwerknachbau aufgehängt. Wir haben es hier mit einem Doppelschleifenrahmen aus quadratischen Aluminiumrohren zu tun, der sehr steif und leicht ist.

Tank
Er befindet sich unter dem Sitz, wie das bei 2-Taktern üblich ist.

Sitz
Die Sitzposition eignet sich hervorragend für hohe Geschwindigkeiten. Sitz, Fußrasten und Lenker sind so platziert, dass der Fahrer automatisch Rennhaltung einnimmt.

Front
Die vordere Aufhängung der RG500 ist mit einem Anti-Dive-Dämpfungssystem ausgestattet, das damals sehr beliebt war. Die vordere Bremse der RG500 war nichts Besonderes.

Getriebe
Das Getriebe enttäuscht, der erste Gang hat einen langen Schaltweg und das Getriebe neigt beim Hochschalten in den zweiten Gang zu harten Schlägen. Eigentlich sind fast durchweg Schaltschläge zu hören.

SUZUKI RG500

Technische Daten

Die RG500 mit ihrem wassergekühlten 2-Takt-Motor war bis hin zur Lackierung der authentische Nachbau des 1980er Suzuki-Straßenrenners. Heute ist sie ein Kultklassiker – das ist nicht weiter überraschend, denn wer einmal mit ihr gefahren ist, wird sie nie wieder vergessen.

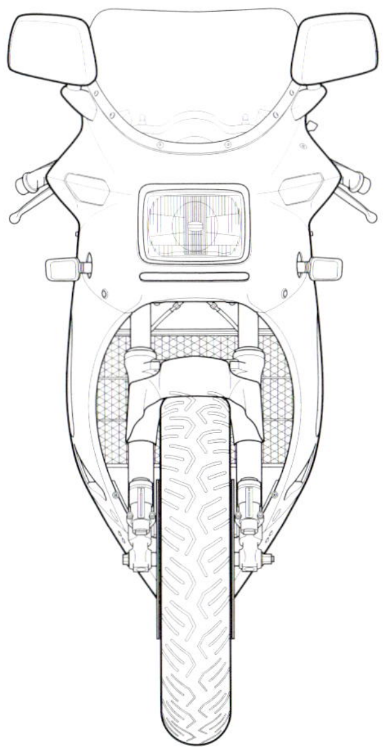

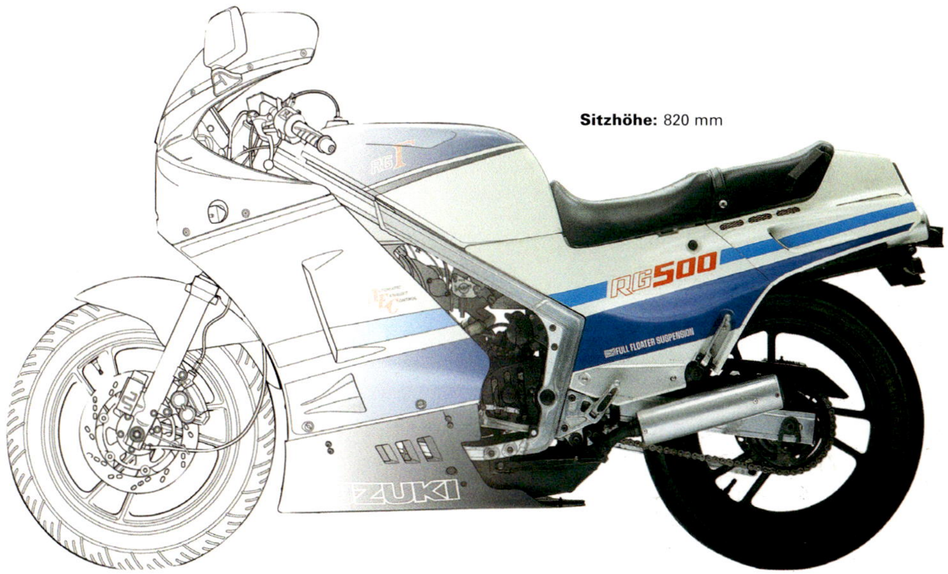

MOTOR

Typ	2-Takt-Motor
Bauart	Doppelreihen-4-Zylinder
Hubraum	495 ccm
Bohrung	56 mm
Hub	50,6 mm
Verdichtungsverhältnis	7 : 1
Kraftstoffaufbereitung	4 x 28-mm-Mikuni-Flachschiebervergaser
Zündung	elektronisch
Kühlung	wassergekühlt
Nennleistung	70,8 kW (96 PS) bei 9500/min
Maximales Drehmoment	keine Angabe des Herstellers

KRAFTÜBERTRAGUNG

Primärantrieb	schräg verzahnt
Kupplung	Mehrscheiben-Nasskupplung
Getriebe	5 Gänge
Sekundärantrieb	Kette

FAHRWERK

Rahmen	Aluminium-Doppelschleifenrahmen
Lenkkopfwinkel	keine Angabe des Herstellers
Vorderradaufhängung	40-mm-Teleskopgabel
Federweg	130 mm
Einstellbarkeit	keine Einstellung möglich
Hinterradaufhängung	Floating Suspension System
Federweg	keine Angabe des Herstellers
Einstellbarkeit	Federvorspannung
Reifen	
- Marke	keine Angabe des Herstellers
- vorne	110/90 x 16
- hinten	120/90 x 17
Bremsen	
- Marke	keine Angabe des Herstellers
- vorne	260-mm-Einscheibenbremse, 4-Kolben-Bremssattel
- hinten	220-mm-Einscheibenbremse, 2-Kolben-Bremssattel

MOTORLEISTUNG

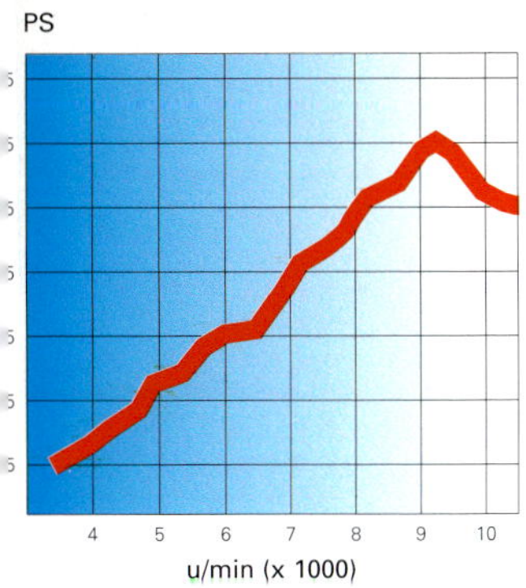

Unabhängige Testmessungen (s. o.) weichen von den Angaben des Herstellers ab.

GEWICHTE UND ABMESSUNGEN

Tankinhalt	16 l
Trockengewicht	154 kg
Gewichtsverteilung	
- vorne	keine Angabe des Herstellers
- hinten	keine Angabe des Herstellers
Radstand	1425 mm
Gesamtlänge	2100 mm
Gesamtbreite	695 mm
Gesamthöhe	1185 mm
Sitzhöhe	820 mm

SUZUKI GSF600 BANDIT

Viereckige Augen
Die halb verkleidete Bandit hat einen rechteckigen Scheinwerfer, die unverkleidete Version bekommt den edlen, runden Scheinwerfer.

GSF600

Als Suzuki die GSF600 im Januar 1995 auf den Markt brachte, sicherte sich der Hersteller ein Marktsegment, das die anderen erst langsam füllen. Endlich gab es ein leichtes, verlässliches und schnelles Mittelgewicht, das hervorragend aussah und nicht allzu viel kostete. Das war genau das Motorrad, auf das tausende von Fahrern gewartet hatten – unkompliziert, gut gemacht und leistungsstark genug, um die 193 km/h zu streifen. Die erste Bandit war nackt. Mangels Verkleidung musste der Fahrer jedes Mal, wenn er sich der 160 km/h-Marke näherte, beißenden Fahrtwind und eine schmerzende Nackenmuskulatur in Kauf nehmen. Doch die Bandit verkaufte sich ausgesprochen gut. Genau ein Jahr später brachte Suzuki ein halb verkleidetes Modell heraus. Die GSF600S war vielleicht nicht ganz so schön wie das Original, doch die kleine, aber effektive Verkleidung machte die Fahrt zur Arbeit erträglicher und Vollgasfahrten vergnüglicher. Die Bandit lieferte den Beweis, dass ein 600-ccm-Vierzylinder praktisch und aufregend zugleich sein kann.

Vertraute Gabel
Die weiche Vorderradführung fand auch bei der RF600 Verwendung. Am Standard der Superbikes gemessen, ist die Bandit eher schmächtig. Dennoch ist sie auch bei hohen Geschwindigkeiten kurvensicher, nur bei harten Bremsmanövern kann sie durchschlagen.

Starker Ständer
Der Hauptständer war eine willkommene Ergänzung zur 600S und macht den Reifenwechsel oder das Fetten der Kette zum Zuckerschlecken.

Die 4-in-1-Auspuffanlage trägt ihren Teil zum süßen Klang des Motors bei, aber die Krümmer sind rostanfällig.

Die klaren, einfachen Instrumente passen zum minimalistischen Gesamteindruck der Bandit.

Der nagelneue Doppelschleifenrahmen aus Stahl wurde speziell für die Bandit entwickelt und kommt mit der eindrucksvollen Power dieses Motorrads hervorragend zurecht.

Tank
Der 19-l-Tank hat eine Reichweite von 314 km. Reißverschlüsse und Schnallen verkratzen ihn schnell und machen ein schützendes Tankpad zum Muss.

Soziusfreundlich
Der gemütliche, aber nicht übermäßig gepolsterte Sitz, die durchschnittlich hoch platzierten Fußrasten und die nützlichen Haltegriffe sorgen dafür, dass auf der Bandit auch Langstreckenfahrten zu zweit in Ordnung gehen.

Festhalten
Die 600S verfügt über Haltegriffe für den Sozius. Wer auf einem der nackten Vorgängermodelle mitfährt, muss ohne sie auskommen.

Motor-Mittelgewicht
Der zuverlässige Motor der Bandit, der von der GSX600 übernommen wurde, holt laut Hersteller 58,9 kW (80 PS) aus 599 ccm Hubraum heraus. Der 4-Zylinder-Reihenmotor ist luft-/ölgekühlt.

SUZUKI GSX600F

Die beiden 290-mm-Bremsscheiben und die 2-Kolben-Bremssättel fühlen sich etwas schmächtig an. Ihre Rückmeldung ist lediglich durchschnittlich, und die Testergebnisse waren alles andere als berühmt. Stahlflexleitungen wären hilfreich.

Der Tank der GSX600F fasst 20 l und ist damit der größte in der Klasse der Mittelgewichtssporttourer.

Scheinwerfer
Der ausgefallene runde Doppelscheinwerfer ist heute etwas aus der Mode gekommen, aber nachts funktioniert er ganz ordentlich.

Kraftstoffaufbereitung
Bei der GSX600F besteht die Vergaserbatterie aus vier mittelgroßen 32-mm-Vergasern.

Kotflügel
Riesige Kotflügel zeugen wieder einmal von Suzukis einzigartiger Gestaltungsvielfalt im Bereich der Aerodynamik.

Fußrasten
Sie sind mit Gummi überzogen, was Vibrationen dämpft.

GSX600F

Für das ungeübte Auge ist die GSX600F von Suzuki nicht von ihrem größeren Bruder mit 750 ccm Hubraum zu unterscheiden – und das soll auch so sein. Die GSXF-Reihe soll das Beste aus beiden Welten vereinbaren: den Komfort eines Tourers mit dem Handling und der Leistung einer Sportmaschine. Leider haben wir die Erfahrung gemacht, dass die mickrigen Bremsen und die schwammige Federung jegliche im Fahrwerk verborgene Sportlichkeit im Keim ersticken.

Reifen
Die vordere Bereifung entspricht mit 120/70 x 17 großen Reifen im Grunde dem Standard. Die hintere Bereifung erinnert mit schmalen 150/50 x 17 Reifen an die frühen 90er Jahre.

Auspuff
Die Auspuffanlage ist aus Edelstahl und recht unverwüstlich. Es handelt sich um eine 4-in-1-Anlage mit hoch gezogenem Endschalldämpfer, was die Bodenfreiheit erhöht.

Die knollige Verkleidung verleiht der GSX600F ein charakteristisches Aussehen und wurde ausgiebig im Windkanal getestet. Suzuki spricht von „herausragender Aerodynamik", dennoch waren der Fahrtwind und eine gewisse Zögerlichkeit bei Seitenwind spürbar.

Der Doppelschleifenrahmen ist ein guter Kompromiss zwischen Steife und Komfort. Es sind die anderen Fahrwerkskomponenten, die enttäuschen.

Sitz
Die ausgeprägte Sitzmulde mit einer Sitzhöhe von 785 mm eignet sich auch für Fahrer, die nicht ganz so groß sind. Zudem ist sie bequem.

Vordere Federung
Die 41-mm-Gabel ist klein, aber ausreichend. Die Zugstufendämpfung ist einstellbar, doch die Einstellung der Druckstufendämpfung sowie der Federvorspannung unseres Testmodells lagen meilenweit daneben, was zu einer deutlichen Kurvenunwilligkeit führt.

Motor
Der luftgekühlte 16-Ventil-Reihenmotor hat zwei oben liegende Nockenwellen, Bohrung x Hub: 62,6 x 48,7 mm, laut Hersteller 58,9 kW (80 PS) und ein Verdichtungsverhältnis von 11,3 : 1. Bei der Kupplung handelt es sich für gewöhnlich um eine Mehrscheiben-Nasskupplung, das Getriebe hat 6 Gänge.

Hintere Federung
Die Vorspannung des progressiven Federbeins ist 7fach, die Zugstufendämpfung 4fach einstellbar. Genau wie bei der vorderen Federung flößte uns dieses Arrangement kein besonders großes Vertrauen in das Handling unseres Testmodells ein.

SUZUKI GSX600F

Technische Daten

Die GSX600F ist ein gutes Mehrzweckmotorrad, das sich hervorragend für Touren, die Fahrt zur Arbeit und sogar den gelegentlichen Sporteinsatz eignet! Sie ist seit über einem Jahrzehnt auf dem Mark,t und in dieser Zeit wurden nur geringfügige technische Veränderungen vorgenommen. Trotzdem gelingt es ihr, sich gegen die moderneren, wassergekühlten Motoren zu behaupten.

MOTOR

Typ	4-Takt-Motor
Bauart	4-Zylinder-Reihenmotor
Hubraum	599,6 ccm
Bohrung	62,6 mm
Hub	48,7 mm
Verdichtungsverhältnis	11,3 : 1
Ventile	4 pro Zylinder
Kraftstoffaufbereitung	Mikuni-Vergaser
Zündung	digitale Transistor-Spulen-Direktzündung
Kühlung	luft-/ölgekühlt
Nennleistung	76,7 kW (104 PS) bei 10 850/min
Maximales Drehmoment	55,6 Nm bei 9400/min

MOTORLEISTUNG

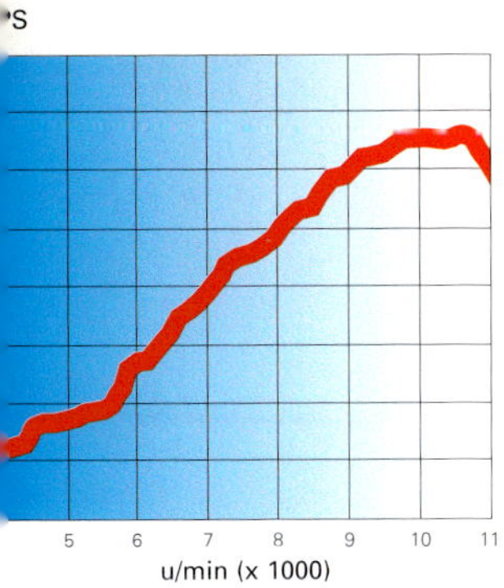

Unabhängige Testmessungen (s. o.) weichen von den Angaben des Herstellers ab.

KRAFTÜBERTRAGUNG

Primärantrieb	Getrieberäder
Kupplung	Mehrscheiben-Nasskupplung
Getriebe	6 Gänge
Sekundärantrieb	Kette

GEWICHTE UND ABMESSUNGEN

Tankinhalt	20 l
Trockengewicht	200 kg
Gewichtsverteilung	
- vorne	keine Angabe des Herstellers
- hinten	keine Angabe des Herstellers
Radstand	1470 mm
Gesamtlänge	2135 mm
Gesamtbreite	745 mm
Gesamthöhe	1195 mm
Sitzhöhe	785 mm

FAHRWERK

Rahmen	Doppelschleifenrahmen aus Stahl
Lenkkopfwinkel/Nachlauf	25,3°/199,5 mm
Vorderradaufhängung	41-mm-Teleskopgabel
Federweg	keine Angabe des Herstellers
Einstellbarkeit	Federvorspannung, Druck- und Zugstufendämpfung
Hinterradaufhängung	Zentralfederbein
Federweg	keine Angabe des Herstellers
Einstellbarkeit	Federvorspannung 7fach, Druck- und Zugstufendämpfung 4fach
Reifen	
- Marke	keine Angabe des Herstellers
- vorne	170/70 x 17
- hinten	150/70 x 17
Bremsen	
- Marke	keine Angabe des Herstellers
- vorne	290-mm-Doppelscheibenbremse, 2-Kolben-Bremssättel
- hinten	Einscheibenbremse und Bremssattel

SUZUKI GSX-R600

Zum Glück fällt der Sitzhöcker (was das Design angeht) kleiner aus als die monströsen Teile der TL1000R und der Hayabusa. Er lässt sich auch leicht entfernen, falls ein Sozius mitfahren möchte. Dieser wird feststellen, dass er recht hoch sitzt. Auch das Fehlen einer serienmäßigen Haltestange ist nicht besonders hilfreich.

Windschild
Das Windschild fällt seit 1998 etwas größer aus, was den Fahrkomfort erhöht und den Fahrtwind bei hohen Geschwindigkeiten verringert.

Verkleidung
Die Verkleidung ist, verglichen mit anderen Maschinen ihrer Klasse, ausladend. Deshalb sind die meisten Fahrer gut geschützt. Man sollte nur nicht erwarten, dass die Verkleidung auch vor starken Regengüssen schützt.

Kupplung
Keine Überraschungen: Die Mehrscheiben-Nasskupplung kann in Extremfällen jede Menge einstecken und vermittelt ein leichtes und angenehmes Schaltgefühl. Wiederholter Missbrauch fordert natürlich irgendwann seinen Tribut.

Gabel
Druck- und Zugstufendämpfung dieser konventionellen 45-mm-Gabel sind voll einstellbar. Darüber hinaus bietet sie volle 15 mm Federvorspannung.

Gepäckhaken
Diese unglaublich nützliche Ergänzung macht die schwarze Kunst der Gepäckbefestigung sehr viel einfacher. Freundlicherweise hat Suzuki vier davon unter dem Soziusplatz platziert.

Fußrasten
Die Fahrerrasten sind sehr hoch angebracht. Zusammen mit dem tiefen Lenker bedeutet das, dass alle Fahrer automatisch Rennposition einnehmen. Auf kurzen Fahrten ist das ein Vergnügen, doch wenn noch 480 km zu fahren sind, wird es allmählich unangenehm.

GSX-R600

Die Maschine kam 1996 auf den Markt und wurde seither von vielen Möchtegern-Rennfahrern ins Herz geschlossen. Sie ist extrem schnell, überaus wendig und verfügt über eine enorme Bremskraft. Wenn Sie lieber Touren fahren, ist sie vielleicht nicht ganz das Richtige für Sie. Doch wenn Sie sich einfach ein superschnelles Motorrad mit hervorragender Leistung wünschen, ist die GSX-R600 eine der wenig wirklich schnellen Maschinen mit 600 ccm.

Räder
Die leichten 3-Speichenräder sind für eine Reihe beliebter Reifen geeignet. Theoretisch kann der Fahrer mit einem Dutzend Spitzenmarken herumexperimentieren: Vordere Bereifung 120/70 x 17, hintere Bereifung 180/55 x 17.

Lackierung
Die Maschine ist attraktiv und aggressiv gestaltet. So mancher Fahrer hält die Lackierung für qualitativ nicht besonders hochwertig und auch ein bisschen dünn.

Suzuki Ram Air Direct (SRAD) ist ein Staudrucksystem, das gewaltige Mengen Luft durch riesige Lufteinlässe in der Verkleidung in die vier 36-mm-Mikuni-Gleichdruckvergaser saugt. Die Theorie besagt, je schneller man fährt, desto mehr Luft wird zugeführt und desto besser ist die Verbrennung in den Brennkammern. Das wiederum erhöht die Leistung.

Der Doppelscheinwerfer in aerodynamischem Design verschönert nicht nur die Frontansicht, sondern erhöht auch die Höchstgeschwindigkeit. Für Nachtfahrten ist er völlig ausreichend.

Die GSX-R600 hat wie alle modernen japanischen Mehrzweckmotorräder einen Aluminium-Doppelrohrrahmen. Das Rahmenheck lässt sich entfernen.

Tank
Der Tank hat mit 18 l ein eher durchschnittliches Fassungsvermögen und wirkt dank der sorgfältig modellierten Seitenverkleidung keineswegs störend.

Sitz
Der Sitz ist für alle bequem – eine Ausnahme sind sehr große Fahrer. Langstrecken sind freilich manchmal harte Arbeit. Die Sitzhöhe beträgt 830 mm.

Lenkkopfwinkel/ Nachlauf
Das sportliche Aussehen und Potenzial verlangen auch eine sportliche Geometrie, und mit einem Lenkkopfwinkel von 24° sowie 96 mm Nachlauf kommt die GSX-R600 dieser Forderung nach. Der Radstand ist mit 1385 mm kurz, deshalb neigt die Maschine auf schlecht ausgebauten, schnellen Straßen unter Umständen zum Pendeln.

Motor
Suzukis Version des typischen 4-Takt-4-Ventil-Motors der Mittelklasse mit zwei oben liegenden Nockenwellen und vier Ventilen pro Zylinder ist ein ziemlich gutes Angebot. Er bringt eine mickrige Leistung im mittleren Drehzahlbereich und nahezu keine im unteren, doch wenn der 600-ccm Motor einmal in Fahrt kommt, geht es so richtig ab. Die Eigenschaften des Motorrads entsprechen ganz genau seinem Image.

Hintere Federung
Druck- und Zugstufendämpfung des progressiven Zentralfederbeins sind voll einstellbar, Federvorspannung 10 mm. Offenbar verschlechtert sich die Dämpfung in kürzester Zeit erheblich.

SUZUKI GSX-R600

Technische Daten

Seit ihrer Markteinführung im Dezember 1996 hebt sich die Suzuki GSX-R600 dank ihres sportlich orientierten Designs von den anderen 600-ccm-Sportmaschinen ab. Eigentlich gab es nur eine Herausforderung – als Yamaha die YZF-R6 herausbrachte. Trotzdem hält sich die GSX-R an der Spitze ihrer Klasse, obwohl sie eine der schwersten und am wenigsten leistungsfähigen Maschinen ist.

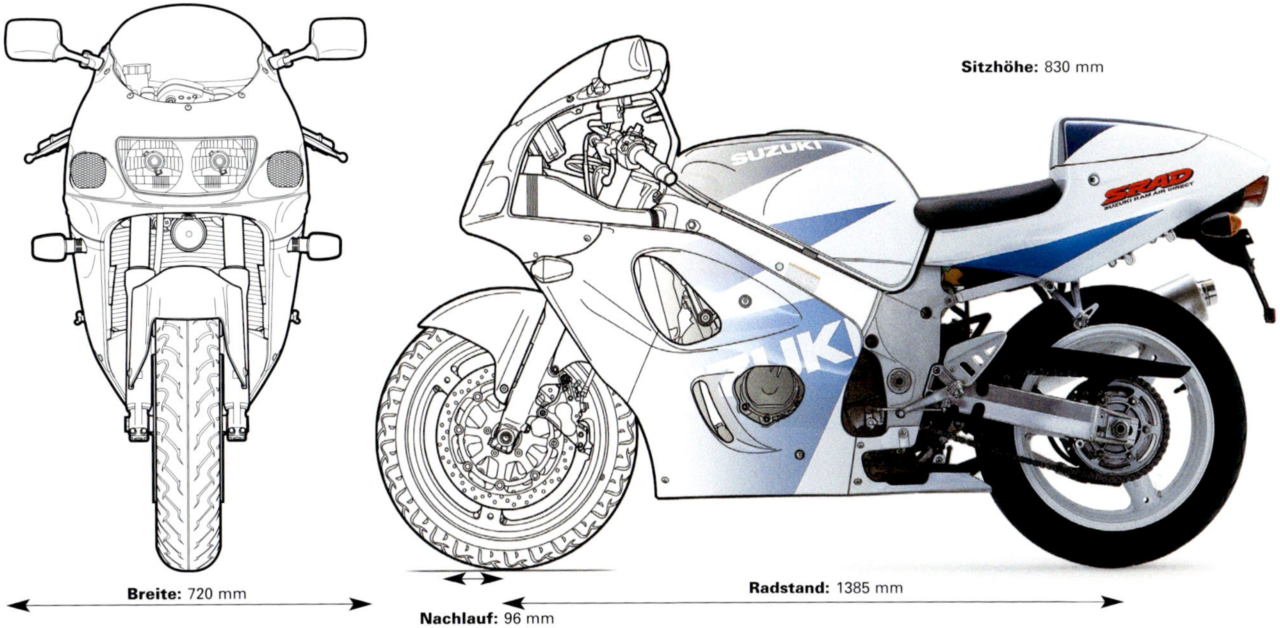

MOTOR

Typ	4-Takt-Motor
Bauart	DOHC 4-Zylinder-Reihenmotor
Hubraum	600 ccm
Bohrung	65,5 mm
Hub	44,5 mm
Verdichtungsverhältnis	12,0 : 1
Ventile	4 pro Zylinder
Kraftstoffaufbereitung	4 x Mikuni BDSR36
Zündung	CDI
Kühlung	flüssigkeitsgekühlt
Nennleistung	76 kW (103 PS) bei 11 847/min
Maximales Drehmoment	65,8 Nm bei 9583/min

MOTORLEISTUNG

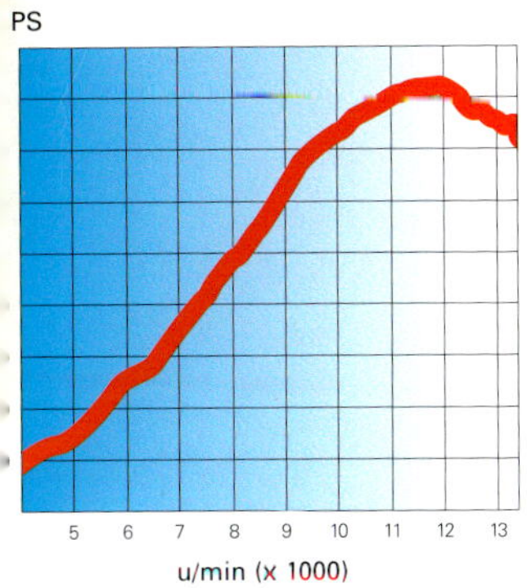

Unabhängige Testmessungen (s. o.) weichen von den Angaben des Herstellers ab.

KRAFTÜBERTRAGUNG

Primärantrieb	Getrieberäder
Kupplung	Mehrscheiben-Nasskupplung
Getriebe	6 Gänge
Sekundärantrieb	Kette

GEWICHTE UND ABMESSUNGEN

Tankinhalt	18 l
Trockengewicht	174 kg
Gewichtsverteilung	
- vorne	keine Angabe des Herstellers
- hinten	keine Angabe des Herstellers
Radstand	1385 mm
Gesamtlänge	2065 mm
Gesamtbreite	720 mm
Gesamthöhe	1165 mm
Sitzhöhe	830 mm

FAHRWERK

Rahmen	Aluminium-Brückenrahmen
Lenkkopfwinkel/Nachlauf	24°/ 96 mm
Vorderradaufhängung	45-mm-Teleskopgabel
Federweg	keine Angabe des Herstellers
Einstellbarkeit	Druck- und Zugstufendämpfung
Hinterradaufhängung	progressives Zentralfederbein
Federweg	keine Angabe des Herstellers
Einstellbarkeit	10 mm Federvorspannung, Druck- und Zugstufendämpfung
Reifen	
- Marke	diverse
- vorne	120/70 x 17
- hinten	180/55 x 17
Bremsen	
- Marke	Tokico
- vorne	320-mm-Doppelscheibenbremse, zwei 4-Kolben-Bremssättel
- hinten	220-mm-Einscheibenbremse, 2-Kolben-Bremssattel

SUZUKI SV650

Die Suzuki-Ingenieure verbanden Motor und Fahrwerk zu einer einfachen, leichten und kompakten Einheit.

Bremsen
Die 290-mm-Doppelscheibenbremse mit 2-Kolben-Bremszangen von Tokico macht es möglich, die SV650 in 94,3 Metern von 160 km/h runterzubremsen. Diese Zahl kann durchaus mit den teuren Bremsanlagen der Nachbauten der 750-ccm-Rennmaschinen mithalten, hinkt aber hinter den 600-ccm-Sportmaschinen hinterher.

Verkleidung
Die SV ist in zwei Versionen erhältlich: als unverkleideter Streetfighter und mit einer ordentlichen Halbverkleidung.

Vordere Federung
Die konventionelle 41-mm-Gabel lässt sich leider nicht einstellen, doch die Standardeinstellung funktioniert unter fast allen Bedingungen.

SV650

Biker auf der ganzen Welt verliebten sich in die SV650 von Suzuki! Sehen Sie sich die Maschine nur an! Ein sportlicher V-2-Zylinder, der gutes Handling, gute Leistung und guten Komfort bietet. Und was genauso wichtig ist: Die SV650 ist ein Spaßbike. Sie werden damit überall hinfahren wollen. Die Fahrt zur Arbeit wird auf diesem Motorrad zu einem völlig neuen Erlebnis. Probieren Sie's aus!

Hintere Federung
Das progressive Zentralfederbein ist serienmäßig hart gefedert, die Federvorspannung ist 7fach einstellbar. Suzuki sorgt dafür, dass die vordere und hintere Federung schlicht sind, was auch dazu beiträgt, die Kosten zu senken – und das ist von entscheidender Bedeutung, da die SV auf das eher günstige Marktsegment abzielt.

Räder
Die leichten 3-Speichenräder sehen für so ein preisgünstiges Modell überraschend teuer aus und verlangen vorne nach 120/60 x 17, hinten nach 160/60 x 17 Reifen. In Großbritannien werden diese Maschinen für gewöhnlich mit MEZ4-Reifen von Metzeler bereift.

Auspuff
Die 2-in-1-Auspuffanlage befindet sich auf der rechten Seite, der hochgezogene Endschalldämpfer erhöht die Bodenfreiheit. Die Anlage macht zwar einen vernünftigen Eindruck, trotzdem sollten Sie davon ausgehen, dass sie nur ein paar Jahre hält.

Am Heck befindet sich ein Rücklicht mit Bilux-Lampe sowie ein kleiner, aber praktischer Stauraum unter dem Soziussitz, in dem nur Bügelschlösser und andere Kleinigkeiten Platz haben.

Die Halbverkleidung der SV650S umschließt den Doppelscheinwerfer, die Instrumentenkonsole, die seitlich angebrachten Spiegel und die Lenkerstummel.

Der Aluminium-Gitterrohrrahmen orientiert sich an den robusten Versionen sowohl der Honda VTR FireStorm als auch der Suzuki TL1000S. Er ist eloxiert und dadurch strapazierfähig – so geht Suzuki sicher, dass das Aussehen nicht leidet.

Tank
Der Tank fasst 16 l und lässt sich hochklappen, um Zugang zum Luftfilter und der Zündkerze des hinteren Zylinders zu gewähren.

Motor
Der wassergekühlte 90°-2-Zylinder-V-Motor hat 645 ccm Hubraum, 6-Gang-Getriebe, 2 x 39 mm Mikuni-Vergaser und laut Hersteller eine Leistung von 52,2 kW (71 PS) bei 8800/min. In Wirklichkeit bringt er eher 49,2 kW (67 PS).

Radstand
1415 mm bieten eine gute Mischung aus Wendigkeit und Stabilität, was die Philosophie hinter dem Design der SV650 betont, wonach sie sowohl für den erfahrenen Biker als auch für den Anfänger leicht zu fahren sein soll.

SUZUKI SV650

Technische Daten

Zwischen der SV650S und der SV650 gibt es keine großen Unterschiede, sie haben sogar den gleichen Motor. Leider wird die SV aus unerfindlichen Gründen manchmal unterschätzt, weil diese Suzuki ein Spaßgerät ist. Sie nimmt Gas spontan an und entfaltet ihre Leistung vom unteren Drehzahlbereich an gleichmäßig. Das Handling ist gut, und so mancher findet sie ausgesprochen schick. Sie eignet sich nicht nur für die Fahrt zur Arbeit, sondern auch für das Wochenendvergnügen und sogar für Touren (sofern Sie nicht zu viel von einem Motorrad erwarten, das schließlich keine Tourenmaschine ist).

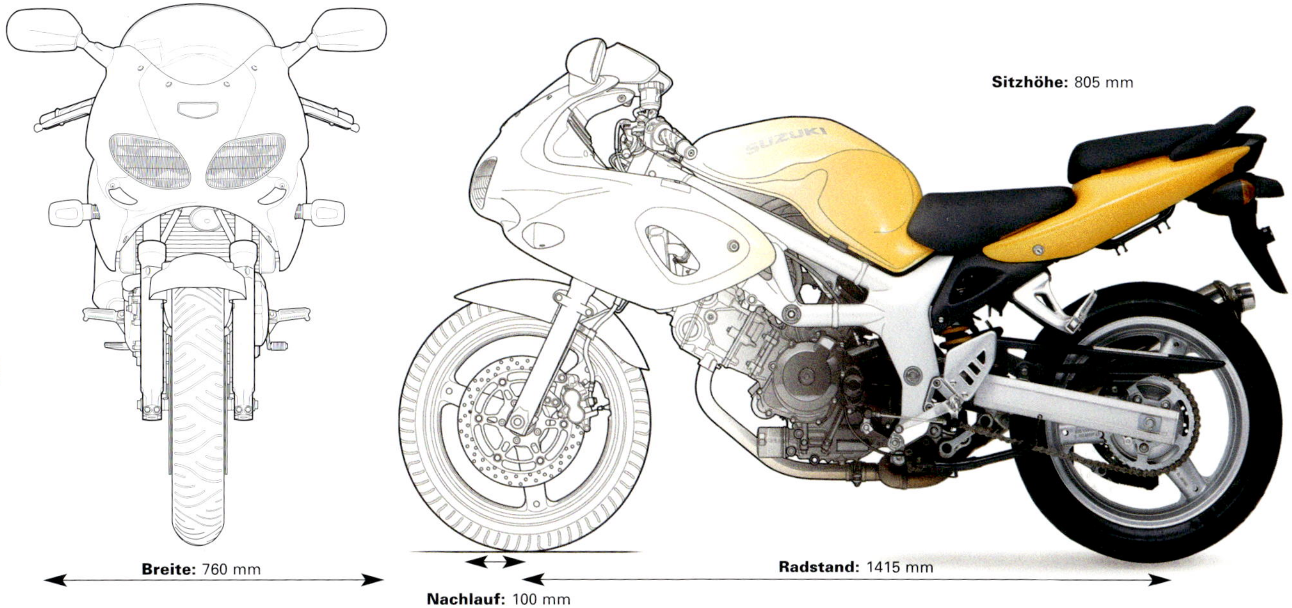

MOTOR

Typ	4-Takt-Motor
Bauart	90°-V-2-Zylinder
Hubraum	645 ccm
Bohrung	81 mm
Hub	62,6 mm
Verdichtungsverhältnis	11,5 : 1
Ventile	4 pro Zylinder
Kraftstoffaufbereitung	2 x BDSR39-Vergaser
Zündung	digitale Zündanlage
Kühlung	flüssigkeitsgekühlt
Nennleistung	51 kW (69 PS) bei 9390/min
Maximales Drehmoment	60,2 Nm bei 7420/min

MOTORLEISTUNG

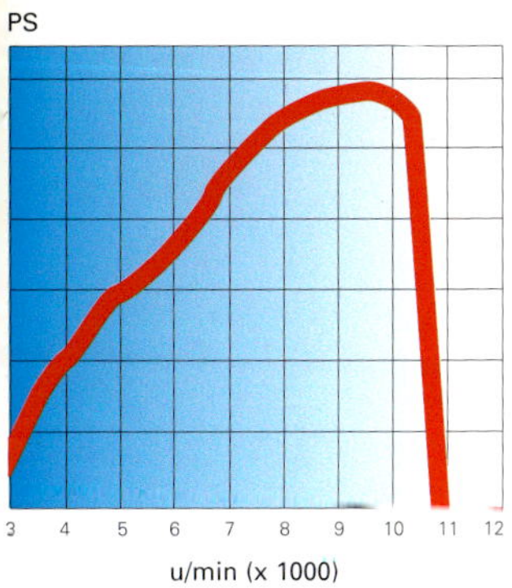

Unabhängige Testmessungen (s. o.) weichen von den Angaben des Herstellers ab.

KRAFTÜBERTRAGUNG

Primärantrieb	Getrieberäder
Kupplung	Mehrscheiben-Nasskupplung (Seilzug)
Getriebe	6 Gänge
Sekundärantrieb	Kette

GEWICHTE UND ABMESSUNGEN

Tankinhalt	16 l
Trockengewicht	165 kg
Gewichtsverteilung	
- vorne	keine Angabe des Herstellers
- hinten	keine Angabe des Herstellers
Radstand	1415 mm
Gesamtlänge	2045 mm
Gesamtbreite	760 mm
Gesamthöhe	1070 mm
Sitzhöhe	805 mm

FAHRWERK

Rahmen	Aluminium-Gitterrohrrahmen
Lenkkopfwinkel/Nachlauf	24,8°/100 mm
Vorderradaufhängung	41-mm-Teleskopgabel
Federweg	130 mm
Einstellbarkeit	keine Einstellung möglich
Hinterradaufhängung	Alu-Schwinge mit progressivem Zentralfederbein
Federweg	125 mm
Einstellbarkeit	Federvorspannung 7fach einstellbar
Reifen	
- Marke	keine Angabe des Herstellers
- vorne	120/70 x 17
- hinten	160/60 x 17
Bremsen	
- Marke	keine Angabe des Herstellers
- vorne	290-mm-Doppelscheibenbremse, 2-Kolben-Bremssättel
- hinten	240-mm-Einscheibenbremse, 2-Kolben-Bremssattel

SUZUKI GT750

Die Anzeigen sind leicht abzulesen. Alles, was der Fahrer braucht, ist bei der Hand, und das Zündschloss sitzt in der Mitte.

Scheinwerfer
Mit dem für die damalige Zeit typischen runden Scheinwerfer bot die GT750 eine gewaltige und imposante Vorderansicht.

Vergaser
Der Motor ist kolbengesteuert und wird (bei späteren Modellen) von drei 40-mm-Gleichdruckvergasern versorgt.

Sturzbügel
Die breiten Sturzbügel und der Kühler trugen einen gewissen Teil dazu bei, dass die GT750 auf den Spitznamen „Wasserbüffel" hört.

Motor
Das Herzstück dieses Riesengeräts ist ein flüssigkeitsgekühlter 738-ccm-2-Takt-3-Zylinder-Motor.

Bremsen
Spätere Modelle der GT750 hatten vorne eine Doppelscheibenbremse, hinten war das Motorrad durchweg mit Trommelbremsen ausgestattet.

Bodenfreiheit
Die Bodenfreiheit der GT750 war nicht berühmt. Es brauchte nicht viel, und die Rohre schürften den Boden.

Auspuff
Die 3-in-4-Auspuffanlage aus Chrom trug zum imposanten Aussehen des großen Motors bei.

GT750

Die GT750 wurde unter dem Namen „Wasserbüffel" bekannt und war eine Besonderheit in der Welt der Motorräder. Sie war der erste und letzte der großen 2-Takter. Sie hat immer noch eine loyale Anhängerschaft, was hauptsächlich auf ihr Design, ihre berühmte Verlässlichkeit und ihre Fähigkeit zurückzuführen ist, gewaltige Strecken problemlos zu bewältigen. Ebenso wichtig ist, dass der 3-Zylinder geschmeidig und schnell ist und gut bremst.

Das berühmte GT750-Logo sitzt auf der Seitenverkleidung. Heute ist die GT750 ein seltener Anblick auf den Straßen, aber sie ist heiß begehrt.

Diese wuchtige Suzuki wurde immer eher von der Elektrik als vom Motor selbst im Stich gelassen.

Die GT750 hatte einen zuverlässigen Stahlrohr-Doppelschleifenrahmen, der freilich der Stabilität der Suzuki nicht besonders zuträglich war. Trotzdem waren viele Fahrer bereit, das in Kauf zu nehmen, da dieser gewaltige 2-Takter verlässlicher war als beinahe jedes andere Motorrad.

Kraftstoff
Die steigenden Kraftstoffpreise trugen zum Untergang der wuchtigen Suzuki bei.

Sitz
Mit ihrer Konkurrentin, der Honda CB750/4, hatte die GT750 den breiten, bequemen und gut gepolsterten Sitz der 70er-Jahre-Maschinen gemeinsam.

Motor
Die technischen Daten des Motors waren für die damalige Zeit erstaunlich: Der flüssigkeitsgekühlte 3-Zylinder-Reihenmotor war quer zur Fahrtrichtung eingebaut und mit einem 5-Gang-Getriebe verbunden. Der Primärantrieb erfolgte über Zahnräder

SUZUKI RF900R

Die Vergaserbatterie von Mikuni mit 4 x 36-mm-Vergasern ist an neuesten Maßstäben gemessen geradezu winzig, verhilft der RF aber zu einem annehmbaren Verbrauch, ohne ihre Leistung allzu sehr zu schmälern.

Verkleidung
Einer der Gründe, weshalb sich die RF900 niemals richtig durchsetzen konnte, waren die Lamellen, die eher an einen Sporttourer aus den 80er Jahren als an eine Sportmaschine der 90er erinnerten.

Haltestange
Auf der üppigen Haltestange haben auch die größten Hände Platz. Die Lackierung ist nicht ganz so, wie sie sein sollte. Sie kann sich an Heck und Tank vorzeitig abnutzen.

Scheinwerfer
Das Scheinwerferglas folgt exakt der Linienführung der Verkleidung. Der Scheinwerfer ist für Nachtfahrten ausreichend, mehr aber auch nicht.

Motor
Dieser massiv unterschätzte flüssigkeitsgekühlte 4-Zylinder-Motor mit 16 Ventilen, Bohrung x Hub: 73 x 56 mm, einem Verdichtungsverhältnis von 11,3 : 1, 5-Gang-Getriebe und 937 ccm Hubraum bringt laut Hersteller 91,8 kW (125 PS) bei 10 000/min.

Vordere Federung
Bei der Teleskopgabel können Federvorspannung, Druck- und Zugstufendämpfung eingestellt werden.

RF900R

Fußrasten
Die Fußrasten sind ein kleines Zugeständnis an Tourenfahrer. Sie beseitigen dank Gummierung die sowieso eher geringen Vibrationen. Sportlicher orientierte Motorräder werden für gewöhnlich mit reinen Aluminiumrasten ausgestattet.

Dieses Motorrad wird massiv unterschätzt. Es verfügt über Teile diverser GSX-R-Modelle, was eine Vorstellung von seiner Leistung geben sollte. Leider finden viele Fahrer, es sehe etwas altmodisch aus. Und leider bedeutet das, dass ihnen eine gute Maschine von einem Spitzenhersteller durch die Lappen geht.

Auspuff
Der Endschalldämpfer lässt sich schnell und einfach abnehmen, was einem 3-Loch-Flansch sowie einer Schraube zu verdanken ist, die den Endtopf am Fahrwerk befestigt. Das Finish ist in Ordnung, der eine oder andere Fahrer hat aber dennoch im Laufe der Zeit Anlass zu Klagen.

Der Kühler bleibt hinter der kleinen Vorderradabdeckung größtenteils ungeschützt. Sie können davon ausgehen, dass Sie des Öfteren Steine entfernen müssen.

Nissin-Bremssättel (wie auch bei den aktuellen Suzuki-Modellen) packen die zwei gelochten Bremsscheiben vorne, eine gelochte Bremsscheibe hinten. Die Bremsen haben eine erstaunliche Kraft, so dass sich Stoppies nach Belieben bewerkstelligen lassen.

Der kräftige Brückenrahmen überstand so manchen Sturz unbeschadet. Auch das Rahmenheck hält meist einiges aus.

Tank
Der 21-l-Tank ist groß, für den Fahrer fühlt er sich aber gewaltig an. Die RF ist definitiv eine der Maschinen, die bei vollem Tank etwas kopflastig wird.

Sitz
Der Sitz ist üppig, Breite und Komfort sind für die meisten Fahrten ausreichend. Viele Fahrer haben hunderte von Kilometern am Stück hinter sich gebracht und hatten keinen Grund zur Beanstandung. Sitzhöhe: 805 mm.

Räder
Die Räder wirken modern, doch die Felgengrößen waren eher vor sechs Jahren üblich. Deshalb benötigt das Motorrad vorne 120/70 x 17, hinten 170/60 x 17 große Reifen. In Großbritannien wird es für gewöhnlich mit Dunlop-Reifen ausgeliefert.

Hintere Federung
Progressives Federbein mit einstellbarer Federvorspannung, 7fach einstellbarer Zug- und 4fach einstellbarer Druckstufendämpfung

SUZUKI RF900R

Technische Daten

Hier handelt es sich nicht nur um eine überarbeitete Version der RF600 – hier haben wir eine Maschine, die in ihrer Klasse und bei ihrem Preis viele Fahrer begeistert. Wie könnten wir dem widersprechen? Das Fahrwerk ist steifer als der Pressrahmen der 600. Es ist leichter als das der ZX-9R und der VFR750, stabil und mit guter Straßenlage. Auch die geschmeidige Federung kann mithalten. Es ist vielleicht nicht das vollkommene Motorrad, doch es kann viele Dinge, die vermeintlich bessere Motorräder können, und das mit Leichtigkeit und zu einem vernünftigen Preis.

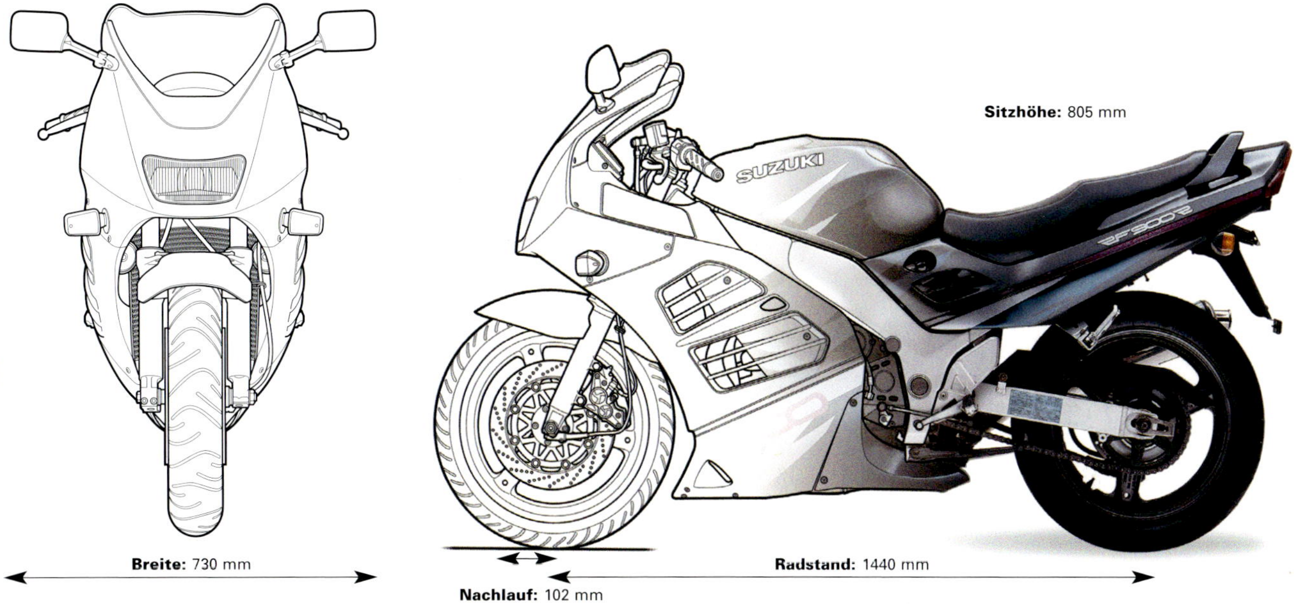

MOTOR

Typ	4-Takt-Motor
Bauart	4-Zylinder-Reihenmotor
Hubraum	937 ccm
Bohrung	73 mm
Hub	56 mm
Verdichtungsverhältnis	11,3 : 1
Ventile	4 pro Zylinder
Kraftstoffaufbereitung	4 x Mikuni BDSR36
Zündung	digitale Zündanlage
Kühlung	flüssigkeitsgekühlt
Nennleistung	87,8 kW (119 PS) bei 9800/min
Maximales Drehmoment	92 Nm bei 8300/min

MOTORLEISTUNG

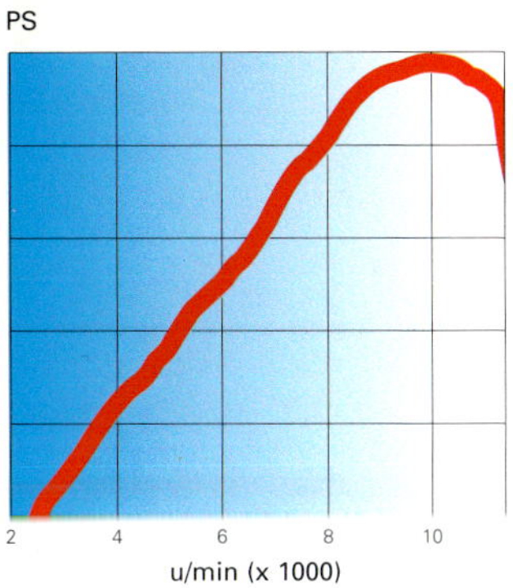

Unabhängige Testmessungen (s. o.) weichen von den Angaben des Herstellers ab.

KRAFTÜBERTRAGUNG

Primärantrieb	Getrieberäder
Kupplung	Mehrscheiben-Nasskupplung
Getriebe	5 Gänge
Sekundärantrieb	Kette

GEWICHTE UND ABMESSUNGEN

Tankinhalt	21 l
Irockengewicht	203 kg
Gewichtsverteilung	
- vorne	keine Angabe des Herstellers
- hinten	keine Angabe des Herstellers
Radstand	1440 mm
Gesamtlänge	2130 mm
Gesamtbreite	730 mm
Gesamthöhe	1165 mm
Sitzhöhe	805 mm

FAHRWERK

Rahmen	Brückenrahmen
Lenkkopfwinkel/Nachlauf	24,5°/102 mm
Vorderradaufhängung	Teleskopgabel
Federweg	keine Angabe des Herstellers
Einstellbarkeit	Federvorspannung, Zugstufendämpfung
Hinterradaufhängung	progressives Zentralfederbein
Federweg	keine Angabe des Herstellers
Einstellbarkeit	Federvorspannung, Zugstufendämpfung
Reifen	
- Marke	Dunlop
- vorne	120/70 x 17
- hinten	170/60 x 17
Bremsen	
- Marke	Nissin
- vorne	320-mm-Doppelscheibenbremse, zwei 4-Kolben-Bremssättel
- hinten	Einscheibenbremse und Bremssattel

SUZUKI TL1000R

Sie haben die Wahl: Sie können sich für die blau-weiße Lackierung mit hohem Wiedererkennungswert oder aber für eine rote oder gelbe Lackierung entscheiden.

Spiegel
Die Spiegel passen vom Design her nicht zum Rest des Motorrads, doch zumindest sind sie ausladend genug, um darin mehr als nur die eigenen Schultern bewundern zu können.

Lenkungsdämpfer
Weil sie zu Lenkerflattern neigte, musste die TL1000S zurückgerufen und nachträglich mit einem Dämpfer ausgestattet werden. Die TL1000R dagegen hat ihn serienmäßig. So mancher Fahrer machte den Fehler, noch einen anderen Lenkungsdämpfer nachzurüsten, was das Handling der Maschine bei langsamen Geschwindigkeiten störte.

Motor
Die laut Herstellerangaben 99,2 kW (135 PS) machen diesen Motor zum leistungsstärksten V-2-Zylinder, den Suzuki je baute. Der flüssigkeitsgekühlte 90°-4-Takt-Motor mit 996 ccm Hubraum erreicht seine maximale Leistung bei 10 000/min. Das Motorrad verfügt über das allgegenwärtige 6-Gang-Getriebe, Benzineinspritzung und erreicht ein Verdichtungsverhältnis von 11,7 : 1.

Scheinwerfer
Hinter dem schwungvoll geformten Glas befinden sich zwei Lampen, die auch bei flotten Nachtfahrten mithalten können.

Vordere Federung
Suzuki hat sich für eine 43-mm-Upside-Down-Gabel mit voll einstellbarer Druck- und Zugstufendämpfung und einer Federvorspannung von 15 mm entschieden.

Auspuffanlage
Die beiden Endschalldämpfer lassen sich leicht entfernen und landen oft zugunsten lauterer, schönerer und offenerer Rennschalldämpfer auf dem Müll.

TL1000R

Alles spricht dafür, dass die TL1000R ausgesprochen beliebt ist. Denjenigen, die sie immer noch für eine aufgemotzte TL1000S halten, sei gesagt, dass es Zeit für eine Probefahrt ist. Dann werden sie ihren Irrtum erkennen. Die TL1000R ist ein guter Allrounder, und die meisten Fahrer werden mit ihrer Leistung sehr zufrieden sein. Nachdem das gesagt ist, ist noch anzumerken, dass an dieser Suzuki nichts allzu Besonderes ist.

Reifen
Die Marke kann je nach Land variieren, doch die Reifen haben stets eine gute Bodenhaftung. Serienmäßig haben wir vorne 120/70, hinten gewaltige 190/50 Reifen.

Hintere Federung
Obwohl viele Journalisten Suzuki das Leben schwer machten, als sie bei der TL1000S den ungewöhnlichen Rotationsdämpfer einführten, entschieden sich die Japaner dazu, ihn auch bei der TL1000R wieder zu verwenden.

Schwinge
Die Aluminiumschwinge hat kräftige Unterzüge, was sie nicht nur steifer macht, sondern auch spitzenmäßig aussieht.

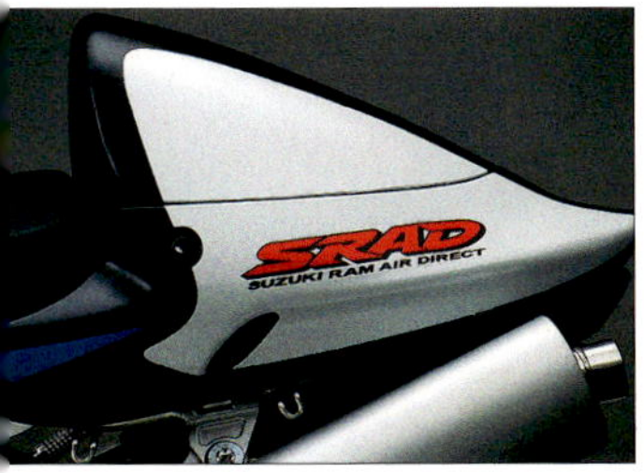

Die TL1000R bekommt genau wie die GSX1300R Hayabusa einen aerodynamischen und abnehmbaren Sitzbankhöcker, der optisch über das Ziel hinausschießt. Leider nimmt er Ihnen auch die Möglichkeit, ein wenig nach hinten zu rutschen und einen Monsterwheelie zu machen.

Zwei 6-Kolben-Bremssättel sollen helfen, das beeindruckend schnelle Monster zu bändigen. Die Bremsen sind, was Handgefühl, Rückmeldung und ihre absolute Bremskraft angeht, erstklassig. Es werden 320 mm große gebohrte, halb schwimmend gelagerte Bremsscheiben verwendet.

Ein neuer Doppelrohrrahmen aus Aluminium löst den Gitterrohrrahmen der TL1000S ab.

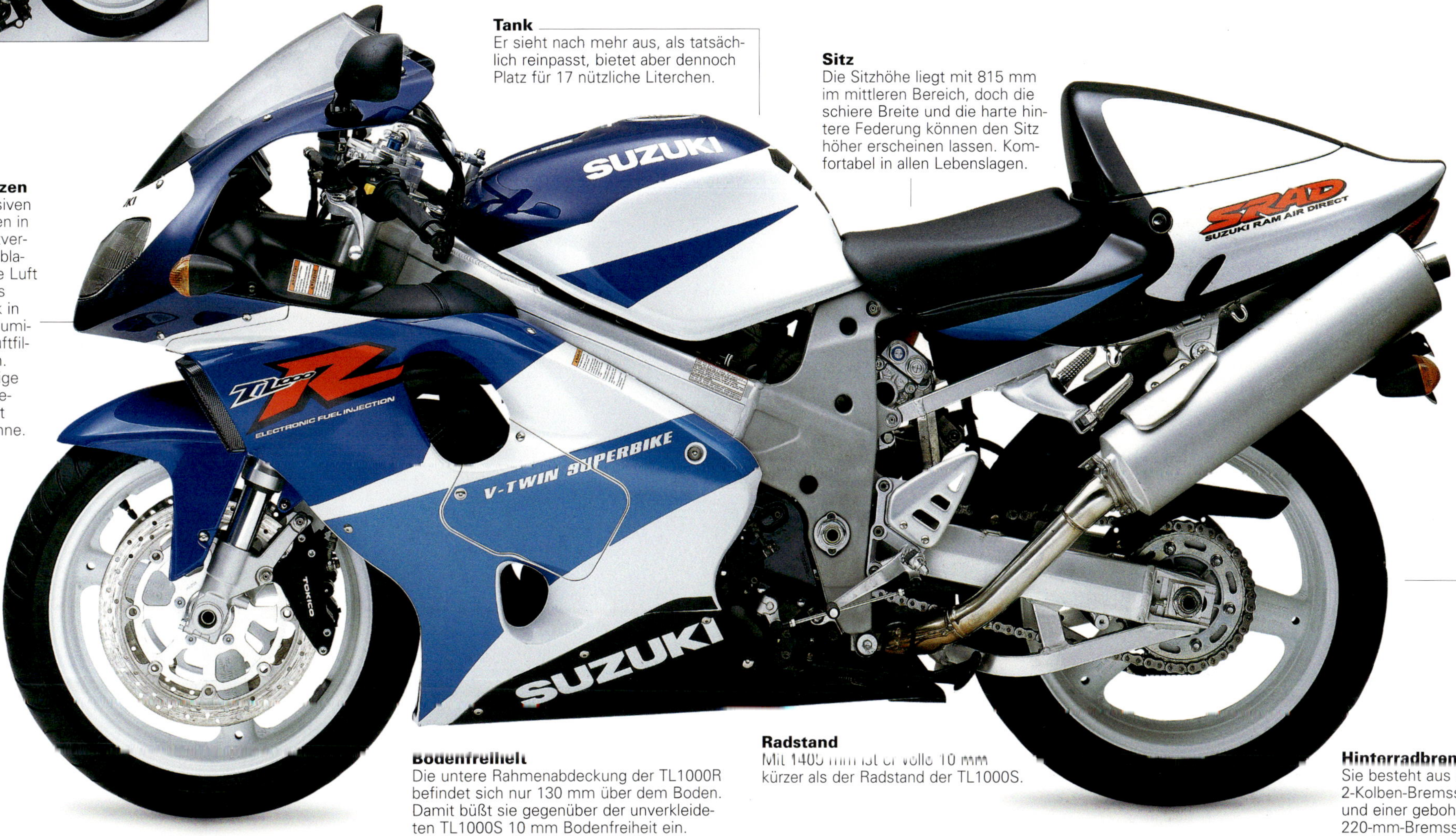

Tank
Er sieht nach mehr aus, als tatsächlich reinpasst, bietet aber dennoch Platz für 17 nützliche Literchen.

Sitz
Die Sitzhöhe liegt mit 815 mm im mittleren Bereich, doch die schiere Breite und die harte hintere Federung können den Sitz höher erscheinen lassen. Komfortabel in allen Lebenslagen.

Lufthutzen
Die massiven Lufthutzen in der Frontverkleidung blasen kühle Luft durch das Fahrwerk in einen voluminösen Luftfilterkasten. Das kehlige Ansauggeräusch ist erste Sahne.

Bodenfreiheit
Die untere Rahmenabdeckung der TL1000R befindet sich nur 130 mm über dem Boden. Damit büßt sie gegenüber der unverkleideten TL1000S 10 mm Bodenfreiheit ein.

Radstand
Mit 1405 mm ist er volle 10 mm kürzer als der Radstand der TL1000S.

Hinterradbremse
Sie besteht aus einem 2-Kolben-Bremssattel und einer gebohrten 220-mm-Bremsscheibe.

SUZUKI TL1000R

Technische Daten

Diesem Motorrad gebührt Respekt auf ganzer Linie. Suzuki ist stolz auf seine Aerodynamik, die der Hersteller als „bahnbrechend" bezeichnet, so dass Motorrad und Fahrer immer die Geschwindigkeit spüren. Zur Verkleidung gehören stabilisierende vordere Kotflügel und ein verwirbelungsarmes Heck. Auslasskanäle und Schalldämpfer sind nach oben gezogen, um den Luftwiderstand zu verringern.

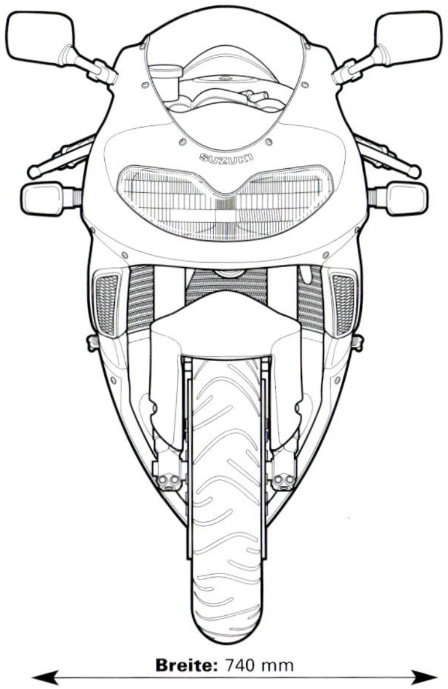

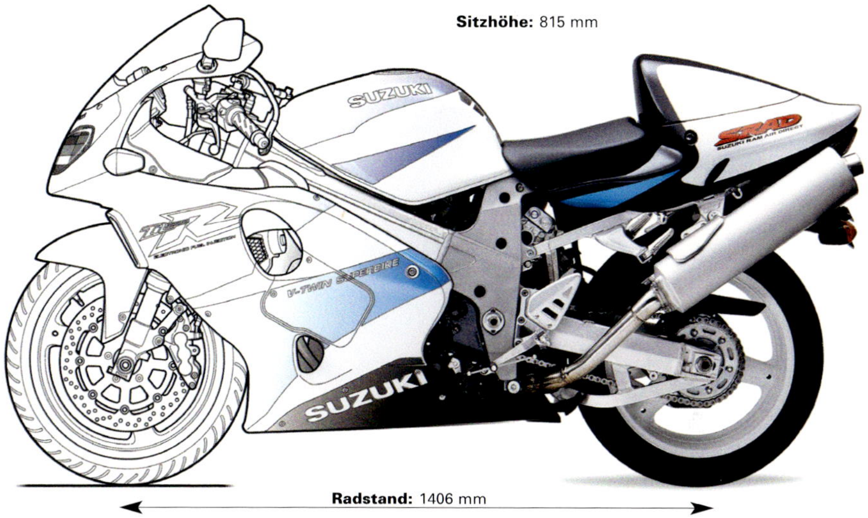

MOTOR

Typ	4-Takt-Motor
Bauart	90°-V-2-Zylinder-Motor
Hubraum	996 ccm
Bohrung	98 mm
Hub	66 mm
Verdichtungsverhältnis	11,7 : 1
Ventile	4 pro Zylinder
Kraftstoffaufbereitung	programmierbare elektronische Benzineinspritzung
Zündung	elektronisch
Kühlung	flüssigkeitsgekühlt
Nennleistung	89,7 kW (122 PS) bei 9200/min
Maximales Drehmoment	99,3 Nm bei 7250/min

MOTORLEISTUNG

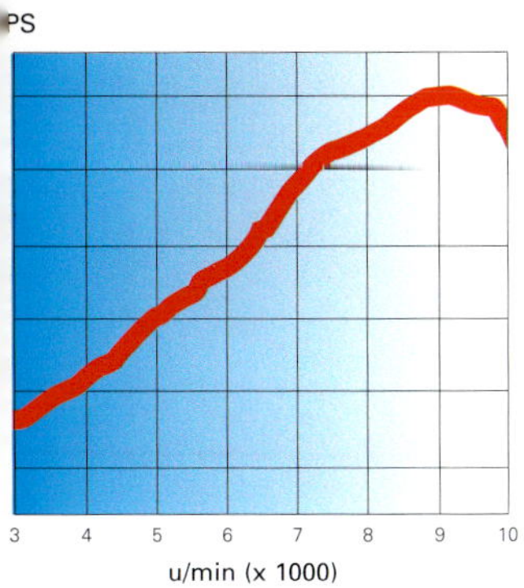

Unabhängige Testmessungen (s. o.) weichen von den Angaben des Herstellers ab.

KRAFTÜBERTRAGUNG

Primärantrieb	Getrieberäder
Kupplung	Mehrscheiben-Nasskupplung
Getriebe	5 Gänge
Sekundärantrieb	Kette

GEWICHTE UND ABMESSUNGEN

Tankinhalt	17 l
Trockengewicht	197 kg
Gewichtsverteilung	
- vorne	keine Angabe des Herstellers
- hinten	keine Angabe des Herstellers
Radstand	1406 mm
Gesamtlänge	2100 mm
Gesamtbreite	740 mm
Gesamthöhe	1120 mm
Sitzhöhe	815 mm

FAHRWERK

Rahmen	Doppelrohrrahmen aus Aluminium
Lenkkopfwinkel/Nachlauf	keine Angabe des Herstellers
Vorderradaufhängung	Upside-Down-Teleskopgabel
Federweg	keine Angabe des Herstellers
Einstellbarkeit	Federvorspannung, Druck- und Zugstufendämpfung
Hinterradaufhängung	Rotationsdämpfer
Federweg	keine Angabe des Herstellers
Einstellbarkeit	Federvorspannung, Druck- und Zugstufendämpfung
Reifen	
- Marke	diverse
- vorne	120/70 x 17
- hinten	190/50 x 17
Bremsen	
- Marke	Tokico
- vorne	320-mm-Doppelscheibenbremse, 6-Kolben-Bremssättel
- hinten	220-mm-Einscheibenbremse, 2-Kolben-Bremssattel

SUZUKI TL1000S

Die Verkleidung erfüllt ihren Zweck, doch Qualität und Finish sind wie bei vielen Suzukis nicht allerhöchstes Niveau.

Instrumentenkonsole
Die Instrumentenkonsole aus Carbon bringt die Optik auf den Punkt. Der Tachometer hat eine schwarze, der Drehzahlmesser eine sportlich weiße Scheibe.

Verkleidung
Die Halbverkleidung soll den Blick auf Motor und Rahmen freigeben, bietet aber dennoch guten Schutz und verursacht wenig Turbulenzen.

Gabel
Die 43-mm-Upside-Down-Gabel von Kayaba verfügt über Dämpferkartuschen.

TL1000S

Vieles wurde über die TL1000S gesagt, aber das Wort „langweilig" war nicht dabei. Das Motorrad hatte wegen seines „eigensinnigen" Handlings unter Rückrufaktionen und Kontroversen zu leiden, setzte sich aber gegen jede Kritik durch und ist zu einer guten Sportmaschine mit Charakter und einem besonderen Kick herangereift, wovon manch anderer nur träumen kann. Auch das Preis-Leistungsverhältnis ist nicht übel.

Kupplung
Die superkompakte Kupplung verfügt über spezielle Klauen, die im Falle des Überdrehens die Gefahr verringern, dass das Hinterrad blockiert.

Vorderradbremsen
Die 4-Kolben-Bremssättel von Tokico greifen mächtig zu und geben klare Rückmeldung.

Räder
Die 3-Speichen-Leichtmetallfelgen sind hohl, das spart Gewicht.

Hintere Federung
Der kontroverse Rotationsdämpfer befindet sich direkt hinter dem Motor. So mancher macht ihn für das gelegentlich eigenwillige Lenkverhalten der TL1000S verantwortlich. Die hintere Feder ist rechts des Motors getrennt vom Dämpfer angebracht. Beide verfügen über ein eigenes Hebelsystem.

Die Instrumentenkonsole aus Carbon bringt die Optik auf den Punkt. Der Tachometer hat eine schwarze, der Drehzahlmesser eine sportlich weiße Scheibe.

Die TL1000S ist das einzige Motorrad mit serienmäßig produziertem Aluminiumgitterrohrrahmen. Man wählte ihn wegen seines einzigartigen Aussehens, aber auch, weil er steif genug für ein einigermaßen vernünftiges Handling ist.

Die Schwinge besteht wie der charakteristische Gitterrohrrahmen aus Aluminium und ist eine recht kostspielige und arbeitsintensive Angelegenheit.

Karosserie
Die sparsame Verkleidung sorgt für die für einen Streetfighter charakteristische Optik. Diese V-2-Legende wird so manchen veranlassen, einen zweiten Blick zu riskieren.

Tank
Der Tank gibt der TL1000S eine Reichweite von 258 km bis zum Auftanken, und seine Form ermöglicht es dem Fahrer, sich bei hohen Geschwindigkeiten daran anzuschmiegen.

Sitz
Der Fahrer befindet sich in luftiger Höhe, doch der Sitz ist auch für Langstrecken komfortabel genug.

Motor
Der flüssigkeitsgekühlte V-2-Zylinder mit 996 ccm Hubraum und Benzineinspritzung hat ein sehr gutes Drehmoment, reichlich Kraft im höheren Drehzahlbereich und ist das Beste an der TL1000S. Der clevere Antrieb mischt Ketten und Zahnräder, um so die Größe der Zylinderköpfe zu verringern.

SUZUKI TL1000S

Technische Daten

Inzwischen hat die Suzuki TL1000S das Image des „bösen Buben“ überwunden, das ihr hauptsächlich wegen ihres Handlings anhaftete, das mal als „unkontrollierbar“, mal als „aufregend“ bezeichnet wurde. Der Grund für das temperamentvolle Handling könnte die Entscheidung gewesen sein, frühe Modelle ohne Lenkungsdämpfer auf die Straße zu schicken, obwohl Suzuki später komplette Nachrüstpakete an die Kunden auslieferte. Diese Maschine ist wie die GSF1200 von Suzuki der Liebling der Stuntfahrer, die ganz offensichtlich keine Befürchtungen hinsichtlich des Handlings haben. Im Grunde haben wir es hier mit einer guten, verlässlichen, leistungsstarken und recht eleganten Maschine zu tun. Viele Fahrer halten nur zu gerne an ihr fest.

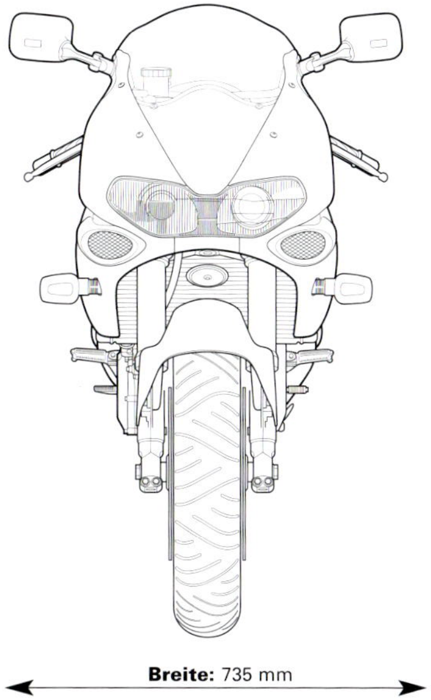

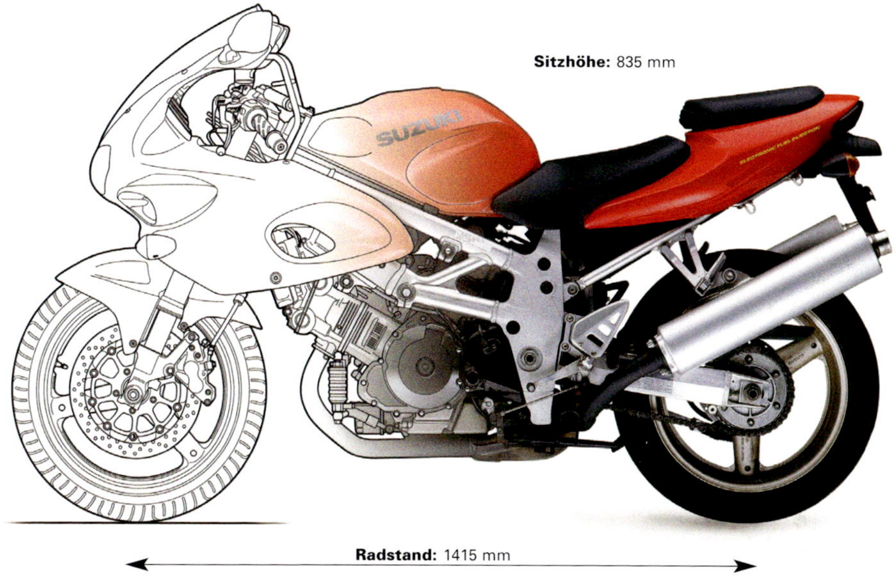

MOTOR

Typ	4-Takt-Motor
Bauart	90°-V-2-Zylinder-Motor
Hubraum	996 ccm
Bohrung	98 mm
Hub	66 mm
Verdichtungsverhältnis	11,2 : 1
Ventile	4 pro Zylinder
Kraftstoffaufbereitung	elektronische Benzineinspritzung
Zündung	digitale Transistorzündung
Kühlung	flüssigkeitsgekühlt
Nennleistung	83,67 kW (114 PS) bei 8950/min
Maximales Drehmoment	99 Nm bei 6750/min

MOTORLEISTUNG

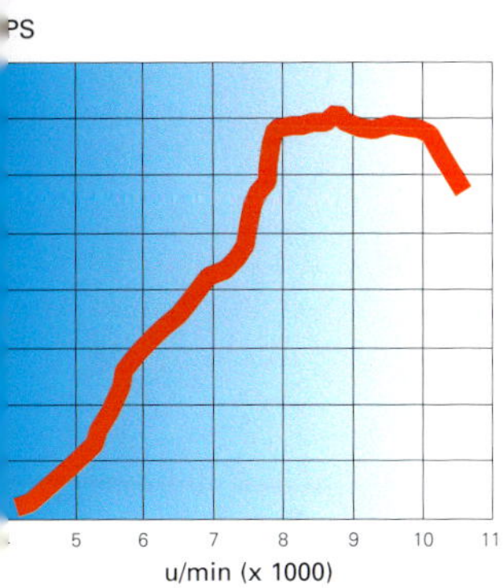

Unabhängige Testmessungen (s. o.) weichen von den Angaben des Herstellers ab.

KRAFTÜBERTRAGUNG

Primärantrieb	Getrieberäder
Kupplung	Mehrscheiben-Nasskupplung
Getriebe	6 Gänge
Sekundärantrieb	Kette

GEWICHTE UND ABMESSUNGEN

Tankinhalt	17 l
Trockengewicht	191 kg
Gewichtsverteilung	
- vorne	keine Angabe des Herstellers
- hinten	keine Angabe des Herstellers
Radstand	1415 mm
Gesamtlänge	2050 mm
Gesamtbreite	735 mm
Gesamthöhe	1150 mm
Sitzhöhe	835 mm

FAHRWERK

Rahmen	Aluminium-Gitterrohrrahmen
Lenkkopfwinkel/Nachlauf	keine Angabe des Herstellers
Vorderradaufhängung	43-mm-Upside-Down-Teleskopgabel
Federweg	keine Angabe des Herstellers
Einstellbarkeit	voll einstellbar
Hinterradaufhängung	Rotationsdämpfer
Federweg	keine Angabe des Herstellers
Einstellbarkeit	voll einstellbar
Reifen	
- Marke	keine Angabe des Herstellers
- vorne	120/70 x 17
- hinten	190/50 x 17
Bremsen	
- Marke	keine Angabe des Herstellers
- vorne	Doppelscheibenbremse
- hinten	Einscheibenbremse

SUZUKI GSF1200 BANDIT

Der Motor stammt aus der Suzuki GSX-R1100 und wurde so eingestellt, dass zusätzliches Drehmoment im mittleren Drehzahlbereich zur Verfügung steht. Die Serienausführung bringt nach Angaben des Herstellers eine Leistung von 74,6 kW (101 PS). Tuning kann die Leistung erhöhen, doch die größte Schwachstelle dieses Motorrads ist seine Auspuffanlage. Der luft- und ölgekühlte Motor hat vier Ventile pro Zylinder, 1157 ccm Hubraum und erreicht ein Verdichtungsverhältnis von 9,5 : 1.

Spiegel
Die runden Spiegel sitzen gut auf hohen, breiten Spiegelarmen, neigen aber bei anhaltenden Hochgeschwindigkeitsfahrten zum Vibrieren.

Scheinwerfer
Die unverkleidete Bandit bekommt einen runden, die halb verkleidete Version einen schrägen Scheinwerfer, der hervorragend zur Verkleidung passt.

Vorderradbremsen
Die 310-mm-Doppelscheibenbremse mit 4-Kolben-Sätteln arbeitet ebenso gut wie einige Komponenten, die ausschließlich bei Sportmaschinen Verwendung finden. Sie bremst gut und gibt klare Rückmeldung am Handhebel. Bei wiederholten harten Bremsmanövern büßt sie allerdings etwas von ihrer Kraft ein.

Vergaser
Heutzutage dürfte man die vier 36-mm-Mikunis wohl etwas klein finden, doch verglichen mit den Vergasern vieler anderer Rennmaschinennachbauten der späten 80er und frühen 90er Jahre – der Zeit, aus der das Original stammt –, haben sie ein ordentliches Format. Sie lassen sich zur Wartung leicht ausbauen und werden gerne mit einem Dynojet Vergaser-Kit und K&N-Luftfiltern nachgerüstet.

Fußrasten
Gummifußrasten absorbieren die Vibrationen gut.

Endschalldämpfer
Eines der Teile, die am häufigsten auf dem Müll landen. Viele GSF1200er werden nachträglich mit lauten, illegalen Renntöpfen ausgerüstet.

GSF1200 BANDIT

Mit der Markteinführung der 1200 Bandit 1996 wurden die Gebete vieler Käufer erhört. Diese Maschine macht beinahe alles mit – man kann darauf völlig ausrasten oder gänzlich entspannt fahren. Die Wahl hat der Fahrer. Die Maschine wird fast alles tun, was Sie von ihr verlangen, und bietet jede Menge Spaß zu einem vernünftigen Preis. Zu schön, um wahr zu sein? Sehen Sie selbst, was Sie von ihr halten.

Vorderrad
Das 17 Zoll große 3-Speichenrad ist enorm stabil und kommt auch im Stuntbetrieb mit wiederholten harten Landungen bei 160 km/h klar.

In Chromgehäusen im Retro-Design befinden sich langweilige Skalen, auf denen die Geschwindigkeit in Schritten von 17 km/h, die Drehzahl in Schritten von 1000/min angegeben ist. Die Skala das Drehzahlmessers endet erst bei 12 000/min. Teil der Instrumentenkonsole ist auch eine analoge Tankanzeige.

Der Lenkkopfwinkel beträgt 25°, der Nachlauf 107 mm.

Der Stahlrohrrahmen ist einfach, aber für seine Größe überraschend steif und verbessert das Handling der Maschine mehr, als man vermuten würde. Mit einem Trockengewicht von 214 kg ist sie die leichteste Maschine in der Klasse der Musclebikes.

Sitz
Mit einer Sitzhöhe von 835 mm ist die GSF1200 Bandit etwas höher als die meisten anderen Modelle, doch der Sitz ist breit genug, so dass auch lange Fahrten angenehm bleiben.

Haltegriffe
Beide Versionen der Bandit haben seitliche Haltegriffe für den Sozius, die aber lange nicht so gut sein dürften wie eine am Heck angebrachte Haltestange.

Vordere Federung
An der schlichten 43-mm-Teleskopgabel ist lediglich die Federvorspannung einstellbar, doch sie ist serienmäßig einigermaßen ordentlich gedämpft.

Radstand
Der Radstand ist mit 1435 mm lang genug, um deutlich für Stabilität zu sorgen, aber gleichzeitig kurz genug, um den Reiz kurviger Strecken auskosten zu können.

Hintere Federung
Das Zentralfederbein mit einstellbarer Federvorspannung und Zugstufendämpfung fühlt sich einfach an, ist aber besser, als der Preis des Motorrads vermuten ließe.

SUZUKI GSF1200 BANDIT

Technische Daten

Die 1200 Bandit wurde nur ein paar Jahre lang produziert, überraschte aber nicht nur Suzuki mit ihrem Erfolg, sondern entpuppte sich bei Bikern aller Couleur als Hit. Diejenigen, die sie lediglich deshalb kauften, weil Wheelies mit ihr ein Kinderspiel waren, bezeichneten sie als „Hooligan Bike". Doch sie wurde auch von den Fahrern angenommen, die einfach eine billige Alltagsmaschine wollten.

Letztere wurden nicht enttäuscht, waren von ihrem Allroundtalent aber vermutlich mehr als ein bisschen überrascht. Auch das Preis-Leistungsverhältnis stimmt.

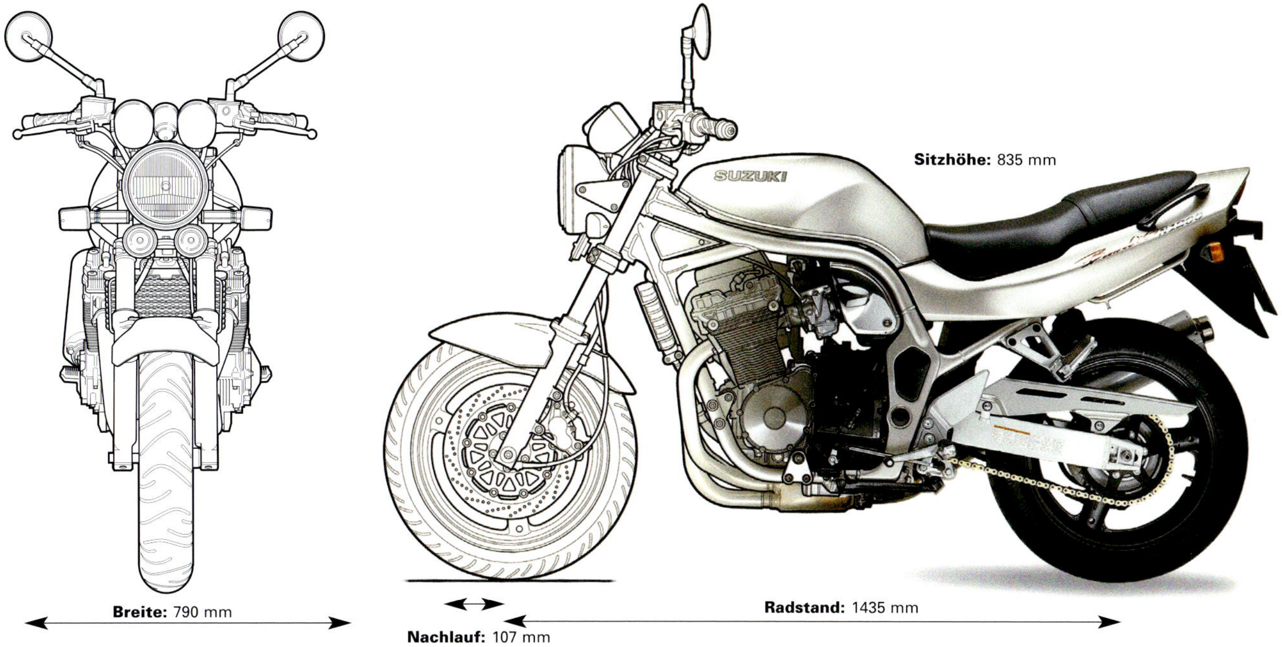

MOTOR

Typ	4-Takt-Motor
Bauart	4-Zylinder-Reihenmotor
Hubraum	1157 ccm
Bohrung	79 mm
Hub	59 mm
Verdichtungsverhältnis	Keine Angabe des Herstellers
Ventile	4 pro Zylinder
Zündung	CDI
Kühlung	luft-/ölgekühlt
Nennleistung	86,4 kW (118 PS) bei 8997/min
Maximales Drehmoment	106,8 Nm bei 6105/min

MOTORLEISTUNG

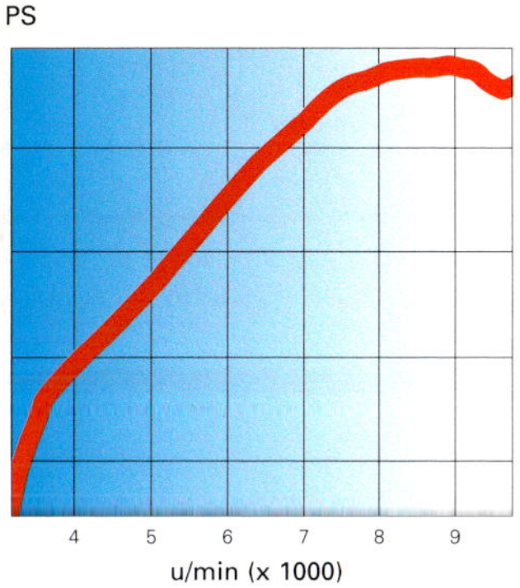

Unabhängige Testmessungen (s. o.) weichen von den Angaben des Herstellers ab.

KRAFTÜBERTRAGUNG

Primärantrieb	Getrieberäder
Kupplung	Mehrscheiben-Nasskupplung
Getriebe	5 Gänge
Sekundärantrieb	Kette

GEWICHTE UND ABMESSUNGEN

Tankinhalt	19 l
Trockengewicht	211 kg unverkleidet, 214 kg verkleidet
Gewichtsverteilung	
- vorne	keine Angabe des Herstellers
- hinten	keine Angabe des Herstellers
Radstand	1435 mm
Gesamtlänge	2095 mm
Gesamtbreite	790 mm
Gesamthöhe	1100 mm
Sitzhöhe	835 mm

FAHRWERK

Rahmen	Doppelschleifenrahmen aus Stahl
Lenkkopfwinkel/Nachlauf	25°/107 mm
Vorderradaufhängung	Teleskopgabel
Federweg	keine Angabe des Herstellers
Einstellbarkeit	Federvorspannung
Hinterradaufhängung	progressives Zentralfederbein
Federweg	keine Angabe des Herstellers
Einstellbarkeit	Federvorspannung 7fach, Druckstufendämpfung 4fach
Reifen	
- Marke	diverse, häufig Michelin
- vorne	120/70 x 17
- hinten	180/50 x 17
Bremsen	
- Marke	Nissin
- vorne	310-mm-Doppelscheibenbremse, zwei 4-Kolben-Bremssättel
- hinten	240-mm-Einscheibenbremse, Bremssattel

SUZUKI GSX1300R HAYABUSA

Die Instrumentenkonsole im Carbonlook bietet fast alles, was Sie für Ihre Reise an die Grenzen der Tachoskala brauchen, die Sie mit Warp-Faktor-9 ins Land der angezeigten 210 km/h und mehr katapultiert.

Scheinwerfer
Der Scheinwerfer sieht merkwürdig aus, funktioniert aber sehr gut und macht schnelle Nachtfahrten möglich – wenn auch nicht mit der Höchstgeschwindigkeit, zu der die Maschine fähig ist. Das schmale Design schafft an zentraler Stelle der Verkleidung Platz für die Lufteinlässe des Suzuki-Ram-Air-Direct-Systems (SRAD), was die Menge der zugeführten Luft erhöht.

Design
Diese Suzuki ist hässlich wie die Nacht finster, aber nicht etwa deshalb, weil sich die Designer betrunken an Zeichenbrett und Computer zu schaffen gemacht hätten. Natürlich sind die aerodynamischen Eigenschaften der Maschine der Grund – die Hayabusa musste so aussehen, um einen geringen Luftwiderstand zu haben!

GSX1300R

In 1999 schlug die Hayabusa als eine der schnellsten Serienmaschinen auf dem Markt ein. Damals konnten nur wenige andere Motorräder hinsichtlich der Geschwindigkeit mithalten. Bei Testfahrten erreichte sie Spitzengeschwindigkeiten von knapp 320 km/h. Sie ist nicht die schönste Maschine auf dem Markt, aber im Vergleich mit den meisten anderen Motorrädern ist sie ja auch eine eigene Klasse.

Lackierung
Über Farben lässt sich streiten, und auch das Finish ist eher gut als hervorragend. Graphische Formen in schreienden Farben bleiben auf ein Minimum beschränkt, und das kann nur gut sein.

Kotflügel
Er ist riesig, weit nach unten gezogen, spielt ebenfalls eine aerodynamische Rolle und sorgt dafür, dass der Fahrtwind größtenteils an der äußeren Verkleidung vorbeiströmen kann.

Reifen
Die speziell entworfenen Bridgestone-BT56-Reifen haben eine gute Bodenhaftung. Bei schwerem Missbrauch des Gasgriffs brechen sie allerdings aus. Derzeit sind sie Mangelware. Sie sollten also auf Vorrat einkaufen, wenn Sie Ihre Zeit nicht damit verschwenden wollen, Ihre Hayabusa in der Garage zu bewundern.

Auspuff
Der Doppelauspuff fällt angesichts der Motorleistung erstaunlich elegant aus. Die Serienausführung ist gut, hält aber nicht ewig. Die Endschalldämpfer lassen sich in Sekundenschnelle gegen Renntöpfe austauschen. Ein Katalysator hilft, den Schadstoffausstoß zu verringern.

Die 6-Kolben-Bremssättel von Tokico leisten angesichts des Motorradgewichts Hervorragendes und helfen, die Hayabusa auf 98,3 m von echten 160 km/h zum Stillstand zu bringen – das ist Sportmaschinen-Territorium.

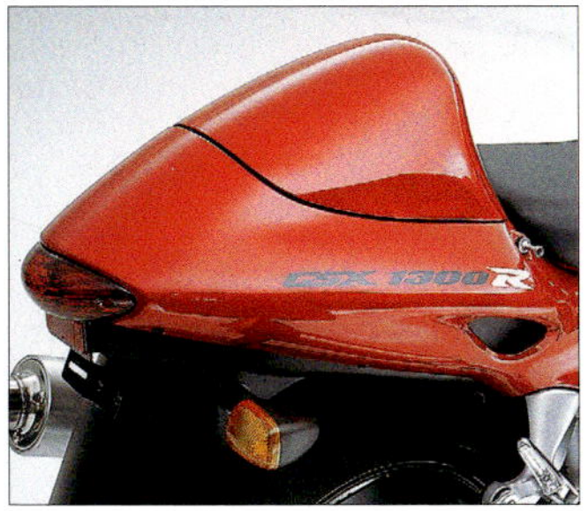

Der Sitzhöcker ist riesig und hässlich, ist aber offenbar aus aerodynamischen Gründen nötig, obwohl wir sowohl mit als auch ohne Höcker die gleiche Höchstgeschwindigkeit erreichten.

Der riesige Brückenrahmen ist einer der Gründe, weshalb die Hayabusa niemals wendig sein wird. Dafür ist sie auch bei Höchstgeschwindigkeiten stabil. Bei Suzuki geht man zudem davon aus, dass dieser Rahmen etwa ein Sechstel steifer ist als die Fahrwerkskomponenten der GSX-R750.

Luftfilterkasten
Der riesige Luftfilterkasten arbeitet ausgezeichnet, dank einer computergesteuerten Klappe, welche die zugeführte Luftmenge je nach Drehzahl und Beschleunigung reguliert.

Sitz
Mit einer Höhe von 805 mm ist er genau richtig für die meisten Fahrer. Auch Strecken von mehreren hundert Kilometern sind kein Problem.

Soziusplatz
Die abnehmbare Haltestange ist dank ihrer perfekten Platzierung mehr als zweckmäßig, wenn ein Sozius an Bord klettert. Die Fußrasten machen zwar einen sehr hohen Eindruck, neigen den Körper des Beifahrers aber etwas nach vorne – auf einem Motorrad, das in nur 5,6 Sekunden von null auf 100 km/h schießt, ist das von Vorteil.

Motor
Für 400 m braucht er etwas mehr als 10 Sekunden, unter idealen Bedingungen jagt er bis zu 312 km/h hinauf und ist dabei so unangestrengt, dass er ewig halten sollte. Tuning kann zusätzlich gewaltige Kräfte freisetzen, doch wozu sollte man sich die Mühe machen, wenn der 4-Zylinder-Reihenmotor mit 1298 ccm Hubraum serienmäßig mehr als 126 kW (171 PS) Leistung bringt?

SUZUKI GSX1300R HAYABUSA

Technische Daten

Inzwischen kennen wir den Rummel um die Hayabusa ja, aber ist sie wirklich so gut, dass diese Aufregung gerechtfertigt ist?
Ja. Mag sein, dass Sie die angegebenen 322 km/h nicht erreichen (obwohl Sie natürlich derjenige sind, der die Anzeige abliest). Rund 305 km/h sind aber möglich – und das dürfte reichen. Die Ahnenreihe dieses Motorrades reicht bis zur GSX-R1000, einer brutalen Rennmaschine, zurück. Die Hayabusa hat gute Bremsen, benimmt sich ordentlich und ist einigermaßen bequem.

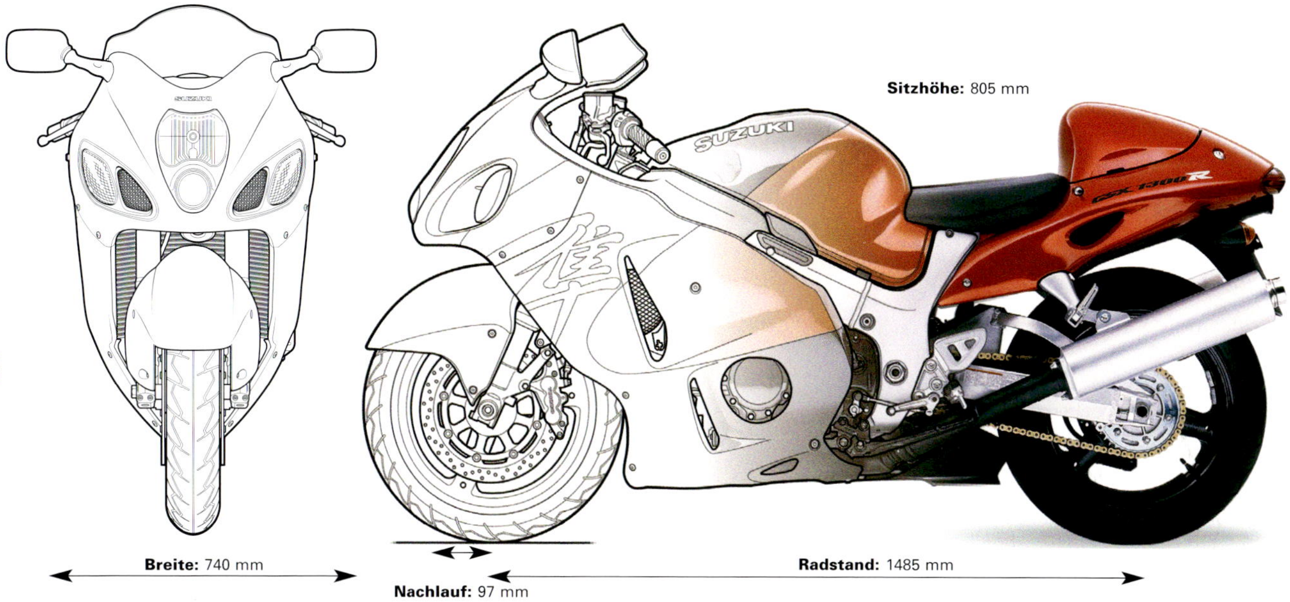

MOTOR

Typ	4-Takt-Motor
Bauart	4-Zylinder-Reihenmotor
Hubraum	1298 ccm
Bohrung	81 mm
Hub	63 mm
Verdichtungsverhältnis	11,0 : 1
Ventile	4 pro Zylinder
Kraftstoffaufbereitung	Benzineinspritzung, 46-mm-Drosselklappen
Zündung	digitale Zündanlage
Kühlung	flüssigkeitsgekühlt
Nennleistung	116,5 kW (159 PS) bei 9300/min
Maximales Drehmoment	132,4 Nm bei 7600/min

MOTORLEISTUNG

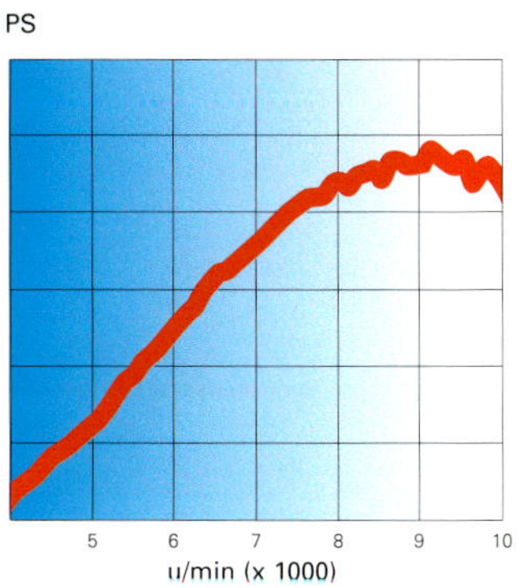

Unabhängige Testmessungen (s. o.) weichen von den Angaben des Herstellers ab.

KRAFTÜBERTRAGUNG

Primärantrieb	Getrieberäder
Kupplung	Mehrscheiben-Nasskupplung
Getriebe	6 Gänge
Sekundärantrieb	Kette

GEWICHTE UND ABMESSUNGEN

Tankinhalt	22 l
Trockengewicht	215 kg
Gewichtsverteilung	
- vorne	keine Angabe des Herstellers
- hinten	keine Angabe des Herstellers
Radstand	1485 mm
Gesamtlänge	2140 mm
Gesamtbreite	740 mm
Gesamthöhe	1165 mm
Sitzhöhe	805 mm

FAHRWERK

Rahmen	Kastenprofilrahmen aus Aluminium
Lenkkopfwinkel/Nachlauf	24,2°/97 mm
Vorderradaufhängung	43-mm-Upside-Down-Gabel
Federweg	keine Angabe des Herstellers
Einstellbarkeit	Federvorspannung, Druck- und Zugstufendämpfung
Hinterradaufhängung	Zentralfederbein
Federweg	keine Angabe des Herstellers
Einstellbarkeit	Federvorspannung, Druck- und Zugstufendämpfung
Reifen	
- Marke	Bridgestone
- vorne	120/70 x 17
- hinten	190/50 x 17
Bremsen	
- Marke	Tokico
- vorne	320-mm-Doppelscheibenbremse, zwei 6-Kolben-Bremssättel
- hinten	240-mm-Einscheibenbremse, 2-Kolben-Bremssattel

SUZUKI VL1500 INTRUDER

Hinter dieser glänzenden Abdeckung verbirgt sich nicht der Primärantrieb, sondern Gangschaltung und Bordwerkzeug. Der eigentliche Primärantrieb besteht aus ein paar Zahnrädern zwischen Kupplung und Kurbelwelle.

Lenker
Der Lenker ist superbreit, und wenn man ihn noch stärker zum Fahrer hin neigt, sorgt das im unteren bis mittleren Geschwindigkeitsbereich für eine bequeme, aufrechte Sitzposition.

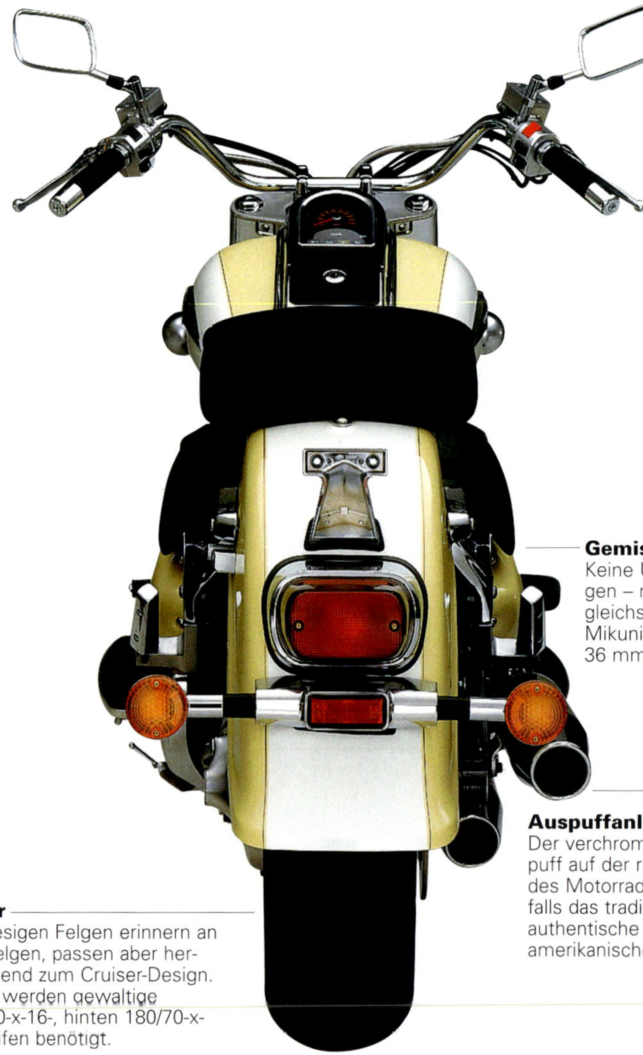

VL1500 INTRUDER

Wenn Größe doch eine Rolle spielt, sollten Sie sich auf den Weg zum nächsten Motorradhändler machen und sich eine von diesen Maschinen schnappen! Natürlich geht es nicht nur um die Größe, sondern um das Gewicht und alles, was damit sonst noch einhergeht. Diese Suzuki hat ein Trockengewicht von 292 kg und einen Radstand von 1700 mm und kann weder als leicht noch als klein bezeichnet werden. Nicht untypisch für einen Cruiser. Die Optik stimmt, doch die Frage ist, ob sie sich auch so verhält, wie man das von einem guten Cruiser erwartet. Den V-2-Zylinder mit oben liegender Nockenwelle gibt es erst seit 1998. Das ist nicht besonders lange, doch er greift auf die Erfahrung zurück, die Suzuki in vielen, vielen Jahren auf dem Markt der Custom Bikes gewonnen hat. Wir können also davon ausgehen, dass er alles Nötige drauf hat – und vielleicht sogar noch etwas mehr.

Gemischbildung
Keine Überraschungen – nur zwei vergleichsweise kleine Mikuni-Vergaser mit 36 mm.

Auspuffanlage
Der verchromte Doppelauspuff auf der rechten Seite des Motorrads stärkt ebenfalls das traditionelle und authentische Image eines amerikanischen Cruisers.

Räder
Die riesigen Felgen erinnern an Autofelgen, passen aber hervorragend zum Cruiser-Design. Vorne werden gewaltige 150/80-x-16-, hinten 180/70-x-15-Reifen benötigt.

Beim Gasgeben werden die Kupplungsscheiben stark zusammengedrückt, so dass eine kleinere Oberfläche nötig ist, was die Kupplung noch kompakter macht als das entsprechende konventionelle Modell. Falls der Motor überdreht, lässt der Druck nach und die Kupplung kann etwas rutschen, was verhindert, dass das Hinterrad aufgrund der beträchtlichen, für den V-2-Zylinder typischen Motorbremskraft blockiert.

Mit einem Lenkkopfwinkel von superentspannten 32°, 138 mm Nachlauf und einem Radstand von üppigen 1700 mm ist die Intruder ebenso stabil wie alle anderen Maschinen, die wir je über Bodenwellen, Hügelkuppen und Buckel gejagt haben, doch auf Richtungswechsel in Kurven reagiert sie extrem zäh.

Tank
Der Tank hat 15,5 l Fassungsvermögen und hält sich an das übliche tropfenförmige Design. Obenauf sitzt die kleine, aber schnittige Instrumentenkonsole aus Chrom.

Sitz
Mit nur 700 mm Höhe ist der Sitz des Motorrads niedrig genug für nahezu jedermann, obwohl man schon etwas Kraft braucht, um es zu steuern. Leer wiegt es 292 kg!

Motor
Der massive 45°-V-2-Zylinder-Block sieht auf den ersten Blick aus, als käme er aus dem Harley-Stall, doch die Form der Luftfilterabdeckung verrät schnell, was wirklich gespielt wird.

Antrieb
Hier sind weder Zahnkette noch Zahnriemen am Werk. Die Kraft wird über eine gigantische Kardanwelle butterweich auf das Hinterrad übertragen. Wartungsaufwand gleich null.

Bodenfreiheit
Nur 140 mm trennen die Unterseite vom Asphalt. Abkürzungen über Bordsteinkanten zu Garagen und Parkplätzen kommen also nicht infrage.

SUZUKI VL1500 INTRUDER

Technische Daten

Das Designteam der VL1500 Intruder LC brachte drei Schlüsselbegriffe aus Amerika mit: lang, tief und massiv. Gewaltige 1700 mm Radstand zeigen, dass sie sich dieses Konzept zu Herzen genommen haben. (Vergleichen Sie diese Daten mit der Harley Fat Boy mit 1590 mm, der Kawasaki VN1500 Classic mit 1665 mm oder sogar dem V-4-Zylinder-Riesen Yamaha Royal Star, den die Intruder knapp schlägt.) Mit seiner raumgreifenden Lenkerbreite von 845 mm scheint sich das Motorrad fast ebenso weit in die andere Richtung auszudehnen.
Getreu dem Wörtchen „massiv" sind viele Komponenten der Intruder, die üblicherweise aus Kunststoff hergestellt werden, aus Pressstahl gefertigt – damit soll der Eindruck von Qualität verstärkt werden, obwohl Kunststoff in der Praxis für gewöhnlich vorzuziehen ist.
Beim Rahmen handelt es sich um eine volle Doppelschleife, ähnlich wie bei der VS1400, allerdings sind die Rohre dicker. Das gibt nicht nur der Optik etwas Wuchtiges, sondern macht den Rahmen auch noch um beachtliche 70 Prozent steifer und bietet damit einen deutlichen Vorteil in Sachen Handlichkeit.

MOTOR

Typ	4-Takt-Motor
Bauart	V-2-Zylinder-Motor
Hubraum	1462 ccm
Hub	101 mm
Kraftstoffaufbereitung	2 x 36-mm Gleichdruckvergaser
Zündung	computergesteuert
Kühlung	luft-/ölgekühlt
Nennleistung	48,9 kW (67 PS) bei 4800/min
Maximales Drehmoment	114 Nm bei 2300/min

GEWICHTE UND ABMESSUNGEN

Tankinhalt	15,5 l
Trockengewicht	292 kg
Gewichtsverteilung	
- vorne	keine Angabe des Herstellers
- hinten	keine Angabe des Herstellers
Radstand	1700 mm
Gesamtlänge	2525 mm
Gesamtbreite	965 mm
Gesamthöhe	1165 mm
Sitzhöhe	700 mm

FAHRWERK

Rahmen	Doppelschleifenrahmen
Vorderradaufhängung	41-mm-Teleskopgabel
Federweg	140 mm
Reifen	
- Marke	diverse
- vorne	150/80 x 16
- hinten	180/70 x 15
Bremsen	
- vorne	schwimmend gelagerte 300-mm-Bremsscheibe, 2-Kolben-Bremssattel
- hinten	275-mm-Einscheibenbremse

KRAFTÜBERTRAGUNG

Primärantrieb	Getrieberäder
Kupplung	Mehrscheiben-Nasskupplung
Getriebe	5 Gänge
Sekundärantrieb	Kardan

TRIUMPH TT600

Instrumente
Zu den Instrumenten zählen diverse Messgeräte, unter anderem ein analoger Drehzahlmesser, ein digitaler Tacho, Warnleuchten, digitaler Tageskilometerzähler, Kilometerzähler und Temperaturanzeige. Sie sitzen in einer leichten Aluminiumkonsole.

Verkleidung
In der Verkleidung befinden sich ein wenig unter und zu beiden Seiten des Hauptscheinwerfers Lufteinlässe. Das ändert nichts an der Aerodynamik der Maschine und daran, dass sie einen der niedrigsten cw-Werte ihrer Klasse hat. Das Motorrad macht im Ganzen einen zielstrebigen Eindruck.

TRIUMPH TT600

Die TT600 von Triumph ist ein hervorragendes Stück Motorradbaukunst und stellt einen kühnen Schritt in die wettbewerbsstarke Klasse der 600-ccm-4-Zylinder-Sportmaschinen dar. In den letzten beiden Jahren gelang es Triumph, sich gegen die Japaner auf deren eigenem Terrain zu behaupten und viele neue Freunde und Bewunderer zu finden. Diese detailverliebte Maschine wurde mit äußerster Sorgfalt und Aufmerksamkeit entworfen.

Vorderradaufhängung
Die vordere Federung übernimmt eine 43-mm-Gabel von Kayaba mit Kartuschendämpfer, die eigens in Zusammenarbeit mit Triumph entwickelt wurde. Federvorspannung, Druck- und Zugstufendämpfung sind einstellbar. Vorne bremst eine 310-mm-Doppelscheibenbremse mit 4-Kolben-Bremssätteln.

Hinterradaufhängung
Hinten befindet sich ein Zentralfederbein, bei dem Federvorspannung, Druck- und Zugstufendämpfung einstellbar sind. Die Bremse besteht aus einer 220-mm-Bremsscheibe und einem Einkolben-Bremssattel. Vorne und hinten haben wir leichte Aluminiumgussräder, was das ungefederte Gewicht verringert.

Rahmen
Der Rahmen selbst ist nichts Besonderes. Wir haben es mit einem leichtgewichtigen Brückenrahmen aus Aluminium zu tun, der löbliche 12,5 kg wiegt. Der Motor ist ein tragendes Teil des Rahmens.

EMS
Das Motormanagement ist unübertrefflich. Das Sagem MC1000 bietet ein vollelektronisches Motormanagement mit Kaltstartausgleich und eingebauter Fehlerdiagnose. Anfangs war dieses System sehr störanfällig, doch inzwischen sind alle Mängel beseitigt. Hoch entwickelt, hoch effektiv!

Motor
Zum Motor gehören Leichtmetall-Zylinder, die mit Nikasil beschichtet wurden, was ihre Wärmeleitfähigkeit verbessert und ihre Lebensdauer erhöht. Die Beschichtung hilft zudem, die Reibung im Motor zu verringern. Das Kurbelgehäuse ist druckgegossen, was seine Beständigkeit gegen Ausdehnung und Verformung verbessern soll.

TRIUMPH LEGEND

Der gelungene Nostalgie-Look erinnert an die großen Bonnevilles der 60er Jahre. Die Legend verlässt das Werk in drei Farben: Imperial Green, Cardinal Red (siehe Abbildung) oder Obisidian Black. Die Legend ist einfarbig oder in der Kombination mit Silber erhältlich.

Lenker
Der Lenker ist leicht geschwungen, so dass selbst Fahrer mit kurzen Armen ihn problemlos zu fassen bekommen. Er macht die Legend zum idealen Einsteigermodell.

Aufhängung
Hinten sitzt ein progressives Zentralfederbein, bei dem lediglich die Federvorspannung einstellbar ist. Vorne arbeitet eine 43-mm-Teleskopgabel mit Dreifachfederung.

Auspuffanlage
Verchromte Megaphon-Schalldämpfer geben dem Nostalgie-Look der Legend einen Hauch lebendiger Authentizität. Die glänzende Verchromung verbessert Lebensdauer und Optik.

LEGEND

Die Legend kam 1998 auf den Markt und ist in technischer Hinsicht ein Double der Thunderbird. Das heißt, Sie bekommen eine Maschine aus Hinckley, die einsteiger- und anwenderfreundlich ist. Der umdrehungsfreudige 3-Zylinder-Motor mit 885 ccm und gutem Drehmoment, das niedrige Rahmenheck und der schmale Sitz machen den Kauf einer Legend zum idealen Einstieg in die Welt der Klassikermodelle von Triumph.

Räder
Auch die ach-so-traditionellen Speichenräder der Legend sind der Thunderbird abgeschaut. Sie haben 17-Zoll-Chromfelgen und Reifen mit weniger Profil als üblich. Das macht das Motorrad auch für kleinere Fahrer interessant.

Die schlichten Instrumente sitzen in Chromgehäusen und sind nachts sehr viel einfacher und besser abzulesen als die der alten Triumphmodelle.

Wir haben hier eine ähnliche Bremsanlage wie bei vielen anderen Triumph-Maschinen: vorne eine große Bremsscheibe von Nissin, hinten eine kleinere. Beide sind diesem immer noch recht schweren Motorrad mehr als gewachsen.

Die Legend hat einen leichten, pulverbeschichteten Zentralstahlrohrrahmen mit dem Motor als tragendem Teil und einer eloxierten Alu-Schwinge.

Tank
Der prächtige, kurvige, tropfenförmige Tank wurde ebenfalls von der Thunderbird, der großen Schwester der Legend, übernommen. Er hat einen Fassungsvermögen von 15 l. Sie können davon ausgehen, dass Sie zwischen 4,9 und 6 l für 100 km brauchen.

Sitzhöhe
Die Legend ist dank ihrer niedrigen Sitzhöhe von 675 mm und ihrer schlanken Gestalt eine der Favoritinnen bei eher klein geratenen Fans klassischer Motorräder. Beides erleichtert das Manövrieren bei langsamen Geschwindigkeiten.

Motor
Auch der flüssigkeitsgekühlte 885-ccm-3-Zylinder-Motor stammt von der Thunderbird. Er wurde ebenfalls auf viel Drehmoment bei niedrigen Drehzahlen abgestimmt und nimmt Gas spontan an, was bei anderen Modellen ein Renner war. Die samtig schwarze Pulverbeschichtung akzentuiert das klassische Styling der Maschine geschmackvoll.

TRIUMPH LEGEND

Technische Daten

Die Legend kam 1998 auf den Markt, und der von der erfolgreichen Triumph Thunderbird übernommene Nostalgie-Look ist der Versuch, klassisches Design mit echter Praktikabilität und Leistung zu verbinden – zu einem hervorragenden Preis. Das Styling mit dem tropfenförmigen 15-l-Tank, den Speichenrädern und den klassischen Megaphon-Schalldämpfern ist ein Hingucker. Für Power sorgt der typische drehmomentstarke 3-Zylinder-Motor mit zwei oben liegenden Nockenwellen, der mühelos beschleunigt.

MOTOR

Typ	4-Takt-Motor
Bauart	DOHC 3-Zylinder-Reihenmotor
Hubraum	885 ccm
Bohrung	76 mm
Hub	65 mm
Verdichtungsverhältnis	10 : 1
Ventile	4 pro Zylinder
Kraftstoffaufbereitung	3 x 36-mm-Flachschiebervergaser
Zündung	digital-induktiv
Kühlung	flüssigkeitsgekühlt
Nennleistung	51,5 kW (70 PS) bei 8000/min
Maximales Drehmoment	71,8 Nm bei 4800/min

KRAFTÜBERTRAGUNG

Primärantrieb	Getrieberäder
Kupplung	Mehrscheiben-Nasskupplung
Getriebe	5 Gänge
Sekundärantrieb	Kette

GEWICHTE UND ABMESSUNGEN

Tankinhalt	15 l
Trockengewicht	215 kg
Gewichtsverteilung	
- vorne	keine Herstellerangabe
- hinten	keine Herstellerangabe
Radstand	1580 mm
Gesamtlänge	2320 mm
Gesamtbreite	870 mm
Gesamthöhe	1340 mm
Sitzhöhe	675 mm

FAHRWERK

Rahmen	Zentralrohrrahmen aus hochfestem Stahl
Lenkkopfwinkel/Nachlauf	27°/106 mm
Vorderradaufhängung	43-mm-Teleskopgabel
Federweg	106 mm
Einstellbarkeit	keine Einstellung möglich
Hinterradaufhängung	progressives Zentralfederbein
Federweg	110 mm
Einstellbarkeit	Federvorspannung
Reifen	
- Marke	keine Angabe des Herstellers
- vorne	120/70 x 17
- hinten	160/60 x 17
Bremsen	
- Marke	Nissin
- vorne	320-mm-Doppelscheibenbremse, 2-Kolben-Bremssättel
- hinten	285-mm-Einscheibenbremse, 2-Kolben-Bremssattel

TRIUMPH THUNDERBIRD SPORT

Wie es sich für ein aufgestyltes Überbleibsel aus den 60er Jahren gehört, ziert der klassische Triumph-Schriftzug beide Seiten des Tanks. Hier gibt es weder billige Aufkleber noch windige Farbe.

Instrumentenkonsole
Mehr Form als Funktion: Die Instrumente sehen ein wenig aus, als habe man sich erst nachträglich daran erinnert. Sie sind leicht abzulesen, aber das ist auch schon alles. Die Kontrollleuchten sind ebenfalls nicht besonders deutlich zu sehen.

Tank
15 l und keinen Tropfen mehr.

Soziusplatz
Auf dieser Maschine sollten Sie eigentlich nur Menschen mitnehmen, die Sie hassen, nicht diejenigen, die Sie lieben! Der Sitz ist für durchschnittlich große Pobacken zu klein, weit und breit gibt es nichts zum Festhalten und auch die Fußrasten sind viel zu weit oben.

Lenkung
Die Lenkung ist einer der Bereiche, in dem die Thunderbird den Zusatz „Sport" voll und ganz verdient hat. Lenkkopfwinkel und Nachlauf sorgen für hervorragende Stabilität und machen die Maschine ebenso kurvenfreudig wie jeden modernen Plastiktorpedo. Es braucht nicht viel, und die Thunderbird legt sich bereitwillig in die Kurve, was bei der ersten Fahrt eine eher unangenehme Überraschung sein kann. Und ja, sie ist so schnell!

THUNDERBIRD SPORT

Die Thunderbird Sport ist der gelungene Versuch, ein Motorrad im Retro-Look zu entwickeln. Optisch ahmt es seine Vorgänger aus den 70er Jahren nach, und auch der 3-Zylinder-Motor ist an den früherer Maschinen angelehnt. Die hervorragende Handhabung rechtfertigt den Zusatz „Sport", doch leider halten die Bremsen nicht, was der Name verspricht. Auch der Sozius hat es nicht wirklich bequem. Allerdings geht es bei Retro-Maschinen ums Image, und in dieser Hinsicht besticht die Thunderbird Sport.

Hinterradaufhängung
Hinten ist die Situation ähnlich wie vorne – die Federung ist eine Idee zu weich. Auf Strecken, die der Maschine liegen, geht das auch in Ordnung. Sie sollten nur nicht vergessen, dass die Bezeichnung „Sport" noch keine Rennmaschine macht.

Auspuff
Dieser Auspuff sieht zweifellos schnittig au und passt haargenau zum sportlichen Retro Look der Maschine. Leider neigt er dazu, zu zerfallen, wenn man sich nicht ordentlich u ihn kümmert.

Die Bremsleistung der Vorderbremse ist nicht schlecht, obwohl der eine oder andere Fahrer über einen etwas diffusen Druckpunkt klagt. 2-Kolben-Bremssättel von Triumph packen die beiden 310-mm-Bremsscheiben.

Die Gabel leistet gute Arbeit, wenn die Maschine im Sinne des Erfinders gefahren wird. Bei harten Bremsmanövern ist der Federweg allerdings in Sekundenschnelle aufgezehrt und das vordere Ende der Maschine fühlt sich hölzern und schwammig an.

Der Rahmen lässt sich am besten als einfach, aber funktionell beschreiben. Es handelt sich weder um das neueste noch um das beste Modell, doch er erfüllt seinen Zweck und seine Geometrie trägt zum guten Handling der Maschine bei.

Räder

Speichenräder sind hübsch anzusehen, aber ein einziger harter Winter reicht, um sie alt aussehen zu lassen. Die Felgen sollten einiges aushalten, doch die Speichen geben häufig zuerst auf – was ihren Zustand als auch ihre Spannung angeht. Moderne, vernünftige 17-Zoll-Felgen ermöglichen eine große Auswahl an 120/70-Vorder- und 160/60-Hinterreifen.

Motor

Getreu dem Baukastenprinzip von Triumph umschließt der Rahmen der Thunderbird Sport den berühmten 3-Zylinder-Motor. Verglichen mit der normalen Thunderbird wurde hier bei der Entwicklung die Betonung mehr auf Sportlichkeit gelegt. Der Motor ist lebendig, er beschleunigt gut und hat eine mehr als ausreichende Höchstgeschwindigkeit.

Hinterradbremse

Hier hat Triumph das Retro-Styling übertrieben und bietet eine Bremse an, die sich ähnlich anfühlt wie die der BSA-Maschinen aus den 60er Jahren. Wieder packt ein 2-Kolben- Bremssattel von Triumph eine 285-mm-Bremsscheibe..

THUNDERBIRD SPORT

Technische Daten

Bei Triumph können Sie sich stets darauf verlassen, dass Sie beim Händler vor Ort eine Probefahrt machen können. Schieben Sie also mögliche Vorbehalte hinsichtlich der Thunderbird Sport beiseite und testen Sie sie!
Sie werden feststellen, dass Sie es definitiv mit einer Sportmaschine mit viel Drehmoment, hervorragendem Handling und großer Stabilität sowie recht guten Bremsen zu tun haben. Sie beschleunigt ordentlich und der kernige mittlere Drehzahlbereich verspricht, dass Sie abseits der Autobahnen viel Spaß mit anderen Fahrern haben werden. Aber machen Sie sich nicht die Mühe, diese Maschine mit der Thunderbird zu vergleichen (wie das so mancher fälschlicherweise tat), denn sie weicht in vielen Punkten von ihr ab. Hier haben wir es mit einem sehr viel aggressiveren Gefährt zu tun.

MOTOR

Typ	4-Takt-Motor
Bauart	3-Zylinder-Reihenmotor
Hubraum	885 ccm
Bohrung	76 mm
Hub	65 mm
Verdichtungsverhältnis	10,0 : 1
Ventile	4 pro Zylinder
Kraftstoffaufbereitung	Flachschiebervergaser
Zündung	digital-induktiv
Kühlung	flüssigkeitsgekühlt
Nennleistung	56,2 kW (76 PS) bei 8275/min
Maximales Drehmoment	75,6 Nm bei 6450/min

MOTORLEISTUNG

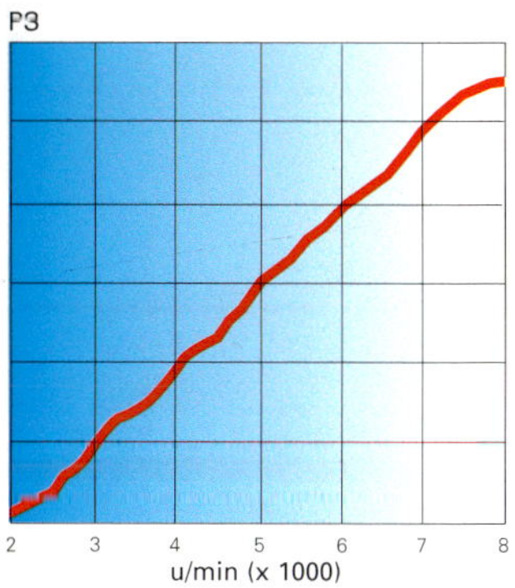

Unabhängige Testmessungen (s. o.) weichen von den Angaben des Herstellers ab.

KRAFTÜBERTRAGUNG

Primärantrieb	Getrieberäder
Kupplung	Mehrscheiben-Nasskupplung
Getriebe	6 Gänge
Sekundärantrieb	Kette

GEWICHTE UND ABMESSUNGEN

Tankinhalt	15 l
Trockengewicht	224 kg
Gewichtsverteilung	
- vorne	keine Angabe des Herstellers
- hinten	keine Angabe des Herstellers
Radstand	1580 mm
Gesamtlänge	2250 mm
Gesamtbreite	700 mm
Gesamthöhe	1105 mm
Sitzhöhe	790 mm

FAHRWERK

Rahmen	aus mikrolegiertem hochfestem Stahl
Lenkkopfwinkel/Nachlauf	keine Angabe des Herstellers
Vorderradaufhängung	46-mm-Teleskopgabel
Federweg	keine Angabe des Herstellers
Einstellbarkeit	Federvorspannung, Druck- und Zugstufendämpfung
Hinterradaufhängung	Zentralfederbein
Federweg	keine Angabe des Herstellers
Einstellbarkeit	Federvorspannung, Druck- und Zugstufendämpfung
Reifen	
- Marke	Avon und andere
- vorne	120/70 x R17
- hinten	160/70 x R17
Bremsen	
- Marke	Triumph
- vorne	310-mm-Doppelscheibenbremse
- hinten	285-mm-Einscheibenbremse

TRIUMPH TIGER 900

Die Instrumentenkonsole ist so gut wie vollständig: Digitaler Tachometer mit Uhr, Kilometer- und Tageskilometerzähler, Drehzahlmesser, Benzin- und Temperaturanzeige, Anzeigen für Blinker, Hauptscheinwerfer, Öldruck und Leerlauf sowie ein Schalter für die Warnblinkanlage.

Schutz
Handprotektoren aus Plastik und ein Motorschutz aus Metall geben Hoffnung, dass die Tiger bis zu einem gewissen Grad auch im Gelände einsetzbar ist.

Motor
Der Motor der 1999er Tiger war eine neu getunte Version des Motors, der die auslaufende T509 Speed Triple antrieb. Er hat laut Triumph 1,5 kW (2 PS) mehr Leistung und 2,7 Nm mehr Drehmoment als der Motor der alten Tiger. Der 3-Zylinder-Motor mit 885 ccm Hubraum, zwei oben liegenden Nockenwellen und 12 Ventilen (Ventilbetätigung über Tassenstößel) ist flüssigkeitsgekühlt.

Benzineinspritzung
Die elektronische Einspritzanlage verfügt über 41 mm Drosselklappengehäuse und neue Doppeldrosselklappen (mit einer Winkelstellung von 5° statt der früheren 12°), um die Gasannahme im niedrigen Drehzahlbereich zu verbessern. Die Einspritzanlage lässt sich neu programmieren, falls leistungssteigerndes Zubehör eingebaut wird.

TIGER 900

Die Triumph Tiger erreicht in Sachen Geländetauglichkeit und Komfort vielleicht nicht denselben hohen Standard wie andere Maschinen ihrer Klasse, sie schlägt sie dafür in anderen Bereichen. Ihre großartige Beschleunigung und ihre Bremsen machen sie zu einem guten Anwärter, wenn Sie ein Motorrad zu schätzen wissen, das Sie über kurvige, unebene Strecken jagen können. Beweisen Sie Abenteuerlust – fahren Sie die Tiger Probe.

Gabel
Die 43-mm-Teleskopgabel ist härter gefedert als die des Vorjahresmodells. Triumph behauptet, das Lenkverhalten habe sich dadurch verbessert, doch da ist wenig dran.

Räder
Vorne haben wir eine 19 x 2,5 Zoll große Leichtmetallfelge mit 36 Speichen, die nach einer Bereifung mit 110/80 x 19-Zoll-Reifen verlangt. Die Hinterradfelge ist ebenfalls aus Leichtmetall, zählt 40 Speichen, ist 17 x 4,25 Zoll groß und verlangt nach einem 150/80 x 17-Zoll-Reifen.

Auspuff
Die Schalldämpfer sind aus Edelstahl, was ihnen ein langes Leben bescheren sollte. In Ländern mit strengen Abgasvorschriften wird die Tiger mit Katalysator ausgeliefert.

Nocken, Kupplung, Kühlwasserpumpe und Sammlerschutz sind aus Magnesium, um das Gewicht gering zu halten. Die Ritzelabdeckung besteht aus Kunststoffpolymer und die Kupplung wird ebenfalls aus Gewichtsgründen über Seilzüge gesteuert (was zudem billiger kommt).

Der Doppelscheinwerfer sitzt direkt auf dem Rahmen, was bei hohen Geschwindigkeiten die Stabilität gegenüber der Lenkermontage erhöht. Gute Nachtsicht.

Der neue Zentralstahlrohrrahmen bezieht den Motor als tragendes Teil mit ein, ist leichter als ältere Ausführungen und bietet die Möglichkeit einer Anpassung der Sitzhöhe. Der Motor sitzt tiefer als zuvor, wodurch der Schwerpunkt der Maschine etwas weiter Richtung Boden sinkt. Dadurch wird das Fahrverhalten im unteren Geschwindigkeitsbereich deutlich besser.

Tank
Der leichte Plastiktank fasst üppige 24 l, sitzt aber so hoch, dass sich eine volle Tankfüllung in Kurven bemerkbar macht.

Sitz
Der Sitz ist hoch, lässt sich aber etwas einstellen, so dass die Sitzhöhe zwischen 840 und 860 mm schwanken kann. Für Fahrer, die nicht ganz so groß sind, bleibt es ein Kampf.

Vorderradbremse
Neue 2-Kolben Bremssättel treffen auf zwei 310-mm-Bremsscheiben. Das Vorjahresmodell hatte 276-mm-Bremsscheiben. Für die Bremszüge werden serienmäßig Stahlflexleitungen verwendet.

Hinterradaufhängung
Vorspannung sowie Zugstufendämpfung des progressiven Zentralfederbeins sind einstellbar. Es kommt auf allen Belägen gut zurecht und nimmt Unebenheiten – sogar mit Sozius – erstaunlich gut auf.

TRIUMPH TIGER 900

Technische Daten

1999 überarbeitete Triumph die Tiger. Das Ergebnis war eine deutlich bessere Maschine. So wurden unter anderem ein neuer Motor (der 885-ccm-Motor der auslaufenden Speed Triple, inzwischen mit elektronischer Einspritzanlage) und ein neuer Stahlrohrrahmen eingebaut, in dem der Motor als tragendes Teil dient, was die Steifigkeit erhöht, den Schwerpunkt senkt und dadurch das Handling verbessert. Die Bremsen wurden ebenfalls überarbeitet und bekamen größere Scheiben (310-mm-Scheiben statt der 276-mm-Scheiben des 1998er Modells). Was die großen Allzweck-Enduros angeht, fährt die Tiger ganz vorne mit.

MOTOR

Typ	4-Takt-Motor
Bauart	3-Zylinder-Reihenmotor
Hubraum	885 ccm
Bohrung	76 mm
Hub	65 mm
Verdichtungsverhältnis	11,2 : 1
Ventile	4 pro Zylinder
Kraftstoffaufbereitung	Benzineinspritzung
Zündung	digital-induktiv
Kühlung	flüssigkeitsgekühlt
Nennleistung	58,6 kW (80 PS) bei 8200/min
Maximales Drehmoment	75,6 Nm bei 6600/min

MOTORLEISTUNG

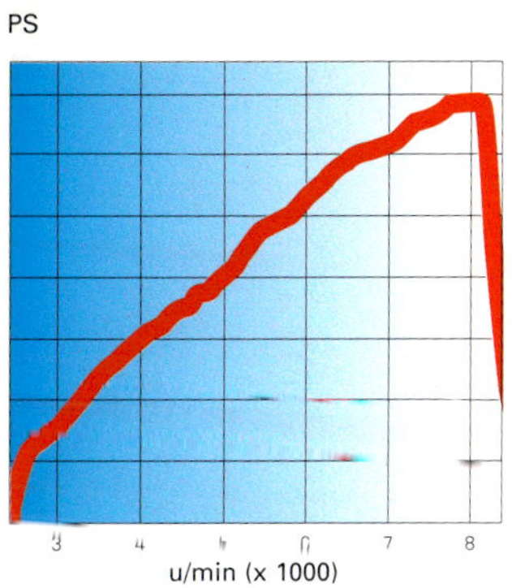

Unabhängige Testmessungen (s. o.) weichen von den Angaben des Herstellers ab.

KRAFTÜBERTRAGUNG

Primärantrieb	Getrieberäder
Kupplung	Mehrscheiben-Nasskupplung
Getriebe	6 Gänge
Sekundärantrieb	Kette

GEWICHTE UND ABMESSUNGEN

Tankinhalt	24 l
Trockengewicht	215 kg
Gewichtsverteilung	
- vorne	keine Angabe des Herstellers
- hinten	keine Angabe des Herstellers
Radstand	1550 mm
Gesamtlänge	2175 mm
Gesamtbreite	860 mm
Gesamthöhe	1345 mm
Sitzhöhe	840–860 mm

FAHRWERK

Rahmen	Zentralstahlrohrrahmen
Lenkkopfwinkel/Nachlauf	keine Angabe des Herstellers
Vorderradaufhängung	43-mm-Teleskopgabel
Federweg	keine Angabe des Herstellers
Einstellbarkeit	keine Einstellung möglich
Hinterradaufhängung	progressives Zentralfederbein
Federweg	keine Angabe des Herstellers
Einstellbarkeit	Federvorspannung, Zugstufendämpfung
Reifen	
- Marke	diverse
- vorne	110/80 x 19
- hinten	150/80 x 17
Bremsen	
- Marke	Triumph
- vorne	310-mm-Doppelscheibenbremse, 2-Kolben-Bremssättel
- hinten	285-mm-Einscheibenbremse, 2-Kolben-Bremssattel

TRIUMPH TROPHY 900

Lenker
Der angenehm platzierte Lenker ist aus einem Stück und stärker geschwungen als die Lenker der Vorgängermodelle.

Windschild
Triumph bietet zwar noch ein höheres Windschild an, doch das ist völlig unnötig, da die Serienausführung auch große Fahrer vor Wind und überflüssigem Lärm schützt.

TROPHY 900

Die Trophy 900 von Triumph kam im Frühjahr 1991 auf den Markt, hat sich bis heute gehalten und läuft dank einiger Überarbeitungen immer noch gut – Danke der Nachfrage. Die deutlichsten Veränderungen ergaben sich 1995, als die Verkleidung überarbeitet wurde. Doch es gab auch technische Neuerungen, und gerade die Modelle dieses Baujahrs weckten das Interesse künftiger Käufer. Allein die Qualität der Lackierung ist erwähnenswert, und es ist schön zu sehen, dass Triumph so viel Wert auf Details legt. Natürlich wird die Maschine nur Fahrer ansprechen, die einen Tourer suchen, denn das ist die Trophy. 1995 integrierte Triumph ein Gepäcksystem in die Karosserie der Trophy 900. Die 900 ist rundherum schnittig und auf Fahrkomfort bedacht. Das 6-Gang-Getriebe ist leichtgängig, das Handling gut und direkt, wenn auch ein wenig zäh, die Sitzposition könnte kaum besser sein und die Anzeigen sind leicht ablesbar. Sogar die Scheinwerfer sind Spitzenklasse.

Federung
Für die hintere Federung sorgt ein voll einstellbares progressives Zentralfederbein. Es erfüllt seinen Zweck und nach ein paar Stunden Fahrt steigen Sie ab, ohne dass irgendetwas weh tut.

Instrumentenkonsole
Die Trophy 900 verfügt über eine Instrumentenkonsole mit vier Anzeigen sowie Kontrollleuchten, die durchweg gut ablesbar sind.

Auf den bewährten Zentralstahlrohrrahmen mit Aluminiumschwinge kann Triumph zu Recht stolz sein.

Sitz
Die Sitzhöhe ist mit 790 mm niedriger, als man erwarten würde, dafür ist der Sitz genauso bequem, wie er aussieht. Die Sitzmulde ist ausgeprägter und besser gepolstert als bei den Vorgängermodellen.

Gepäck
Die Gepäckaufbewahrung ist inzwischen fester Bestandteil der Verkleidung. Das sieht ordentlich aus, passt und ist natürlich farblich auf die Maschine abgestimmt.

Motor
Der flüssigkeitsgekühlte 3-Zylinder-Reihenmotor hat 885 ccm Hubraum, er arbeitet geschmeidig, stark und verlässlich. Bohrung x Hub: 76 x 65 mm, Verdichtungsverhältnis 10,6 : 1.

TRIUMPH DAYTONA 955i

Der Auspuff bekam 1999 ein eher praktisches als stilbedingtes Neustyling. Die Auspuffrohre wurden neu geführt, um die Bodenfreiheit der Daytona 955i zu erhöhen.

Einspritzanlage
Die Einspritzanlage ist programmierbar, um auch im Falle eines nachträglichen Einbaus von Triumph-Zubehör Spitzenleistungen zu garantieren.

Motor und Peripherie
Die nächste Generation des teilweise von Lotus entwickelten T595-Motors bekommt eine modifizierte Auslassnockenwelle, was die Leistung im mittleren Drehzahlbereich erhöht, neue 41-mm-Drosselklappengehäuse (Doppeldrosselklappen mit einer Winkelstellung von 5° statt der früheren 12° verbessern die Leistung im unteren Drehzahlbereich), einen neuen Schrittmotor im Sekundärluftsystem (runderer Leerlauf) und ein neues Motortuning (um die Änderungen zu harmonisieren und den Kraftstoffverbrauch zu verringern). Der bekannte flüssigkeitsgekühlte 955-ccm-3-Zylinder mit 12 Ventilen und zwei oben liegenden Nockenwellen bleibt.

Kupplung
Die Mehrscheiben-Nasskupplung hält einiges aus. Sie wird per Seilzug und nicht hydraulisch betätigt und stellt den offenkundigen Versuch dar, das Gewicht weiter zu senken.

Hintere Federung
Das Zentralfederbein von Showa hat eine härtere Feder (von 13 kg/mm auf 14 kg/mm) als das der T595 sowie eine verbesserte Druck- und Zugstufendämpfung. Theoretisch verbessert das die Lenkpräzision bei Höchstgeschwindigkeiten und erhöht die Rückmeldung an den Fahrer.

Gabel
Die 45-mm-Upside-Down-Gabel von Showa verfügt über zwei Federn pro Holm zur Verbesserung des Lenkverhaltens. Federvorspannung, Druck- und Zugstufendämpfung lassen sich einstellen.

Hinterradbremse
Hinten bremsen eine 220-mm-Einscheibenbremse und ein 2-Kolben-Bremssattel.

DAYTONA 955i

Die Daytona 955i folgte auf die T595, den ersten Versuch von Triumph, bei den Supersportlern mitzufahren. Die Individualität des 3-Zylinder-Motors blieb zwar erhalten, aber es wurden einschneidende Veränderungen vorgenommen, um die Bodenfreiheit, die Leistung im mittleren Drehzahlbereich sowie die Federung zu verbessern.

Triumph verwendete ein besonderes Material für Nockenwellen-, Kupplungs- und Wasserpumpendeckel. Sie sind aus Magnesium, um Gewicht zu sparen.

Die ungewöhnliche einseitige Schwinge ist ziemlich schwer, obwohl sie aus Aluminium besteht. Der exzentrische Kettenspanner macht die Wartung zum Kinderspiel.

Der Rahmen (mit nur 12 kg) bewahrt sich dank des optisch ansprechenden Aluminiumrohrs seine Eigenständigkeit. Darüber hinaus hilft die Brünierung, die T955 von ihren Vorgängerinnen zu unterscheiden.

Vorderradbremse
Die 4-Kolben-Bremssättel von Triumph greifen zwei schwimmend gelagerte 320-mm-Bremsscheiben.

Sitz
Sowohl Fahrer als auch Sozius haben's bei am tiefsten Punkt der Sitzmulde gemessenen 800 mm bequem.

Räder
Die eleganten 3-Speichenräder aus Aluminium sind von Brembo und vorne 43,2 x 8,9 cm, hinten 43,2 x 15,3 cm groß. Serienmäßig werden 120/70- und 190/50-Bridgestone-BT56-Reifen aufgezogen.

Getriebe
Keine Überraschungen. Ein normales Getriebe mit durchschnittlichem Schaltgefühl und gelegentlichen Schaltschlägen.

TRIUMPH DAYTONA 955i

Technische Daten

Bei der Daytona handelt es sich um eine umgetaufte T595 mit diversen Veränderungen. Allerdings führten diese Veränderungen zu deutlichen Verbesserungen.
Die Maschine sieht ihrer Vorgängerin immer noch sehr ähnlich, dem Motor wurde allerdings viel Aufmerksamkeit gewidmet. So wurden die Auslassnockenwelle und die Drosselklappen überarbeitet, ein neuer Luftfilterkasten und neue Auspuffrohre eingebaut und die Elektrik überholt.
Abgesehen von der besseren Leistungsentfaltung ist die Maschine größtenteils mit der T595 identisch.

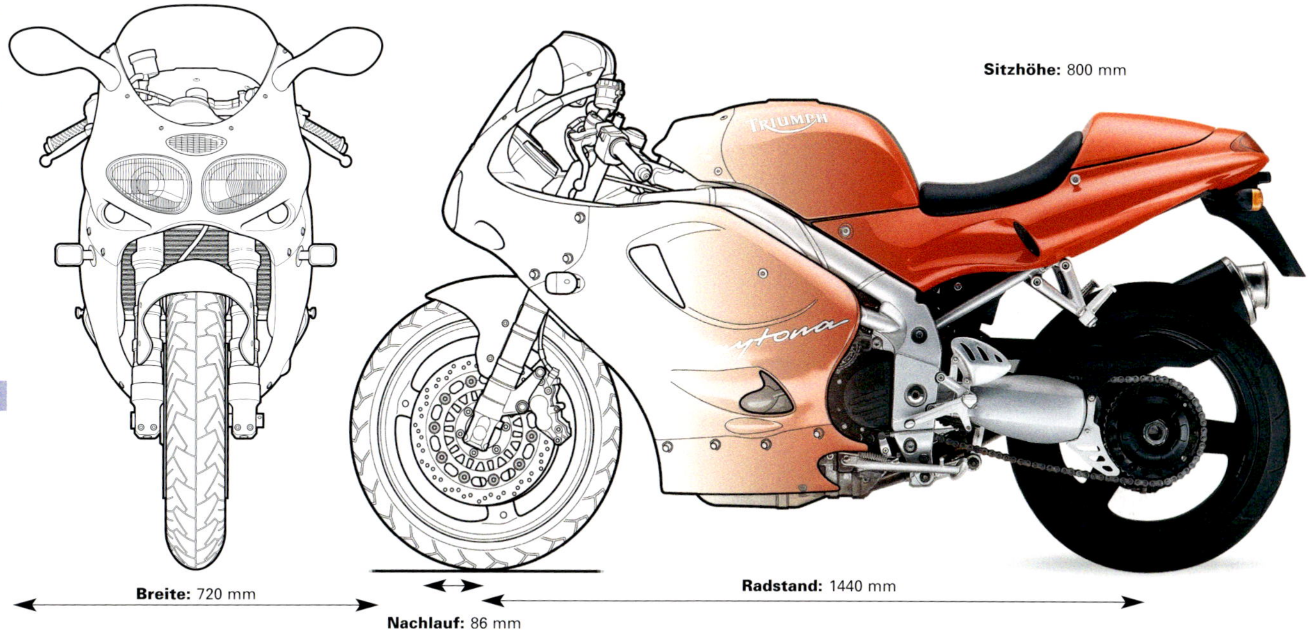

MOTOR

Typ	4-Takt-Motor
Bauart	3-Zylinder-Reihenmotor
Hubraum	955 ccm
Bohrung	79 mm
Hub	65 mm
Verdichtungsverhältnis	11,2 : 1
Ventile	4 pro Zylinder
Kraftstoffaufbereitung	41-mm-Drosselklappen, elektronische Einspritzanlage
Zündung	digital-elektronisch
Kühlung	flüssigkeitsgekühlt
Nennleistung	93,4 kW (127 PS) bei 10 095/min
Maximales Drehmoment	101,7 Nm bei 7550/min

MOTORLEISTUNG

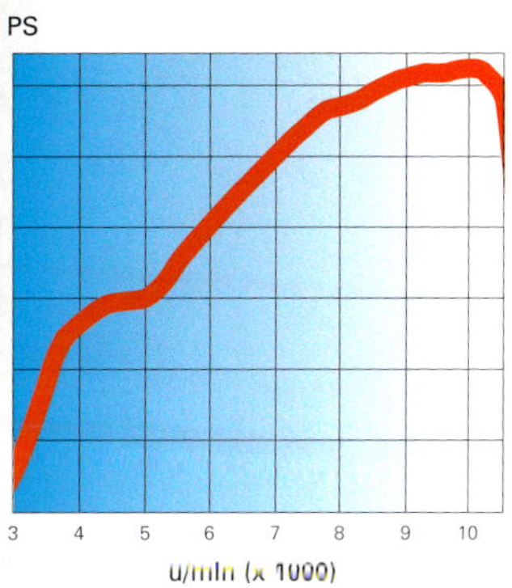

Unabhängige Testmessungen (s. o.) weichen von den Angaben des Herstellers ab.

KRAFTÜBERTRAGUNG

Primärantrieb	Getrieberäder
Kupplung	Mehrscheiben-Nasskupplung
Getriebe	6 Gänge
Sekundärantrieb	Kette

GEWICHTE UND ABMESSUNGEN

Tankinhalt	18 l
Trockengewicht	198 kg
Gewichtsverteilung	
- vorne	keine Angabe des Herstellers
- hinten	keine Angabe des Herstellers
Radstand	1440 mm
Gesamtlänge	2115 mm
Gesamtbreite	720 mm
Gesamthöhe	1170 mm
Sitzhöhe	800 mm

FAHRWERK

Rahmen	Aluminium-Brückenrahmen
Lenkkopfwinkel/Nachlauf	24°/86 mm
Vorderradaufhängung	45-mm-Upside-Down-Teleskopgabel von Showa
Federweg	keine Angabe des Herstellers
Einstellbarkeit	Federvorspannung, Druck- und Zugstufendämpfung
Hinterradaufhängung	progressives Zentralfederbein von Showa
Federweg	keine Angabe des Herstellers
Einstellbarkeit	Federvorspannung, Druck- und Zugstufendämpfung
Reifen	
- Marke	Bridgestone BT56
- vorne	120/70 x 17
- hinten	190/50 x 17
Bremsen	
- Marke	Triumph
- vorne	320-mm-Doppelscheibenbremse, 4-Kolben-Bremssättel
- hinten	220-mm-Einscheibenbremse, 2-Kolben-Bremssattel

TRIUMPH SPEED TRIPLE

Bei der 45-mm-Upside-Down-Gabel von Showa mit zwei Federn sind Federvorspannung sowie Druck- und Zugstufendämpfung voll einstellbar – genau wie bei der 955 Daytona.

Motor
Bei dem 99er-Modell wurde der bewährte 885-ccm-Klotz gegen den aus der erfolgreichen Daytona 955 übernommenen Motor ausgetauscht. Die Spitzenleistung erhöhte sich um ungefähr 1,5 kW (2 PS), und damit ging ein besseres Drehmoment einher. Der 3-Zylinder-Reihenmotor hat jetzt 995 ccm Hubraum, Bohrung x Hub: 79 x 65 mm und ein Verdichtungsverhältnis von 11,2 : 1. Er ist flüssigkeitsgekühlt, 41-mm-Drosselklappen unterstützen die elektronische Benzineinspritzung.

Tank
Der Tank fasst 18 l.

Kupplung
Sie wird über einfache Seilzüge betätigt. Das intensiviert zwar die Wartung, verringert aber das Gewicht.

Hinterradaufhängung
Auch hier haben wir die gleichen Komponenten wie bei der 955 Daytona, nämlich ein progressives Zentralfederbein von Showa mit einstellbarer Federvorspannung, Druck- und Zugstufendämpfung.

SPEED TRIPLE

Triumph-Fans auf der ganzen Welt werden von der Optik dieser Schönheit überrascht sein. Oder sollten wir sagen, dieses Biests? Der gemeine Streetfighter-Look sagt: „Leg dich nicht mit mir an" und weicht vom alten Triumph-Stil ab. Und für die Speed Triple ist das eine gute Sache. Auch ihre starke Leistung entspricht ihrem Aussehen – diese Triumph wird jeder einmal ausprobieren wollen.

Bremsen
Die Bremsen stammen ebenfalls von der 955 Daytona. Vorne packen die 4-Kolben-Bremssättel von Triumph zwei schwimmend gelagerte 320-mm-Bremsscheiben, hinten tun eine 220-mm-Einscheibenbremse und ein 2-Kolben-Sattel Dienst.

Räder
Die 3-Speichenräder von Brembo sehen nicht nur gut aus, sondern sind angeblich auch noch leicht und verbessern die Kurvenfreudigkeit der Maschine. Der Reifen der Wahl ist der Bridgestone BT56: Vorne muss er 120/70 x 17, hinten 190/50 x 17 groß sein.

Der neue Motor verlangte nach Veränderungen, um besser atmen zu können. So wurden unter anderem Doppeldrosselklappen mit einer Winkelstellung von 5° statt bisher 12° eingebaut, das Sekundärluftsystem bekam einen neuen Schrittmotor, es gab neue Auspuffrohre und einen neuen Luftfilterkasten.

Der Tacho enthält den obligatorischen Kilometer- und Tageskilometerzähler, dazu kommen Kontrollleuchten für Motormanagement sowie Öldruck und Leerlauf.

Schwächliche Rahmen in der Anfangszeit des Modells veranlassten das Werk dazu, sich noch einmal mit dem Rahmendesign zu beschäftigen. Die neuen Modelle sind inzwischen durchweg mit einer kräftigeren Version des traditionellen Alu-Brückenrahmens ausgestattet. Die neue Brünierung erhöht den optischen Reiz.

Zubehör
Triumph bietet zusätzlich ein schickes Karbonschutzblech an. Nachträglich können unter anderem eine Sitzbankabdeckung, eine farblich passende Fly Screen, Lenkerstummel, Hinterradabdeckung, Tankrucksack, Kotflügel, Gabelprotektoren und eine Haltestange aus Aluminiumguss nachgerüstet werden.

Sitzhöhe
Der Sitz der Speed Triple liegt mit 800 mm gleichauf mit dem der 955 Daytona.

Veränderungen am Motor
Der Motor basiert zwar auf dem der 955er, doch es gibt Unterschiede bei den Zylinderlaufbuchsen, die nun aus Stahl und nicht mehr aus Keramik sind; das Material der Kolben wurde dem der Zylinderlaufbuchsen angepasst; die Steuerzeiten der Nockenwellen wurden für eine bessere Leistung im mittleren Drehzahlbereich überarbeitet; das Motormanagement wurde auf den neuen Charakter des Motors eingestellt, und die Maschine bekam einen größeren, aber schlankeren Kühler.

TRIUMPH SPEED TRIPLE

Technische Daten

Früher war sie unter der Bezeichnung T509 bekannt, heute heißt diese atemberaubende Triumph einfach Speed Triple. 1999 legte sie 70 ccm und 1,5 kW (2 PS) zu und wurde damit noch drehmomentstärker. Wegen ihres kompromisslos brutalen Aussehens und des überraschend wendigen Handlings ist und bleibt sie eine beliebte Alternative zu anderen Roadstern. Das ganze Paket nimmt immer knackigere Formen an. Der Motor hat reichlich Power und die Kombination aus Doppelscheiben und 4-Kolben-Bremssätteln vorne und 220-mm-Scheibe und 2-Kolben-Bremssattel hinten verleiht ihr ordentlich Bremskraft und gibt reichlich Rückmeldung an den Fahrer.

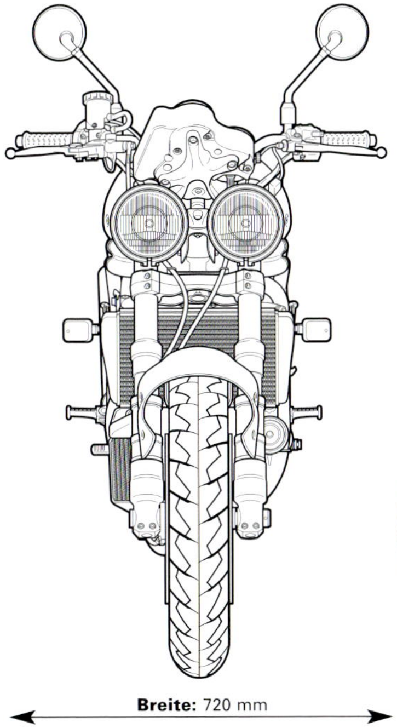

MOTOR

Typ	4-Takt-Motor
Bauart	3-Zylinder-Reihenmotor
Hubraum	955 ccm
Bohrung	79 mm
Hub	65 mm
Verdichtungsverhältnis	11,2 : 1
Ventile	4 pro Zylinder
Kraftstoffaufbereitung	elektronische Einspritzanlage
Zündung	digital-induktiv
Kühlung	flüssigkeitsgekühlt
Nennleistung	75,9 kW (103 PS) bei 9400/min
Maximales Drehmoment	85,5 Nm bei 5500/min

MOTORLEISTUNG

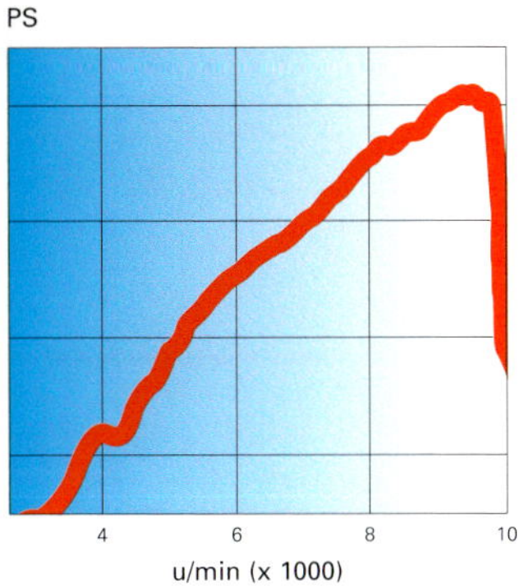

Unabhängige Testmessungen (s. o.) weichen von den Angaben des Herstellers ab.

KRAFTÜBERTRAGUNG

Primärantrieb	Getrieberäder
Kupplung	Mehrscheiben-Nasskupplung
Getriebe	6 Gänge
Sekundärantrieb	Kette

GEWICHTE UND ABMESSUNGEN

Tankinhalt	18 l
Trockengewicht	196 kg
Gewichtsverteilung	
- vorne	keine Angabe des Herstellers
- hinten	keine Angabe des Herstellers
Radstand	1440 mm
Gesamtlänge	2115 mm
Gesamtbreite	720 mm
Gesamthöhe	1230 mm
Sitzhöhe	800 mm

FAHRWERK

Rahmen	Aluminium-Brückenrahmen
Lenkkopfwinkel/Nachlauf	keine Angabe des Herstellers
Vorderradaufhängung	45-mm-Upside-Down-Teleskopgabel von Showa
Federweg	keine Angabe des Herstellers
Einstellbarkeit	Federvorspannung, Druck- und Zugstufendämpfung
Hinterradaufhängung	progressives Zentralfederbein von Showa
Federweg	keine Angabe des Herstellers
Einstellbarkeit	Federvorspannung, Druck- und Zugstufendämpfung
Reifen	
- Marke	Bridgestone BT56
- vorne	120/70 x 17
- hinten	190/50 x 17
Bremsen	
- Marke	Triumph
- vorne	320-mm-Doppelscheibenbremse, 4-Kolben-Bremssättel
- hinten	220-mm-Einscheibenbremse, 2-Kolben-Bremssattel

TRIUMPH SPRINT RS

Der Motor basiert auf dem Modell der Daytona. Die Lichtmaschine sitzt auf dem linken Kurbelwellenstumpf, was die Geräuschentwicklung dämpft.

Verkleidung
Die Verkleidung besteht aus Spritzgusskunststoff und wird von einer italienischen Firma hergestellt. Material und Methoden sind im Motorradsport mehr oder weniger allgegenwärtig. Die Verkleidung gibt es nur einfarbig, was von den reiferen Fahrern bevorzugt wird, die am ehesten zur Sprint RS greifen.

Spiegel
Die Spiegel sind recht groß und vibrationsfrei, bieten dem Fahrer einen ausreichenden Überblick und lassen sich sogar während der Fahrt leicht einstellen.

Lufteinlässe
Die beiden Lufteinlässe führen zu einem neuen Luftfilterkasten und verfügen über eine besondere gebogene Luftführung, die das laute Röhren der einströmenden Luft dämpft.

Kühlung
Ein raffinierter zweiter Kühlkreislauf lässt den Motor schneller warm werden und verlängert zudem seine Lebensdauer.

SPRINT RS

Obwohl nicht zu leugnen ist, dass sie aus demselben Stall kommt wie die ST und die Daytona, gibt es genügend Punkte, in denen sich die Sprint RS von ihren Rennstallgenossinnen abgrenzt. Sie schwingt sich mit der gleichen Begeisterung kurvige Landstraßen hinauf, mit der sie Autobahnen entlangdüst, und ist für einen vernünftigen Preis zu haben.

Vorderradbremse
Diese Komponente wurde ebenfalls direkt vom Supersportler 955i übernommen, auch wenn sie nun etwas mehr Gewicht abbremsen muss, was ihre Furcht erregende Kraft ein wenig dämpft. Es kommen 4-Kolben-Bremssättel von Nissin zum Einsatz.

Auspuff
Die Position des Endschalldämpfers ist verstellbar: Höher, um die Bodenfreiheit zu verbessern, niedriger, um Koffer anbringen zu können.

Der Doppelscheinwerfer ist identisch mit dem der ST und typisch Triumph. Er ist vielleicht nicht ganz so hell wie manch anderes Modell, aber für Schlechtwetter- und Nachtfahrten reicht er vollkommen aus.

Die Instrumente sind übersichtlich angeordnet und leicht ablesbar. Ein nützliches Extra ist der Knopf, mit dem man die Geschwindigkeitsanzeige von Kilometern auf Meilen pro Stunde umstellen kann.

Sowohl die ST als auch die RS haben einen Doppelrohrrahmen aus Aluminium, doch die RS hat eine gezogene Schwinge und einen kleineren Lenkkopfwinkel.

Sitz
Der breite, gut gepolsterte Sitz bietet ausreichend Komfort und macht eine Tour mit der RS zu einer weitgehend schmerzfreien Erfahrung.

Motor
Der Motor ist nahezu identisch mit dem der 955i Daytona, wurde aber neu eingestellt, um ein breiteres Drehmomentband zu bekommen, wodurch er an der Spitze 13,4 kW (18 PS) einbüßte. Er hat drei Zylinder, ist flüssigkeitsgekühlt, verfügt über eine ausgesprochen fortschrittliche Einspritzanlage, zwei oben liegende Nockenwellen und vier Ventile pro Zylinder. Wir haben hier einen hervorragenden, reaktionsfreudigen Motor mit kernigem Sound.

Schwinge
Die ST verfügt über eine einseitig angebrachte Schwinge, die RS ist dagegen mit einem doppelseitigen Modell ausgestattet. Das spart zwar ein paar Pfund, trotzdem wiegt die RS mehr als ihr stärker tourenbetontes Gegenstück.

TRIUMPH SPRINT RS

Technische Daten

Die RS fährt mit demselben 4-Takt-3-Zylinder-Reihenmotor wie ihre große Schwester, die ST. Es dürfte also keine Überraschungen geben. Die Maschine fährt sich so angenehm wie erwartet, die geringfügigen Veränderungen am Fahrwerk verleihen ihr ein frisches, sportliches Gefühl, und die Optimierung der vorderen Federung macht sogar die anspruchsvollsten Straßen zu einer reinen Freude. Rechnen Sie noch die Faktoren Komfort und Kraftstoffverbrauch ein, und Sie haben es mit einem großartigen Tourer zu tun. Wenn Sie jetzt noch den Preis in Betracht ziehen, werden Sie feststellen, dass Sie einem echten Goldstück auf der Spur sind.

MOTOR

Typ	4-Takt-Motor
Bauart	3-Zylinder-Reihenmotor
Hubraum	955 ccm
Bohrung	79 mm
Hub	65 mm
Verdichtungsverhältnis	11,2 : 1
Ventile	4 pro Zylinder
Zündung	digital-induktiv
Kühlung	flüssigkeitsgekühlt
Nennleistung	80,5 kW (110 PS) bei 9200/min
Maximales Drehmoment	97,6 Nm bei 6200/min

KRAFTÜBERTRAGUNG

Primärantrieb	Getrieberäder
Kupplung	Mehrscheiben-Nasskupplung
Getriebe	6 Gänge
Sekundärantrieb	X-Ring-Kette

GEWICHTE UND ABMESSUNGEN

Tankinhalt	21 l
Trockengewicht	198 kg
Gewichtsverteilung	
- vorne	keine Angabe des Herstellers
- hinten	keine Angabe des Herstellers
Radstand	1470 mm
Gesamtlänge	2120 mm
Gesamtbreite	745 mm
Gesamthöhe	1170 mm
Sitzhöhe	805 mm

FAHRWERK

Rahmen	Aluminium-Doppelrohrrahmen
Lenkkopfwinkel	25°
Vorderradaufhängung	43-mm-Gabel mit Dämpferkartuschen
Federweg	keine Angabe des Herstellers
Einstellbarkeit	Federvorspannung
Hinterradaufhängung	Zentralfederbein
Federweg	keine Angabe des Herstellers
Einstellbarkeit	Federvorspannung, Zugstufendämpfung
Reifen	
- vorne	120/70 ZR17
- hinten	180/55 ZR17
Bremsen	
- Marke	keine Angabe des Herstellers
- vorne	320-mm-Doppelscheibenbremse, schwimmend gelagert
- hinten	255-mm-Einscheibenbremse

TRIUMPH SPRINT ST

Die Instrumentenkonsole beinhaltet einen analogen Tacho, der bis zu 290 km/h anzeigt, und einen Drehzahlmesser mit roter Nadel, bei dem der rote Bereich bei 9500/min beginnt. Darüber hinaus gibt es Kontrollleuchten für Motormanagement, Tank, Leerlauf, Licht, Öl und Blinker, eine analoge Tankanzeige, einen digitalen Kilometerzähler mit Uhr sowie eine Temperaturanzeige.

Windschild
Hier haben wir eines der besten Windschilde auf dem Markt. Bei der Testfahrt stellte sich heraus, dass ein Fahrer, der sich hinter dieses Windschild duckt, auch bei Höchstgeschwindigkeit an Kopf, Schultern und Brust ganz und gar vor Wind und Wetter geschützt ist.

Hauptscheinwerfer
Der Doppelscheinwerfer verrät sofort, dass es sich um eine Triumph handelt, und er gibt genügend Licht für schnelle Nachtfahrten. Er ist nicht der Stärkste, aber er ist auch nicht schlecht.

Verkleidung
Die Aufgabe der Designer bestand zum Teil darin, der Maschine ein charakteristisches Aussehen zu geben, und die gewählte Verkleidung erfüllt diese Aufgabe. Allerdings geht es hier nicht nur ums Styling – die Verkleidung ist gut gemacht, lässt sich leicht anbringen und entfernen und ist breit genug, um gut vor Wind und Wetter zu schützen, ohne allzu massig daherzukommen.

Lenker
Die Lenkerstummel bringen die meisten Fahrer sofort in die richtige Position für Langstreckenfahrten. Am linken Stummel sitzen die Schalter für Auf- und Abblendlicht, Warnblinkanlage, Blinker sowie die Kupplung mit Seilzugbetätigung. Am rechten Stummel befinden sich der An- und Ausschalter für das Licht, Startknopf, Notausschalter sowie ein 4fach verstellbarer Handbremshebel.

Auspuff
Die Auspuffkrümmer aus Edelstahl wurden verändert, um die Leistung im mittleren Drehzahlbereich anzuheben. Der Endschalldämpfer aus Aluminium hat einen Chromauslass.

SPRINT ST

Der Motor der Sprint ST stammt von der Daytona 955i und wurde mit einem völlig neuen Aluminium-Brückenrahmen kombiniert. So entstand das, wie manche sagen, beste Motorrad, das Triumph je gebaut hat. Es sieht gut aus, ist offenbar eine faszinierende Mischung aus Sport- und Tourenmaschine und lässt sich gut und präzise steuern. Die Zeit wird zeigen, was die Käufer von der Sprint ST halten.

Reifen
Serienmäßig wird die Sprint ST vorne mit 120/70 x ZR17-, hinten mit 180/55 x ZR17-Bridgestone-BT57-Reifen geliefert.

Spiegel
Nicht die beste Qualität aller Zeiten, aber groß und ausladend genug, um einen guten Überblick über das zu geben, was hinter einem vorgeht. Bei unseren Tests waren sie vibrationsfrei und ließen sich auch während der Fahrt leicht einstellen.

Stauraum
Unter dem abnehmbaren Sitz bietet eine kleine Ablage etwas Stauraum.

Die Sprint ST verfügt über einen neuen Luftfilterkasten, der ursprünglich für die 955i entworfen worden war, und eine elektronische Einspritzanlage. Der Motor wird von drei 41-mm-Drosselklappen versorgt. Ein neues Sekundärluftsystem verbessert die Leistungsentfaltung im unteren Drehzahlbereich. Der Motor nimmt Gas in fast in jedem Drehzahlbereich umgehend an.

Vorne entschied sich Triumph für zwei 4-Kolben-Bremssättel und schwimmend gelagerte 320-mm-Bremsscheiben. Diese Kombination erwies sich auf unseren Testfahrten als außerordentlich leistungsstark und benötigt von 160 km/h auf null lediglich einen Bremsweg von 102,9 m.

Triumph brachte den neuen Aluminium-Brückenrahmen zum Einsatz, um geringes Gewicht und stabiles Handling zu gewährleisten. Der Motor dient ebenfalls als tragendes Teil. Der 955-ccm-4-Takt-3-Zylinder-Motor mit zwei oben liegenden Nockenwellen orientiert sich stark am Motor der Daytona 955i, wurde jedoch neu getunt, um die Leistung im mittleren Drehzahlbereich noch weiter zu steigern. Bohrung x Hub liegen bei 79 x 65 mm, das Verdichtungsverhältnis erreicht 11,2 : 1, und wir haben vier Ventile pro Zylinder.

Tank
Er ist groß genug, um 21 l zu fassen und der Sprint ST eine theoretische Reichweite von 322 km zu geben. Trotzdem ist er eher tief als breit und nimmt dem Fahrer kaum Platz weg.

Haltestange
Die Haltestange aus Aluminiumguss bietet auch großen Händen Platz. Sie ist der eindeutige Beweis dafür, dass Triumph auch die Bedürfnisse der Beifahrer berücksichtigt.

Gewichtsparen
Nockenwellen-, Kupplungs- und Wasserpumpendeckel sind aus Magnesium, Zündspule und Zündkerzenstecker sind nun eine Einheit. Das senkt das Gesamtgewicht noch einmal ein wenig.

Vorderradaufhängung
An der 43-mm-Upside-Down-Gabel von Showa lässt sich nur die Federvorspannung einstellen.

Getriebe
Das 6-Gang-Getriebe entpuppte sich bei den Testfahrten als leichtgängig und blieb von Schaltschlägen verschont. Allerdings reagierte es auf der 400-Meter-Teststrecke beim Anfahren manchmal mit etwas Verzögerung.

Hinterrad
Die Speichen des Rades aus Aluminiumguss sind auf der rechten Seite gewölbt, so dass die hintere Scheibe in einer Linie mit dem Ritzel auf der linken Seite montiert werden kann, was höchst ungewöhnlich ist.

TRIUMPH SPRINT ST

Technische Daten

Bei der Entwicklung der Sprint ST steckte Triumph die Ziele hoch. Sie musste sowohl drehfreudig als auch kraftvoll sein, sollte für einen Rennmaschinen-Nachbau einen hervorragenden Wetterschutz bieten, schlank und attraktiv aussehen und – was ebenso wichtig war – die berühmte und augenfällige Triumph-Silhouette haben. Um all das zu gewährleisten, mussten die Motor-, Fahrwerks- und Designabteilungen eng zusammenarbeiten. Hier haben wir die technischen Daten dieses hervorragenden Allrounders.

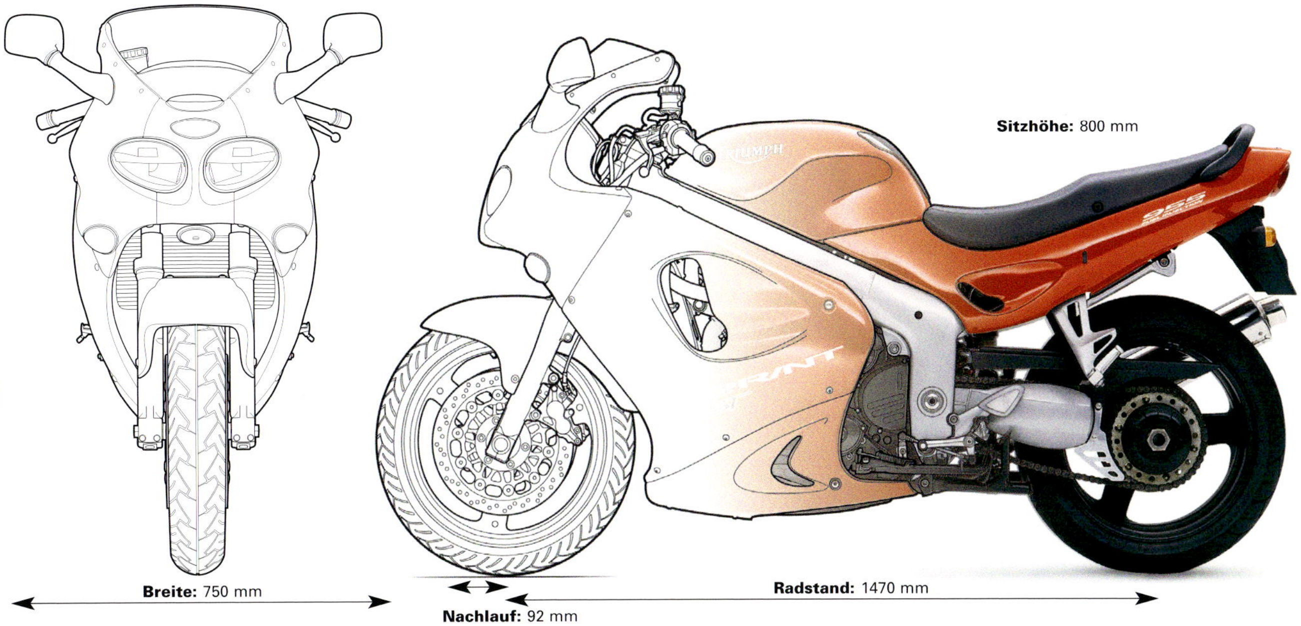

MOTOR

Typ	4-Takt-Motor
Bauart	3-Zylinder-Reihenmotor mit zwei oben liegenden Nockenwellen
Hubraum	955 ccm
Bohrung	79 mm
Hub	65 mm
Verdichtungsverhältnis	11,2 : 1
Ventile	4 pro Zylinder
Kraftstoffaufbereitung	elektronische Einspritzanlage, 41-mm-Drosselklappen
Zündung	CDI
Kühlung	flüssigkeitsgekühlt
Nennleistung	82,5 kW (112 PS) bei 9290/min
Maximales Drehmoment	97,1 Nm bei 5167/min

MOTORLEISTUNG

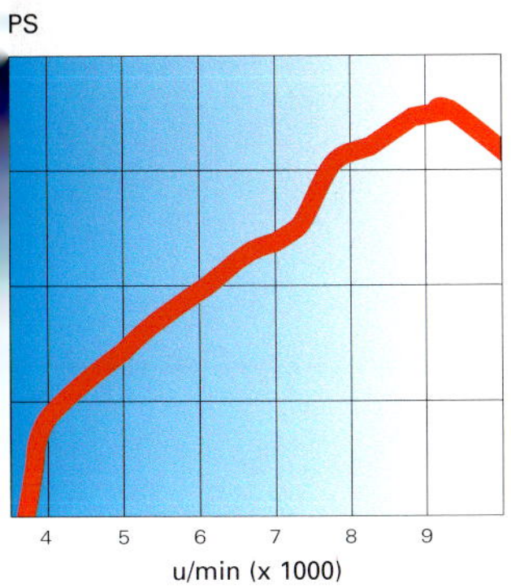

Unabhängige Testmessungen (s. o.) weichen von den Angaben des Herstellers ab.

KRAFTÜBERTRAGUNG

Primärantrieb	Getrieberäder
Kupplung	Mehrscheiben-Nasskupplung
Getriebe	6 Gänge
Sekundärantrieb	O-Ring-Kette

GEWICHTE UND ABMESSUNGEN

Tankinhalt	21 l
Trockengewicht	207 kg
Gewichtsverteilung	
- vorne	49 Prozent
- hinten	51 Prozent
Radstand	1470 mm
Gesamtlänge	2160 mm
Gesamtbreite	750 mm
Gesamthöhe	1220 mm
Sitzhöhe	800 mm

FAHRWERK

Rahmen	Aluminium-Brückenrahmen
Lenkkopfwinkel/Nachlauf	25°/92 mm
Vorderradaufhängung	43-mm-Upside-Down-Teleskopgabel von Showa
Federweg	120 mm
Einstellbarkeit	Federvorspannung
Hinterradaufhängung	progressives Zentralfederbein von Showa
Federweg	120 mm
Einstellbarkeit	Federvorspannung, Zugstufendämpfung
Reifen	
- Marke	Bridgestone BT57
- vorne	120/70 x ZR17
- hinten	180/55 x ZR17
Bremsen	
- Marke	Nissin
- vorne	320-mm-Doppelscheibenbremse, schwimmend gelagert, 4-Kolben-Bremssättel
- hinten	255-mm-Einscheibenbremse, 2-Kolben-Bremssattel

TRIUMPH TROPHY 1200

Die leicht abnehmbaren Kof fer haben insgesamt ein Fas sungsvermögen von 72 Ohne die Koffer sind die Hal terungen so unscheinbar, s dass das keine nachteiliger Auswirkungen auf die Linien führung des Motorrads hat

Lenker
Der Alulenker verändert die Sitzposition des Fahrers geringfügig gegenüber den Vorgängermodellen, was den Komfort auf Langstrecken erhöht und zugleich volle 2 kg Gewicht einspart.

Scheinwerfer
Die Scheinwerfer lassen sich fernsteuern, das erleichtert das Einstellen, wenn ein Sozius an Bord klettert.

Verkleidung
Die obere Verkleidung sowie die Windschutzscheibe wurden neu gestaltet, um Windgeräusche und Windanfälligkeit zu verringern. Der Wetterschutz ist unverändert gut.

Instrumente
Auf der Instrumentenkonsole befinden sich Tacho, Kilometerzähler, Tageskilometerzähler, Drehzahlmesser, Tankanzeige, analoge Uhr, Kontrollleuchten für Blinker, Licht, Öldruck, Motortemperatur und Leerlauf.

Hintere Federung
Das Zentralfederbein sorgt für das bekannt weiche Fahrgefühl. Die Vorspannung ist stufenlos, die Zugstufendämpfung 10fach einstellbar.

Schwinge
Die Leichtmetallschwinge ist mit einem außergewöhnlichen Kettenspanner versehen.

Räder
Die Maschine ist vorne mit 43,2 x 8,9 cm, hinten mit 43,2 x 5,5 großen Rädern ausgestattet, auf die die beliebten 120/70 und 170/60 großen Reifen aufgezogen werden können.

TROPHY 1200

Kilometerfressen ist, was dieses Motorrad am besten kann, und es steht ganz oben auf der Wunschliste aller Fahrer, was Langstreckenmaschinen angeht. Der verlässliche Motor ist drehfreudig, aber schwer, und er schluckt ordentlich Benzin. Das lässt ihn im Vergleich zu neueren Modellen ein wenig altmodisch aussehen. Nichtsdestoweniger ist die Trophy 1200 eine ernst zu nehmende und ergötzliche Tourenmaschine.

Die 310-mm-Doppelscheibenbremse von Triumph mit zwei 4-Kolben-Bremssätteln wird serienmäßig über Stahlflexleitungen angesteuert.

Die vier Zylinder des Reihenmotors mit zwei oben liegenden Nockenwellen sind je 295 ccm groß. Die gleichen Zylinder finden auch bei der Trophy 900 Verwendung, allerdings werden dort nur drei davon ebraucht. Bei beiden Motorrädern elaufen sich Bohrung x Hub auf '6 x 65 mm und das Verdichungsverhältnis auf 10,6 : 1.

Bei dem Rahmen aus hochfestem Stahl handelt es sich um eine Zentralrohrkonstruktion. Dieses Design gilt als altmodisch, doch wer könnte angesichts des großen Erfolgs der Trophy die Entscheidung Triumphs kritisieren, bei dieser Rahmenkonstruktion zu bleiben?

Chrom
Die edlen, wenn auch ein wenig großen Scheinwerfereinfassungen heben die Trophy von der Masse ab.

Tank
Mit dem 25-l-Tank kommt man unter normalen Umständen unglaubliche 325 km weit.

Vorderradaufhängung
In der 43-mm-Upside-Down-Teleskopgabel tun in jedem Holm drei Federn Dienst, was den Fahrkomfort erhöht. Der Federweg beläuft sich auf 150 mm. Die Gabel ist nicht einstellbar.

Seitenständer
Auf Rückmeldung der Fahrer hin veränderte Triumph das Design des Seitenständers. Er wurde etwas verlängert, damit sich das Motorrad auch mit weniger Kraftaufwand abstellen lässt.

TRIUMPH TROPHY 1200

Technische Daten

Die Triumph Trophy 1200 hat so ziemlich alles, was ein großer Tourer braucht. Sie war schon in den vergangenen zehn Jahren eine großartige Maschine, doch nun ist sie noch besser geworden.
Das hat sie den Veränderungen im Jahr 1999 zu verdanken, als sie eine neue und windabweisende Verkleidung, einen bequemeren Lenker, ein neues Getriebe mit 10 Prozent geringerem Kraftstoffverbrauch, einen größeren Seitenständer und neue Vergaser für eine bessere Gasgriffkontrolle bekam. Mag sein, dass die Trophy 1200 schon seit einiger Zeit unterwegs ist. Aber es steckt noch viel Leben in ihr.

MOTOR

Typ	4-Takt-Motor
Bauart	DOHC 4-Zylinder-Reihenmotor
Hubraum	1180 ccm
Bohrung	76 mm
Hub	65 mm
Verdichtungsverhältnis	10,6 : 1
Ventile	4 pro Zylinder
Kraftstoffaufbereitung	4 x 36-mm-Flachschiebervergaser
Zündung	digital-induktiv
Kühlung	flüssigkeitsgekühlt
Nennleistung	72,1 kW (98 PS) bei 8700/min
Maximales Drehmoment	87,3 Nm bei 6500/min

MOTORLEISTUNG

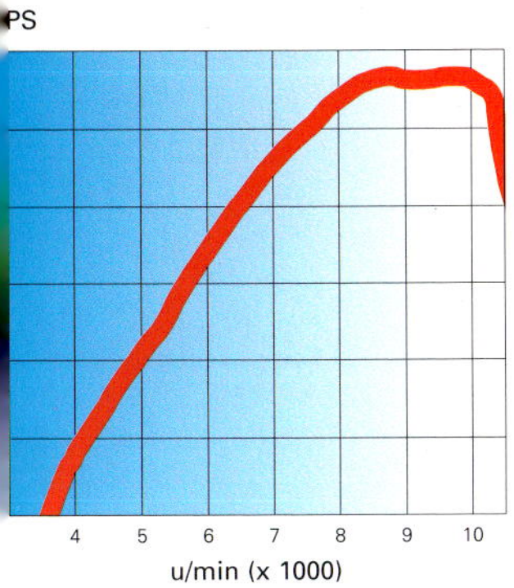

Unabhängige Testmessungen (s. o.) weichen von den Angaben des Herstellers ab.

KRAFTÜBERTRAGUNG

Primärantrieb	Getrieberäder
Kupplung	Mehrscheiben-Nasskupplung
Getriebe	6 Gänge
Sekundärantrieb	Kette

GEWICHTE UND ABMESSUNGEN

Tankinhalt	25 l
Trockengewicht	235 kg
Gewichtsverteilung	
- vorne	keine Angabe des Herstellers
- hinten	keine Angabe des Herstellers
Radstand	1490 mm
Gesamtlänge	2152 mm
Gesamtbreite	790 mm
Gesamthöhe	1430 mm
Sitzhöhe	790 mm

FAHRWERK

Rahmen	Zentralrohrrahmen aus hochfestem Stahl
Lenkkopfwinkel/Nachlauf	keine Angabe des Herstellers
Vorderradaufhängung	43-mm-Teleskopgabel mit drei Federn
Federweg	150 mm
Einstellbarkeit	keine Einstellung möglich
Hinterradaufhängung	progressives Zentralfederbein
Federweg	126 mm
Einstellbarkeit	Federvorspannung, Zugstufendämpfung 10fach
Reifen	
- Marke	diverse
- vorne	120/70 x ZR17
- hinten	170/60 x ZR17
Bremsen	
- Marke	Triumph
- vorne	310-mm-Doppelscheibenbremse, 4-Kolben-Bremssättel
- hinten	255-mm-Einscheibenbremse, 2-Kolben-Bremssattel

YAMAHA YZF-R6

Der Soziussitz ist winzig und schwebt hoch über dem Boden. Zusammen mit dem Fehlen einer Haltestange und hohen Fußrasten macht das die R6 für Beifahrer zu einem harten und größtenteils ungemütlichen Stück Arbeit. Von allen Sportlern in der 600-ccm-Hubraum-Klasse verfügt nur die Honda CBR600F über eine vernünftige Haltestange. An der Kawasaki ZX-6R sind Haltegriffe angebracht.

Verkleidung
Die Scheinwerfer ähneln denen der YZF-R1, die knappe Verkleidung ist leicht und hat sich im Windkanal bewährt, doch das Windschild ist zu klein, um den meisten Fahrern genügend Schutz zu bieten. Die Auswahl an Windschutzscheiben zum Nachrüsten ist groß.

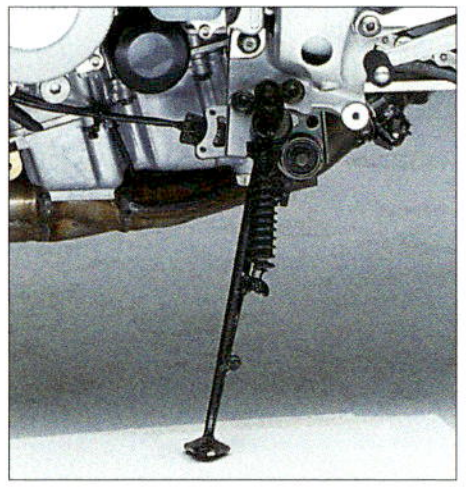

Wie viele moderne Motorräder hat auch die YZF-R6 nur einen Seitenständer. Das Fehlen eines Hauptständers kann sich beim Fetten der Kette und bei Wartungsarbeiten schmerzlich bemerkbar machen.

Staudruck-System
Durch einen Einlass unter dem Scheinwerfer wird kühle Luft mit hohem Tempo in den Motor gesaugt. Das hilft dem Motorrad, mehr Kraftstoff effektiver zu verbrennen und damit seine Leistung zu erhöhen. Yamaha gibt zwar an, dass diese auf dem Leistungsprüfstand zwischen 78 und 80 kW (106 und 109 PS) liegt. Es wird jedoch behauptet, dass sie bei Höchstgeschwindigkeit, wenn das Staudruck-System optimal arbeitet, auf 89 kW (121 PS) klettert. Der Motor atmet durch vier 37-mm-Vergaser von Keihin.

Gabel
Die konventionelle 43-mm-Teleskopgabel stößt auf der Rennbahn an ihre Grenzen. Sie kann sich etwas weich anfühlen und würde von härteren Federn profitieren. Auf der Straße stellt sich dieses Problem allerdings nicht, und es sollte sich auch nur bei erfahrenen Rennfahrern zeigen, wenn die Maschine ein paar tausend Kilometer auf dem Buckel hat.

YZF-R6

Gerade, als Sie dachten, es gäbe nicht mehr allzu viele Steigerungsmöglichkeiten, kam die R6. Diese neue Yamaha ist aufregend, wild, läuft bei Höchstgeschwindigkeiten zu Spitzenleistungen auf und sprengt alle Grenzen. Sie erstaunte Journalisten, Motorradfahrer und die Konkurrenz – nicht zuletzt Honda mit der CBR600.

Reifen
Die R6 hat hinten einen gewaltigen 180/55 x 17 großen, vorne einen 120/60 x 17 großen Reifen, was sich bei den Supersportlern gerade flott zum Standard entwickelt. Die serienmäßigen Dunlop-Reifen haften recht gut.

Heck
Ein beschädigtes Rahmenheck lässt sich einfach abschrauben und ersetzen, wie das bei Sportmaschinen inzwischen üblich ist. Bei älteren Modellen waren die Fahrer manchmal gezwungen, den ganzen Rahmen zu verschrotten, selbst wenn bei einem Sturz nur das Heck in Mitleidenschaft gezogen worden war.

Die Instrumentenkonsole der R6 ist wie die der YZF-R1 eine Mischung aus digitalem und analogem Design. Gesamtkilometer und Tageskilometer werden digital gezählt, die Drehzahl wird auf einer weißen Skala angezeigt, auf der der rote Bereich bei 15 500/min liegt. Eine unveränderte R6 erreicht ihre Maximalleistung bereits 3000/min früher. Motortuner sind freilich zuversichtlich, den Spitzenleistungsbereich deutlich erweitern zu können.

Der Doppelholmrahmen aus Aluminium ist die neueste Version der berühmten Deltabox von Yamaha. Er ist ultrakompakt, was die Handlichkeit der Maschine verbessern soll. Insgesamt ist er recht kurz (der kompakte Motor macht's möglich), was den extrem kurzen Radstand von 1380 mm erklärt, der volle 15 mm kürzer ist als beim 1999er Modell der Honda CBR600F und gewaltige 35 mm kürzer als der Radstand der 600-ccm-Konkurrenz aus dem eigenen Stall – der Thundercat.

Im Gegensatz zum Motor der großen Schwester YZF-R1 hat der Motor der R6 vier und nicht fünf Ventile pro Zylinder. Das liegt einfach daran, dass nicht genügend Platz vorhanden ist, so dass auch fünf Ventile effektiv arbeiten können. Der 4-Takt-Motor mit 599 ccm Hubraum, Bohrung x Hub: 65,5 x 44,5 mm, erreicht ein Verdichtungsverhältnis von 12,4 : 1 und überträgt einen Hauch mehr als echte 74,6 kW (101 PS) auf das Hinterrad.

Tank
Der Tank fasst 17 l und ist damit der kleinste seiner Klasse.

Getriebe
Wie bei der R1 hielt Yamaha es für sinnvoll, die Getriebewellen übereinander statt nebeneinander anzuordnen. Das macht den Motor kompakter. Beim Hochschalten vom ersten in den zweiten Gang sind dezente Schaltschläge möglich, doch ab dem dritten Gang schaltet sich das Getriebe butterweich. Die Kupplung ist sehr viel besser als die früherer Modelle und neigt bei schnellem Anfahren weniger zum Ruckeln.

Sitzhöhe
Mit 820 mm liegt die R6 genau in der Mitte ihrer Klasse. Der schmale Sitz erleichtert aber auch kleineren Fahrern den Aufstieg deutlich.

Bremsen
Vorne packen zwei 4-Kolben-Bremssättel von Sumitomo zwei 295-mm-Bremsscheiben. Da die Maschine ein Leichtgewicht ist und eine gefügige Aufhängung sowie gefügige Reifen hat, ist die Bremskraft in der Tat sehr beeindruckend.

Schwinge
Wie bei den GP-Bikes ist die Schwinge der R6 länger, als das unter normalen Umständen nötig wäre, da ihr Motor so kompakt ist. Vereinfacht gesagt, wirkt sich diese Veränderung so aus, dass mehr Gewicht auf dem vorderen Ende des Motorrads lastet, was das Handling unterstützt und die Wahrscheinlichkeit geschwindigkeitszehrender Wheelies verringert.

YAMAHA YZF-R6

Technische Daten

Die R6 fährt mit einer kleineren Version des Motors ihrer großen Schwester – der unglaublichen R1 – und hat vieles mit ihr gemein, auch wenn sie nur vier statt fünf Ventile pro Zylinder hat. Ihr Aluminium-Deltabox-Rahmen ist äußerst kompakt, was das Handling verbessert, und seine relative Kürze erklärt weitgehend den extrem kurzen Radstand von 1380 mm. Sie sollten aber wissen, dass die R6 ein Motorrad ist, mit dem man so schnell fahren sollte, wie es eben geht. Sie ist nicht die perfekte Maschine, um zur Arbeit zu fahren, doch deshalb kauft man sie ja auch nicht.

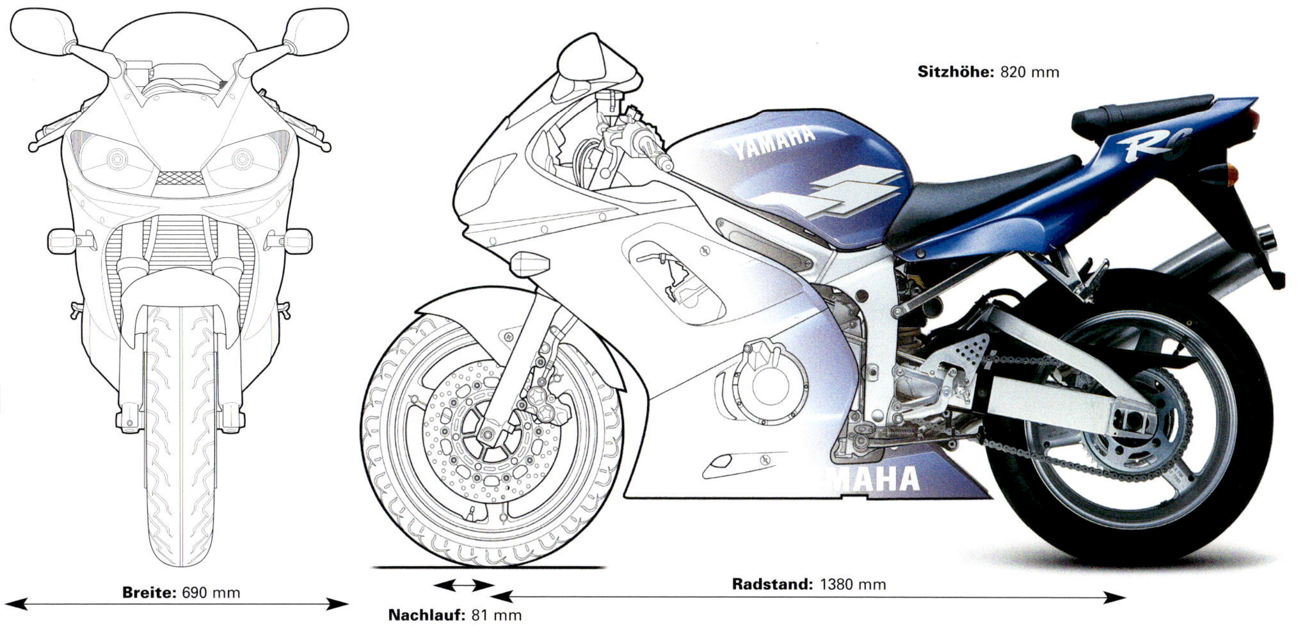

MOTOR

Typ	4-Takt-Motor
Bauart	DOHC 4-Zylinder-Reihenmotor
Hubraum	599 ccm
Bohrung	65,5 mm
Hub	44,5 mm
Verdichtungsverhältnis	12,4 : 1
Ventile	4 pro Zylinder
Kraftstoffaufbereitung	4 x 37-mm-Keihin-Vergaser
Zündung	CDI
Kühlung	flüssigkeitsgekühlt
Nennleistung	72,3 kW (98 PS) bei 12 480/min
Maximales Drehmoment	58,3 Nm bei 10 800/min

MOTORLEISTUNG

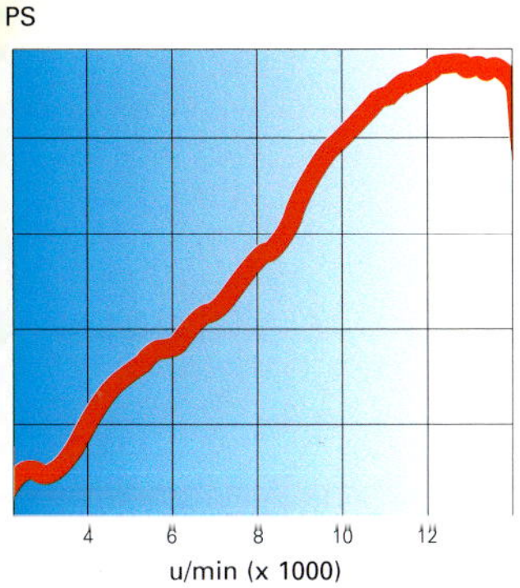

Unabhängige Testmessungen (s. o.) weichen von den Angaben des Herstellers ab.

KRAFTÜBERTRAGUNG

Primärantrieb	gerade verzahnte Getrieberäder
Kupplung	Mehrscheiben-Nasskupplung
Getriebe	6 Gänge
Sekundärantrieb	O-Ring-Kette

GEWICHTE UND ABMESSUNGEN

Tankinhalt	17 l
Trockengewicht	169 kg
Gewichtsverteilung	
- vorne	keine Angabe des Herstellers
- hinten	keine Angabe des Herstellers
Radstand	1380 mm
Gesamtlänge	2025 mm
Gesamtbreite	690 mm
Gesamthöhe	1105 mm
Sitzhöhe	820 mm

FAHRWERK

Rahmen	Aluminium-Deltabox II
Lenkkopfwinkel/Nachlauf	24°/81 mm
Vorderradaufhängung	43-mm-Teleskopgabel
Federweg	130 mm
Einstellbarkeit	Federvorspannung, Druck- und Zugstufendämpfung
Hinterradaufhängung	Zentralfederbein
Federweg	120 mm
Einstellbarkeit	Federvorspannung, Druck- und Zugstufendämpfung
Reifen	
- Marke	Dunlop
- vorne	120/60 x 17
- hinten	180/55 x 17
Bremsen	
- Marke	Sumitomo
- vorne	295-mm-Doppelscheibenbremse, 4-Kolben-Bremszangen
- hinten	220-mm-Einscheibenbremse, 1-Kolben-Bremszange

YAMAHA XVS650 DRAG STAR

Yamaha hat sich gegen Kette und Zahnriemen und für einen Kardanantrieb entschieden, was den Wartungsaufwand auf ein Minimum reduziert.

Gabel
Die Gabel kommt dem Fahrer weit entgegen und trägt damit deutlich zu den 1610 mm Radstand der Drag Star bei. Dementsprechend langsam und träge ist das Lenkverhalten der Drag Star in Kurven, doch dafür ist sie superstabil.

Emblem
Der Name „Star“ ist inzwischen synonym mit dem Design von Custom Cruisern, das 1999 mit der massiven 1600 ccm Wild Star seinen Höhepunkt erreichte. Es gab auch noch andere Sternchen, wie etwa die Royal oder die Venture Star. Inzwischen hat der dezente Yamaha-Schriftzug auf den nach amerikanischem Vorbild in Japan entworfenen Cruisern Tradition.

Spiegel
Die rechteckigen Spiegel mit ihren langen Spiegelarmen sehen mehr nach den 80er als nach den 50er Jahren aus, aber sie funktionieren. Die Vibrationen halten sich in Grenzen und sie geben einen ordentlichen Überblick.

Fußrasten
Yamaha hat sich statt einer traditionelleren Lösung für vorverlegte Fußrasten entschieden. Das erhöht die Bodenfreiheit und ermöglicht dem Fahrer eine entspannte Sitzposition hinter dem breiten Lenker.

XVS650
DRAG STAR

Hier steht ein weiterer Cruiser zur Auswahl, falls es das ist, was Sie suchen. Mit einer Sitzhöhe von lediglich 695 mm ist er bei kleineren Fahrern beliebt. In Sachen Leistung hat er nichts Besonderes zu bieten, doch das ist auch nicht der Grund für den Kauf eines solchen Motorrads. Solange es verlässlich ist und die Optik stimmt (was beides zutrifft), sollten die Cruiser-Fans weltweit mit der XVS650 zufrieden sein.

Räder
Auf die Speichenräder wird vorne ein 100/90 x 19 großer, hinten ein 170/80 x 15 großer Reifen aufgezogen, was die Auswahl beim Nachkauf etwas begrenzt.

Auspuff
Der auf der rechten Seite übereinander angebrachte Doppelauspuff orientiert sich an amerikanischem Design und amerikanischer Tradition. Die verchromten Schalldämpfer heben die Optik und dürften für eine gewisse Langlebigkeit sorgen.

Eine gelochte 298-mm-Bremsscheibe und ein 2-Kolben-Bremssattel genügen, um die Drag Star unter Kontrolle zu bringen. Die Drag Star Classic, die es nur in limitierter Auflage gibt, weicht im Design der Bremsscheibe etwas ab.

Der Motor wurde von der beliebten XV535 Virago von Yamaha übernommen. Es gab geringfügige Veränderungen, Bohrung und Hub wurden vergrößert.

Ein Doppelschleifenrahmen mit einem Radstand von gewaltigen 1610 mm hält den Baby-Cruiser zusammen.

Instrumente
Die Instrumentenkonsole sitzt auf dem Tank. Dazu gehört ein großer Tachometer mit integriertem Kilometer- und Tageskilometerzähler im traditionellen Cruiser-Stil.

Sitz
Ihre Höhe von nur 695 mm macht die Drag Star bei kleineren Fahrern beliebt. Mittelstrecken lassen sich komfortabel bewältigen, und auch der Beifahrer dürfte reichlich Platz haben.

Tank
Der tropfenförmige Tank fasst 16 l, drei davon sind Reserve.

Scheinwerfer
Der Scheinwerfer ist klein und auffällig, in der Nacht reicht seine Leistung aber nur bedingt aus. Könnte besser sein.

Luftfilterdeckel
Der runde Deckel sitzt auf der rechten Seite genau zwischen den beiden Motorblöcken, und jeder einzelne Zentimeter ist typisch Cruiser.

Motor
Der luftgekühlte Mittelklasse-75°-4-Takt-Motor hat eine oben liegende Nockenwelle, 649 ccm Hubraum, Bohrung x Hub: 81 x 63 mm, sowie ein Verdichtungsverhältnis von 9 : 1. Laut Yamaha bringt er bei 6500/min eine Leistung von 29,8 kW (41 PS). Die Kraftstoffversorgung besorgen zwei 28-mm-Mikuni-Vergaser. Die Maschine besitzt ein 5-Gang-Getriebe.

YAMAHA XVS650 DRAG STAR

Technische Daten

Die Drag Star verfügt über einen luftgekühlten V-2-Zylinder-Motor mit 649 ccm Hubraum. Er wurde von der XV535 Virago übernommen, überholt und bekam eine größere Bohrung und einen größeren Hub.
Ein Blick genügt, und man könnte dem Betrachter verzeihen, dass er die Drag Star für einen weiteren Harley-Klon hält – was das Aussehen angeht, läge er auch nicht weit daneben. Doch wenn man die Maschine anlässt, wird der Unterschied deutlich. Sie entfaltet ihre Leistung leicht, schnell und ohne Einbrüche, bremst recht ordentlich und geht sogar einigermaßen willig in die Kurven (obwohl sie ganz sicher nicht besonders schräglagenfreudig ist). Sie ist schnell und zuverlässig – nur eben nicht individuell.

MOTOR

Typ	4-Takt-Motor
Bauart	V-2-Zylinder
Hubraum	649 ccm
Bohrung	81 mm
Hub	63 mm
Verdichtungsverhältnis	9 : 1
Ventile	2 pro Zylinder
Kraftstoffaufbereitung	2 x Mikuni BDS28
Zündung	CDI
Kühlung	luftgekühlt
Nennleistung	24,8 kW (34 PS) bei 6400/min
Maximales Drehmoment	41,9 Nm bei 3100/min

MOTORLEISTUNG

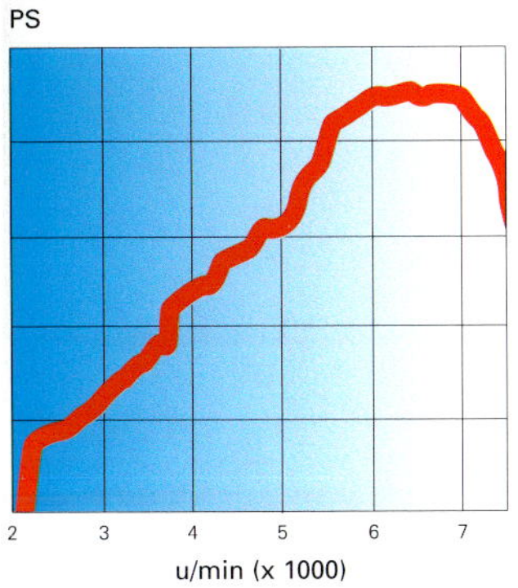

Unabhängige Testmessungen (s. o.) weichen von den Angaben des Herstellers ab.

KRAFTÜBERTRAGUNG

Primärantrieb	Getrieberäder
Kupplung	Mehrscheiben-Nasskupplung
Getriebe	5 Gänge
Sekundärantrieb	Kardan

GEWICHTE UND ABMESSUNGEN

Tankinhalt	16 l
Trockengewicht	214 kg
Gewichtsverteilung	
- vorne	keine Angabe des Herstellers
- hinten	keine Angabe des Herstellers
Radstand	1610 mm
Gesamtlänge	2340 mm
Gesamtbreite	800 mm
Gesamthöhe	1065 mm
Sitzhöhe	695 mm

FAHRWERK

Rahmen	Doppelschleifenrahmen aus Stahl
Lenkkopfwinkel/Nachlauf	keine Angabe des Herstellers
Vorderradaufhängung	Teleskopgabel
Federweg	keine Angabe des Herstellers
Einstellbarkeit	keine Einstellung möglich
Hinterradaufhängung	Schwinge
Federweg	keine Angabe des Herstellers
Einstellbarkeit	Federvorspannung
Reifen	
- Marke	diverse
- vorne	100/90 x 19
- hinten	170/80 x 15
Bremsen	
- Marke	Yamaha
- vorne	298-mm-Einscheibenbremse
- hinten	Trommelbremse

YAMAHA YZF-R7

Die Hinterradaufhängung besteht aus einer gezogenen Schwinge und einem voll einstellbaren Federbein von Öhlins.

Design
Das Design der YZF-R7 lässt die R1 fast ein wenig altmodisch aussehen. Das ist eindeutig Rennstreckenmaterial.

Gabel
Die verwindungssteife 43-mm-Upside-Down-Gabel von Öhlins verfügt über eine spezielle Beschichtung, die Druck und Zug bei Bodenunebenheiten geschmeidig dämpft.

Ventile
Die drei Einlass- und zwei Auslassventile sind aus Titan, was das Gewicht der Maschine weiter verringert.

Kupplung
Die Straßenversion der R7 hat eine Mehrscheiben-Nasskupplung. Zudem verfügt sie über ein Anti-Hopping-System: Wenn der Fahrer bei zu hoher Drehzahl zu früh nach unten schaltet, rutscht die Kupplung automatisch durch, um ein Blockieren des Hinterrades zu verhindern.

YZF-R7

Was Sie hier sehen, ist kaum mehr als eine knallharte Rennmaschine mit Scheinwerfern und Blinkern. Yamaha musste ein paar Maschinen für den Verkauf bauen, um seine Renner für die Superbike-Weltmeisterschaft zu qualifizieren. Die R7 ist das Ergebnis: Sie ist teuer, exklusiv und voll gepackt mit der neuesten Technik.

Rücklicht und rückwärtige Blinker sehen aus, als habe man sie einfach nachträglich drangeschraubt – und das ist auch der Fall. Sie sind für den Straßenbetrieb notwendig, nicht aber für die Rennstrecke.

Die Instrumente sind einzig und allein dazu da, ihre Aufgabe zu erfüllen. Es gibt einen analogen Drehzahlmesser und LCD-Anzeigen für alles andere.

Der Rahmen – die Deltabox II – ist leicht und steif. Der Motor dient als tragendes Teil, was wir in der Klasse der Supersportler inzwischen erwarten.

Motor
Der flüssigkeitsgekühlte 4-Takt-20-Ventiler ist leicht nach vorne geneigt, was den Luftstrom vom Luftfilterkasten zur Einspritzanlage verbessert, mehr Gewicht auf den vorderen Teil des Motorrads bringt.

Benzineinspritzung
Eine elektronische Einspritzanlage steuert zwei Einspritzventile pro Zylinder. Ihre Aufgabe ist es, die Motorleistung in allen Drehzahlbereichen zu optimieren. Sie steuert Zündung und Einspritzung sowie die eingespritzte Kraftstoffmenge.

Schwinge
Die Schwinge ist genau wie bei der R1 länger als üblich. Dahinter verbirgt sich die Vorstellung, dass eine gezogene Schwinge in Verbindung mit einem kurzen Fahrwerk den Drehpunkt der Schwinge weiter nach vorne rücken lässt. Damit verringert sich das Gewicht des Hecks, was das Lenkgefühl verbessert.

YAMAHA YZF-R7

Technische Daten

Seit den Gerüchten über die R1 hat die Motorradwelt nicht mehr so gespannt gewartet wie auf die R7. Das Marketing machte klar, dass es sich um eine reine Rennmaschine handelt, und die R7 wurde in Stückzahlen produziert und mit einem Preisschild versehen, die die Käuferschaft weiter einschränkten. Für überzeugte Straßenfahrer ist die R7 genau das richtige Motorrad, und sie ist heute die einzige Maschine mit derart unverfälschtem Renncharakter. Sie verfügt über den stärksten Motor, den Yamaha je für die Öffentlichkeit produziert hat. Das Fahrwerk basiert auf dem der GP-Bikes. Die YZF-R7 ist eines der begehrtesten Motorräder auf der ganzen Welt.

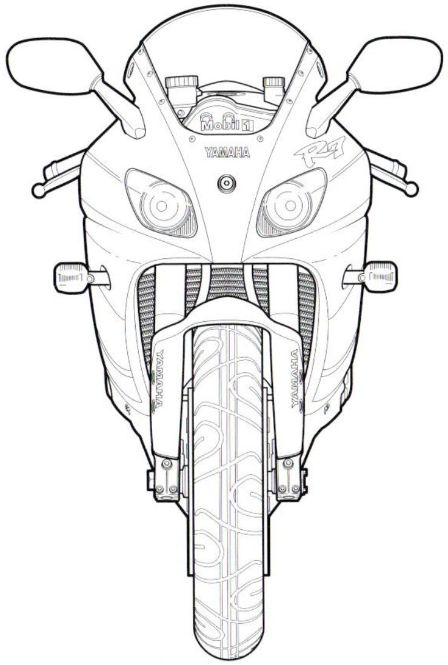

Breite: 725 mm

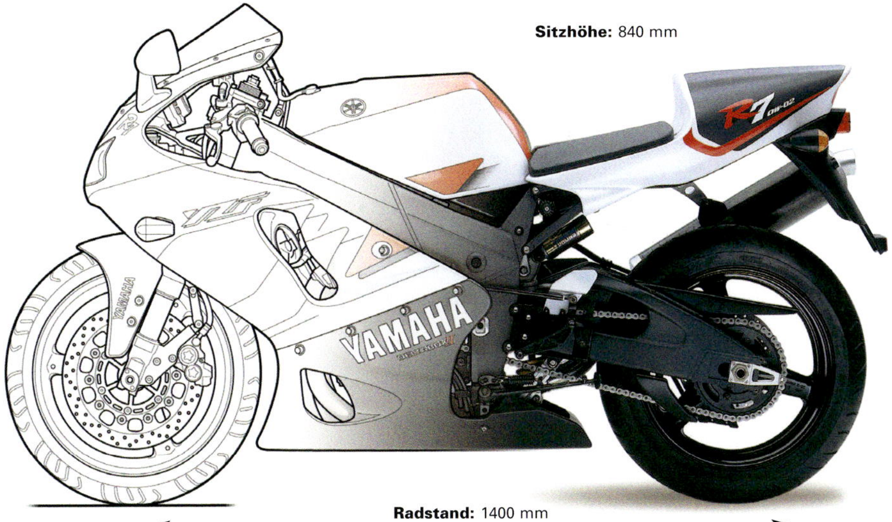

Sitzhöhe: 840 mm

Radstand: 1400 mm

MOTOR

Typ	4-Takt-Motor
Bauart	4-Zylinder-Reihenmotor
Hubraum	749 ccm
Bohrung	72 mm
Hub	46 mm
Verdichtungsverhältnis	keine Angabe des Herstellers
Ventile	5 pro Zylinder
Kraftstoffaufbereitung	elektronische Einspritzanlage
Zündung	elektronisch
Kühlung	flüssigkeitsgekühlt
Nennleistung	76,4 kW (104 PS) bei 10 950/min
Maximales Drehmoment	59,8 Nm bei 9000/min

MOTORLEISTUNG

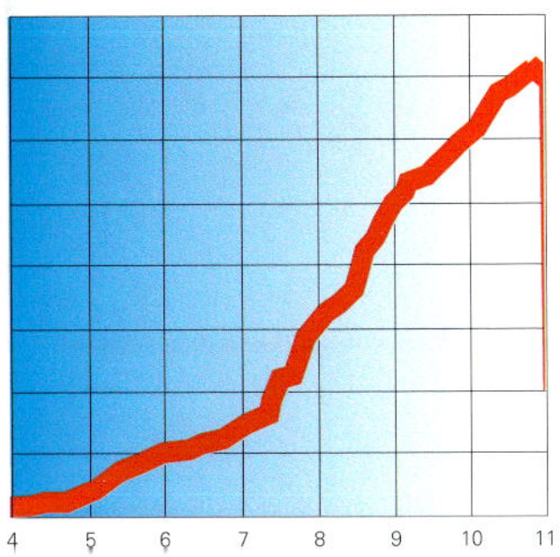

Unabhängige Testmessungen (s. o.) weichen von den Angaben des Herstellers ab.

KRAFTÜBERTRAGUNG

Primärantrieb	Getrieberäder
Kupplung	Rennkupplung
Getriebe	6 Gänge
Sekundärantrieb	Kette

GEWICHTE UND ABMESSUNGEN

Tankinhalt	24 l
Trockengewicht	176 kg
Gewichtsverteilung	
- vorne	keine Angabe des Herstellers
- hinten	keine Angabe des Herstellers
Radstand	1400 mm
Gesamtlänge	2060 mm
Gesamtbreite	725 mm
Gesamthöhe	1190 mm
Sitzhöhe	840 mm

FAHRWERK

Rahmen	Rennrahmen aus Aluminium
Lenkkopfwinkel/Nachlauf	keine Angabe des Herstellers
Vorderradaufhängung	Upside-Down-Gabel von Öhlins
Federweg	keine Angabe des Herstellers
Einstellbarkeit	Federvorspannung, Druck- und Zugstufendämpfung
Hinterradaufhängung	Federbein von Öhlins
Federweg	keine Angabe des Herstellers
Einstellbarkeit	Federvorspannung, Druck- und Zugstufendämpfung
Reifen	
- Marke	Metzeler
- vorne	120/70 x 17
- hinten	180/55 x 17
Bremsen	
- Marke	keine Angabe des Herstellers
- vorne	320-mm-Doppelscheibenbremse mit Bremssattel
hinten	Einscheibenbremse, Bremssattel

YAMAHA TDM850

Die Carbonlook-Instrumentenkonsole ist aus Plastik. Dazu gehört ein Tacho mit einer Skala bis 225 km/h, eine Temperaturanzeige, Leuchten für Leerlauf, Blinker und Fernlicht sowie ein Drehzahlmesser, bei dem der rote Bereich bei 8000/min beginnt. Bei unseren Leistungstests stellte sich heraus, dass der Begrenzer erst dann eingreift, wenn sich der Motor bei 9300/min und die Nadel des Drehzahlmessers schon weit jenseits der Skala befinden.

Wendekreis
Hervorragender Wendekreis: Das Motorrad lässt sich leicht steuern, auch wenn's eng wird.

Lenker
Der gut platzierte Lenker sorgt zusammen mit einer vernünftigen Position von Sitz und Fußrasten für eine bequeme Sitzposition, die sich zum Kilometerfressen eignet.

Die hintere Federung arbeitet mit zwei Federn. Mit einem Hebel lässt sich die Federvorspannung entweder auf einen Fahrer oder auf Soziusbetrieb einstellen. Das ist eher eine Spielerei als wirklich sinnvoll, und in Kurven kann sich das Heck merkwürdig anfühlen.

TDM850

Seit die Yamaha TDM850 1991 auf den Markt kam, gab es diverse Versionen davon. Das Erstmodell war eher einfallslos und viele Fahrer beklagten sich darüber, doch 1996 erfand Yamaha das Motorrad mehr oder weniger neu und machte es damit zu einem großen Erfolg.

Choke
Der nützliche Choke sitzt auf der Gabelbrücke.

Schalter
Die linken Lenkerschalter sind nicht weiter ungewöhnlich. Links befinden sich unter anderem der Schalter für Licht an, Standlicht und Licht aus, für Abblendlicht und Fernlicht, Blinker und Hupe. Rechts befinden sich Motorstoppschalter und Startknopf.

Bügelschloss
Sicherheitsbewusste Fahrer haben unter dem Sitz Platz für ein stattliches Bügelschloss. Es besteht die Möglichkeit, eine Alarmanlage nachzurüsten. Wie bei allen neuen Yamahas wurde der Zündanlassschalter verstärkt, um Diebe abzuschrecken.

Gabel
Bei den Modellen vor dem Jahr 1996 ist die Gabel durchweg schwammig und für Lenkimpulse nicht besonders empfänglich. Nach 1996 ist sie in Ordnung. Vorsicht, der Lack auf den Holmen ist etwas weich.

Reifen
Vorne werden 110/80 ZR18-, hinten 150/70 ZR17-Bridgestone-BT54 aufgezogen.

Kupplung
Der Hebel der Seilzugkupplung lässt sich nicht auf unterschiedliche Handgrößen einstellen.

Gepäckhaken
Die nützlichen Haken befinden sich in der Nähe der Sozius-Haltegriffe und können dazu verwendet werden, Gepäck auf dem Soziussitz oder dem winzigen Gepäckhalter zu befestigen.

Die 2-in-1-in-2-Auspuffanlage sieht gut aus. Leider ist der Auspuff oft von Rost geplagt, und es ist nicht billig, ihn zu ersetzen. Riesiger Sammler.

Über dem Hauptscheinwerfer befindet sich ein Standlicht. Anders als bei anderen Maschinen leuchtet es nur dann, wenn das Licht eingeschaltet ist. Die Leistung der Scheinwerfer ist bestenfalls durchschnittlich.

Der 270°-Hubzapfenversatz sorgt für gleichmäßige Zündabstände und der flüssigkeitsgekühlte, nach vorne geneigte Motor mit 849 ccm hat ordentlich Power. Die Kraftstoffversorgung übernehmen zwei 38-mm-Gleichdruckvergaser von Mikuni. Die Maschine verfügt über 5 Gänge, und das Verdichtungsverhältnis liegt bei 10,5 : 1.

Windschild
Manch größerer Fahrer beklagt, dass das Windschild späterer TDM-Modelle zu niedrig ist und bei hohen Geschwindigkeiten nicht besonders gut vor Fahrtwind schützt.

Kotflügel
Die niedrigen Vorder- und Hinterradabdeckungen verraten, dass die Maschine nicht für den ernsthaften Geländeeinsatz gedacht ist. Ein wenig Schlamm, und schon wären beide Räder blockiert.

Tank
Der 20-l-Tank gibt den späteren TDM-Modellen eine Reichweite von 233 bis 298 km – je nachdem, wie man fährt.

Sitz
Für eine Maschine, die sich angeblich sowohl für die Straße als auch fürs Gelände eignet, ist die Sitzhöhe der TDM850 mit 805 mm etwas niedrig.

Haltegriffe
Passagiere können sich an Griffen festhalten. Der eine mag sie, der andere nicht, jedenfalls sind sie gut platziert.

Bremsen
Die beiden 4-Kolben-Bremssättel von Sumitomo sehen vielleicht nicht übermäßig stark aus, sind es aber. Sie bringen das Motorrad recht schnell zum Stillstand, wie unsere Testergebnisse zeigen.

Kein Motorschutz
Der fehlende Motorschutz liefert einen weiteren Hinweis auf die begrenzte Einsatzfähigkeit der TDM im Gelände.

YAMAHA TDM850

Technische Daten

Insgesamt macht die TDM850 beim Heizen auf der Landstraße eine gute Figur, doch für die hintere Federung gibt es Abzüge.
Dafür ist der Motor stark, sind Rahmen und Gabeln anständig und die Bremsen großartig.
Die Maschine ist auf alle Fälle elegant und fällt ins Auge, hat aber auch ein paar Schwachstellen. Wie es aussieht, ist beispielsweise das Windschild großen Fahrern keine Hilfe, und auch das Finish könnte besser sein.
Die TDM850 ist nicht ideal für die Fahrt zur Arbeit, aber als Tourer ist sie eine Überlegung wert.

MOTOR

Typ	4-Takt-Motor
Bauart	nach vorne geneigter Parallel-2-Zylinder
Hubraum	849 ccm
Bohrung	89,5 mm
Hub	67,5 mm
Verdichtungsverhältnis	10,5 : 1
Ventile	5 pro Zylinder
Kraftstoffaufbereitung	2 x 38-mm-Gleichdruckvergaser von Mikuni
Zündung	digital
Kühlung	flüssigkeitsgekühlt
Nennleistung	59 kW (80 PS) bei 7500/min
Maximales Drehmoment	78,6 Nm bei 6250/min

MOTORLEISTUNG

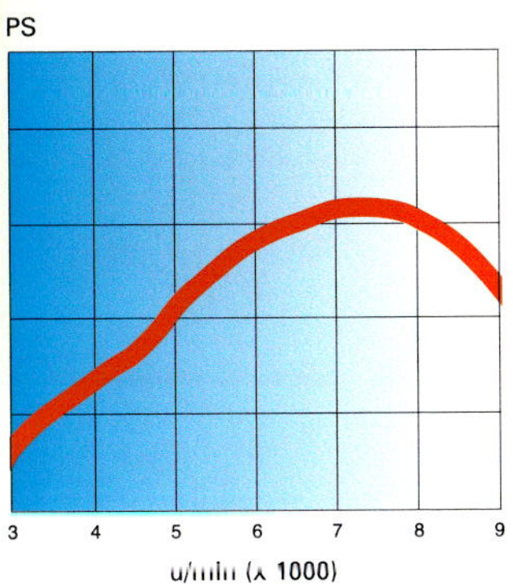

Unabhängige Testmessungen (s. o.) weichen von den Angaben des Herstellers ab.

KRAFTÜBERTRAGUNG

Primärantrieb	Getrieberäder
Kupplung	Mehrscheibenkupplung
Getriebe	5 Gänge
Sekundärantrieb	Kette

GEWICHTE UND ABMESSUNGEN

Tankinhalt	20 l
Trockengewicht	198 kg
Gewichtsverteilung	
- vorne	keine Angabe des Herstellers
- hinten	keine Angabe des Herstellers
Radstand	1475 mm
Gesamtlänge	2165 mm
Gesamtbreite	790 mm
Gesamthöhe	1285 mm
Sitzhöhe	805 mm

FAHRWERK

Rahmen	Doppelrohrrahmen aus Stahl
Lenkkopfwinkel/Nachlauf	24,5°/103 mm
Vorderradaufhängung	Teleskopgabel
Federweg	149 mm
Einstellbarkeit	Federvorspannung, Druck- und Zugstufendämpfung
Hinterradaufhängung	Zentralfederbein mit Doppelfeder
Federweg	keine Angabe des Herstellers
Einstellbarkeit	Federvorspannung
Reifen	
- Marke	Bridgestone/Pirelli/Michelin
- vorne	110/80 ZR18
- hinten	150/70 ZR17
Bremsen	
- Marke	Yamaha
- vorne	298-mm-Doppelscheibenbremse, 4-Kolben-Bremssättel
- hinten	245-mm-Einscheibenbremse, 2-Kolben-Bremssattel

YAMAHA TRX850

Der Soziussitz liegt nur wenige Zentimeter höher als der Sitz des Fahrers, er ist hart gepolstert, die Fußrasten befinden sich weit oben und es fehlt die Haltestange – alles in allem ist er nicht besonders bequem und nur für kurze Strecken geeignet.

Die Endschalldämpfer des Doppelauspuffs liegen hoch, klingen recht zahm und halten auch mehrere Winter durch. Fahrer, die sich eine bessere Optik und einen satteren Klang wünschen, werden wohl zu anderen Töpfen greifen.

Sitzposition
Auch auf langen Strecken sitzt man recht bequem. Der Lenker ist breit und flach, die Fußrasten erlauben eine entspannt geduckte Haltung.

Verkleidung
Die Halbverkleidung hilft, Gewicht zu sparen, und zusammen mit dem einigermaßen vernünftig dimensionierten Windschild erfüllt sie ihren Zweck, den Fahrer vor Fahrtwind zu schützen. Der Schutz vor Nässe steht allerdings auf einem anderen Blatt.

Motor
Der flüssigkeitsgekühlte 4-Takt-Parallel-2-Zylinder hält die Gesamtlänge kurz. Er hat 849 ccm Hubraum, Bohrung x Hub: 89,5 x 67,5 mm, und erzielt ein Verdichtungsverhältnis von 10,5 : 1. Der Hersteller behauptet, der Motor entfalte seine maximale Leistung bei genau 7500/min, das maximale Drehmoment sei bei 6000/min erreicht. Unsere Tests haben gezeigt, dass die Maschine 233 km/h Spitze fährt. Damit kann sie immer noch mit neueren und teureren Mittelgewichtlern mithalten.

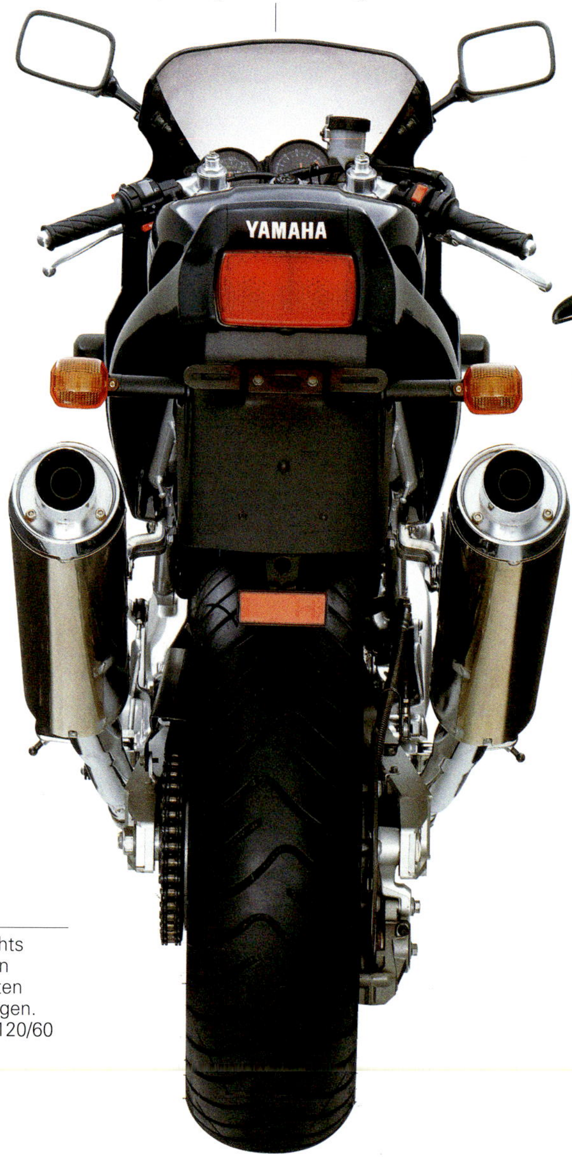

TRX850

Die TRX kam 1996 auf den europäischen Markt, nachdem sie Yamaha in Japan großen Erfolg beschert hatte. Sie ist ein einzigartiges, bezahlbares und – um ein bisschen ins Schwärmen zu geraten – charmantes Motorrad. Mag sein, dass sie wenig Überraschendes zu bieten hat. Doch ist eine verlässliche und sichere Maschine schon die halbe Miete. Mag sein, dass Sie beim Fahren gerne bis an die Grenzen gehen, doch es ist nicht unbedingt positiv, wenn man bei gewissen Straßenverhältnissen vom Handling der eigenen Maschine überrascht wird!

Räder
Die 3-Speichenräder sind nichts Besonderes, doch das Design bewährte sich bei wiederholten Wheelies und harten Landungen. Standardbereifung ist vorne 120/60 ZR17, hinten 160/60 ZR17.

Abmessungen
Die TRX ist 2070 mm lang, 700 mm breit, 1285 mm hoch und hat einen Radstand von 1435 mm.

Die beiden 298-mm-Bremsscheiben vorne und die 245-mm-Scheibe hinten gehören nicht zu den größten Bremsen auf dem Markt. Zusammen mit eher durchschnittlichen Bremssätteln gehören sie auch nicht zu den besten, wie das magere Ergebnis von 118,1 m Bremsweg beim Abbremsen von 160 km/h zeigt.

Der Gitterrohrrahmen erinnert an traditionelles Ducati-Design, er ist nur nicht ganz so gut. Allerdings senkt er das Gewicht, auch wenn die Maschine leer immer noch beträchtliche 190 kg auf die Waage bringt.

Tank
Der Tank fasst 18 l, was bei einem Durchschnittsverbrauch von 7 l auf 100 km eine Reichweite von etwa 257 km bedeutet.

Sitzhöhe
Die Sitzhöhe von 795 mm ist Durchschnitt und bietet kleineren Fahrern keinen besonderen Vorteil.

Geringe Bodenfreiheit
Wenn man kerzengerade auf der Maschine sitzt, setzen beim Fahren zuerst die Krümmer auf, die nur 140 mm vom Boden entfernt sind. Bei hohen Randsteinen ist Vorsicht geboten.

YAMAHA TRX850

Technische Daten

Die TRX850 kam im Januar 1996 auf den Markt. Ihr Motor war eine überarbeitete Version des TDM850-Motors, und sie entpuppte sich als beliebter, als mancher gedacht hatte. Weshalb, ist freilich nicht so leicht zu verstehen, da die TRX850 weder besonders günstig ist noch in Sachen Optik besonders viel zu bieten hat. Sie lässt sich gut handhaben und hat einen starken, bewährten Motor, enttäuscht aber leider durch ihr Aussehen. Sie ist lange nicht so attraktiv wie viele ihre Kolleginnen, und wenn man dann in Betracht zieht, dass die CBR600F nur wenig mehr kostet, nun ja ... Doch sie ist schnell und zuverlässig – es ist nur unwahrscheinlich, dass sie den Sportmaschinen-Fans gefallen wird.

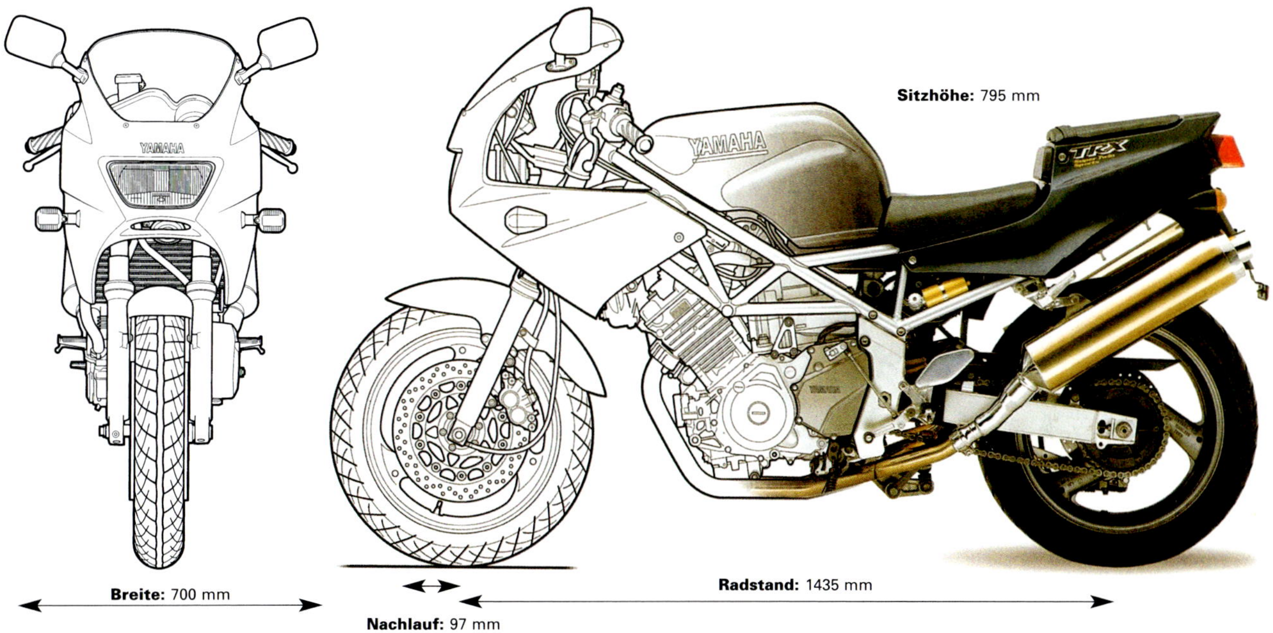

MOTOR

Typ	4-Takt-Motor
Bauart	Parallel-2-Zylinder
Hubraum	849 ccm
Bohrung	89,5 mm
Hub	67,5 mm
Verdichtungsverhältnis	keine Angabe des Herstellers
Ventile	4 pro Zylinder
Kraftstoffaufbereitung	2 x 38-mm-Vergaser von Mikuni
Zündung	elektronisch
Kühlung	flüssigkeitsgekühlt
Nennleistung	58,9 kW (80 PS) bei 7251/min
Maximales Drehmoment	84,3 Nm bei 5840/min

MOTORLEISTUNG

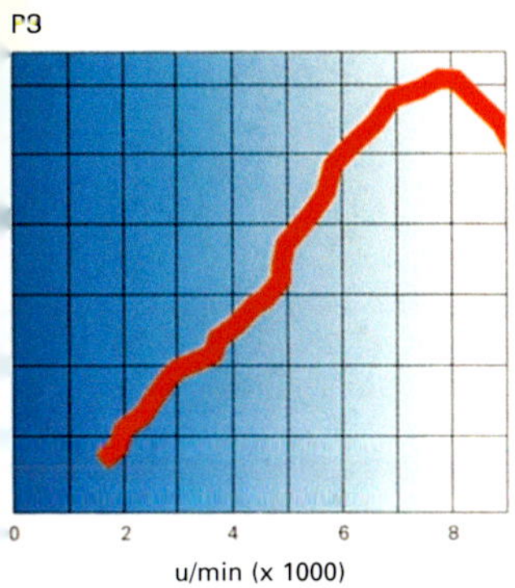

Unabhängige Testmessungen (s. o.) weichen von den Angaben des Herstellers ab.

KRAFTÜBERTRAGUNG

Primärantrieb	Getrieberäder
Kupplung	Mehrscheiben-Nasskupplung
Getriebe	5 Gänge
Sekundärantrieb	Kette

GEWICHTE UND ABMESSUNGEN

Tankinhalt	18 l
Trockengewicht	190 kg
Gewichtsverteilung	
- vorne	keine Angabe des Herstellers
- hinten	keine Angabe des Herstellers
Radstand	1435 mm
Gesamtlänge	2070 mm
Gesamtbreite	700 mm
Gesamthöhe	1285 mm
Sitzhöhe	795 mm

FAHRWERK

Rahmen	Gitterrohrrahmen
Lenkkopfwinkel/Nachlauf	25°/97 mm
Vorderradaufhängung	41-mm-Teleskopgabel
Federweg	120 mm
Einstellbarkeit	Federvorspannung, Druck- und Zugstufendämpfung
Hinterradaufhängung	Zentralfederbein
Federweg	130 mm
Einstellbarkeit	Federvorspannung, Druck- und Zugstufendämpfung
Reifen	
- Marke	keine Angabe des Herstellers
- vorne	120/60 ZR17
- hinten	160/60 ZR17
Bremsen	
- Marke	keine Angabe des Herstellers
- vorne	298-mm Doppelscheiben-bremse, 4-Kolben-Bremssättel
- hinten	245-mm-Einscheibenbremse, 2-Kolben-Bremssättel

YAMAHA XJ900 DIVERSION

Die 4-in-2-Auspuffanlage ist vielleicht nicht die Schönste unter der Sonne, doch die Qualität der Verchromung ist hervorragend und die Schalldämpfer sind weit genug hochgezogen, dass sie nur bei wirklich extremer Fahrweise noch Bodenkontakt bekommen.

Windschild
Es ist groß genug, um anständig vor Regen und hervorragend vor Wind zu schützen. In der oberen Hälfte befindet sich ein Luftschlitz, der das Strömungsverhalten der Luft verbessert und die Windempfindlichkeit verringert.

Spiegel
Die Quadrate sind zwar langweilig und billig, erlauben aber einen guten, vibrationsfreien Blick nach hinten.

Lenkerschalter
Das konventionelle Design bedeutet, dass am linken Lenker Choke, Auf- und Abblendlicht, Blinker, Lichthupe, Hupe und ein nützlicher Warnblinker sitzen. Am rechen Lenker befinden sich der Motorstoppschalter, Licht aus – Standlicht – an und der Startknopf. Der Bremshebel lässt sich im Gegensatz zum Schalthebel auf die Handgröße einstellen.

Gabel
Lediglich die Federvorspannung lässt sich einstellen. Gabeln bräuchten eine bessere Dämpfung und enttäuschen beim harten Kurveneinsatz auf holprigem Boden und beim starken Bremsen.

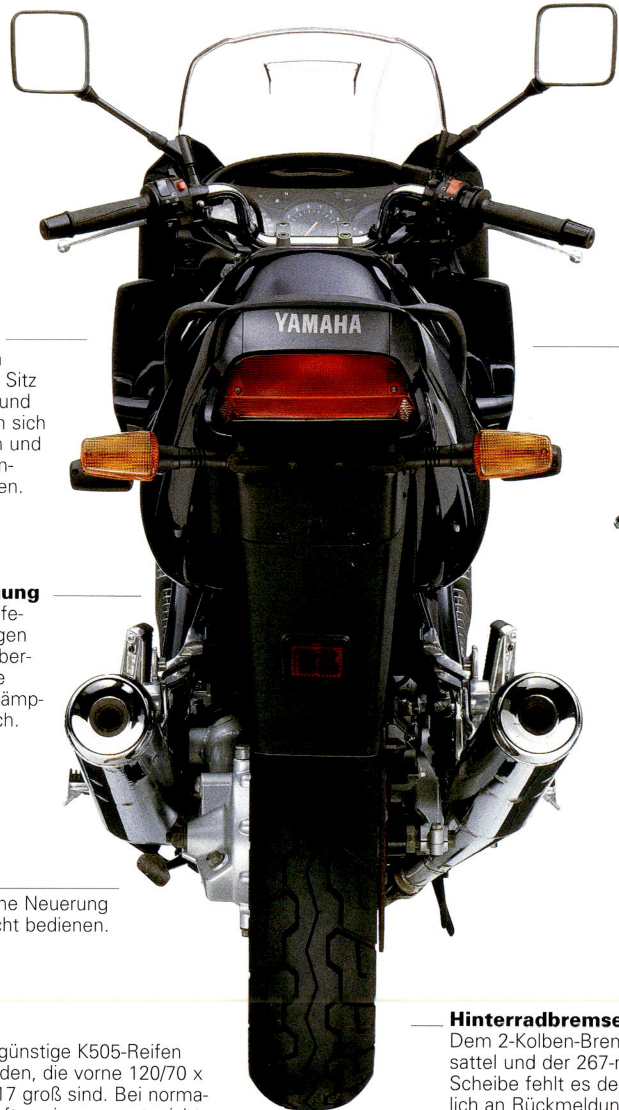

Haltegriffe
Die Beifahrer sind, was den Nutzen von Haltegriffen angeht, geteilter Meinung. Wie es aussieht, bieten sie keinerlei Vorteile gegenüber der herkömmlichen Haltestange. Zudem kann bei harten Notbremsmanövern das Festhalten schwer fallen.

Gepäckhaken
Die Gepäckhaken befinden sich am Sitz zwischen Fahrer und Sozius. Sie lassen sich nicht wegklappen und können die Regenkombi beschädigen.

Hinterradaufhängung
Das schlichte Zentralfederbein kann auf langen Fahrten mit Sozius überhitzen. Dann lässt die ohnehin begrenzte Dämpfung noch weiter nach.

Hauptständer
Er ist eine nützliche Neuerung und lässt sich leicht bedienen.

XJ900 DIVERSION

Die XJ900 Diversion ist seit Anfang der 90er Jahre unterwegs. Für ein Motorrad ist das eine sehr lange Zeit – und das hohe Alter macht sich bemerkbar. Es ist höchst unwahrscheinlich, dass diese Maschine die Motorradwelt in Wallung versetzen wird. Doch wer eine zuverlässige Maschine für die Fahrt zur Arbeit sucht oder um damit auf Touren zu gehen, könnte bei ihr fündig werden.

Reifen
Yamaha hat sich für günstige K505-Reifen von Dunlop entschieden, die vorne 120/70 x 17, hinten 150/70 x 17 groß sind. Bei normalem Fahrverhalten haften sie ganz gut, nicht aber, wenn man das Motorrad hetzt.

Hinterradbremse
Dem 2-Kolben-Bremssattel und der 267-mm-Scheibe fehlt es deutlich an Rückmeldung.

Die Instrumentenkonsole ist eher rudimentär. Die Skala des Tachometers klettert in 5-km/h-Schritten bis auf 240 km/h hoch, der Drehzahlmesser zeigt 11 000/min an, obwohl der Begrenzer bereits bei 9500/min eingreift. Wir haben eine digitale Uhr, eine erschreckend ungenaue Benzinanzeige und einen Knopf, um den Tageskilometerzähler zurückzustellen. Es gibt Warnleuchten für Blinker, Tank, Leerlauf, Licht und Öl.

Zwei 2-Kolben-Bremssättel packen eine 320-mm-Bremsscheibe und sorgen für eine angemessene, aber fade Bremsleistung.

Der luftgekühlte 4-Takt-Parallel-4-Zylinder mit zwei obenliegenden Nockenwellen ist nach vorne geneigt und bringt laut Hersteller bei 8250/min 66,4 kW (90 PS) Leistung. In Wirklichkeit haben wir eine recht gleichmäßige, aber flache Leistungsentfaltung mit moderater Beschleunigung und einer äußerst mageren Spitzengeschwindigkeit.

Tank
Der Tank fasst 24 l, was sich bei voller Befüllung in Form einer gewissen Kopflastigkeit bemerkbar macht.

Sitz
Der Sitz ist 795 mm hoch. Für kleinere Fahrer stellt das Motorrad besonders in Kurven eine gewisse Herausforderung dar. Das wird durch die außergewöhnliche Sitzbreite noch verstärkt, obwohl zumindest die Polsterung ordentlich und höchst komfortabel ist.

Vergaser
Die vier 34-mm-Vergaser von Mikuni tun ihr Bestes, um den Motor mit Luft und Kraftstoff zu versorgen, wurden aber werkseitig etwas zu fett eingestellt. Fehlzündungen sind allerdings kein Problem.

Kraftübertragung
Das 5-Gang-Getriebe leistet nur Durchschnittliches. Für problemloses und schnelles Hochschalten sind sehr präzise Fußbewegungen nötig. Bei unseren Tests kam es gelegentlich vor, dass ein Gang nicht einrastete und man im Freilauf schwebte.

Kardanantrieb
Mit der Kette des Endantriebs entfallen auch unangenehme Wartungsarbeiten.

YAMAHA XJ900 DIVERSION

Technische Daten

Die XJ900 kam Ende 1994 auf den Markt – nur zwei Jahre, nachdem ihre kleine Schwester ihr Debüt gegeben hatte. Sie ist eine eher nichtssagende Straßenmaschine, und in Sachen Optik spricht nur wenig für sie.
Allerdings verkauft sie sich recht gut, weil sie zuverlässig ist, ihren Fahrer stets ans Ziel bringt und ihre Aufgabe ordentlich erfüllt – mehr aber auch nicht. Sie hat weder Flair noch einen besonderen Reiz, doch leider erwarten die Fahrer von einer Straßenmaschine inzwischen brillantes Design und aufregende Motoren.

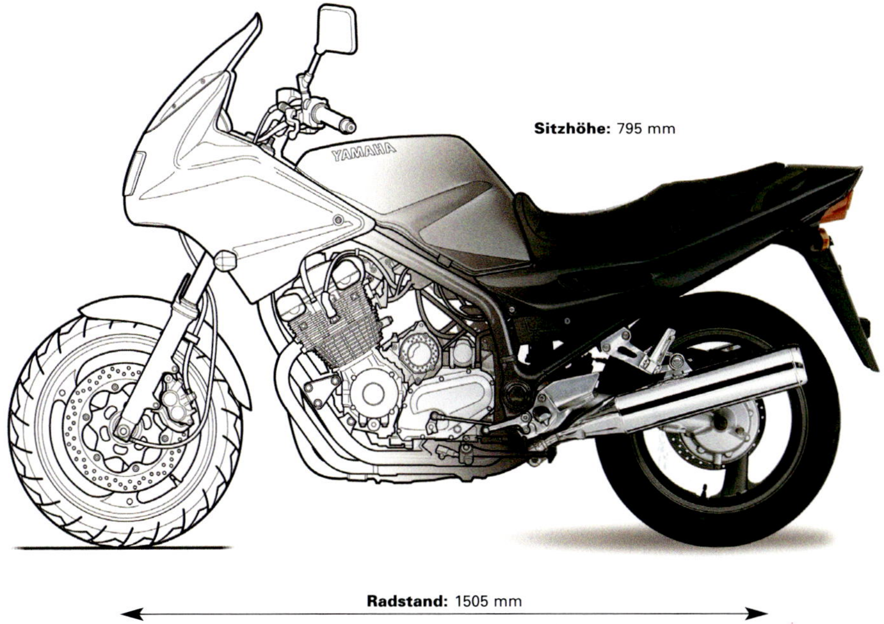

MOTOR

Typ	4-Takt-Motor
Bauart	4-Zylinder-Reihenmotor
Hubraum	892 ccm
Bohrung	68,5 mm
Hub	60,5 mm
Verdichtungsverhältnis	keine Angabe des Herstellers
Ventile	2 pro Zylinder
Kraftstoffaufbereitung	4 x BDSR34 von Mikuni
Zündung	elektronisch
Kühlung	luftgekühlt
Nennleistung	57,9 kW (79 PS) bei 7950/min
Maximales Drehmoment	73,4 Nm bei 6950/min

MOTORLEISTUNG

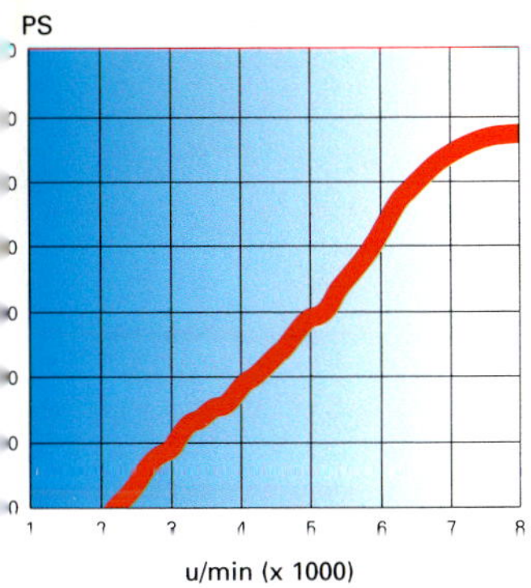

Unabhängige Testmessungen (s. o.) weichen von den Angaben des Herstellers ab.

KRAFTÜBERTRAGUNG

Primärantrieb	Kette
Kupplung	Mehrscheiben-Nasskupplung
Getriebe	5 Gänge
Sekundärantrieb	Kardan

GEWICHTE UND ABMESSUNGEN

Tankinhalt	24 l
Trockengewicht	239 kg
Gewichtsverteilung	
- vorne	keine Angabe des Herstellers
- hinten	keine Angabe des Herstellers
Radstand	1505 mm
Gesamtlänge	2230 mm
Gesamtbreite	750 mm
Gesamthöhe	1300 mm
Sitzhöhe	795 mm

FAHRWERK

Rahmen	Doppelschleifenrahmen
Lenkkopfwinkel/Nachlauf	27°/121 mm
Vorderradaufhängung	Teleskopgabel
Federweg	keine Angabe des Herstellers
Einstellbarkeit	keine Einstellung möglich
Hinterradaufhängung	progressives Zentralfederbein
Federweg	keine Angabe des Herstellers
Einstellbarkeit	Federvorspannung
Reifen	
- Marke	keine Angabe des Herstellers
- vorne	120/70 x 17
- hinten	150/70 x 17
Bremsen	
- Marke	keine Angabe des Herstellers
- vorne	320-mm-Doppelscheiben-bremse, 2-Kolben-Bremssättel
- hinten	267-mm-Einscheibenbremse mit Bremssattel

YAMAHA FZR1000

Die hier abgebildete 4-in-1-Auspuffanlage kam mit dem 90er Modell auf den Markt. Im Laufe der Jahre veränderte sich nur das Finish.

Verkleidung
Die hier abgebildete Verkleidung mit der langen Nase gab es zum ersten Mal bei dem Modell aus dem Jahr 1991. 1994 wurde sie noch einmal überarbeitet, und Yamaha behauptete, dadurch einen aerodynamischen Vorteil erzielt zu haben.

Scheinwerfer
Der quadratische Doppelscheinwerfer wurde 1994 durch ein schräges Katzenaugendesign ersetzt. Auf dem Bild sind die 1992 eingeführten Bilux-Lampen zu sehen.

FZR1000

Nun, da die FZR im Besonderen von der YZF-R1 aus dem Rampenlicht verdrängt wurde, können sich jüngere Fahrer vermutlich kaum noch an diese Maschine erinnern. Doch wer je auf einer FZR1000 gesessen hat, wird nicht so schnell vergessen, was für ein müheloses, kraftvolles und unglaublich aufregendes Motorrad das war – und ist.

Gabel
Yamaha gab an, die neuen Gabeln (ab 1994) mit einem neuen Gummipuffer ausgerüstet zu haben, um dem Stoß im Falle des Durchschlagens etwas von seiner Wucht zu nehmen. Doch die meisten Fahrer konnten keinen Unterschied spüren.

Bremsen
Die hintere Bremsscheibe und die beiden vorderen Bremsscheiben wurden 1994 überarbeitet. Die Bremsen waren schon vorher gut gewesen, doch nun waren sie sensationell – herrlich bissig und stark.

Endtopf
Dieses Modell ist mit dem grauen Leichtmetallendtopf ausgestattet, der 1991 auf den normalen Aluendtopf folgte.

Die Gabel von Öhlins wurde 1994 verbessert, ähnelte dem Vorgängermodell allerdings so sehr, dass nur wenige Fahrer den Unterschied bemerkten. Yamaha hatte Öhlins sogar angewiesen, dass die neue Gabel genau so auszusehen habe wie die alte, was die Frage aufwirft, weshalb man sie überhaupt erneuerte.

1992 wurde die Beschriftung verändert: Die Verkleidung wurde unten seitlich mit dem Schriftzug FZR und EXUP versehen.

Beim Aluminium-Deltabox-Rahmen dient der nach vorne geneigte Motor als tragendes Teil, und bei diesem Modell von 1992 sieht man deutlich die Strebe, die sich unter dem Sitz nach hinten zieht. Sie war eine Neuerung des Jahres 1991 und blieb der FZR erhalten, bis die Produktion 1995 eingestellt wurde.

Vorderradabdeckung
Die im Bild gezeigte Vorderradabdeckung gab es erstmals bei dem Modell aus dem Jahr 1991. Sie schützt auch die Gabel vor Steinschlag.

Motor
Das flüssigkeitsgekühlte 20-Ventil-Kraftwerk mit zwei oben liegenden Nockenwellen war zu seiner Zeit legendär. Yamaha gab die Spitzenleistung ungedrosselter EXUP-Motoren mit 110 kW (150 PS) an.

YAMAHA FZR1000

Technische Daten

Der 20-Ventil-Motor dieser Yamaha ist in unterschiedlicher Form seit 13 Jahren auf dem Markt. Der Rahmen ist steif und bei dieser Art von Motorrad die Norm. Inzwischen wird die Leistung der FZR1000 von der modernerer Modelle wie der Blade und der R1 (oder inzwischen der GSX1100) in den Schatten gestellt. Dennoch ist sie eine schnelle Sportmaschine für echte Geschwindigkeitsfanatiker. Reichweite und Komfort sind zwar nicht berauschend, doch der Spaßfaktor ist immer noch gewaltig.

MOTOR

Bauart	4-Zylinder-Reihenmotor
Hubraum	1002 ccm
Bohrung	75,5 mm
Hub	56 mm
Verdichtungsverhältnis	keine Angabe des Herstellers
Ventile	5 pro Zylinder
Kraftstoffaufbereitung	4 x 38-mm-Mikuni-Vergaser
Zündung	elektronisch
Kühlung	flüssigkeitsgekühlt
Nennleistung	108 kW (147 PS) bei 10 000/min
Maximales Drehmoment	keine Angabe des Herstellers

KRAFTÜBERTRAGUNG

Primärantrieb	Getrieberäder
Kupplung	Mehrscheiben-Nasskupplung
Getriebe	5 Gänge
Sekundärantrieb	Kette

GEWICHTE UND ABMESSUNGEN

Tankinhalt	19 l
Trockengewicht	214 kg
Gewichtsverteilung	
- vorne	keine Angabe des Herstellers
- hinten	keine Angabe des Herstellers
Radstand	1470 mm
Gesamtlänge	2205 mm
Gesamtbreite	745 mm
Gesamthöhe	1170 mm
Sitzhöhe	775 mm

FAHRWERK

Rahmen	Aluminium-Deltabox
Lenkkopfwinkel/Nachlauf	26,25°/108 mm
Vorderradaufhängung	41-mm-Teleskopgabel
Federweg	120 mm
Einstellbarkeit	Federvorspannung
Hinterradaufhängung	Zentralfederbein
Federweg	130 mm
Einstellbarkeit	Federvorspannung, Zugstufendämpfung
Reifen	
- Marke	keine Angabe des Herstellers
- vorne	130/60 x 17
- hinten	170/60 x 17
Bremsen	
- Marke	keine Angabe des Herstellers
- vorne	310-mm-Doppelscheibenbremse, schwimmend gelagert, 4-Kolben-Bremssattel
- hinten	267-mm-Einscheibenbremse, 2-Kolben-Bremssattel

YAMAHA YZF1000 THUNDERACE

Die 4-Kolben-Bremssättel von Sumitomo haben vorne gewaltig Biss und eine enorme Bremskraft.

Spiegel
Die anständigen Spiegel bieten einen guten Überblick über das, was hinter dem Fahrer liegt. In manchen Drehzahlbereichen können die Vibrationen allerdings zum Problem werden.

Verkleidung
Sie sieht voluminös aus, fühlt sich voluminös an – und ist es auch. So klobig und unbeholfen sie auch daherkommt, es lässt sich nicht leugnen, dass sie auch bei hoher Geschwindigkeit hervorragend vor Wind und Wetter schützt.

Scheinwerfer
Der kräftige Scheinwerfer sitzt in einem schicken Gehäuse.

Motor
Der Reihen-4-Zylinder mit 1002 ccm Hubraum ist ein Kraftpaket und lässt es in allen Drehzahlbereichen krachen. Allerdings verhindern das Gefühl großer Masse, das deftige Gewicht und die nachgiebige Federung, dass man das Optimum aus ihm herausholen kann. Ein hohes Drehmoment bei niedrigen Umdrehungen bedeutet, dass der Fahrer vorsichtig mit dem Gasgriff umgehen muss, wenn er Wheelies vermeiden möchten.

YZF1000 THUNDERACE

Seit ihrer Markteinführung im Jahr 1996 wurde die Thunderace diversen Veränderungen unterzogen – doch weshalb sollte man etwas richten, das vollkommen in Ordnung ist? Der Aluminium-Doppelrohrrahmen ist elegant, der Motor hat ordentlich Power und zieht kräftig ab. Heute entscheiden sich viele Fahrer für die YZF-R1, da sie leichter und kleiner ist als die Thunderace.

Federung
Sowohl dem Zentralfederbein als auch der 43-mm-Gabel fehlt es im Vergleich zu den modernen Sportmaschinen an Dämpfung, was die mächtige Thunderace sofort in die Liga der Sporttourer verweist. Wenn Sie sowohl die vordere als auch die hintere Federung vom Profi neu kalibrieren lassen, ist Ihre Maschine wie umgewandelt. Beim mörderischen Isle of Man TT gingen jahrelang viele modifizierte Tunderaces an den Start, bis 1998 ihre Nachfolgerin, die YZF-R1, auf den Markt kam.

Endschalldämpfer
Viele Fahrer ersetzen den serienmäßigen Schalldämpfer durch Nachrüstendtöpfe, die für gewöhnlich nicht nur leichter sind und besser aussehen, sondern oft auch noch satter klingen.

Kleinere Fahrer (die sich von der niedrigen Sitzhöhe anlocken lassen) müssen oft feststellen, dass ihre Arme nicht lang genug sind, um den Lenker bequem zu fassen zu bekommen.

Der Aluminium-Doppelrohrrahmen ist eine weitere Variante der erfolgreichen Deltabox von Yamaha. Er ist steif, elegant und erweist sich im Falle eines Sturzes als erstaunlich unverwüstlich.

Tank
Zwischen leer und voll liegen 20 l.

Sitz
Die Sitzhöhe von nur 815 mm lockt kleinere Fahrer an.

Vorderradabdeckung
Die Ace hat genau wie ihre kleine Schwester, die Thunderace mit 600 ccm Hubraum, eine solide Vorderradabdeckung. Sie schützt die Gabelholme vor Dreck, Salz und Steinschlag.

Radstand
Mit einem kernigen Radstand von 1400 mm wird sich die Thunderace niemals durch schnelle Richtungswechsel auszeichnen.

YAMAHA YZF1000 THUNDERACE

Technische Daten

Bei ihrer Markteinführung 1996 schlug die 1002-ccm-Thunderace von Yamaha gewaltig ein. Seither erweist sie sich als echte Herausforderung für ihre stärkste Rivalin, die CBR1100XX Super Blackbird von Honda. Der flüssigkeitsgekühlte, nach vorne geneigte 5-Ventiler optimiert die Gewichtsverteilung zwischen Front und Heck und hält den Schwerpunkt der YZF1000R niedrig. Das berühmte EXUP-Ventil von Yamaha reguliert den Abgasrückstau und maximiert so die Motorleistung in allen Drehzahlbereichen.

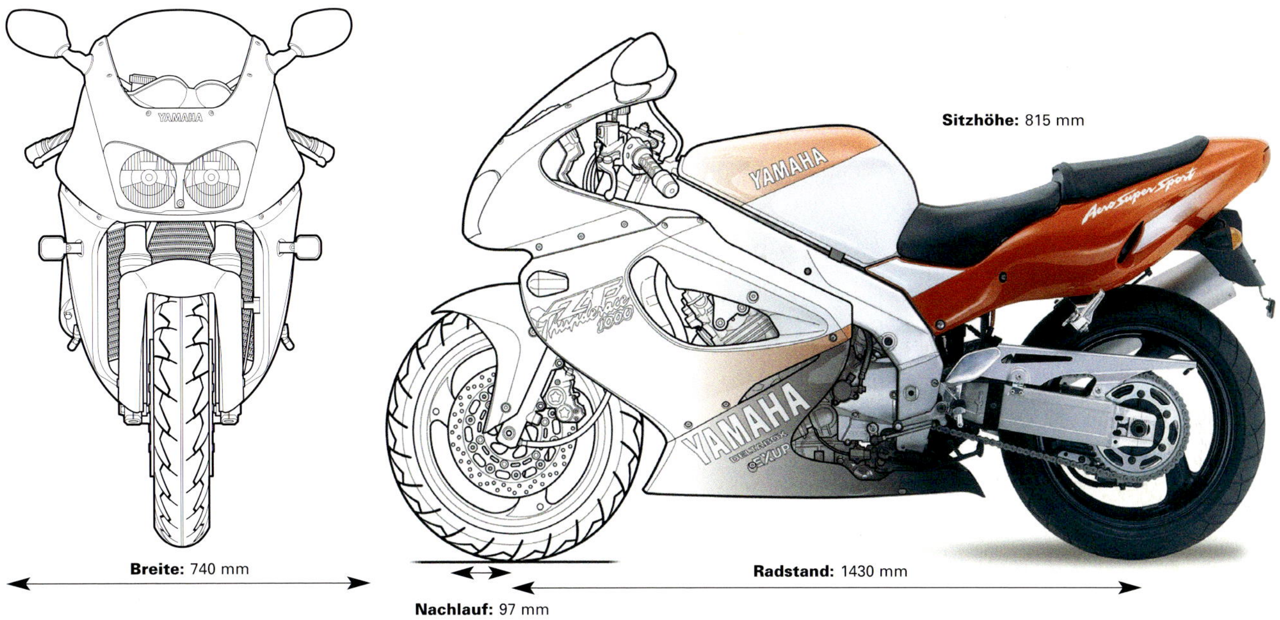

MOTOR

Typ	4-Takt-Motor
Bauart	DOHC 4-Zylinder-Reihenmotor
Hubraum	1102 ccm
Bohrung	75,5 mm
Hub	56 mm
Verdichtungsverhältnis	11,5 : 1
Ventile	5 pro Zylinder
Kraftstoffaufbereitung	4 x 38-mm-Gleichdruckvergaser von Mikuni
Zündung	digitale Transistorzündung, Drosselklappenpotenziometer
Kühlung	flüssigkeitsgekühlt
Nennleistung	110 kW (150 PS) bei 10 040/min
Maximales Drehmoment	113,8 Nm bei 8400/min

MOTORLEISTUNG

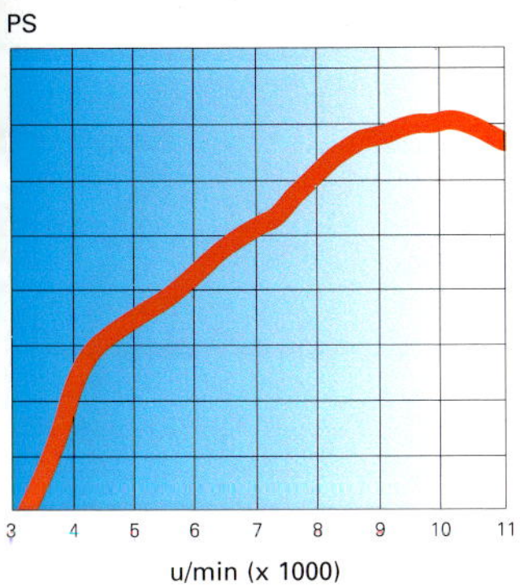

Unabhängige Testmessungen (s. o.) weichen von den Angaben des Herstellers ab.

KRAFTÜBERTRAGUNG

Primärantrieb	gerade verzahnte Getrieberäder
Kupplung	Mehrscheiben-Nasskupplung
Getriebe	5 Gänge
Sekundärantrieb	Kette

GEWICHTE UND ABMESSUNGEN

Tankinhalt	20 l
Trockengewicht	224 kg
Gewichtsverteilung	
- vorne	keine Angabe des Herstellers
- hinten	keine Angabe des Herstellers
Radstand	1430 mm
Gesamtlänge	2085 mm
Gesamtbreite	740 mm
Gesamthöhe	1175 mm
Sitzhöhe	815 mm

FAHRWERK

Rahmen	Aluminium-Deltabox
Lenkkopfwinkel/Nachlauf	24°/97 mm
Vorderradaufhängung	46-mm-Teleskopgabel
Federweg	120 mm
Einstellbarkeit und	Federvorspannung, Druck- Zugstufendämpfung
Hinterradaufhängung	Bilstein-Zentralfederbein
Federweg	120 mm
Einstellbarkeit	Federvorspannung, Zugstufendämpfung
Reifen	
- Marke	Bridgestone BT50, Dunlop D204
- vorne	120/70 x ZR17
- hinten	180/55 x ZR17
Bremsen	
- Marke	Yamaha
- vorne	298-mm-Doppelscheibenbremse, 4-Kolben-Bremssättel
- hinten	245-mm-Einscheibenbremse, 2-Kolben-Bremssattel

YAMAHA YZF-R1

Die 245-mm-Bremsscheibe mit 2-Kolben-Bremssattel wurde klugerweise unter der Schwinge montiert. Damit spart man sich das Gewicht einer Drehmomentstütze.

Zwei 4-Kolben-Bremssättel von Sumitomo packen 298-mm-Bremsscheiben. Dadurch ergibt sich eine unglaubliche, progressive Bremskraft.

YZF-R1

Die R1 von Yamaha, der Supersportler des Jahres 1998, war so stark, dass andere Maschinen sofort überflüssig wurden. Sie ist ein Megabike mit 1000 ccm Hubraum und 112 kW (152 PS) und überragt die anderen Maschinen ihrer Klasse. Die R1 ist kleiner als die meisten 600er und leichter als jeder andere serienproduzierte V-2-Motor, dabei erstaunlich leicht zu fahren, umwerfend gestylt, schön gebaut und hat zudem noch einen vernünftigen Preis.

Spiegel
Für eine so aggressive Sportmaschine wie die R1 arbeiten die Spiegel überraschend gut und zeigen dem Fahrer deutlich mehr als nur seine Ellbogen, wie das bei der Ducati 916 der Fall ist.

Verkleidung
Die Verkleidung ist minimalistisch – kein Brimborium, kein zusätzliches Gewicht, kein Überfluss.

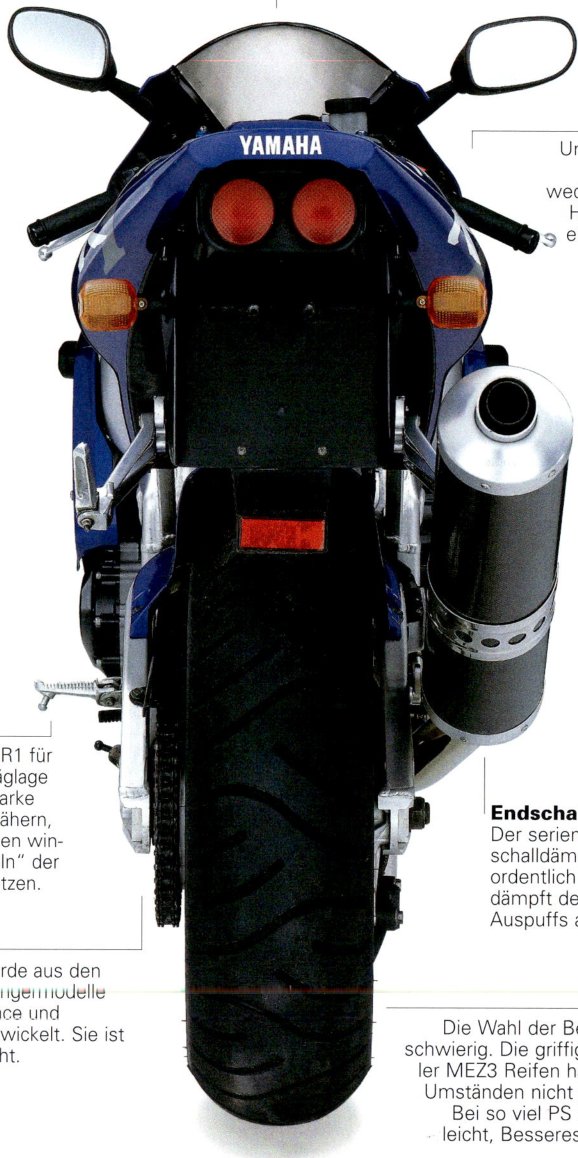

Sitz
Die verhältnismäßig niedrige Sitzhöhe von 815 mm bildet mit dem schmalen Sitz und der Seitenverkleidung eine praktische Einheit. Dadurch können auch kleinere Fahrer problemlos mit den Füßen den Boden berühren.

Stauraum
Unter dem abnehmbaren Beifahrersitz befindet sich ein kleines Aufbewahrungsfach. Es ist weder so geräumig noch so nützlich wie das der Honda CBR900 FireBlade, reicht aber aus, um ein Schloss und eine Kette darin zu verstauen.

Fußrasten
Yamaha baute die R1 für eine Monsterschräglage von 56°. Dieser Marke müssen Sie sich nähern, um auch nur mit den winzigen „Angstnippeln" der Fußrasten aufzusetzen.

Fahrwerk
Die Deltabox II wurde aus den Rahmen der Vorgängermodelle YZF1000 Thunderace und FZR1000EXUP entwickelt. Sie ist ultrasteif, aber leicht.

Endschalldämpfer
Der serienmäßige Endschalldämpfer sorgt für ordentlich Bodenfreiheit, dämpft den Sound des Auspuffs aber merklich.

Reifen
Die Wahl der Bereifung ist schwierig. Die griffigen Metzeler MEZ3 Reifen haften unter Umständen nicht gut genug. Bei so viel PS ist es nicht leicht, Besseres zu finden.

Der analoge Drehzahlmesser nimmt den wichtigsten Platz auf der gut durchdachten Instrumentenkonsole ein. Der digitale Tacho lässt sich auf Knopfdruck von mph auf km/h umstellen. Auch die Temperaturanzeige ist digital.

Wenn man die schnittige Verkleidung entfernt, bleibt eine glupschäugige Maschine übrig, die aussieht wie etwas von einem anderen Stern. Trotzdem sieht man ihr an, dass sie ihrer Aufgabe gewachsen ist.

Auspuff
Diese Maschine verfügt bislang über das am weitesten entwickelte EXUP-System. Es verbessert nicht nur die Gasannahme, indem es den Abgasrückstau je nach Drehzahl und Drosselklappenstellung reguliert, sondern steuert auch noch sich selbst, indem es prüft, was die Einspritzanlage gerade macht.

Tank
Der modellierte Tank fasst nur 18 l, doch die R1 ist mit einem Bordcomputer ausgestattet: Wenn die Maschine auf Reserve fährt, zeigt dieser in Form eines Countdowns an, wie weit der Fahrer mit dem vorhandenen Benzin noch kommt.

Alarmanlage
Da die R1 in diesem Jahr das vielleicht begehrteste Motorrad ist, ist es bedauerlich, dass man es bei Yamaha nicht für nötig hielt, sie serienmäßig mit einer Alarmanlage auszustatten. Unter der Verkleidung oder dem Sitz hätte sie leicht Platz gehabt.

Motor
Der Reihen-4-Zylinder-Motor der R1 mit seinen 998 ccm Hubraum bringt angeblich 112 kW (152 PS) Leistung – auf den meisten Leistungsprüfständen sind das echte 99–106 kW (135–144 PS). Zusammen mit einem Trockengewicht von lediglich 177 kg schenkt das diesem Monster das beste Verhältnis von Leistung und Gewicht, das eine serienproduzierte Straßenmaschine je hatte.

Radstand
Ein winziger Radstand wie die 1395 mm der R1 würden eine solch kraftvolle Maschine normalerweise fast zu wheeliefreudig machen. Yamaha griff auf Grand-Prix-Technologie zurück, zog die Schwinge über das übliche Maß hinaus. So wurde die Bodenhaftung und letztendlich die Stabilität erhöht.

YAMAHA

YZF-R1

Technische Daten

Seit Erscheinen der YZF-R1 von Yamaha wurde viel über ihr radikal neues Design gesprochen – und das zu Recht. Sie hat einen nagelneuen, nach vorne geneigten 4-Zylinder-Reihenmotor mit 998 ccm Hubraum, der als tragendes Teil in den Rahmen eingebaut ist.
Auch der Rahmen selbst – von Yamaha als Deltabox II bezeichnet – ist neu. Er ist leichter, steifer und schlanker als je zuvor und hat einen superkurzen Radstand von 1395 mm. Das liegt daran, dass Zylinderblock und Kurbelgehäuse aus einem Guss sind. Das macht die leichte Struktur sehr viel steifer als das übliche Design. Damit hat sich Yamaha wirklich selbst übertroffen.

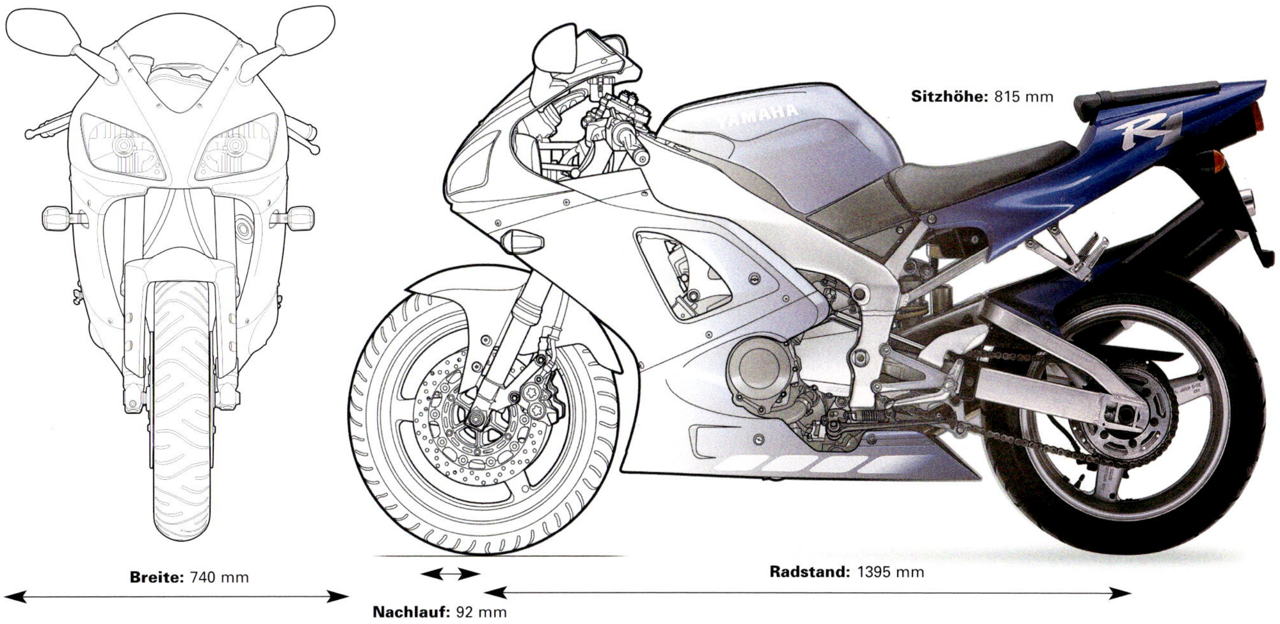

MOTOR

Typ	4-Takt-Motor
Bauart	4-Zylinder-Reihenmotor
Hubraum	998 ccm
Bohrung x Hub	74 x 58 mm
Verdichtungsverhältnis	11,8 : 1
Ventile	5 pro Zylinder
Ventiltrieb	zwei oben liegende Nockenwellen
Kraftstoffaufbereitung	4 x 40-mm-Vergaser von Mikuni
Zündung	CDI
Kühlung	flüssigkeitsgekühlt
Nennleistung	105 kW (139 PS) bei 10 000/min
Maximales Drehmoment	104,4 Nm bei 7400/min

MOTORLEISTUNG

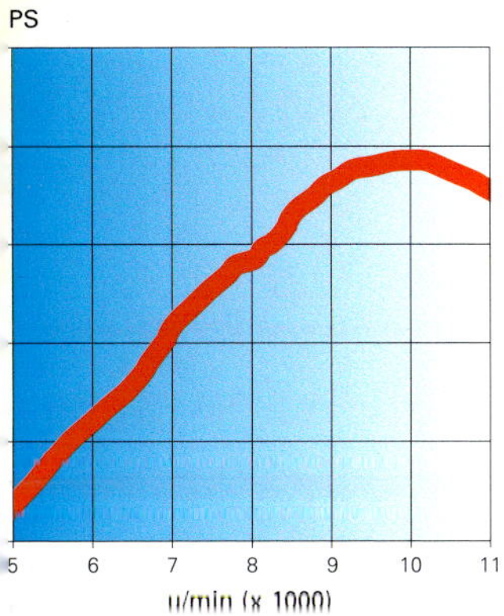

Unabhängige Testmessungen (s. o.) weichen von den Angaben des Herstellers ab.

KRAFTÜBERTRAGUNG

Primärantrieb	gerade verzahnte Getrieberäder
Kupplung	Mehrscheiben-Nasskupplung
Getriebe	6 Gänge
Sekundärantrieb	Kette

GEWICHTE UND ABMESSUNGEN

Tankinhalt	18 l
Trockengewicht	117 kg
Gewichtsverteilung	
- vorne	50 %
- hinten	50 %
Radstand	1395 mm
Gesamtlänge	2035 mm
Gesamtbreite	740 mm
Gesamthöhe	1095 mm
Sitzhöhe	815 mm

FAHRWERK

Rahmen	Aluminium-Deltabox
Lenkkopfwinkel/Nachlauf	24°/ 92 mm
Vorderradaufhängung	41-mm-Upside-Down-Gabel
Federweg	135 mm
Einstellbarkeit	Federvorspannung, Druck- und Zugstufendämpfung
Hinterradaufhängung	progressives Zentralfederbein
Federweg	110 mm
Einstellbarkeit	Federvorspannung, Druck- und Zugstufendämpfung
Reifen	
- Marke	Metzeler MEZ3
- vorne	120/70 x 17
- hinten	190/80 x 17
Bremsen	
- Marke	Sumitomo
- vorne	298-mm-Doppelscheibenbremse, 4-Kolben-Bremssättel
- hinten	245-mm-Einscheibenbremse, 2-Kolben-Bremssattel

YAMAHA VMX1200 V-MAX

Der Tacho mit weißer Skala sitzt in einem runden Chromgehäuse und nimmt die zentrale Position ein. Drehzahlmesser, Temperaturanzeige und Kontrollleuchten befinden sich auf dem Tank.

Sitzhöhe
Die geringe Sitzhöhe von nur 762 mm macht die V-Max zu einer attraktiven Wahl für kleinere Cruiser-Fans.

Tank
In den Sitz unter dem Tank passen nur 15 l. Sie müssen also recht bald nach einer Tankstelle Ausschau halten.

Gabel
Im Vergleich zum Rest der Maschine wirkt die Gabel lang und schmächtig. Beim Bremsen taucht sie tief ein, in engen Kurven biegt sie sich und veranlasst den Fahrer, schnell wieder geradeaus zu fahren.

Federung
Die beiden hinteren Federbeine sind zwar geringfügig einstellbar, geben beim Beschleunigen aber dennoch nach. Recht vertrauenserweckend sind sie nicht.

VMX1200

Der große V-4-Zylindermotor von Yamaha mit seinen 1198 ccm Hubraum kam 1991 auf den Markt und ist hinsichtlich seiner Optik immer noch konkurrenzlos. Mag sein, dass sie die älteste japanische Maschine mit großer Bohrung ist, die produziert wird, doch mit den modernen Musclebikes kann sie allemal mithalten. Sie ist kompromisslos, unversöhnlich und Furcht einflößend – Grund genug, sich eine anzuschaffen.

Bremsen
Vorne packen leichte 4-Kolben-Bremssättel zwei schwimmend gelagerte, gebohrte 298-mm-Scheiben. Bei dem Versuch, diesen gewaltigen Brocken zum Stillstand zu bringen, dürfte so mancher Fahrer zu der Ansicht gelangen, dass das nicht ganz ausreicht.

Hinterrad
Das 5-Speichenrad aus Aluminium hat einen Durchmesser von lediglich 38,1 cm. Standard sind 150/90 große Reifen mit einer maximalen Höchstgeschwindigkeit von 210 km/h.

Endschalldämpfer
Die 4-in-2-Auspuffanlage hat gedrungene, extra-dick verchromte und nach oben gezogene Endschalldämpfer. So mancher findet sie durch und durch hässlich, für andere sind die Schalldämpfer einfach Teil des Charmes der V-Max.

Der V-4-Zylinder mit 16 Ventilen und 1198 ccm Hubraum hat zwei oben liegende Nockenwellen, 5-Gang-Getriebe und Flüssigkeitskühlung. Er hat einen Wellenantrieb und 107 kW (146 PS) – je nach Leistungsprüfstand.

Was für ein Heck! Die 4-in-2-Auspuffanlage mit den dicken, verchromten Endschalldämpfern sollte für ordentlich Drehmoment sorgen. Viele Fahrer entscheiden sich bei der Bereifung vorne wie hinten für Avon Super Venoms.

Verrückt, durchgeknallt, wild ... wie immer Sie aus Aussehen der V-Max auch bezeichnen mögen, die Fahrer lieben das radikal ausgeflippte Design offenbar. Die V-Max lässt sich nur schwer einordnen – der eine bezeichnet sie als Custom Cruiser, der andere als grobe Straßenmaschine. Wenn Sie eine besitzen, stimmen Sie vermutlich für Letzteres.

Blickfang
Die riesigen Lufthutzen fallen vielen Menschen zuerst ins Auge.

Reifen
Wenn Sie die Kraft der V-Max nutzen wollen, wird schnell jeder Reifen aufgeben, den Sie aufziehen. Ein gewaltiges Drehmoment bedeutet auch eine gewaltige Belastung. Die oben genannten Reifen von Avon sollen sich sowohl neutral anfühlen als auch sehr gute Rückmeldung geben. Und das ist niemals schlecht.

Soziuskomfort
Soziussitz und Fußrasten bringen den Beifahrer in eine sehr aufrechte Position. Auf entspannten Fahrten ist das kein Problem, doch wenn sich die Maschine zu einem ihrer Monsterwheelies aufstellt, kann leichte Panik aufkommen.

Dicker Kotflügel
Die Hinterradabdeckung sieht im Vergleich zu den Kotflügeln sportlicherer Maschinen unfertig aus.

Wellenantrieb
Was macht man mit einer solchen Maschine? Yamaha entschied, dass für das brutale, vom Motor erzeugte Drehmoment ein robuster Wellenantrieb nötig sei.

Radstand
Mit gewaltigen 1590 mm Radstand wird sich die V-Max niemals leicht lenken lassen. Doch auf gerader Strecke zieht sie aus dem Stand ab wie keine andere Maschine. Wenn man allerdings nicht in ganz bestimmten Teilen Australiens oder irgendwo in Texas wohnt, wird man irgendwann einmal eine Kurve fahren müssen!

YAMAHA VMX1200 V-MAX

Technische Daten

Sie ist unendlich lang, hat einen gewaltigen Radstand und eine träge Lenkung, hält nicht viel von Kurven und macht beim Bremsen ordentlich Arbeit.
Trotzdem schwören Tausende von Fahrern auf sie.
Es muss also an der Optik dieses gewaltigen Monsters liegen, das allen die Schau stiehlt, ob man es nun liebt oder hasst. Wenn Sie die V-Max hassen, finden Sie sie für gewöhnlich hässlich, und wer könnte behaupten, dass Sie da falsch liegen? Nur die vielen Biker, die eine V-Max ihr eigen nennen.

MOTOR

Typ	4-Takt-Motor
Bauart	V-4-Zylinder
Hubraum	1198 ccm
Bohrung	76 mm
Hub	66 mm
Verdichtungsverhältnis	10,6 : 1
Ventile	4 pro Zylinder
Kraftstoffaufbereitung	4 x 35-mm-Vergaser von Mikuni, V-Boost-System
Zündung	CDI
Kühlung	flüssigkeitsgekühlt
Nennleistung	86,5 kW (116 PS) bei 8500/min
Maximales Drehmoment	115,2 Nm bei 6200/min

MOTORLEISTUNG

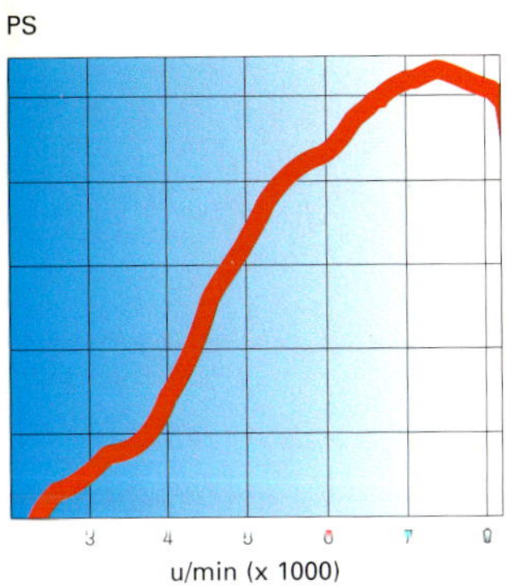

Unabhängige Testmessungen (s. o.) weichen von den Angaben des Herstellers ab.

KRAFTÜBERTRAGUNG

Primärantrieb	Getrieberäder
Kupplung	Mehrscheiben-Nasskupplung
Getriebe	5 Gänge
Sekundärantrieb	Kardan

GEWICHTE UND ABMESSUNGEN

Tankinhalt	15 l
Trockengewicht	262 kg
Gewichtsverteilung	
- vorne	keine Angabe des Herstellers
- hinten	keine Angabe des Herstellers
Radstand	1590 mm
Gesamtlänge	2300 mm
Gesamtbreite	795 mm
Gesamthöhe	1160 mm
Sitzhöhe	762 mm

FAHRWERK

Rahmen	Doppelschleifenrahmen aus Stahl
Lenkkopfwinkel/Nachlauf	29°/119 mm
Vorderradaufhängung	43-mm-Gabel
Federweg	keine Angabe des Herstellers
Einstellbarkeit	keine Einstellung möglich
Hinterradaufhängung	zwei Federbeine
Federweg	keine Angabe des Herstellers
Einstellbarkeit	Federvorspannung
Reifen	
- Marke	diverse (häufig Bridgestone Exedra)
- vorne	110/90 x V18
- hinten	150/90 x V15
Bremsen	
- Marke	Sumitomo
- vorne	298-mm-Doppelscheiben-bremse, schwimmend gelagert, 4-Kolben-Bremssättel
- hinten	282-mm-Einscheibenbremse, Bremssattel

YAMAHA XV1600 WILD STAR

Auf der rechten Seite der Maschine läuft ein Doppelauspuff nach hinten, der so gut aussieht, dass so mancher Passant einen zweiten Blick riskiert.

Lenker
Der Lenker besteht aus einem Rohr mit 26 mm Durchmesser und sorgt für eine breite und entspannte Sitzposition.

Instrumentenkonsole
Alles, was Sie brauchen, befindet sich auf dem Tank: Die schmale, einzelne Skala umfasst einen elektronischen Tachometer, Kilometerzähler, zwei Tageskilometerzähler und Uhr sowie Warnleuchten für Tank, Fernlicht, Blinker, Leerlauf und Motor.

Tank
Der tropfenförmige Tank fasst gute 20 l. Das ist das Minimum, das man von einem Cruiser erwarten (und wünschen) sollte.

Kupplung
Die gewaltige Seilzugkupplung hat 17 Scheiben. Das Getriebe sorgt für ein angenehmes Schaltgefühl.

Stößelstangen
Rechts der Zylinder laufen zwei Stößelstangen von 10 mm Durchmesser nach oben, die über Kipphebel die nagelneuen Hydrostößel der Ein- und Auslassventile betätigen.

Getriebe
Das 5-Gang-Getriebe wird mithilfe einer Schaltwippe betätigt.

Bremsen
Vorne bremsen zwei 298-mm-Scheiben mit 2-Kolben-Bremssätteln die Maschine hübsch ab, hinten sitzt eine gewaltige 320-mm-Bremsscheibe mit 4-Kolben-Bremssattel.

XV1600
WILD STAR

Die XV1600 Wild Star hat den größten Motor, den Yamaha je gebaut hat. Sie ist zwar nicht ganz so beliebt, wie man sich das bei Yamaha vielleicht erwartete, doch das liegt weniger an der Maschine als an einem Überangebot an Yamaha-Cruisern.

Bodenfreiheit
Dieses Motorrad hat minimale 145 mm Bodenfreiheit und ist die Art von Maschine, die man nur ganz vorsichtig schräg legt – zudem sollte man sich vor großen Steinen auf der Fahrbahn in Acht nehmen.

Federung
Unter dem hinteren Ende des Motors befindet sich eine progressive Federung mit Bilstein-Federbein. Die Federvorspannung ist einstellbar.

Der riesige Chromscheinwerfer mit 221 mm Durchmesser passt zum Design der Maschine. Er erfüllt seinen Zweck und sieht recht elegant aus.

Auch die Räder passen zum Styling. Die 56-Speichen-Räder mit 40,6 cm Durchmesser und Chromfelgen werden vorne mit 130/90 x 16 großen, hinten mit 150/80 x 16 großen Reifen versehen.

Bei Yamaha ist man unter anderem ausgesprochen stolz darauf, das Fahrwerk der Wild Star als „lang und tief" bezeichnen zu können. Die Basis ist ein Doppelschleifenrahmen aus hochfestem Stahlrohr.

Zündung
Das neue Zündschloss hat ein kombiniertes Lenkrad-/Sitzbankschloss. Die Maschine verfügt, der besseren Bedienungsfreundlichkeit wegen, auch über eine automatische Blinkerabschaltung.

Motor
Der V-2-Reihenmotor mit 1600 ccm ist an fünf Stellen fest mit dem Rahmen verbunden. Bei Yamaha wird behauptet, auf diese Weise könne der Fahrer den Pulsschlag des Motors spüren, was „das hohe Drehmoment der Maschine erfahrbar macht". Es funktioniert!

Sitz
Mit nur 710 mm Sitzhöhe sollte die Wild Star für beinahe jeden Fahrer passen. Zudem hat man es auf dem ausgearbeiteten Sitz im Lederlook und dem getrennten, gut gepolsterten Soziusplatz recht komfortabel. Der Sozius kann sich an einem Haltegurt festhalten.

Front
Die Tauchrohre haben 43-mm-Durchmesser und sind dick mit Metall ummantelt, was die Gabel vor Steinschlag schützen soll.

Motor
Dieser luftgekühlte V-2-Zylinder-4-Ventil-Motor mit 1600 ccm Hubraum ist das Größte, was Yamaha je gebaut hat. Bohrung x Hub: 95 x 113 mm, Verdichtungsverhältnis 8,3 : 1.

Sekundärantrieb
Der Endantrieb der Wild Star über Zahnriemen ist noch etwas, was es bei Yamaha noch nie gab. Der Hersteller behauptet, er eigne sich ganz besonders für Motoren mit hohem Drehmoment und niedriger Umdrehungszahl wie den Motor der XV1600.

YAMAHA XV1600 WILD STAR

Technische Daten

Die Wild Star ist von allen Yamaha-Cruisern die Maschine mit dem größten Hubraum – ganze 1602 ccm verbergen sich in einem langen, tief liegenden Fahrwerk. Sie ist in jeder Hinsicht eine Mischung aus Easy Rider und Titanic und zielt zweifellos auf den amerikanischen Markt ab.
Wahnsinnsmaschinen wie diese sind wunderbare Zeugnisse moderner Motorradbaukunst, bilden aber offen gestanden einen gewaltigen Kontrast zur Skyline einer durchschnittlichen Stadt. In der Wüste von Nevada und in winzigen Nestern sind sie in Ordnung, aber in einer typischen Stadt oder Großstadt wirken sie etwas fehl am Platz.

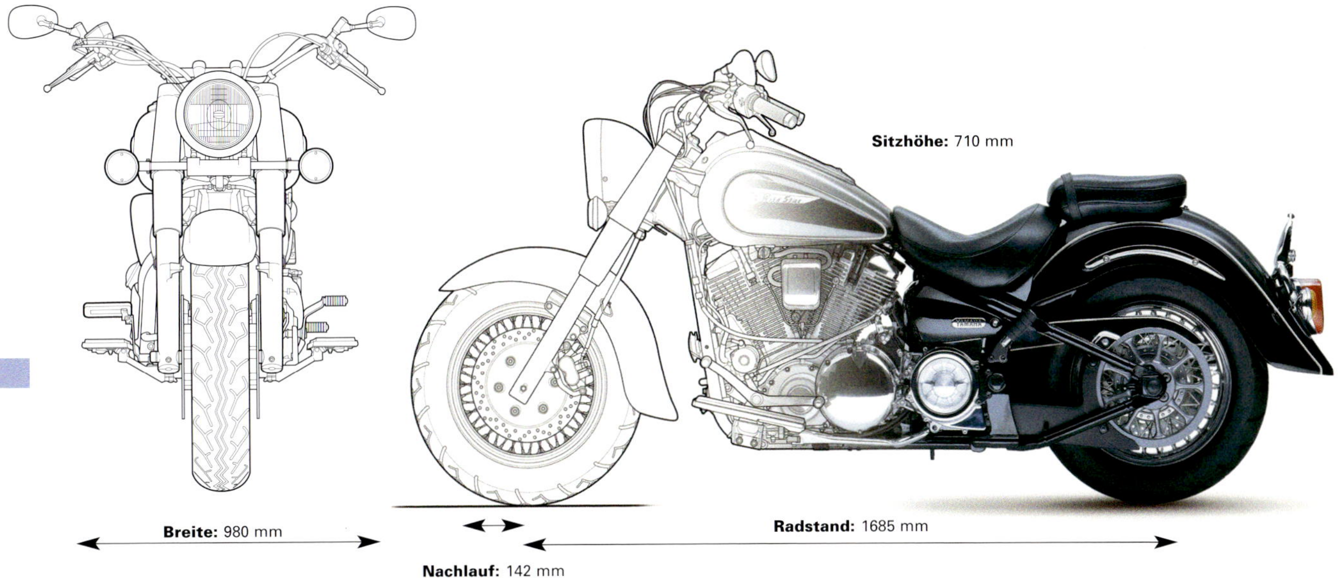

MOTOR

Typ	4-Takt-Motor
Bauart	OHV V-2-Zylinder
Hubraum	1602 ccm
Bohrung	95 mm
Hub	113 mm
Verdichtungsverhältnis	8,3 : 1
Ventile	4 pro Zylinder
Kraftstoffaufbereitung	40-mm-Gleichdruckvergaser
Zündung	elektrisch
Kühlung	luftgekühlt
Nennleistung	46,7 kW (64 PS) bei 4000/min
Maximales Drehmoment	133,9 Nm bei 2250/min

MOTORLEISTUNG

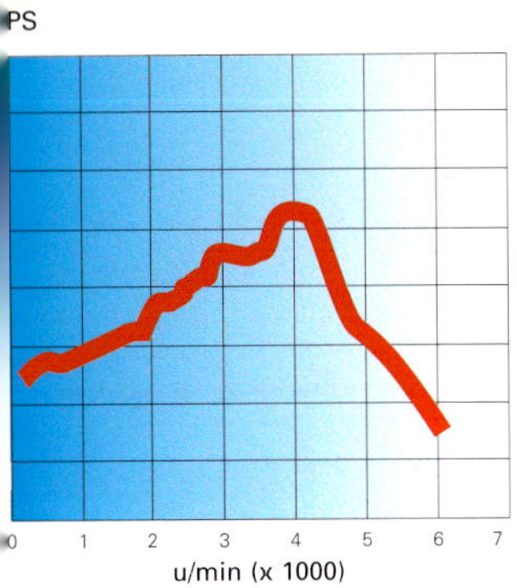

Unabhängige Testmessungen (s. o.) weichen von den Angaben des Herstellers ab.

KRAFTÜBERTRAGUNG

Primärantrieb	Getrieberäder
Kupplung	Mehrscheiben-Nasskupplung
Getriebe	5 Gänge
Sekundärantrieb	Zahnriemen

GEWICHTE UND ABMESSUNGEN

Tankinhalt	20 l
Trockengewicht	307 kg
Gewichtsverteilung	
- vorne	keine Angabe des Herstellers
- hinten	keine Angabe des Herstellers
Radstand	1685 mm
Gesamtlänge	2500 mm
Gesamtbreite	980 mm
Gesamthöhe	1140 mm
Sitzhöhe	710 mm

FAHRWERK

Rahmen	Doppelschleifenrahmen aus Stahl
Lenkkopfwinkel/Nachlauf	32°/142 mm
Vorderradaufhängung	43-mm-Teleskopgabel
Federweg	140 mm
Einstellbarkeit	keine Angabe des Herstellers
Hinterradaufhängung	Zentralfederbein
Federweg	110 mm
Einstellbarkeit	Federvorspannung
Reifen	
- Marke	keine Angabe des Herstellers
- vorne	130/90 x 16
- hinten	150/80 x 16
Bremsen	
- Marke	keine Angabe des Herstellers
- vorne	298-mm-Doppelscheiben-bremse, 2-Kolben-Bremssättel
- hinten	320-mm-Einscheibenbremse, 4-Kolben- Bremssättel

Index